ÉLÉMENS

DE

CHIMIE

APPLIQUÉE A L'AGRICULTURE.

ÉLÉMENS

DE

CHIMIE

APPLIQUÉE A L'AGRICULTURE,

SUIVIS

D'UN TRAITÉ SUR LA CHIMIE DES TERRES,

PAR SIR HUMPHRY DAVY,

Traduits littéralement de l'anglais, et augmentés de Notes et d'Observations pratiques,

PAR M. MARCHAIS DE MIGNEAUX,

MEMBRE ET CORRESPONDANT DE PLUSIEURS SOCIÉTÉS D'AGRICULTURE, etc. etc.

AVEC SIX PLANCHES.

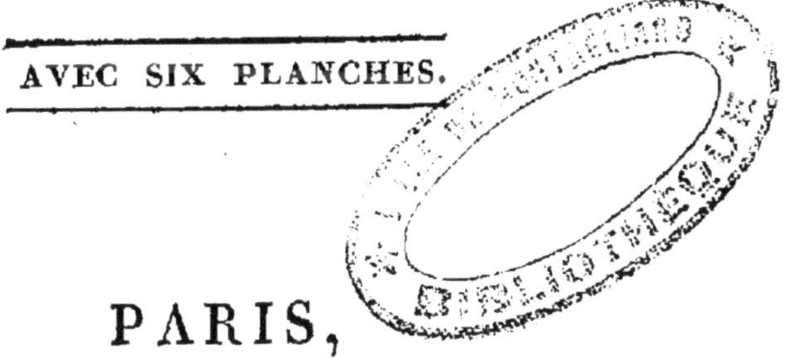

PARIS,

AUDIN, Libraire, quai des Augustins, n° 25.
CREVOT, Libraire, rue de l'Ecole de Médecine, n° 11 à 13.

1820.

AVERTISSEMENT

DES

ÉDITEURS FRANÇAIS.

Notre but, en priant le lecteur de jeter les yeux sur cet avertissement, n'est pas de lui ravir du temps, pour entendre faire l'éloge de notre entreprise; mais de lui exposer les motifs pour lesquels nous nous y sommes livrés; d'ailleurs les louanges que l'on se donne ont certainement une bien faible influence, et même elles inspirent des idées défavorables.

La réputation de sir Humphry Davy est grande non-seulement en Angleterre, mais encore dans toute l'Europe savante. Elle a dans cet instant les yeux fixés sur lui, par le succès de la nouvelle méthode qu'il a employée pour dérouler les manuscrits ensevelis depuis tant de siècles sous les cendres d'Herculanum. Si la littérature n'a point encore à se réjouir d'avoir recouvré quelques-uns de ces morceaux précieux, dont ses richesses actuelles ne l'empêchent pas de déplorer la perte, il n'en est pas moins vrai qu'une méthode sûre est découverte. L'incertitude de l'avenir ne lui défend pas d'espérer de la voir mettre en usage, si de plus heureuses rencontres sont faites dans les fouilles qui se continuent. Sir Humphry Davy, rival heureux des plus illustres chimistes, les a quelquefois devancés dans la carrière; et cet ouvrage, auquel il avait consacré plusieurs années de travaux, et qui, dans la propre patrie de l'auteur, a eu plusieurs éditions, nous a paru devoir exciter le plus vif intérêt dans la nôtre.

On connaît l'ardeur avec laquelle les

Anglais se livrent à l'Agriculture, et surtout à la partie de l'éducation du gros et du petit bétail. L'humidité d'un climat placé au milieu des eaux, sous des latitudes septentrionales, a dû naturellement les porter vers une branche d'industrie qui profitait même par le vice de la situation.

Nous ne l'avons jamais négligée, mais peut-être n'avons-nous pas mis à la soigner toute l'activité qui nous caractérise. Depuis un certain laps d'années cependant nos agronomes en ont fait un objet particulier de leur attention ; il était donc utile de leur faire connaître l'état de la science chez nos industrieux voisins.

L'auteur anglais a d'ailleurs, en exposant ce qui se faisait dans toutes les parties de son pays, proposé à ses compatriotes des méthodes de perfectionnement ; il les a appuyées sur les principes de la chimie; il a montré, contre ceux de ses concitoyens, qui doutaient que cette science pût heureusement influer sur l'Agriculture, que celle-ci s'y rattachait nécessairement, et par des liens étroits. C'est dans l'ouvrage même que l'on en trouvera des preuves multipliées. Une des plus convaincantes, existe dans cette partie de son Traité, qu'il a nommée *Appendix*. Il y considère 97 graminées sous un point de vue entièrement neuf; elles s'y trouvent soumises à des calculs rigoureux, et peut-être cette partie sera-t-elle celle qui offrira le plus de sujets de réflexion et d'expériences. C'est dans cette pensée que nous avons conservé soigneusement la synonymie des plantes; elle facilitera les recherches de ceux de nos agronomes à qui la langue anglaise est connue.

Nous avons cru aussi qu'il fallait, dans une semblable traduction, principalement s'appliquer à rendre toute la pensée de l'auteur, et sans commettre cependant des anglicismes, le suivre de près dans ses propres expressions.

Tels sont les principes qui nous ont dirigé; et nous avons cru, en outre, que pour devenir complètement utiles, nous devions éclaircir ou compléter quelques passages par des notes, et que l'on ne connaîtrait pas la richesse de l'ouvrage si nous n'y joigniions point une table raisonnée des matières. Il fallait de plus que le format de cette édition fût commode, et que son prix n'effrayât pas le plus grand nombre des cultivateurs. C'est ainsi que nous nous sommes moins occupés de nos intérêts que de concourir au progrès du premier des arts.

C'est toujours dans ce dessein, que nous avons joints aux *Elémens de Chimie appliquée à l'Agriculture*, la partie des recherches de l'auteur sur la métallicité des terres. Dans le cours du Traité, il en parle comme d'une chose reconnue ; elle l'est sans doute des chimistes, mais il est possible de croire que la base métallique des terres, n'est pas un point de doctrine très-familier pour le plus grand nombre des lecteurs. Il était donc utile de leur présenter les faits sur lesquels il est établi.

Telles ont été nos pensées; puissent-elles être agréées du public, et leur exécution lui devenir utile.

AU PRÉSIDENT

ET

AUX MEMBRES

DU

COMITÉ D'AGRICULTURE,

POUR L'ANNÉE 1812.

CES

LEÇONS PUBLIÉES SUR LEUR DEMANDE ONT ÉTÉ ÉCRITES EN TÉMOIGNAGE DU RESPECT DE L'AUTEUR,

ET

DE SA RECONNAISSANCE POUR L'ACCUEIL QUE LE COMITÉ A DAIGNÉ LEUR FAIRE.

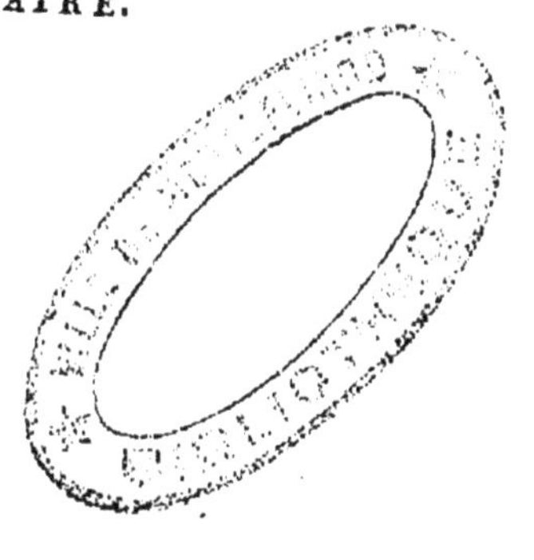

ERRATA.

Page 12, ligne 14, ont mene, *lisez :* ont mené.
—— 14, —— 24, de la matière, *lisez :* de leur matière.
—— 30, —— 6, Schehallieu, *lisez :* Schehallien.
—— 41, —— *id.*, métal, *lisez :* minéral.
—— 46, —— 19, la manganèse, *lisez :* le manganèse.
—— 48, —— 1re, le tiane, *lisez :* le titane.
—— 50, —— 20, silicim, *lisez :* silicium.
—— 59, —— 23, pressée, *lisez :* pressé.
—— 66, —— 25, msytérieuse, *lisez :* mystérieuse.
—— 69, —— *id.*, *fongus*, *lisez :* fungus.
—— 70, —— 2, l'ération, *lisez :* l'aération.
—— *id.*, —— 10, constitues, *lisez :* constitue.
—— 73, —— 12, un temps que, *lisez :* un temps ou.
—— 92, —— 23, il faut le, *lisez :* il faut les.
—— 104, —— 7, *Kiduey, lisez : Kidney.*
—— 108, —— 15, *perasse, lisez : perlasse.*
—— 159, —— 5, elle y est unie, *lisez :* elle est unie.
—— 257, —— 20, la cause en est à la sève, *lisez :* la cause en est due à la sève.
—— 330, —— *id.*, il dépose, *lisez :* il se dépose.
—— 377, —— 6, que l'on puisse leur donner, *lisez :* lui donner.
—— 384, —— 2, *holeus, lisez : holcus.*
—— 468, —— 29, 70075 grains, *lisez :* 7075 grains.

AVERTISSEMENT
DE L'AUTEUR.

Depuis 1802, c'est-à-dire pendant dix ans, j'ai eu l'honneur de professer devant le Comité d'Agriculture. J'ai, à chaque fois, cherché à suivre les progrès des découvertes chimiques, et mes leçons ont varié chaque année. Telle est même rapide la marche de la chimie, qu'au moment où je me propose de mettre ces leçons sous presse, des changemens et des améliorations y sont devenus nécessaires.

M. le duc de Bedford m'a mis à portée de donner du prix à cet ouvrage, en me permettant d'y insérer le résultat de ses expériences sur les quantités que produisent les différens fourrages.

Je suis aussi redevable de beaucoup de faits à plusieurs membres du Comité d'Agriculture; on en trouvera les preuves dans le cours de l'ouvrage. Si cependant j'avais fait en ce point quelque omission, je les supplie de l'attribuer au manque de mémoire, et non au défaut de reconnaissance ou de sincérité.

J'ai toujours cité les auteurs lorsque j'ai tiré

de leurs ouvrages des faits particuliers. Je n'en ai point usé de même pour les doctrines consacrées, et dont les auteurs sont parfaitement connus; elles peuvent presque être regardées comme la propriété des esprits éclairés.

Au nombre des ouvrages auxquels je n'ai pas renvoyé pour des faits particuliers, mais qui contiennent beaucoup d'instructions générales et pleines d'utilité, je citerai le Traité du comte de Dundonald sur la liaison de la Chimie avec l'Agriculture; les Dissertations de M. Rennié sur la Tourbe, et le Tableau général de l'Agriculture en Écosse. Ce dernier ouvrage n'est tombé entre mes mains qu'après l'impression des dernières feuilles du mien; s'il eût été publié avant, j'en aurais profité sur beaucoup de points, et particulièrement dans les opinions du savant professeur d'Agriculture de l'Université d'Edimbourg. Je me serais fait un devoir d'insister sur l'importance attachée à plusieurs doctrines chimiques dues à son expérience.

ÉLÉMENS D'AGRICULTURE CHIMIQUE.

PREMIÈRE LEÇON.

Introduction. — Vues générales sur les objets de ce cours. — Ordre dans lequel ces objets seront traités.

En abordant ce sujet, je conviendrai qu'il présente des difficultés : l'agriculture chimique n'a point encore reçu une forme régulière et systématique ; c'est depuis peu de temps seulement que des personnes éclairées s'en sont occupées. Les doctrines n'ont point encore été rassemblées dans un traité élémentaire. Lors donc que je suis obligé de me confier à mes propres forces et à mes connaissances limitées, je dois craindre de ne point exciter assez d'intérêt, et douter du succès de mon entreprise ; j'espère cependant que l'on traitera cet essai avec indulgence.

L'agriculture chimique a pour objet tous les changemens qui surviennent dans l'arrangement de la matière sous le rapport de la nourriture et de l'accroissement des plantes; la valeur comparative de leurs produits comme nourriture, la constitution des sols, la manière dont ils sont enrichis par les engrais ou rendus fertiles par les divers procédés de culture. Des recherches de cette nature ne peuvent être qu'importantes et d'un grand intérêt, soit pour l'agriculteur théoricien, soit pour le fermier qui pratique: elles sont nécessaires au premier, en lui fournissant les principes fondamentaux dont la théorie de l'art dépend; elles sont très-utiles au second, parce qu'elles lui offrent des épreuves simples et faciles pour diriger ses travaux, et le mettre en état de suivre un plan systématique et constant d'amélioration.

Il est presque impossible de se livrer à quelque recherche en agriculture, sans voir qu'elle est plus ou moins liée avec les doctrines et les lumières que fournit la chimie.

Si une terre est infertile, si l'on veut y essayer un système d'amélioration, la méthode certaine pour y parvenir est de déterminer la cause de la stérilité; elle dépend nécessairement d'un vice dans la constitution du sol, et l'on ne peut le découvrir facilement que par l'analise chimique.

Quelques terres d'une composition en apparence très-bonne, sont néanmoins infertiles à un très-haut point; ni les observations ordinaires, ni les pratiques communes, ne donnent de moyen pour en reconnaître les causes, ou pour en éloigner les effets; alors l'application des agens chimiques lève toute incertitude. En effet, il est certain que le sol contient quelque principe nuisible que probablement il sera facile de détruire après l'avoir reconnu.

Les sels ferrugineux y abondent-ils? la chaux les décomposera. S'y trouve-t-il un sable siliceux en excès? le système d'amélioration sera l'application de l'argile et des substances calcaires. Est-ce, au contraire, la terre calcaire qui manque? le remède est facile. L'excès de la matière végétale se montre-t-il? on l'affaiblira par la chaux, le pelage ou écobuage, et la combustion. Est-ce elle, au contraire, qui manque, les engrais y remédieront.

Souvent la question suivante se présente : *Quelle est l'espèce de pierre à chaux à employer dans la culture?* La résoudre complètement par la voie ordinaire de l'expérience, demanderoit un temps considérable, peut-être quelques années, et des essais qui pourroient devenir préjudiciables aux récoltes. De simples essais chimiques feront, au contraire, découvrir en peu de minutes la nature de la pierre calcaire, et la convenance de son usage, soit comme engrais pour les diverses terres, soit comme ciment.

La terre tourbeuse, d'une certaine consistance et d'une certaine nature, est un excellent engrais; mais on rencontre des tourbes qui contiennent une telle quantité de substances ferrugineuses, qu'elles sont absolument nuisibles aux plantes : rien n'est plus simple que l'opération chimique, qui déterminera la nature et les usages probables d'une tourbe de cette espèce.

Il n'y a point de question sur laquelle les opinions aient été aussi divergentes, que celle de déterminer dans quel état le fumier doit être au moment où le labour l'ensevelit dans la terre. Doit-il être nouveau? doit-il avoir subi une fermentation? On agite toujours cette question; mais quiconque l'examinera d'après les principes les plus simples de la chimie, ne restera pas un instant dans l'incertitude. Aussitôt que le fumier commence à se décomposer, il laisse échapper ses principes volatils, et ils sont les plus précieux et les plus efficaces. Le fumier qui a fermenté au point de devenir une simple masse pâteuse, a perdu, en général, un tiers, ou même la moitié de ses élémens constituans les plus utiles. Ainsi, il est évident que l'on aurait dû en faire usage aussitôt qu'il a commencé à fermenter, afin qu'il exerçât toute son action sur les plantes, et qu'il n'eût rien perdu de sa puissance nutritive.

Il serait facile de rapporter une foule d'autres cas de cette espèce; mais je pense en avoir assez dit pour montrer que les rapports de la chimie avec l'agriculture ne sont pas fondés sur une spéculation purement vague, mais qu'ils offrent des règles qui doivent être étudiées et suivies. Leur marche et leurs résultats ne peuvent que difficilement ne pas devenir de la plus haute utilité pour la société.

Un précis des objets de ces leçons, et de la manière dont ils y seront traités, ne sera pas, je l'espère, considéré comme une introduction hors de place. Elle montrera ce que l'on doit espérer, et donnera une idée générale de la liaison des différentes parties de ce sujet, et de leur importance relative. Elle me conduira à donner quelques détails historiques sur les progrès de cette branche de nos connaissances, et à conclure, par ce qui a été reconnu comme évident, sur ce qui demeure encore à être recherché et découvert.

Le phénomène de la végétation doit être considéré

comme une branche importante de l'étude de la nature organisée. Mais, quoique les végétaux soient élevés au-dessus de la matière inorganique, leur existence cependant est en grande partie soumise à ses lois. Ils reçoivent leur nourriture, d'élémens extérieurs; ils se les assimilent par le moyen de leurs organes particuliers. C'est donc par l'examen de leur constitution physique et chimique, et par celui des corps et des agens qui influent sur eux, et des modifications qu'ils subissent, que l'on obtient les principes de la science de l'agriculture chimique.

Conformément à ces idées, il est évident que l'on doit commencer cette étude par des recherches générales sur la composition et la nature de la matière des corps, et des lois de leurs changemens. La couche superficielle de la terre, l'atmosphère et l'eau qu'elle dépose doivent, ou concurremment ou séparément fournir tous les principes de la végétation. Ce sera donc uniquement par l'examen de la nature chimique de ces principes, que nous pourrons découvrir quelle est la nourriture des plantes, et la manière dont elle leur est fournie et préparée pour leur accroissement. Les principes de la constitution des corps sont donc le premier objet qui fixera notre attention.

Il est devenu certain, par la méthode analitique fondée sur les instrumens chimiques et électriques découverts dans ces derniers temps, que toutes les variétés des corps matériels se réduisent à un nombre infiniment plus petit d'autres corps, qui, ne pouvant être décomposés, sont, dans l'état présent des connaissances chimiques, regardés comme des élémens. On en compte à présent quarante-sept. Dans ce nombre il y a trente-huit métaux, sept corps inflammables; les deux autres sont des gaz, qui, unis avec les métaux et les corps inflammables, forment avec eux les acides, les alcalis, les terres, ou d'autres composés analogues. Les élémens chimiques, mus par une puissance attractive, se réunissent en divers aggrégats. Dans leur plus simple combinaison, ils donnent diverses substances cristallines distinguées par la régularité de leurs formes. Par des arrangemens plus composés, ils constituent les variétés des substances végétales et animales. Prennent-ils un plus haut caractère d'organisation? ils sont rendus aptes aux besoins de la vie. Ainsi, par l'influence de la chaleur et de la lumière, et par la puissance électrique, il s'opère une série constante de changemens. La matière prend de nouvelles formes. La destruction d'un ordre d'êtres tend à la conservation d'un autre ordre; la dissolution et la consolidation, la destruction et le renouvellement sont liés; et, tandis que les parties d'un système sont dans un état de fluctuation et de changement, l'ordre et l'harmonie du tout, restent inaltérables.

L'objet qui suivra cette vue générale de la nature, des élémens et des lois des changemens chimiques, sera la structure et la constitution des plantes. Il existe dans toutes un système de tubes, ou vaisseaux, dont une des extrémités se termine en racines, et l'autre en feuilles. C'est par l'action capillaire des racines que l'humidité est extraite du sol; que la sève en les traversant devient plus dense, et plus apte à déposer la matière solide. Elle se modifie dans les feuilles par son exposition à la chaleur, à la lumière et à l'air. Elle descend en traversant l'écorce, et, dans sa marche, donne naissance à une nouvelle matière organisée. C'est ainsi que, dans son cours du printemps et de l'automne, elle devient la cause de la formation de parties nouvelles, et de la plus parfaite existence de celles déjà formées.

Je m'efforcerai, dans cette portion de mes recherches, de rapprocher les observations des hommes les plus éclairés qui ont étudié la physiologie de la végétation : Malpighi, Sennébier, Darwin, et surtout M. Knight. Il est le dernier de ceux qui ont traité cet intéressant sujet; et ses travaux ont principalement eu pour but, de jeter du jour sur cette partie de l'économie de la nature.

La composition chimique des plantes a, depuis les dix années qui viennent de s'écouler, été très-éclaircie par les expériences de nombre de savans, tant de ce pays que des autres contrées. Elle forme une très-belle partie de la chimie générale, cependant trop étendue pour être ici traitée en détail, mais il me sera nécessaire de m'appuyer sur quelques-unes de ses parties, pour en dériver des conclusions de pratique.

Si l'on soumet les organes des plantes à l'analise chimique, on trouve que la diversité presqu'infinie de leurs formes, dépend de l'arrangement et de la combinaison d'un très-petit nombre d'élémens. Rarement y en a-t-il plus de sept ou huit, et trois constituent la plus grande portion de leur matière

1**

organique. La manière dont ces élémens sont disposés fait naître les diverses propriétés des produits de la végétation, soit comme propres à la nourriture, soit comme utiles aux autres besoins de la vie.

La valeur et les usages de toutes les espèces de produits de l'agriculture sont plus justement évalués et appliqués, quand les principes tirés de la chimie viennent seconder les connaissances usuelles. Bien peu de composés concourent à la formation des végétaux réellement nutritifs; dans le fourrage propre aux animaux, par exemple, on trouve la farine, ou la matière pure de l'amidon; le gluten, une gelée végétale, et une matière extractive. De tous ces composés, le plus nutritif est le gluten, qui se rapproche extrêmement de la matière animale, et cette substance est celle qui donne au froment sa supériorité sur tous les autres grains. Le sucre est le composé qui jouit ensuite de la plus grande puissance nutritive; après lui la farine; les derniers de tous sont la matière gélatineuse, puis l'extractive. Les épreuves simples des pouvoirs nutritifs de ces plantes, consistent dans le rapprochement comparatif des quantités que chacun de ces composés fournit par l'analise. Quoique le goût et la vue puissent, dans les années d'abondance, influencer la consommation de tous les articles, néanmoins ils ne sont pas également enviés dans celles de disette; et alors cette espèce de connaissance peut devenir de la plus grande importance. Le sucre, la farine, ou amidon ont une composition très-ressemblante, et sont propres à se changer, l'un dans l'autre, par des procédés chimiques simples. En faisant l'examen de leurs rapports, je détaillerai les résultats de quelques expériences récentes, que l'on trouvera également propres à être appliquées à l'économie de la végétation, et à quelques procédés importans des manufactures.

Toutes les variétés de substances trouvées dans les plantes, sont le produit de la sève, et celle-ci provient de l'eau ou des fluides que le sol renferme. Elle est altérée par les principes atmosphériques, ou se combine avec eux. L'influence du sol, de l'eau et de l'air seront donc le premier sujet ensuite de nos considérations. Le sol est toujours un mélange de diverses matières terreuses dans un grand état de division, auxquelles se joignent des substances végétales ou animales dans un état de décomposition, et d'autres corps salins. Les matières terreuses sont les véritables bases du sol; les autres parties, soit que la nature ou l'art les aient introduites, opèrent de la même manière que les engrais. Le sol est en général abondant en quatre espèces de terre : l'alumineuse, la siliceuse, la calcaire et la magnésienne. Ces terres, ainsi que je l'ai découvert, doivent leur être à des métaux extraordinairement inflammables, unis à l'oxigène ou air pur, et, autant que nous pouvons le savoir, elles ne sont pas décomposées ou altérées dans la végétation. Le grand usage du sol est de fournir un support aux plantes, de les mettre à portée de s'y attacher par leurs racines, et d'en tirer lentement et graduellement, par leurs tubes, la nourriture extraite des substances solubles, dissoutes et mêlées parmi les terres.

Il est hors de doute que le mélange des terres ne soit étroitement lié avec la fertilité, et presque tous les sols stériles sont aptes à être améliorés, par une modification de leurs parties terreuses constitutives. Je décrirai la méthode la plus simple que l'on connaisse, pour analiser un sol, et s'assurer de la constitution chimique des substances qui influent sur la fertilité : on reconnaîtra que les anciennes difficultés qui entouraient ce genre de recherches, ont été écartées par de nouvelles méthodes.

La nécessité de l'eau pour la végétation, la croissante luxuriance des plantes, attachée à la présence de l'humidite dans les contrées méridionales de l'ancien continent, ont mene à cette opinion si puissante dans les anciennes écoles de physique : que l'eau était le grand élément productif, la substance d'où toutes les choses pouvaient tirer leur être, et dans lequel elles étaient enfin résolues. Le mot du poëte : Αριστον μεν υδωρ, *l'eau, est le plus puissant,* semble avoir été l'expression de cette opinion, que les Grecs reçurent des Égyptiens, que Thalès enseigna, et que dans les derniers siècles les alchimistes firent revivre. Vanhelmont crut, en 1610, avoir démontré, par une expérience décisive, que l'eau était capable de donner naissance à tous les produits des végétaux. Woodward a prouvé, en 1691, que les résultats étaient erronés; mais le véritable usage de l'eau, dans la végétation, demeura inconnu jusques en 1785. Ce fut quand M. Cavendish fit la grande découverte, qu'elle était composée de deux fluides élastiques ou gaz, le gaz inflammable ou hydrogène, le gaz vital ou oxigène.

L'air fut, de même que l'eau, regardé par les philosophes anciens, comme un élément. Un petit nombre de ceux qui, dans le seizième et le dix-septième siècle, se livraient à des recherches chimiques, formèrent quelques heureuses conjectures sur sa nature véritable. En 1660, sir Kenelm Digby supposa qu'il contenait quelque matière saline, qui faisait la nourriture essentielle des plantes. Boyle, Hook et Mayow, établirent, entre les années 1665 et 1680, qu'une petite portion de l'air était absorbée dans la respiration des animaux, et pendant la combustion des corps inflammables; mais la véritable analise statistique de l'atmosphère est un travail bien plus réeent : il ne fut achevé qu'à la fin du siècle dernier, par Scheell, Priestley et Lavoisier. Ces hommes célèbres prouvèrent que ses élémens sont deux gaz : l'oxigène et l'azote. Le premier est indispensable pour l'inflammation et pour la vie des animaux; l'air contient en outre une petite portion d'eau en vapeurs, et de gaz acide carbonique. Lavoisier prouva de plus que ce dernier corps est composé de gaz oxigène, ayant dissout du charbon.

Jethro-Tull, dans son Traité du Labour, avec la houe tirée par des chevaux, avança, en 1733, que les particules déliées de la terre faisaient l'unique nourriture du système végétal; que l'air et l'eau étaient surtout employés à produire ces particules de la terre; que les engrais n'avaient d'autre action que d'améliorer la texture du sol; enfin, que leur effet était purement mécanique. L'ingénieux auteur de ce système d'agriculture, ayant observé les heureux effets qu'opérait la division extrême du sol, et sa pulvérisation en l'exposant à la rosée et à l'air, se trompa, en portant ses principes trop loin. Duhamel adopta l'opinion de Tull, dans un ouvrage imprimé en 1754. Il y établit, que la division extrême du sol, mettait en état de tirer d'une même terre, une suite non interrompue de récoltes. Il tenta aussi de prouver, par des expériences directes, que toutes les natures de végétaux peuvent être élevées sans le concours des engrais. Ce célèbre cultivateur vécut néanmoins assez long-temps pour altérer son opinion. Le résultat de ses dernières et de ses plus délicates observations, est qu'une matière unique ne fournit point aux plantes leur nourriture. L'expérience générale des fermiers avait depuis long-temps confirmé cette vérité, et que la végétation absorbait complètement les fumiers. L'épuisement du sol en emportant les blés et les récoltes, les bons effets de faire paître le bétail sur les terres, et de préserver leur fumier, offrent des exemples familiers de ce principe. Plusieurs savans physiciens, Hassenfratz, Saussure, ont prouvé, par des expériences satisfaisantes, que les matières végétales et animales déposées dans le sol, sont absorbées par les plantes, et deviennent une portion de la matière organique. Quoique ni l'eau, ni la terre, ni l'air ne fournissent la totalité de la nourriture, leur concurrence est cependant nécessaire à la marche de la végétation. Aucun engrais ne peut être enlevé par les racines, sans la présence de l'eau, et celle-ci ou ses élémens existent dans tous les produits de la végétation. La germination des graines ne peut s'opérer sans le concours de l'air ou gaz oxigène. Les végétaux décomposent, par la lumière du soleil, le gaz acide carbonique de l'atmosphère, ils en absorbent le carbone, il devient partie de leur organisation, et le gaz oxigène demeure libre. C'est par cette variété d'agens, que l'économie de la végétation sert à l'ordre général du système de la nature.

Il a été prouvé, par différentes recherches, que la constitution de l'atmosphère est demeurée la même depuis le premier moment où elle a été analisée soigneusement, pour la première fois. Ceci dépend, en grande partie, du pouvoir dont les plantes jouissent, d'absorber ou de décomposer les détritus des matières végétales ou animales en putréfaction, et les effluves gazeuses qui en émanent constamment. Le gaz acide carbonique qui, dans la fermentation et la combustion, et la respiration des animaux, se forme avec une grande variété de procédés, ne rencontre, dans toute la nature, qu'un seul moyen de décomposition : la végétation. On doit aux animaux l'existence d'un corps qui paraît être nécessaire à la nourriture des plantes ; les végétaux développent un autre principe nécessaire à l'existence des animaux ; ces différentes classes d'êtres semblent ainsi liées dans l'exercice de leurs fonctions vitales, et jusqu'à un certain point, dépendre, pour leur personnelle existence, les unes des autres. L'eau s'élève de l'océan, et se répand dans l'air, d'où elle retombe sur les campagnes, pour servir aux besoins de la vie. Les diverses couches de l'atmosphère sont mélangées les unes avec les autres, soit par les vents, soit par la variation de la température ; c'est ainsi qu'elles sont amenées successivement, à se trouver en contact avec la surface de la terre, pour y exercer leur action fertilisante. Les modifications du sol, et l'application des engrais, ont été livrées aux soins de l'homme, comme pour exciter son industrie, et lui faire mettre en évidence sa propre puissance.

La théorie de l'opération générale des engrais les plus composés, peut devenir très-facile par des principes chimiques fort simples ; il reste cependant beaucoup à découvrir encore pour obtenir la meilleure méthode de rendre solubles les matières végétales et animales. Quant aux procédés de décomposition, et comment celle-ci peut être accélérée ou retardée, et quels sont les moyens de retirer les plus grands effets des matières employées, j'en traiterai dans la leçon destinée aux engrais.

L'analise montre que les plantes sont en général composées de charbon, et d'une matière aériforme. A la distillation, elles donnent des composés volatils, dont les élémens sont l'air pur, l'air inflammable, une matière charbonneuse, et l'azote, cette même substance élastique, qui forme une grande portion de l'atmosphère, et qui est incapable d'entretenir la combustion. Les plantes tirent ces élémens par leurs feuilles, soit de l'air, soit de la terre, par leurs racines. Tous les engrais, provenus des substances organiques, contiennent les principes de la matière végétale, qui, pendant la putréfaction, sont devenus solubles dans l'eau ou dans l'air. Dans cet état, ils sont aptes à s'assimiler aux organes des végétaux. Un aliment unique ne suffit pas à la vie végétale. Il n'est, ni le charbon, ni l'hydrogène, ni l'azote, ni l'oxigène seuls, mais il est eux tous, dans différens états, et sous plusieurs combinaisons. Dès que les substances organiques sont privés de la vitalité, elles subissent une série de changemens qui les conduit à leur complète destruction, à l'entière séparation et dissipation de leurs parties. Les matières animales sont celles qui sont le plus promptement détruites par l'action de l'air, de la chaleur et de la lumière. Les matières végétales résistent plus long-temps; mais elles finissent par obéir aux lois générales. Le moment de l'application des engrais, dans cet état de décomposition des substances végétales et animales, dépend de la connaissance de ces principes, et j'espère être en état de donner plusieurs faits nouveaux et importans établis sur ces mêmes principes, et qui éloigneront toute espèce de doute, de cette portion de la théorie de l'agriculture.

La chimie des plus simples engrais; de ceux qui agissent à de très-petites quantités, tels que le plâtre, les alcalis, et les substances salines, a été, jusqu'à présent, excessivement obscure. On a pensé, en général, que ces corps agissent dans l'économie végétale comme dans celle animale; qu'ils y sont des condimens, des stimulans, et qu'ils rendent la nourriture commune plus nutritive. Néanmoins, il paraît bien plus probable, qu'ils forment une partie actuelle de la nourriture des végétaux, et qu'ils fournissent, à la fibre végétale, cette espèce de matière, qui est analogue aux os dans la structure des animaux.

Il est bien connu, que dans ce pays, l'action du plâtre est extraordinairement capricieuse, et jusqu'ici on n'a point de données certaines à offrir sur son application.

Il y a cependant de très-bonnes raisons pour croire que ce sujet peut être pleinement éclairci par une recherche chimique. Les plantes qui paraissent profiter le plus par son emploi, sont celles qui, à l'analise en fournissent toujours, le trèfle et la plupart des fourrages des prairies artificielles; mais il existe en très-petite quantité dans l'orge, le froment et le turneps. Beaucoup de cendres de tourbe que l'on vend à un très-haut prix, contiennent une grande quantité de plâtre, avec un peu de fer; et le plâtre paraît y être l'agent le plus actif. J'ai examiné plusieurs terrains, sur lesquels ces cendres avaient été employées avec un plein succès, et il ne m'ont pas fourni une notable quantité de plâtre. Les sols cultivés contiennent suffisamment en général de cette substance pour l'usage des fourrages, son application ne peut donc alors être avantageuse. En effet, les plantes ne veulent qu'une certaine quantité d'engrais; au-delà ils ne peuvent être utiles, ils pourraient même nuire.

La théorie de l'action des substances alcalines est une des parties les plus simples, et les plus distinctes de la chimie agricole. On les trouve dans toutes les plantes, on doit donc les regarder comme une de leurs parties essentielles. Leur puissance de combinaison les rend utiles pour introduire dans la sève des végétaux, ce qui sert à leur nourriture. Les alcalis, qui furent d'abord regardés comme des corps élémentaires, ont heureusement été décomposés; ils sont, de l'air pur, unis à une substance métallique.

inflammable au plus haut degré; mais il n'y a pas de motif pour supposer que, dans la végétation, ils aient été ramenés à leurs élémens.

Je vais traiter ici, avec une grande étendue, le sujet important de la chaux, et je puis donner quelques vues nouvelles.

Les Romains faisaient usage de la chaux éteinte, pour engrais d'un sol qui portait des arbres fruitiers. Pline nous l'apprend. La marne a été employée par les Bretons et les Gaulois comme l'élite des engrais pour la terre; mais l'époque à laquelle l'usage de la chaux calcinée fut introduite dans la culture des terres, je crois, est inconnue. L'origine de son application dans les anciennes pratiques est suffisamment claire. Une substance que l'on employait avec succès dans les jardins a dû bientôt s'introduire dans la culture des champs; et dans les pays où l'on ne trouvait pas de marne, il a été naturel de lui substituer la chaux.

Ceux qui ont écrit le plus anciennement sur l'agriculture, n'ont point de notions justes sur la nature de la chaux, ni de la pierre à chaux, ni de la marne; ils ne connaissent pas leurs effets : c'était une conséquence de l'état de la chimie de leur temps. La matière calcaire était regardée par les chimistes comme une terre particulière qui se combinait au feu avec un acide inflammable. Evelyn, Hartlib, et jusqu'au dernier, Lille, ont, dans leurs écrits caractérisé la chaux comme un engrais chaud, d'usage pour les terres froides. Nous devons au docteur Black d'Edimbourg les premiers documens clairs à ce sujet. Ce professeur célèbre prouva, vers 1755, par des expériences tranchantes, que la pierre à chaux et toutes ses modifications, le marbre, la craie, la marne étaient une terre particulière unie à un acide aériforme; que cet acide, chassé par l'action du feu, produisait une diminution en poids de plus de quarante pour cent, et que, par suite, la chaux devient caustique.

Ces faits importans furent immédiatement appliqués, avec une grande certitude, aux usages de la chaux, soit comme ciment, soit comme engrais. La chaux, employée comme ciment dans son état de causticité, acquiert sa dureté et son état durable, en absorbant l'acide aérien, nommé depuis acide carbonique, lequel existe toujours en petite quantité dans l'atmosphère; et elle redevient, ce qu'elle fut, pierre à chaux.

La craie, les marnes, la pierre à chaux pulvérulente, agissent simplement comme un utile composant du sol, et leur efficacité est proportionnée au manque de matière calcaire qui, dans une proportion plus ou moins grande, est une partie essentielle de tous les sols fertiles; nécessaire peut-être à leur propre texture, mais, en outre, faisant portion des organes des plantes.

La chaux calcinée agit, dans ses premiers effets, comme un réactif qui décompose la matière animale ou végétale, et paraît la mener plus rapidement à l'état où elle est propre à nourrir les végétaux. La chaux cependant est graduellement neutralisée par l'acide carbonique, et convertie en une substance analogue à la craie. Mais alors elle est plus intimement mêlée avec les autres composans du sol; elle est répandue d'une manière plus générale, et mieux divisée. Il est probable qu'elle est beaucoup plus utile à la terre qu'une matière calcaire dans son état primitif.

Le fait le plus remarquable connu sur la pierre à chaux, dans ces dernières années, est dû à M. Tennant. On savait, depuis long-temps, qu'une espèce de pierre à chaux, qui se trouve dans le nord de l'Angleterre, employée dans les terres en quantité considérable, calcinée et délayée, y occasionnait la stérilité, ou du moins faisait un tort considérable aux récoltes. M. Tennant montra, en 1800, par l'analise chimique de cette pierre, qu'elle différait de la pierre à chaux commune par la terre magnésienne qu'elle renfermait. Il prouva, par diverses expériences, que cette dernière nuisait à la végétation, en l'employant en grande quantité dans son état caustique. Il est quelques circonstances cependant où la pierre à chaux magnésienne sert avec le plus grand effet, mise, en quantité modérée, sur les sols fertiles de Leicestershire, Derbyshire et Yorckshire. On peut la mettre en plus grande proportion sur les terrains qui abondent en matière végétale. La magnésie combinée avec l'acide carbonique ne paraît pas nuire à la végétation; et, dans un terrain riche, mise en engrais, elle est promptement combinée avec l'acide carbonique, par la décomposition du fumier.

Après avoir discuté quelle est la nature et l'action des engrais, l'objet qui nous occupera, et ce sera le dernier, est relatif à quelques opérations de l'agriculture, propres à être éclairées par les principes de la chimie.

La théorie chimique des jachères est très-simple. Les jachères ne sont point une source nouvelle de richesses pour le sol. Elles servent uniquement à produire une accumulation de matière décomposable qui, dans le cours ordinaire des récoltes, aurait été employée telle qu'elle a été formée; et il est difficile d'imaginer un seul cas où un sol cultivé puisse rester en jachère, pendant une année, avec quelque avantage pour le cultivateur. Il n'y en a qu'un seul où cette pratique semble avantageuse, c'est celui de la destruction des mauvaises herbes et du nettoyage d'un sol qui en est vicié. Relativement à l'écobuage, ou pelage, et la combustion qui en est la suite, il faut dire :

Que, dans tous les cas, il est évident qu'une certaine portion de la matière végétale est détruite, et que cette opération est utile surtout, lorsqu'il y a dans le sol excès de cette matière. La combustion rend les argiles moins cohérentes, et améliore ainsi leur texture, et fait qu'elles deviennent moins perméables à l'eau (1).

La position dans laquelle cette combustion est évidemment préjudiciable, c'est quand le terrain est un sable siliceux et sec, contenant peu de matière

---

(1) And causes them to be less permeable to water. J'ai rendu le texte ; mais il y a erreur, car les argiles durcies au feu devenant sablonneuses, laissent filtrer l'eau entre elles. M. Davy n'a pas pu faire cette erreur, il faut supprimer *less*, *moins*, c'est une faute d'impression.

animale ou végétale. Elle devient donc alors seulement destructive, car elle enlève à ce sol ce qui eût pu le rendre productif.

Quoique les avantages de l'irrigation aient attiré bien tard l'attention, ils étaient néanmoins très-connus des anciens. Il y a plus de deux siècles que lord Bacon en recommandait la pratique aux cultivateurs de ce pays. L'irrigation des prairies, dit cet illustre personnage, dans son histoire naturelle, au mot *végétation*, agit, non-seulement en donnant aux plantes une utile humidité ; mais, en outre, l'eau y porte une nourriture qu'elle tient en dissolution, et garantit les racines des effets du froid.

Si l'on ne connaît pas parfaitement la nature chimique d'un sol, et les circonstances physiques de son exposition, il est impossible de poser des principes certains sur le mérite comparatif des divers systèmes de culture et de récoltes, adoptés en différens cantons. Les terres arides et cohérentes sont celles que la division parcellaire et l'aération améliorent le plus. Dans le système du labour en plateaux, ces effets sont produits avec la plus grande extension. Le travail et la dépense qui le suivent dans certains districts ne peuvent être compensés par les avantages. Les climats humides sont les plus convenables pour établir des prairies, faire croître des avoines, et d'autres récoltes à larges feuilles. Les terrains roides et argileux sont, en général, plus convenables au froment, et les terrains calcaires produisent d'excellent sainfoin, et du trèfle.

Rien ne manque autant dans l'agriculture que des expériences dans lesquelles toutes les circonstances soient minutieusement et scientifiquement détaillées. Cet art avancera avec d'autant plus de rapidité, qu'il deviendra plus exact dans ses méthodes. Dans les recherches physiques, on doit noter toutes les circonstances pour les prendre en considération. La chute même d'un pouce et demi d'eau, en plus ou en moins, dans le cours d'une saison, ou quelques degrés de température ou même une légère différence dans le tuf; enfin, l'inclinaison du terrain, peuvent produire des différences dans les résultats.

Un traité, qui donnerait les vues d'une recherche précise, pourrait mieux se lier avec les principes de la science; un abrégé historique d'expériences vraiment philosophiques sur la chimie agricole pourrait bien davantage éclairer l'agriculteur, et lui être profitable, que les plus grandes compilations possibles d'essais imparfaits, nés d'un esprit d'empirisme. Cela donne une occasion favorable aux personnes qui argumentent en faveur de la simple pratique et de l'expérience, de rejeter les recherches physiques et les méthodes chimiques d'amélioration dans l'agriculture. Il est impossible de nier que ces vagues spéculations ne se trouvent dans les écrits de ceux qui ont écrit légèrement sur la chimie agricole. Il est assez ordinaire de trouver des changemens proposés où bruissent les termes techniques d'oxigène, d'hydrogène, de carbone et d'azote, comme si la science dépendait des mots, et non pas des choses. Ceci ne devient-il pas un argument en faveur de la nécessité d'établir, à ce sujet, de véritables principes chimiques? Quiconque cependant prétend raisonner sur cette science est obligé de recourir à la chimie;

il sent qu'il peut à peine y faire un pas sans elle. S'il se borne à des vues insuffisantes, ce n'est pas qu'il les préfère à une connaissance plus approfondie, c'est seulement parce qu'elles sont plus connues. Si quelqu'un, voyageant pendant la nuit, désire fuir *le feu follet* qui l'égare, le meilleur moyen dont il puisse user, c'est d'avoir une lumière à la main.

On a dit, et certainement avec une grande vérité, que la chimie philosophique ne servirait à rien pour l'agriculture. Il n'y aurait point de doute, si l'on parlait d'un chimiste purement philosophique, à moins cependant qu'il n'eût fait son apprentissage de la pratique même de l'art, autant que de sa théorie. Mais on doit croire qu'il serait un agronome bien plus expert qu'une autre personne qui ne serait initiée ni dans l'agriculture ni dans la chimie. Sa science, autant qu'elle peut s'étendre, lui servirait. La chimie cependant n'est pas la seule connaissance requise; elle n'est qu'une petite partie des bases philosophiques de l'agriculture, mais cependant très-importante; et, employée comme il le faut, elle doit produire des avantages marqués.

Plus une science fait de progrès, moins ses principes deviennent compliqués, et conséquemment plus ils sont utiles. C'est alors que leur application devient plus avantageuse aux arts. Le cultivateur ordinaire ne peut jamais être éclairé par les doctrines générales philosophiques; mais il ne refuse point d'adopter des pratiques dont il a pleinement reconnu l'utilité, parce qu'elles sont fondées sur ces principes. Le marin se confie à la boussole, quoiqu'il ignore les découvertes de Gilbert sur le magnétisme, et les principes déliés de cette science, que le génie d'Aepinus a développés. L'ouvrier employera la liqueur blanchissante, non-seulement sans en connaître la composition, mais même sans savoir le nom des corps auxquels elle doit ses qualités. Le grand but des recherches chimiques en agriculture doit certainement être la découverte des méthodes d'amélioration. Pour y parvenir, des principes généraux scientifiques, et des connaissances pratiques sont également nécessaires. Le germe des découvertes existe fréquemment dans une spéculation purement rationnelle, et l'industrie n'est jamais plus efficace, qu'au moment où la science vient à son secours.

C'est des plus hautes classes de la société, parmi les possesseurs de terres, qui, par leur éducation, peuvent former des plans éclairés, et à qui leur fortune permet de les mettre à exécution, que la classe ordinaire des laboureurs peut être instruite des principes d'amélioration. Le bénéfice devient réciproque; car l'intérêt du tenancier doit toujours être le même que celui du propriétaire du sol. L'attention du fermier sera plus minutieuse; il s'efforcera de plus améliorer, lorsqu'il sera certain qu'il ne peut tromper son maître, et qu'il a la certitude de l'étendue de ses connaissances. L'ignorance dans le possesseur d'un bien sur la manière dont il doit être traité, conduit souvent le fermier, soit à l'inattention, soit à de mauvaises pratiques. *Agrum pessimum mulctari, cujus dominus non docet, sed audit villicum.*

Il n'y a pas d'idée plus fausse, que celle de croire qu'il faut une grande dépense de temps, et une connaissance précise de la chimie générale, pour suivre des expériences sur la nature des terrains et sur les propriétés des engrais. Il est, au contraire, très-facile de reconnaître si un sol fait effervescence avec un acide; s'il change de couleur, ou s'il brûle lorsqu'il est chauffé, et quel est le poids que le feu lui a fait perdre. Ces indications très-simples, deviennent utiles cependant pour la culture. La dépense qui accompagne ces recherches est une bagatelle. Un petit cabinet suffit pour renfermer tous les vaisseaux; un appareil portatif suffit pour toutes les expériences. Quelques fioles et quelques acides, un creuset : voilà tout le nécessaire; et j'en donnerai la preuve. Dans les expériences de la chimie agricole, dirigées par les vues les plus délicates de la théorie, il y a beaucoup de cas de non réussite, contre un de succès; cela est inévitable, d'après le caprice et l'incertitude des causes qui opèrent, et par l'incertitude et l'impossibilité de calculer toutes les circonstances. Cela ne prouve pas cependant l'inutilité de pareils essais. Un résultat heureux, qui améliorerait généralement une pratique de culture, est un travail digne de toute la vie. Une expérience inutile et bien observée établit une vérité, et tend à détruire un préjugé.

Cette partie de nos connaissances est bien digne d'être cultivée, ne la voulût-on regarder que comme purement philosophique. Est-il rien de plus entraînant, que d'avoir à tracer les formes d'êtres vivans, de fixer leurs propriétés diverses; d'examiner la marche de la matière inorganique dans ses développemens, jusqu'au moment où elle est arrivée à sa plus haute destination, celle d'être utile aux besoins de l'homme ?

Plusieurs sciences sont étudiées avec ardeur, et regardées comme dignes des meilleurs esprits; et cela uniquement sur le récit du plaisir qu'amène leur étude; seulement parce qu'elles agrandissent nos vues sur la nature, et qu'elles nous mettent à portée d'avoir de plus justes idées sur les objets qui nous entourent. Combien cette portion de recherches est-elle digne d'attention! Le plaisir qui naît de l'amour de la vérité et de sa connaissance y est aussi vif que dans toute autre branche, et il est joint à de plus grands avantages, et au lucre. *Nihil est meliùs, nihil uberiùs, nihil homine libero dignius.*

Les découvertes en agriculture n'appartiennent pas seulement au siècle et au pays où elles sont faites; elles étendent leurs bienfaits jusques dans l'avenir; elles enrichissent toute la race humaine, puisqu'elles fourniront la substance à des générations qui ne sont point encore; puisqu'elles ajoutent à la vie, et, bien plus, à ses jouissances.

DEUXIÈME LEÇON.

Des puissances générales de la matière, qui influent sur la végétation; de la gravitation; de la cohésion de l'attraction chimique; de la chaleur; de la lumière; de l'électricité; des substances pondérables; des élémens de la matière, et particulièrement de ceux qui se trouvent dans les végétaux: lois de leur combinaison et de leur arrangement.

Le grand travail du cultivateur est dirigé vers la production ou l'amélioration d'une certaine classe de végétaux. Ce travail est mécanique ou chimique; il doit donc être réglé par les lois qui gouvernent la matière commune. Les plantes elles-mêmes sont jusqu'à un certain point, soumises à ces lois; et il est nécessaire d'étendre leurs effets, en considérant les phénomènes de la végétation, et la culture du monde végétal.

Une des propriétés les plus importantes dont la matière est pourvue, c'est la *gravitation*, ou ce pouvoir par lequel les masses de la matière sont attirées les unes vers les autres. L'effet de la gravitation est de faire tomber sur la surface de la terre les corps lancés dans l'atmosphère: c'est elle qui conserve les différentes portions du globe dans leurs positions. La *gravité* s'exerce dans la proportion de la quantité de la matière. Il arrive de là, que tous les corps placés au-dessus de la terre y tombent en ligne droite, qui, si elle était continuée, passerait au centre de la terre. Un corps qui tombe d'une haute montagne, est un peu détourné de la direction perpendiculaire, par l'attraction qu'exerce la montagne. C'est ce que le docteur Maskeline a démontré sur le Schehallieu.

La gravitation exerce une grande influence sur la croissance des plantes, et les expériences de M. Knight, ont rendu probable, qu'elles devaient presque entièrement la direction de leurs racines et de leurs branches à cette force.

Il fixa quelques graines de fèves de jardin, sur la circonférence d'une roue, qui pouvait tantôt être placée verticalement, et tantôt horizontalement; elle pouvait être mise en mouvement par une autre roue, mue par l'eau, et le nombre de ses révolutions pouvait être réglé. Les fèves furent pourvues d'une humidité suffisante, et placées dans toutes les circonstances favorables à la germination; la plus grande vélocité du mouvement imprimé à la roue, fut de 250 révolutions par minute. On vit, dans tous les cas, les fèves croître, et que la direction de leurs tiges et de leurs racines, était influencée par le mouvement de la roue. Quand la force centrifuge devenait supérieure à celle de gravitation, ce qui arrivait quand la roue verticale faisait 150 révolutions par minute, toutes les racines étendaient leurs extrémités vers la circonférence de la roue, quel que fût le sens, dans lequel la position des graines les eût portées, et, à proportion de leur croissance, s'éloignaient presque à angle droit de son axe; les germes, au contraire, suivaient une direction

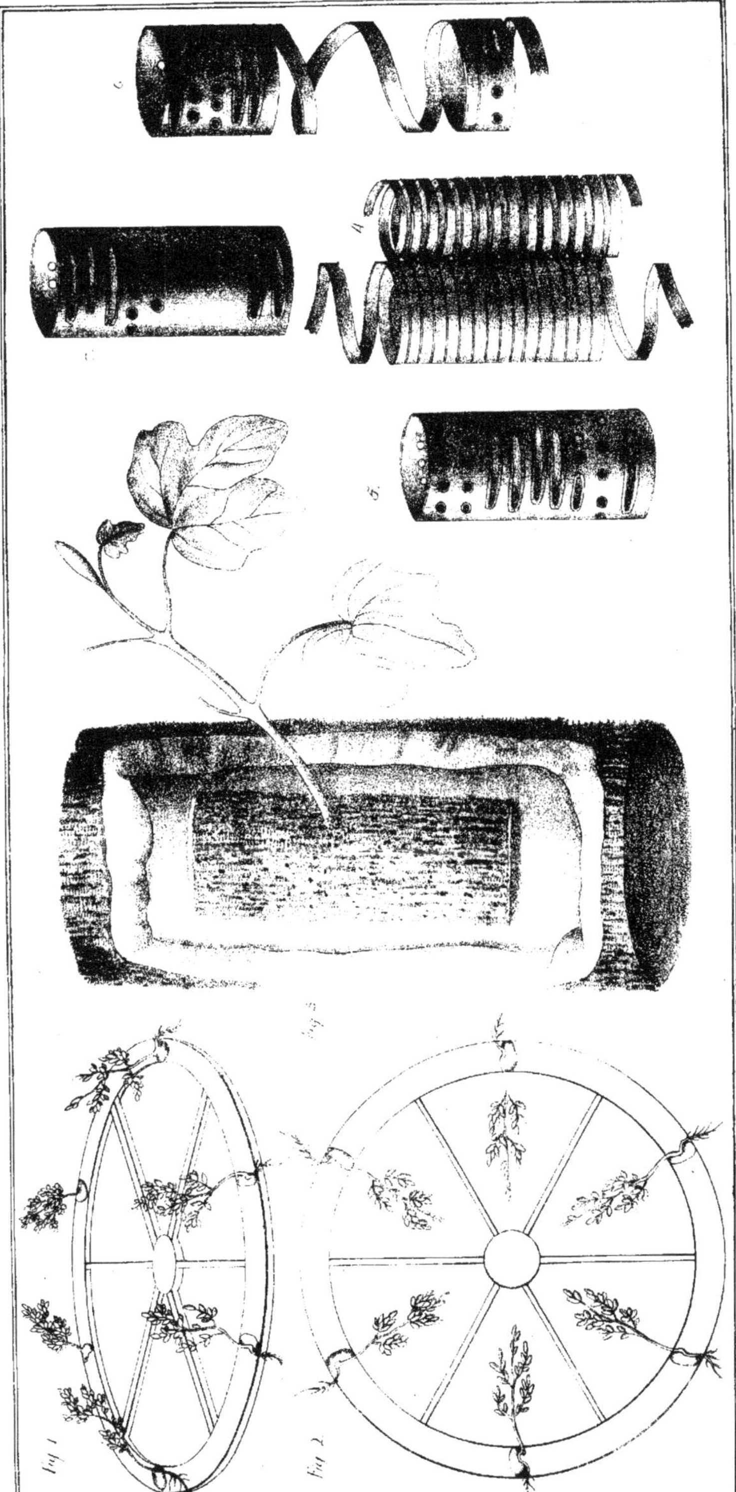

opposée, et leurs pointes se portaient au centre de la roue.

Lorsque celle-ci, placée horizontalement, ne recevait qu'un mouvement suffisant pour modifier la force de gravitation, ou que l'on donnait la plus grande impulsion de vitesse, les radicules se portaient vers le bas, en s'inclinant de dix degrés, et les germes s'élevaient de plusieurs degrés au-dessus du mouvement horizontal de la roue; la déviation était moindre, en raison de la moindre vivacité du mouvement.

La figure Ire *représente la roue dans sa situation verticale, effectuant* 150 *révolutions par minute.*

La figure II. *La roue, placée horizontalement, faisant, par minute,* 250 *révolutions.*

Ces faits donnent une solution satisfaisante de ce problème curieux, sur lequel divers savans ont émis tant d'opinions. Les uns, comme Lahire, l'ont rapporté à la sève; d'autres, comme Darwin, à la puissance vitale de la plante, et à l'action de l'air sur les feuilles, et de l'humidité sur les racines. On sait actuellement que cet effet est lié à des causes mécaniques, et que l'on ne peut le rapporter, dans la nature, à d'autre puissance, qu'à celle de la gravité, qui agit universellement, et dispose toutes les parties à prendre une position uniforme.

Si donc les plantes lui doivent en général leur direction perpendiculaire, il est évident que leur nombre ne peut être augmenté sur une partie donnée de la circonférence de la terre, en rendant sa surface irrégulière, comme l'ont pensé quelques personnes; et qu'une montagne ne peut pas contenir un plus grand nombre de tiges, qu'un terrain plat, qui lui est égal par sa base. Le plus petit effet de l'attraction de la montagne serait de faire légèrement dévier les plantes de la perpendiculaire : lorsque des pousses horizontales s'étendent comme dans certaines herbes, par exemple, le fiorin que le docteur Richardson a fait connaître dernièrement, plus de fourrage peut être produit sur une surface irrégulière ; mais le principe paraît d'une stricte application aux récoltes de blés.

La direction des radicules et des germes, est celle qui peut également les fournir de nourriture, et les offrir à l'action des agens extérieurs, nécessaires à leur développement et à leur croissance. Les racines viennent en contact avec l'humidité de la terre ; les feuilles sont exposées à la lumière et à l'air, et la même loi puissante, qui contient les planettes dans leur orbite, est celle qui règle les fonctions de la vie végétale.

Lorsque deux morceaux de verre poli sont appliqués exactement, ils deviennent adhérens, quelques efforts sont nécessaires pour les séparer ; c'est là ce que l'on nomme *attraction de cohésion ;* c'est elle qui donne aux gouttes d'eau, leur forme globuleuse, et fait élever les fluides dans les tubes capillaires, ce qui l'a fait nommer quelquefois *attraction capillaire.* Elle semble, comme la gravitation, propre à toute matière, et peut être une modification de cette même force générale ; elle joue, comme la gravitation, un rôle important dans la végétation ; elle conserve aux plantes, leur forme d'agrégation, et semble être la cause principale de l'absorption des fluides dans leurs racines.

Si de la magnésie pure, la magnésie calcinée des pharmaciens, est jetée dans du vinaigre distillé, elle s'y dissout graduellement. Ce fait est rapporté à *l'attraction chimique*, puissance par laquelle différentes sortes de corps tendent à s'unir, pour ne former qu'un seul composé. Divers corps s'unissent avec divers degrés de force; c'est ainsi que l'acide sulfurique se combinera à la magnésie, avec plus de rapidité. Si, dans un mélange de vinaigre et de magnésie, mélange dans lequel les propriétés acides du vinaigre sont détruites, on verse de l'acide sulfurique, le vinaigre deviendra libre, et l'acide sulfurique prendra sa place. Cette attraction chimique porte encore le nom *d'affinité chimique*; elle agit dans beaucoup de cas de la végétation. La sève est composée d'un nombre de substances dissoutes dans l'eau, par l'attraction chimique; il paraît, en outre, que c'est une suite de l'action de cette force, qui unit certains principes extraits de la sève, aux organes des végétaux; les lois de l'attraction chimique changent différens produits de la végétation, et leur font prendre d'autres formes. La nourriture des végétaux est préparée dans le sol; les débris des végétaux et des animaux, sont changés par l'action de l'air et de l'eau; ils deviennent fluides ou aériformes; les rochers se minent et se dégradent, se convertissent en sols : ceux-ci, plus divisés, deviennent propres à être les receptacles des racines et des plantes.

Les différentes puissances de l'attraction, servent

à conserver les combinaisons de la matière, à les unir sous de nouvelles formes. S'il n'y avait pas des forces qui se combattissent, tout, dans la nature, éprouverait bientôt un repos parfait, il y aurait un sommeil éternel dans le monde. La gravitation est perpétuellement contrariée par des agens mécaniques, par des mouvemens projectiles, par la force centrifuge, et leurs efforts réunis sont la cause du mouvement des corps célestes. La cohésion et l'attraction chimique sont balancées par *l'énergie répulsive* de la chaleur, et l'ensemble harmonieux des changemens terrestres est le produit de leurs mutuelles opérations.

La chaleur peut se propager d'un corps à un autre; son effet ordinaire est de les dilater, d'agrandir leurs dimensions. Les exemples sont faciles : un solide cylindrique de métal, ne passera pas au travers d'un anneau qui peut seulement suffire à le contenir lorsqu'il était froid; de l'eau, chauffée dans un globe de verre, pourvu d'un col long et délié, s'y élève ; si la chaleur est appliquée à de l'air renfermé dans un semblable vaisseau, renversé au-dessus de l'eau, elle le chassera du vase, et le forcera à passer au travers de l'eau. Les thermomètres sont des instrumens faits pour mesurer les degrés de la chaleur, au moyen de l'expansion des fluides dans des tubes étroits; on emploie généralement le mercure, dont 100000 parties, au point de la congélation de l'eau, deviennent à celui de l'eau bouillante, 101835. Sur le thermomètre de *Fahrenheit*, ces parties sont divisées en 180 degrés. Il est des solides qui, par l'accroissement de la chaleur, deviennent fluides ; les fluides deviennent gazeux ou fluides élastiques ; c'est ainsi que la chaleur convertit la glace en eau, et celle-ci en vapeurs, par une augmentation de chaleur. Celle-ci disparaît, ou, comme on le dit, devient *latente* pendant la conversion des solides en fluides, ou des fluides en gaz; elle se montre de nouveau, ou redevient sensible quand les gaz repassent à l'état de fluides, et ceux-ci à celui de solides. C'est ainsi qu'il se produit du froid, pendant l'évaporation, et de la chaleur, lorsque la vapeur se condense.

Il y a quelques exceptions à la loi de l'expansion des corps par la chaleur, qui paraissent venir de quelque changement dans leur constitution chimique, ou de ce qu'ils se cristallisent. L'argile se contracte par la chaleur, ce qui est dû à ce qu'elle laisse échapper son eau; le fer fondu et l'antimoine se cristallisent en se refroidissant, et prennent de l'expansion. La glace est plus légère que l'eau; celle-ci se dilate un peu avant de se glacer, elle acquiert la plus grande densité à 41 ou 42 degrés, le point de glace étant de 32, et cette circonstance est extrêmement importante dans l'économie générale de la nature. L'influence des changemens des saisons, et de la position du soleil sur les phénomènes de la végétation, démontre les effets de la chaleur sur les fonctions des plantes. Les matières, contenues par le sol, doivent être dans l'état fluide, pour être absorbées par les racines, et quand la superficie est gelée, il leur est impossible d'en tirer de la nourriture. L'activité des changemens chimiques est plus grande par une certaine augmentation de la température, ainsi que la rapidité de l'ascension des fluides par l'attraction capillaire.

Ce dernier fait se démontre aisément, en plaçant dans deux verres de vin une semblable tige creuse d'un gramen, pliée de manière à pouvoir faire couler quelque fluide lentement par l'action capillaire. Si l'on met de l'eau chaude dans un verre, et de la froide dans l'autre, l'eau chaude se répandra beaucoup plus rapidement que la froide. La fermentation et la décomposition des matières animales et végétales demandent un certain degré de chaleur, il est donc nécessaire pour préparer la nourriture des plantes : l'évaporation étant plus rapide en proportion de ce que la températurc est plus élevée, les parties surabondantes de la sève sont plus promptement emportées lorsque son ascension est plus rapide.

Il y a deux opinions soutenues sur la nature de la chaleur : quelques-uns la regardent comme un fluide subtil, particulier, dont les molécules se repoussent l'une l'autre, mais ont une forte attraction pour les parties d'un autre corps ; d'autres les regardent comme un mouvement ou une vibration des molécules de la matière : ils les supposent, en différens temps, ne pas jouir de la même vélocité, et produire ainsi les divers degrés de la température ; quelque soit le parti que l'on veuille adopter entre ces deux opinions, il est certain qu'il existe une matière qui se meut dans l'espace entre nous et les corps célestes, et qu'elle est capable de communiquer la chaleur ; ses mouvemens sont rectilignes ; c'est ainsi que les rayons solaires échauffent la superficie du globe. Les belles expériences du docteur Herschel ont prouvé qu'il y avait des rayons solaires non lumineux, qui produisent plus de chaleur que les rayons visibles. M. Ritter et le docteur Wollaston, ont montré qu'il est d'autres rayons invisibles, distingués par leurs effets chimiques.

L'influence diverse des différens rayons solaires sur la végétation n'a pas encore été étudiée; mais il est certain que les rayons exercent une influence indépendante de la chaleur qu'ils produisent. Les plantes tenues à l'obscurité dans une serre-chaude, végètent fortement, mais ne prennent point leurs couleurs naturelles. Leurs feuilles sont blanches ou pâles, et leur suc aqueux est très-sucré.

Lorsqu'un morceau de cire à cacheter est frotté contre une étoffe de laine, il acquiert la propriété d'attirer les corps légers, des plumes, des cendres, etc. Dans cet état on dit qu'il est *électrique*. Si un cylindre de métal, posé sur un plateau de glace, est mis en contact avec la cire à cacheter, il acquiert le pouvoir momentané d'attirer les corps. L'électricité est donc communicable comme la chaleur. Quand deux corps légers reçoivent la même influence électrique, ou sont électrisés par le même corps, ils se repoussent l'un l'autre. Si l'un des deux a reçu l'action de la cire à cacheter, et l'autre celle d'un morceau de verre frotté avec de la laine, ils s'attirent réciproquement. C'est pour cela que l'on dit, que les corps électrisés de la même manière, se repoussent, et que les autres s'attirent. L'électricité du verre est nommée vitreuse, ou positive; celle de la cire à cacheter, résineuse, ou négative.

Lorsque deux corps sont frottés l'un contre l'autre,

l'un se trouve électrisé positivement, et l'autre toujours négativement. Ces états sont, en employant la machine électrique, susceptibles de se communiquer aux métaux placés sur un plateau de glace, ou sur des pieds de verre. L'électricité est pareillement produite par le contact de deux corps. C'est ainsi que le zinc et l'argent donnent un léger choc électrique, quand on les fait se toucher l'un l'autre, et qu'ils touchent la langue. Si l'on range un grand nombre de plaques de cuivre et de zinc, cent, par exemple, et qu'on les mette en pile avec du drap humecté d'eau salée; qu'ils soient dans l'ordre suivant : zinc, cuivre, drap mouillé; puis encore zinc, cuivre et drap, et ainsi de suite, ils formeront une batterie électrique qui donnera des chocs et des étincelles, et qui possédera un pouvoir chimique remarquable. Les phénomènes lumineux produits par l'électricité, sont bien connus. Il serait déplacé de s'y appesantir ici. Ils sont les effets les plus caractérisés occasionnés par cet agent; ils offrent les éclats de la lumière et du tonnerre.

Les changemens électriques ont constamment lieu dans la nature, à la surface de la terre et dans l'atmosphère. On n'a point encore suffisamment examiné les effets de cette puissance sur la végétation. Il a cependant été démontré par des expériences faites avec la *pile de Volta*, appareil formé de zinc, de cuivre et d'eau, que les corps composés sont, en général, susceptibles de décomposition par l'électricité. Il est probable que les différens phénomènes électriques qui arrivent dans notre système, doivent influer sur la germination des graines et sur la croissance des plantes. J'ai découvert que le blé poussait plus rapidement dans de l'eau électrisée positivement avec la pile de Volta, que dans celle qui l'était négativement. Les expériences faites sur l'état de l'atmosphère, ont montré que les nuages sont ordinairement dans l'état négatif; et comme lorsqu'un nuage est dans cet état électrique, la surface de la terre passe à un état opposé, elle est donc alors électrisée positivement.

Les Savans adoptent diverses idées sur la nature de l'électricité. Quelques-uns d'eux conçoivent les phénomènes électriques comme dépendans d'un seul fluide subtil, qui est en excès dans les corps regardés comme électrisés positivement, et qui se trouve en moins, dans ceux électrisés négativement. D'autres attribuent la production de ces effets à deux fluides différens, nommés par eux fluide vitreux, et fluide résineux; il en est d'autres enfin, qui les regardent comme des affections ou mouvemens de la matière, ou bien comme une manifestation des puissances attractives, analogues à celles qui produisent les compositions et les décompositions chimiques, mais qui exercent habituellement leur action sur les masses.

Les différens pouvoirs qui viennent de nous occuper d'une manière générale, agissent continuellement sur la matière commune, de façon à varier ses formes, et à produire les divers arrangemens qui la rendent propre aux besoins de la vie. On dit qu'un corps est simple, lorsque l'on ne peut parvenir à lui faire prendre quelqu'une des autres formes de la matière. Ainsi donc, l'or, l'argent, quoiqu'ils puissent se fondre au feu, et qu'ils éprouvent l'action de divers dissolvans, sont regardés comme des corps simples, parce qu'ils peuvent recouvrer toutes leurs propriétés, sans avoir subi aucun changement. Un corps, au contraire, est regardé comme composé, lorsque deux, et même un plus grand nombre de substances distinctes peuvent lui devoir leur être. Le marbre est donc un corps composé, puisque, par une forte chaleur, il se convertit en chaux, et qu'un fluide élastique en est dégagé. Nous sommes certains de connaître la véritable composition d'un corps, lorsque l'on peut le reproduire par les mêmes substances dans lesquelles il a été décomposé. Ainsi, en exposant pendant un long temps au fluide élastique qui s'est dégagé pendant sa calcination, le même morceau de chaux, il se convertira en une substance analogue à du marbre réduit en poudre. Le mot *élément* a le même sens que celui de *corps simple*, ou non décomposé. Il est uniquement appliqué relativement à l'état actuel de nos connaissances chimiques; il est problable que nous ne sommes point encore éclairés sur aucun des véritables élémens de la matière. Plusieurs corps que l'on regardait autrefois comme simples, ont été décomposés depuis peu, et l'arrangement chimique des corps doit être seulement regardé comme une pure expression des faits, et le résultat d'expériences statistiques et soignées.

Les substances végétales sont, en général, d'une nature très-composée. Elles renferment un grand nombre d'élémens, dont beaucoup appartiennent à d'autres portions du domaine de la nature, et s'y rencontrent sous diverses formes. Leurs arrangemens les plus compliqués seront mieux connus, lorsque les formes les plus simples de leurs combinaisons auront été examinées.

Les seuls corps que je regarderai maintenant comme indécomposés, sont, ainsi que je l'ai dit dans l'introduction, deux gaz nécessaires à la combustion, sept corps inflammables, et trente-huit métaux.

Dans beaucoup de composés dont la nature est bien connue, et qui sont formés par ces élémens, ils entrent dans des proportions marquées; de sorte que, représentant ces élémens par des nombres, on exprimera par ces mêmes nombres les proportions dans lesquelles ils s'y trouvent, ou par quelques-uns de leurs multiples.

Je rapporterai, en peu de mots, les propriétés caractéristiques des substances simples les plus importantes, et les nombres désignant les proportions dans lesquelles ils se combinent, dans les cas dont on est parfaitement assuré.

1° *L'oxigène* forme environ un cinquième de l'air de notre atmosphère. C'est un fluide qui demeure élastique à toute température connue. Sa pesanteur spécifique est à celle de l'air comme 10,967 à 10,000. Il entretient la combustion avec plus de vivacité que ne le fait l'air commun; de sorte qu'un petit fil d'acier, ou un morceau de ressort d'acier, ayant à son extrémité un petit morceau de bois enflammé attaché, étant introduit dans une bouteille pleine de ce fluide, y brûle avec le plus grand éclat. Il est respirable; il est légèrement soluble dans l'eau. Le nombre qui représente la proportion dans laquelle il se combine, est 15. On l'obtient en chauffant un mélange d'un métal nommé manganèse, et d'acide sulfurique; ou bien en chauffant aussi fortement, dans un appareil convenable, du plomb rouge, ou du précipité rouge de mercure.

2° Le *chlore*, ou gaz oximuriatique, est de même que l'oxigène un fluide toujours élastique. Sa couleur est d'un vert jaunâtre; son odeur est très-désagréable : il n'est point respirable. Il entretient la combustion de tous les corps ordinaires inflammables, excepté celle du charbon. Sa pesanteur spécifique est à celle de l'air comme 24,677 est à 10,000. Il est soluble dans la moitié à peu près de son volume d'eau. Sa solution dans l'eau détruit les couleurs végétales. Plusieurs métaux, tels que le cuivre et l'arsenic, y prennent feu spontanément, en les introduisant dans une bouteille pleine de ce gaz. On se procure le chlore en chauffant un mélange d'esprit de sel, ou acide muriatique, avec de la manganèse. Le nombre qui représente la proportion dans laquelle ce corps entre en combinaison est 67.

3° L'*hydrogène*, ou gaz inflammable, est le corps connu le plus léger. Sa pesanteur spécifiqne est à celle de l'air comme 7,320 est à 10,000. En contact avec l'atmosphère, il brûle par l'action d'une simple bougie. L'unité (1) représente la proportion dans laquelle il se combine. On se le procure par le moyen de l'huile de vitriol, étendue d'eau, acide hydro-sulfurique, versée sur de la limaille de fer, ou de zinc.

---

(1) L'auteur a pris l'hydrogène pour l'unité, et presque tous les autres chimistes ont adopté l'oxigène. Ce qui a pu déterminer l'auteur, c'est la plus grande légèreté de ce corps; ainsi l'hydrogène exige 15 d'oxigène ou l'un de ses multiples. (*Note du traducteur.*)

C'est ce gaz qui est employé pour remplir les aérostats.

4° L'*azote* est une substance gazeuse, incapable d'être condensée par aucun degré de froid connu. Sa gravité spécifique est à celle de l'air commun comme 9,616 à 10,000. Dans aucune circonstance ordinaire, il ne peut entrer en combustion; mais on peut l'unir à l'oxigène, par le moyen de l'étincelle électrique. Il forme presque les quatre cinquièmes de l'air atmosphérique. On se le procure en brûlant du phosphore dans de l'air renfermé dans un vase. Le nombre 26 est celui qui représente la proportion dans laquelle il se combine.

5° Le *carbone* est regardé comme la matière pure du charbon. On se le procure en faisant passer de l'esprit de vin à travers un tube chauffé au rouge. Il n'a jamais été ni pu être fondu; mais il s'élève en vapeur à une haute température. On ne peut s'assurer aisément de sa pesanteur spécifique. Celle du diamant, qui chimiquement ne peut pas être distinguée du carbone pur, est à celle de l'eau comme 3,500 à 1,009. Le charbon a la propriété remarquable d'absorber plusieurs fois son volume de différens fluides élastiques, que la chaleur peut en chasser. Son nombre est 11,4.

6° Le *soufre* est cette substance pure, si généralement connue sous ce nom. Sa pesanteur spécifique est à celle de l'eau comme 1,990 est à 1,000. Il fond à environ 220° de Fahrenheit. Il prend feu entre 500 et 600, s'il est en contact avec l'air; sa flamme est d'un bleu pâle. Dans ce procédé, il se dissout dans l'oxigène de l'air, et produit un fluide particulier acide et élastique : 30 représente le nombre des proportions dans lesquelles il se combine.

7° Le *phosphore* est un solide d'une couleur rouge pâle, dont la pesanteur spécifique est 1,770. A 90°, il est fondu, et bout à 550. Il est lumineux dans l'air à la température ordinaire, et brûle avec une grande violence à 150; en sorte qu'il faut le manier avec une grande précaution. Son nombre est 20. On l'obtient en faisant digérer ensemble des os calcinés et de l'acide sulfurique, et chauffant très-fortement le fluide qui se produit avec du charbon en poudre.

8° Le *bore* est un solide d'une couleur olive obscure, infusible à toute température connue. C'est une substance récemment découverte, et retirée de l'acide boracique. Il brûle avec des étincelles brillantes, lorsqu'il est chauffé dans l'oxigène, mais non pas dans le chlore. Sa gravité spécifique et son nombre pour sa proportion de combinaison ne sont pas encore parfaitement connus.

9° Le *platine* est un des métaux nobles. Il est plus blanc que l'argent : c'est le corps le plus pesant de la nature. Sa gravité spécifique est de 21,500. Aucun des dissolvans acides, excepté ceux qui contiennent le chlore, n'agissent sur lui. Il exige un violent degré de feu pour être mis en fusion.

10° Les propriétés de l'*or* sont bien connues. Sa gravité spécifique est de 19,277. Il a les mêmes rapports avec les dissolvans acides que le platine, et c'est un trait caractéristique de ces deux corps d'être difficilement attaqués par le soufre.

11° L'*argent* a pour pesanteur spécifique 10,400. Il brûle plus promptement que le platine, ou l'or, qui exigent la chaleur intense de l'électricité; il s'unit promptement au soufre. Son nombre pour la combinaison est 205.

12° Le *mercure* est le seul métal qui, à la température ordinaire de l'atmosphère, soit fluide. Il bout à 660°, et se congèle à 39 au-dessous de zéro. Sa pesanteur spécifique est 13,560, et son nombre pour la combinaison, 380.

13° Le *cuivre* a pour sa pesanteur spécifique 8,890. Fortement chauffé, il brûle en donnant une flamme rougeâtre teinte de vert. Son nombre est représenté par 120.

14° Le *cobalt* a de pesanteur spécifique 7,700. Son point de fusion est à une température très-élevée, et presque égal à celui du fer. Dans son état de calcination, ou d'oxide, il imprime au verre une couleur bleue.

15° Le *nikel* est d'une couleur qui tire au blanc. Sa pesanteur spécifique est 8,820. Ce métal et le cobalt jouissent, comme le fer, de la propriété d'être attirables à l'aimant. Son nombre est 111.

16° Le *fer*. Sa pesanteur spécifique et 7,700. Ses autres propriétés sont bien connues; et, pour sa combinaison, son nombre est 103.

17° L'*étain*. Sa gravité spécifique est 7,291; il est très-fusible, et s'enflamme quand il est exposé au feu, à l'air libre. Le nombre qui exprime la proportion dans laquelle il se combine est 110.

18° Le *zinc* est, dans les métaux communs, celui qui est le plus combustible. Sa gravité spécifique est d'environ 7,210. Dans les circonstances ordinaires, il est fragile; chauffé, il peut être forgé et étendu en feuilles minces. Il est malléable après cette opération. Son nombre est 66.

19° Le *plomb*. Sa gravité spécifique est 11,362. il fond à un degré de chaleur un peu plus haut que l'étain : 398 est son nombre proportionnel.

20° Le *bismuth* est un métal cassant, presque aussi fusible que l'étain. Sa gravité spécifique est 9,822. Chauffé lentement, il cristallise en cubes : 135 est son nombre.

21° L'*antimoine* est un métal capable de se volatiliser à une forte chaleur rouge. Sa pesanteur spécifique est 6,800. Il brûle étant enflammé avec une lumière blanchâtre et faible. Son nombre est 170.

22° L'*arsenic* a une couleur d'un bleu tirant au blanc. Sa gravité spécifique est 8,310. On se le procure en chauffant fortement, dans un vase de verre, l'arsenic blanc du commerce mêlé avec de l'huile. Son nombre est 90.

23° La *manganèse* se retire de la mine qui porte ce nom, en la traitant à un feu violent de forge, et mêlée avec du charbon en poudre. Ce métal est d'une fusion très-difficile; il est très-combustible. Sa gravité spécifique est de 6,850; et son nombre 177.

24° Le *potassium* est le plus léger de tous les métaux, puisque sa pesanteur spécifique est seulement de 850. Il se fond à environ 150°, et s'élève en vapeur à une chaleur un peu inférieure au rouge. Il est puissamment combustible, prend feu quand on le jette dans l'eau, et donne une flamme brillante; le produit de la combustion se dissout dans l'eau. Son nombre est 75. On l'obtient en faisant passer de l'alcali végétal caustique, alcali pur des pharmacies, sur de la limaille de fer portée au rouge dans un canon de fusil, ou par l'action de la pile de Volta.

25° Le *sodium* se fait de la même manière que le potassium. Sa gravité spécifique est 940. Il est très-combustible. Jeté dans l'eau, il y nage à la surface, et y siffle avec violence, en se dissolvant, mais ne s'enflamme pas. Son nombre est 88.

26° Le *barium* n'a encore été obtenu que par l'étincelle électrique, et en très-petite quantité. Ses propriétés n'ont pas pu être assez examinées. Son nombre est 130.

Le vingt-septième est le *strontium*, *le calcium* le vingt-huitième, le *magnesium* le vingt-neuvième, le trentième le *silicum*, le trente et unième *l'aluminum*, le trente-deuxième le *zirconum*, le *glacinium* le trente-troisième, et *l'itrium* le trente-quatrième des corps indécomposés : aucun d'eux n'a été plus que le *barium*, obtenu pur et en quantité suffisante pour que leurs propriétés aient pu être soigneusement examinées. On les retire, soit par le pouvoir électrique, soit par l'action du potassium, des diverses terres des mêmes noms dont on change la terminaisou en *um*. On croit que 90 est le nombre du *strontium*, 40 du *calcium*, 38 du *magnesium*, 31 du *silicum*, 33 de *l'aluminum*, 70 du *zirconum*, 39 du *glucinum*, et 111 de *l'itrium*.

Des autres treize corps simples, douze sont des métaux, dont plusieurs sont, comme ceux dont je viens de parler, obtenus avec de grandes difficultés. La nature les fournit dans des circonstances très-rares : ce sont le *palladium*, le *rodium*, *l'osmium*, *l'iridium*, le *columbium*, le *chrome*, le *molibdene*, le *cerium*, le *tellure*, le *tongstène*, le *tiane* et l'*urane*. Ces 47 corps n'ont pas encore été obtenus dans un état de pureté qui ait permis un examen détaillé. Le 47e est le principe qui caractérise *l'acide fluorique*, et que l'on pourrait appeler *fluon*, en français *fluor;* il est vraisemblement analogue au soufre ou au phosphore (1).

Les nombres qui peuvent représenter les proportions de combinaison des 13 derniers corps dont je viens de parler, n'ont pas encore été déterminés assez précisément pour en rendre un compte qui puisse être utile.

Les substances indécomposées sont aptes à s'unir

---

(1) Depuis l'impression de cette page, dit l'auteur dans des corrections placées en tête de son ouvrage, j'ai appris par quelques expériences, qu'il a plus d'analogie avec le chlore et l'oxigène. Cette recherche n'ayant d'ailleurs aucune liaison avec l'agriculture, je n'ai pas cru utile de faire réimprimer cette feuille pour la pure satisfaction de donner un éclaircissement.

Si le chlore et l'oxigène constituaient le fluon, ou, comme nous le nommons en français, *le fluor*, il faudrait retirer cette substance de la liste des corps simples, puisqu'elle se résoudrait en deux corps élémentaires.

Depuis l'instant où sir Humphry Davy a publié ces Elémens, en 1813, la chimie n'a pas cessé d'acquérir. Un chimiste français a découvert un 48e corps simple *l'iode :* on le retire des eaux mères de la solution de soude de varec. Après que celles-ci ont donné par la cristallisation la très-petite quantité de sous-carbonate de soude, et tout le sulfate de soude qu'elles peuvent fournir, on les met dans une cornue avec de l'acide sulfurique, et l'on distille; il se sublime une poudre d'un très-beau violet, couleur d'où elle tire son nom. (Voyez ses propriétés et ses combinaisons dans les Elémens de Chimie de M. Thénard, 2e édition.) *Note du Traducteur.*

les uns avec les autres; les composés les plus remarquables sont ceux qui résultent des combinaisons de l'oxigène et du chlore, avec les corps inflammables et les métaux. Ces combinaisons ont ordinairement lieu avec une grande énergie, et le feu s'y manifeste. La combustion est en effet dans les circonstances ordinaires, le procédé de dissolution d'un corps dans l'oxigène, comme cela s'opère quand le soufre et le charbon brûlent; ou dans la fixation de l'oxigène, sous forme solide, par les corps combustibles, ce qui a lieu quand les métaux brûlent ou que le phosphore s'enflamme, ou enfin par la production d'un fluide provenant de deux corps, comme lorsque l'hydrogène et l'oxigène s'unissent pour former de l'eau.

Si des quantités considérables d'oxigène ou de chlore, s'unissent à des métaux ou à des corps inflammables, ils produisent souvent des acides. Ceux nommés sulfurique, phosphorique, boracique, sont le résultat de quantités d'oxigène uni au soufre, au phosphore, au bore. Le gaz acide muriatique est formé par l'union du chlore avec l'hydrogène.

De moindres quantités d'oxigène ou de chlore sont-elles unies avec les corps inflammables ou les métaux, elles ne donnent plus naissance à des acides, mais à des substances plus ou moins solubles dans l'eau. Les oxides métalliques, les alcalis fixes, les terres, tous les corps liés par l'analogie, sont le résultat de l'union des métaux avec l'oxigène.

Les quantités de quelques composés, dont la nature est bien connue, peuvent être exposées par des nombres qui représentent leurs élémens. Ce qui est nécessaire c'est de connaître la quantité de leurs proportions. La potasse, ou alcali caustique pur, contient 75 de *potassium*, et 15 *d'oxigène.*

L'acide carbonique est composé de 30 d'oxigène, et de 11,4 de charbon.

La chaux contient 40 de *calcium*, et 15 d'oxigène. Le *carbonate de chaux*, ou craie pure, renferme 41,4 d'acide carbonique, et 55 de chaux.

L'*eau* contient deux proportions d'hydrogène, et une d'oxigène, 15. Lorsqu'elle s'unit à d'autres corps en proportions déterminées, sa quantité est de 17, ou quelques-uns des multiples de 17, c'est-à-dire 34, 61, 68.

La soude contient deux proportions d'oxigène, et une de *sodium*.

L'ammoniaque ou alcali volatil est composée de six proportions d'hydrogène, et une d'azote.

Parmi les terres la *silice* ou terre des cailloux, a vraisemblablement deux proportions d'oxigène, et une de *silicim*. La *magnésie*, la *strontiane*, la *baryte*, l'*alumine*, la *zircone*, la *glucine* et l'*itria* ont vraisemblablement une proportion de métal et une d'oxigène.

Les oxides métalliques sont en général composés d'un métal combiné avec une et jusques à quatre parties d'oxigène. Dans quelques circonstances un même métal fournit des oxides très-différens; il y a, par exemple, trois oxides de plomb. Le jaune ou massicot, ayant deux proportions d'oxigène; l'oxide rouge ou *minium*, trois; l'oxide couleur ponce, quatre. Le cuivre a deux oxides, le noir et l'orange; le premier a deux proportions d'oxigène, et le second une.

Dans les expériences nécessaires pour connaître la composition des corps (celles qui ont quelques liaisons avec la chimie agricole) il n'est besoin d'employer qu'un petit nombre de corps indécomposés. Quant aux corps composés, les acides, les alcalis et les terres, sont les substances les plus essentielles. Les élémens que les végétaux fournissent, sont, ainsi qu'il a été dit dans l'introduction, en très-petit nombre: L'oxigène, l'hydrogène et le carbone, constituent la plus grande partie de leur matière organique. L'azote, le phosphore, le soufre, la manganèse, le fer, la silice, la chaux, l'alumine et la magnésie, entrent dans leur composition avec divers arrangemens, ou se rencontrent dans les agens auxquels ils sont exposés. Ces douze substances indécomposées sont celles dont l'étude est la plus importante pour l'agriculture chimique.

La doctrine des combinaisons déterminées, telle que nous l'établirons dans la suite, nous fournira des vues justes sur la composition des plantes, et sur l'économie du règne végétal; mais cette même précision de poids et de mesure, ces mêmes résultats de statique, qui reposent sur cette uniformité de lois qui gouvernent la matière morte, ne peuvent se rencontrer dans des opérations où l'on examine les puissances vitales, où il existe une diversité d'organes et de fonctions. Les classes de corps inorganiques déterminés du règne minéral, en y renfermant même tous les arrangemens de la cristallisation, sont peu nombreuses, si on les compare aux formes et aux substances de la matière vivante. La vie imprime un caractère particulier à ses productions; les pouvoirs d'attraction et de répulsion, de combinaison et de décomposition lui sont utiles. Peu d'élémens, sont par la diversité de leur arrangement, faits pour produire les substances les plus différentes ; et des substances semblables sont le produit de composés qui, examinés superficiellement, paraissent être tout à fait différens.

TROISIÈME LEÇON.

Organisation des plantes, des racines, des tiges, des branches; de leur structure, de l'épiderme, de la partie corticale et interne, des feuilles, des fleurs, des graines; de la constitution chimique des organes des plantes, des substances qui s'y rencontrent, des parties mucilagineuses, saccarines, extractives, résineuses, huileuses; des autres composés végétaux, de leur arrangement dans les organes des plantes; leur composition, leurs changemens, leurs usages.

La variété caractérise le règne végétal; il existe cependant une analogie entre les formes et les fonctions de toutes les différentes classes de plantes, et les principes scientifiques, relatifs à leur organisation, reposent sur cette analogie.

Les structures végétales existent, distinguées de celles des animaux, en ce qu'elles ne donnent aucun signe de perception ou de mouvement volontaire; leurs organes sont ou de nourriture, ou de reproduction; ils sont organes de conservation ou d'accroissement individuel, ou servent à la multiplication des espèces.

Dans le système végétal vivant, on doit considérer la forme extérieure, et la constitution intérieure.

Toute plante, examinée quant à l'extérieur, montre

quatre systèmes d'organes, ou du moins des parties qui y sont analogues; le premier est les racines, le deuxième le tronc, les branches ou tiges, le troisième les feuilles, et le quatrième les fleurs ou les graines.

La racine est la partie du végétal qui frappe le moins la vue, mais elle est d'une absolue nécessité; elle attache la plante au sol, elle est son organe nourricier, l'appareil par lequel elle soutire du sol sa nourriture. Les racines des plantes sont, dans leur division anatomique, très-semblables aux troncs et aux branches; on peut dire, avec vérité, que la racine est une prolongation du tronc, qui se termine en ramifications déliées et en filamens, et non pas en feuilles. Il est des arbres dont on peut enterrer les branches dans le sol, et élever les racines en l'air, et il y aura un changement de fonctions : les racines produiront des boutons et des feuilles, tandis que les branches se prolongeront en fibres radicales et en tubes. Cette expérience a été faite par Woodward, sur le saule, et plusieurs physiologistes l'on répétée.

Quand les branches ou les racines d'un arbre ont été coupées transversalement, on distingue ordinairement trois corps : l'écorce, le bois et la moelle, et ceux-ci sont encore susceptibles de division.

L'écorce, lorsqu'elle est parfaitement formée, est couverte par une pellicule mince, ou *épiderme*, que l'on en peut aisément séparer. L'écorce est en général composée de lames ou d'écailles qui, dans les vieux arbres, sont dans un état de dépérissement. L'épiderme n'est pas vasculeux, il défend seulement la partie intérieure. Dans les arbres forestiers, et les gros arbrisseaux, dont les corps sont durs, et le tissu fort, l'épiderme est une partie de peu d'importance; mais dans les roseaux, les graminées, les cannes, et dans les plantes qui ont de longues tiges creuses, il est d'un grand usage; il y est excessivement fort, et paraît, vu au microscope, une espèce de réseau vitré qui est principalement de la terre siliceuse.

C'est ainsi qu'on le trouve dans le blé, l'orge, plusieurs espèces *d'equisetum*, les prêles, et par-dessus tout dans le rotang, dont l'épiderme contient assez de silice pour donner des étincelles sous le briquet, ou produire de la lumière en en frottant deux morceaux l'un contre l'autre. Ce fait s'est présenté à moi en 1798, et m'a conduit à des expériences, par lesquelles je me suis assuré que la terre siliceuse existe généralement dans toutes les plantes fistuleuses.

Cet épiderme siliceux sert de support, défend l'écorce contre l'action des insectes, et semble tenir la même place dans l'économie de ces familles de végétaux faibles, que la coquille chez les animaux crustacés.

Immédiatement sous l'épiderme est le *parenchyme*, c'est une substance molle remplie de cellules pleines d'eau fluide, et ayant toujours une teinte verdâtre. Les cellules du parenchyme, examinées au microscope, paraissent hexagones. Cette forme semble affectée aux membranes cellulaires des végétaux, et être le résultat d'une réaction générale des solides, semblable à celle qui a lieu dans les rayons de miel. Cet arrangement, que l'on a coutume d'attribuer au savoir et à l'art de l'abeille, est uniquement, ainsi que l'a montré le docteur Woollaston, l'effet de la pression des cylindres composés d'une matière molle; les nids des abeilles sauvages étant uniformément circulaires.

L'extrême intérieur de l'écorce est formé par des *couches corticales*, dont le nombre varie suivant l'âge de l'arbre. En coupant l'écorce d'un arbre qui a plusieurs années d'existence, il est facile de reconnaître distinctement les diverses périodes de l'accroissement, quoiqu'il soit difficile de déterminer la couche propre à chaque année.

Les couches corticales sont composées de fibres entrelacées qui sont transversales et longitudinales. Les transversales sont membraneuses et poreuses; les longitudinales sont généralement des tubes.

Les fonctions des parties parenchymateuses et corticales sont d'une grande importance dans l'écorce.

Les tubes des parties fibreuses paraissent être les organes qui reçoivent la sève. Les cellules semblent destinées à son élaboration, à l'exposer à l'action de l'atmosphère, et à former la matière nouvelle qui, chaque année, se produit dans le printemps immédiatement à la surface intérieure de la couche corticale, formée l'année précédente.

Les expériences de M. Knight et celles de plusieurs autres physiologistes, ont fait voir que la sève descend à travers l'écorce, après y avoir été modifiée, et qu'elle est la cause principale de la croissance de la plante; si donc l'écorce reçoit quelque blessure, la formation principale de la nouvelle écorce, qui se rétablit, s'opère à la partie supérieure de la plaie. Quand le bois a été enlevé, la régénération du nouveau bois se fait immédiatement sous l'écorce; néanmoins il paraîtrait, d'après les dernières observations de M. Palissot de Beauvois, que la sève peut arriver à l'écorce, pour y exercer ses fonctions nutritives, indépendamment d'aucun système général de circulation. Ce Savant a séparé différentes portions d'écorce, du reste de celle de plusieurs arbres, et il a vu que, dans beaucoup de cas, l'écorce séparée prenait son accroissement de la même manière que celle restée dans sa position naturelle. Ces expériences réussirent parfaitement sur le tilleul, l'érable et le lilas : les écorces furent enlevées au mois d'août 1810, et au printemps suivant, l'érable et le lilas produisirent de petits rejetons, dans les parties où l'écorce avait été isolée.

La figure III *représente le résultat de l'expérience sur l'érable.* (*Voyez* Journal de Physique, *page* 210, *septembre* 1811.)

Le bois des arbres est composé d'une partie extérieure ou vivante appelée *aubier* ou bois sèveux; et d'une partie intérieure ou morte, nommée *cœur du bois*. L'aubier est blanc et plein d'humidité; dans les jeunes arbres et les rejetons annuels, il s'étend même jusqu'à la moelle. L'aubier est le grand système vasculaire du végétal; c'est par lui que s'élève la sève, et ses vaisseaux s'étendent depuis les feuilles jusqu'aux plus déliés filamens des racines.

L'aubier contient une substance membraneuse composée de cellules constamment remplies de la sève de la plante, et le système vasculaire offre différentes espèces de tubes. M. Mirbel en a distingué quatre : *les tubes simples*, *les tubes poreux*, *les trachées* et *les fausses trachées*.

Les figures IV, V, VI, VII, *représentent l'opinion de M. Mirbel.*

4, *tubes simples.*

5, *tubes poreux.*

6, *trachées.*

7, *fausses trachées.*

Les tubes, qu'il a nommés *simples*, paraissent renfermer les fluides résineux ou huileux, propres à chaque nature de plante. Les tubes *poreux* contiennent aussi ces fluides, et leur emploi est vraisemblablement de les porter dans la sève, pour la production de nouveaux arrangemens.

Les trachées contiennent une matière fluide, toujours claire, aqueuse, transparente. Ces organes, de même que les fausses trachées, séparent probablement l'eau de fluides plus denses, qui deviennent ainsi capables de consolider la production du nouveau bois.

L'arrangement des fibres du bois offre deux apparences distinctes; il y a une série de lames blanches et brillantes qui naissent du centre à la circonférence, elles constituent ce que l'on nomme le *grain d'argent* du bois.

Il y a pareillement une suite de couches concentriques nommées essentiellement le *grain bâtard*; c'est par leur nombre que l'on distingue l'âge d'un arbre.

La figure VIII *représente la section transversale d'une branche d'orme; la structure tubulaire, le grain d'argent et le grain bâtard.*

La figure IX, *la section d'une branche de chêne.*

Et la figure X, *celle d'une branche de frêne.*

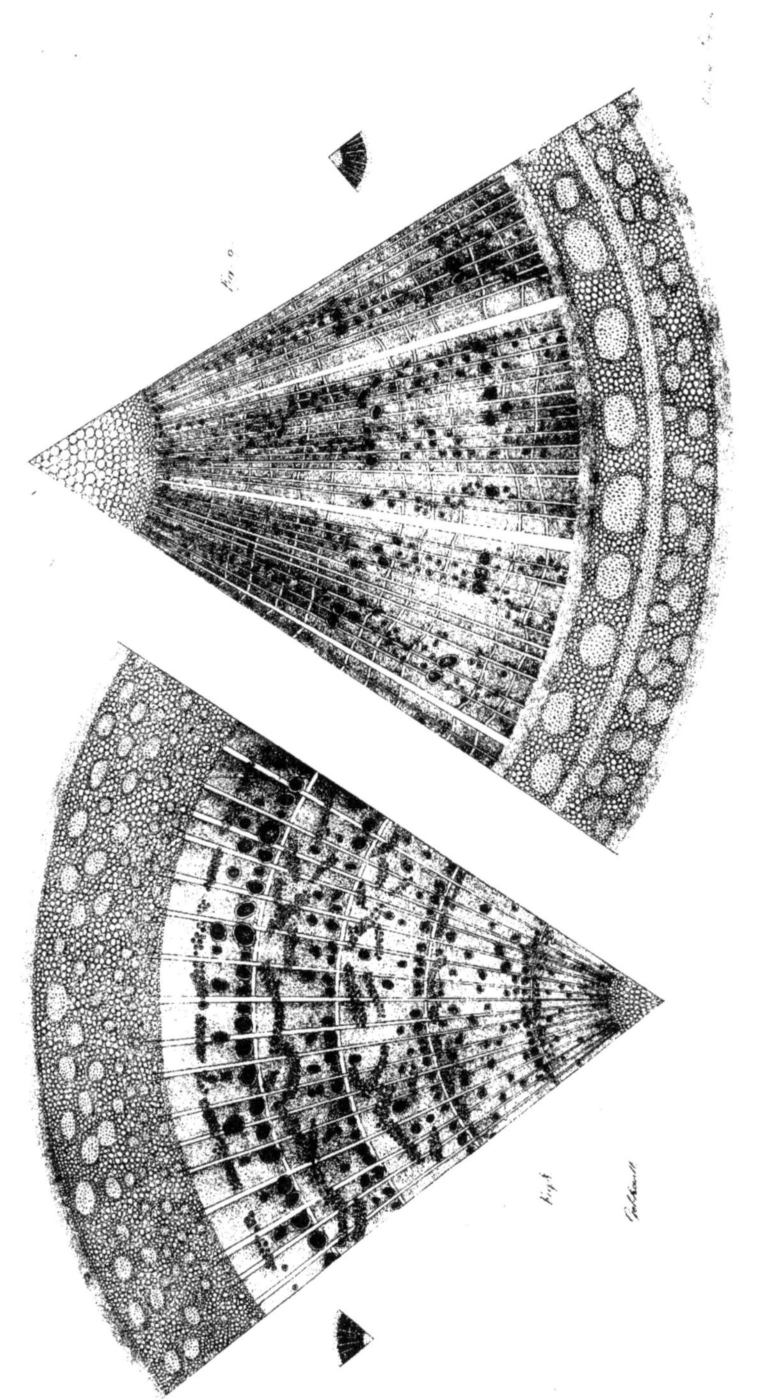

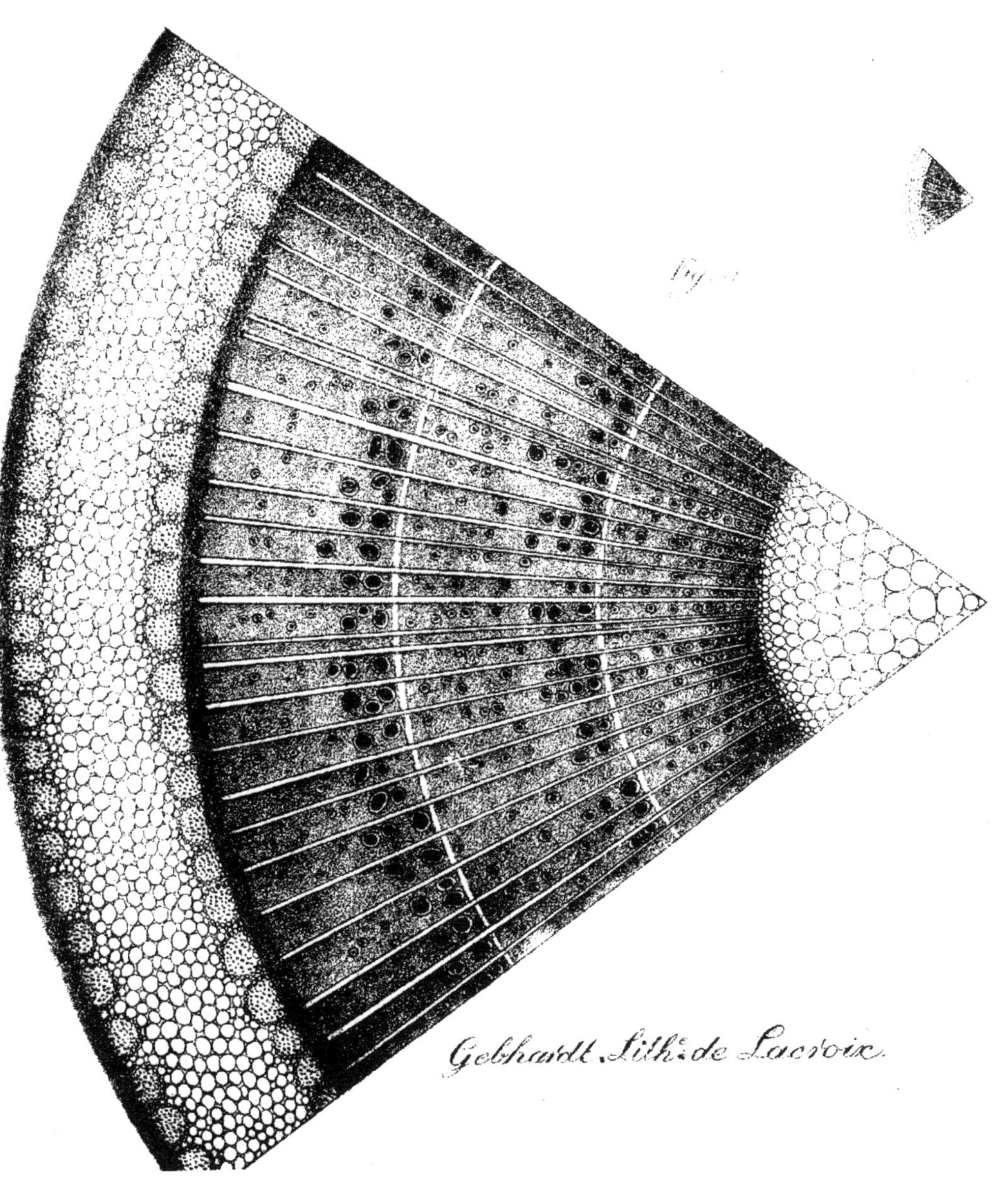
Fig.
Gebhardt Lith. de Lacroix

Le *grain d'argent* est élastique et susceptible de contraction. M. Knight a pensé que la différence de volume que celle de la température y produisait, était une des causes principales de l'ascension de la sève. Ses fibres paraissent se dilater pendant le jour, et se contracter pendant la nuit. L'ascension des fluides appartient, ainsi que je l'ai dit dans la précédente leçon, à la chaleur.

Le grain d'argent est très-distinct dans les arbres forestiers; mais même les arbustes annuels ont un système semblable de fibres. L'analogie dans la nature est constante et uniforme, et des effets semblables ont ordinairement pour causes des organes qui le sont aussi.

La *moelle* occupe le centre du bois, sa texture est membraneuse; elle est composée de cellules qui sont circulaires vers l'extrémité de cette substance, et au centre hexagones. Dans la première enfance du végétal, la moelle n'occupe qu'un très-petit espace; elle s'étend par degrés, et dans les rejetons annuels et les jeunes arbres, elle offre un diamètre considérable. Dans l'âge plus avancé de l'arbre elle est comprimée par le cœur du bois, pressée par les couches d'aubier; elle commence à diminuer, et disparaît totalement dans les très-vieux arbres des forêts.

Plusieurs opinions ont dominé relativement à la moelle. Le docteur Hales croyait qu'elle était la grande cause de l'expansion et du développement de la plante; que puisqu'elle en était la partie la plus interne, elle devait être le plus actif de ses organes, et que les phénomènes de leur développement, et de leur croissance, étaient l'effet de sa réaction.

Linnée, dont la vive imagination s'occupait sans cesse à découvrir des analogies entre le système animal et le système végétal, concevait que la moelle remplissait dans les végétaux, la même fonction que le cerveau et les nerfs dans les êtres animés; il la considérait comme l'organe de l'irritabilité, comme le siége de la vie.

Les découvertes récentes ont prouvé que ces deux opinions sont également erronées : M. Knight a enlevé la moelle dans plusieurs jeunes arbres, et ils ont continué de vivre et de croître.

Il est donc évident que c'est un organe d'une importance secondaire; dans les jeunes rejetons qui poussent avec vigueur, il est rempli d'humidité; c'est un réservoir peut-être, d'un fluide nourricier, et, à cette époque, il est très-nécessaire; à mesure que le *cœur du bois* se forme, il se trouve plus éloigné de la partie vivante, l'*aubier*. Ses fonctions cessent, il diminue, meurt, et à la fin il disparaît.

Les *vrilles*, les *épines* et les autres parties semblables des plantes, sont, dans leur organisation, analogues aux branches, et sont également pourvues d'écorce et d'aubier. Les dernières observations de M. Knight ont prouvé que la direction des vrilles, et leur forme en spirale, dépend de l'inégalité de l'action de la lumière sur elles, et M. de Candolle a assigné le même motif pour expliquer l'acte par lequel des parties de plantes se tournent vers le soleil. Cet ingénieux physiologiste pense que les fibres sont raccourcies par l'action chimique des

rayons solaires sur elles, et que, par conséquent, ces parties se tournent vers la lumière.

Les *feuilles*, cette grande cause de la beauté permanente dans la végétation, quoiqu'infiniment diversifiées dans leurs formes, ont toujours la même organisation intérieure, et remplissent les mêmes fonctions. L'*aubier* s'étend depuis le pied de la tige jusqu'à l'extrémité de la feuille. Il y conserve son système vasculaire et sa puissance vitale, ses tubes particuliers, et entr'autres ses trachées, qui peuvent être clairement reconnues dans la feuille.

La figure XI *montre en grand une feuille de vigne coupée de manière à faire voir ses trachées. elle est prise ainsi que les figures précédentes de l'anatomie des plantes de Grew.*

La partie membraneuse verte peut être regardée comme une extension du parenchyme, et la belle couverture mince comme l'épiderme. L'organisation des racines et des branches se retrace dans les feuilles, quoiqu'elle s'y présente avec une structure plus parfaite et plus soignée.

La grande fonction des feuilles est d'exposer la sève aux influences de l'air, de la chaleur et de la lumière. Leur surface est étendue, leurs cellules et leurs tubes très-délicats, et leur texture poreuse et transparente.

Beaucoup d'eau de la sève s'évapore par les feuilles, et celle-ci, combinée avec de nouveaux principes et rendue propre aux fonctions d'organisation, passe vraisemblablement dans cet état de préparation par l'extrémité des tubes de l'aubier, suit les ramifications des tubes de l'écorce, et descend à travers celle-ci.

A la superficie de la feuille, à celle qui est exposée au soleil, l'épiderme est épais, mais transparent. Il est formé d'une matière douée de très-peu d'organisation, qui est, ou principalement terreuse, ou qui consiste dans quelque substance chimique homogène. dans les graminées, elle est en partie siliceuse, dans les lauriers, résineuse, et dans l'érable et l'épine, elle est surtout constituée par une substance analogue à la cire.

Ces arrangemens empêchent toute espèce d'évaporation, excepté par les tubes qui y sont destinés.

A la surface inférieure de la feuille, l'épiderme est une membrane remplie de cavités, elle est mince et transparente. Il est probable que c'est par cette surface que tout à la fois s'évapore l'humidité, et que les principes atmosphériques sont absorbés.

Si l'on tourne une feuille de manière à lui faire présenter sa surface inférieure au soleil, ses fibres feront effort pour tâcher de la replacer dans sa position naturelle, et toutes les feuilles du pied de la plante s'élèvent pendant leur exposition au soleil, comme si elles voulaient se tourner vers lui.

Cet effet semble provenir, en grande partie, de l'action mécanique et chimique de la lumière et de la chaleur. *Bonnet* a fabriqué des feuilles artificielles qui, lorsque l'on tenait une éponge humide sous leur surface inférieure, et un fer échauffé à leur surface supérieure, se tournaient exactement comme des feuilles naturelles. Ceci ne doit cependant être considéré, que comme une grossière imitation du procédé de la nature.

Ce que Linnée a appelé le sommeil des feuilles, semble totalement dépendre du défaut d'action de la lumière et de la chaleur, et de la trop grande force de l'action de l'humidité.

Ce singulier, mais constant phénomène n'avait jamais attiré les regards de la science, jusqu'au moment où le botaniste d'Upsal s'en aperçut heureusement. Ce fut en examinant une espèce de *lotus*, sur lequel quatre fleurs s'étaient montrées pendant le jour, il n'en trouva plus que deux le soir. Un examen plus attentif lui fit voir que les deux fleurs, objets de ses recherches, étaient cachées par des feuilles qui les avaient enfermées entre elles. Un tel fait ne pouvait être perdu avec un observateur aussi soigneux. Il courut prendre une lanterne, fut à son jardin, et reconnut une foule de faits curieux demeurés jusques alors inconnus. Toutes les feuilles simples des plantes qu'il examina avaient une situation totalement différente de celle qu'elles gardaient pendant le jour. Le plus grand nombre d'entre elles se montrait fermé, ou plié ensemble.

On peut, dans quelques cas, produire artificiellement le sommeil des plantes. M. de Candolle a fait cette expérience sur la sensitive. Il la mit, pendant le jour, dans un endroit obscur, et bientôt les feuilles se plièrent. Mais, en éclairant ensuite la pièce avec une grande quantité de lampes, elles se rouvrirent de nouveau, tant elles se montrèrent sensibles aux effets de la lumière et de la chaleur rayonnante.

La plupart des plantes perdent annuellement leurs feuilles, et les reproduisent. Leur chute a lieu, à la fin de l'été, dans les pays chauds où elles ne sont plus alors assez entretenues d'une humidité suffisante, suite nécessaire de la sécheresse du sol, et du pouvoir évaporant de la chaleur ; mais dans les climats septentrionaux, c'est pendant le cours de l'automne, et au commencement des gelées. Les feuilles ne conservent point leurs fonctions au-delà du terme où la circulation des fluides s'exerce chez elles. La couleur que la feuille prend à l'époque de sa chute, provient d'un changement chimique. Comme les acides sont alors généralement développés, sa nuance devient, ou jaune, ou d'un brun rougeâtre. Elle est orange dans le hêtre, jaune dans l'orme, et rouge pour la vigne. Dans le sycomore, elle est d'un brun obscur, pourpre chez le cormier, et bleue dans le chèvre-feuille.

On ne connaît pas bien encore la cause de la persistance des feuilles pendant l'hiver, sur les *toujours verts*. Il paraît, par les expériences de Hales, que, dans ces feuilles, la force de la sève est beaucoup moindre, et que vraisemblablement durant l'hiver même, elle conserve une certaine puissance de circulation. Leurs fluides sont moins aqueux que ceux des autres plantes, et, par-là, se trouvent être moins susceptibles de congélation, et de plus sont défendus contre l'action des élémens par de plus fortes couvertures.

La production des autres parties de la plante se fait dans le moment où les feuilles remplissent leurs fonctions avec le plus de vigueur. Si, au printemps, on en dépouille un arbre, il meurt presque toujours; et lorsque, dans les forêts, les feuilles des arbres sont attaquées de la rouille, l'arbre ne présente plus que des branches nues, il est mal portant.

Les feuilles sont nécessaires à l'existence individuelle d'un végétal, et les fleurs à sa reproduction. De toutes les parties des plantes, celles-ci sont les plus soignées par la nature, les plus belles dans leur structure; elles sont le chef-d'œuvre du règne végétal. L'élégance de leurs teintes, la variété de leurs formes, la délicatesse de leur organisation, et l'adaptation de leurs parties sont faites pour éveiller notre curiosité, et exciter notre admiration.

Il faut d'abord observer dans les fleurs le *calice*, ou cette partie verte qui fait le support des feuilles floréales colorées. Celles-là sont vasculaires, et pour l'organisation et la texture, très-semblables à la feuille commune. Elles défendent, conservent et nourrissent les parties les plus parfaites. Le deuxième objet à considérer est la *corolle*, que l'on nomme *monopétale*, si elle est d'une seule pièce; et *polypétale*, si elle en a plusieurs. Ordinairement, ses couleurs sont très-vives; elle est remplie d'une variété infinie de petits tubes poreux; elle renferme et défend dans son intérieur des parties essentielles, et leur porte la sève. Ces parties sont les *étamines* et les *pistils*.

La portion essentielle dans les étamines est les *anthères*. Elles sont ordinairement circulaires, et d'un tissu extraordinairement vasculeux, qui est recouvert d'une poussière extrêmement fine, nommée le *pollen*.

Le *pistil* est cylindrique, et surmonté par le style dont la pointe est en général ronde et protubérante.

La figure XII *représente le lys commun;* a, *la corolle;* b b b b b, *les anthères;* c, *le pistil.*

En examinant le pistil au microscope, on aperçoit d'ordinaire une masse, de forme sphérique, qui paraît être l'origine des graines futures. C'est sur l'arrangement des étamines et des pistils que Linnée a fondé son système. Le nombre des étamines et des pistils dans une même fleur, leur arrangement, ou leur division en des fleurs séparées, sont les circonstances qui ont guidé le savant Suédois dans la formation d'un système admirablement formé pour aider la mémoire, et rendre la connaissance de la Botanique d'une acquisition moins pénible. Quoiqu'il n'ait pas toujours rapproché des plantes dont les caractères généraux ont une grande analogie, il les a encore assez ingénieusement arrangées pour en marquer toutes les analogies dans leurs parties les plus essentielles.

Le pistil est l'organe qui renferme les rudimens des graines. Mais celles-ci n'arrivent jamais à l'état de reproduction, sans le concours et l'influence du pollen, cette poussière existante sur les anthères.

Cette msytérieuse impression est indispensable pour continuer la succession des familles végétales. C'est un trait qui étend la ressemblance des divers ordres d'êtres, et établit, sur une grande échelle, la belle analogie de la nature.

Les Anciens avaient observé que différens dattiers portaient diverses fleurs, et que ceux de ces arbres qui avaient des fleurs garnies d'un pistil ne donnaient pas de fruits, à moins que, dans leur voisinage immédiat, il ne se trouvât quelques-uns de ces arbres portant des fleurs garnies d'anthères. Ce fait, connu depuis long-temps, avait produit une forte impression sur Malpighi, qui reconnut plusieurs autres faits analogues sur d'autres végétaux. Grew fut cependant le premier qui essaya de les généraliser, et ses ouvrages contiennent beaucoup de raisonnemens très-justes sur ce sujet. Linnée donna une forme générale et scientifique aux observations de Grew, et il eut la gloire d'établir ce que l'on a appelé le système sexuel, sur des observations délicates, et des expériences soignées.

La graine est enfin la dernière production d'une végétation vigoureuse; elle est merveilleusement diversifiée dans sa forme. Étant de la plus haute importance dans les vues de la nature, elle est mieux défendue que toutes les autres parties de la plante; elle est, dans les fruits succulens, enveloppée dans une substance pulpeuse et douce; dans les plantes légumineuses, elle est préservée par une membrane forte et épaisse, et par une écaille dure, ou un épais épiderme dans les graminées et les palmes.

On distingue dans toutes les graines : 1° l'organe de la nourriture; 2° la plante naissante; 3° la racine, ou *radicule*.

Dans les fèves ordinaires (*fèves de marais*), l'organe nourricier est divisé en deux lobes, nommés *cotylédons*. La plume est le petit point blanc placé à la partie supérieure des lobes, et la radicule le petit cône recourbé placé à leur base.

La figure XIII *représente la fève de marais;* a a, *les cotylédons;* b, *la plume;* c, *la radicule.*

Dans le blé et dans plusieurs des graminées, l'organe nutritif n'a qu'un lobe. Ces plantes sont nommées *monocolylédones.* Il est d'autres végétaux où il y a plusieurs lobes; ces plantes sont nommées *polycotélydones.* Dans le plus grand nombre cependant il ne s'y en trouve que deux, d'où on les appelle *dicotylédones.*

La matière de la graine, considérée dans son état ordinaire, paraît inerte et morte. Elle ne présente ni les formes ni les fonctions de la vie. Mais, lorsqu'elle éprouve l'action de l'humidité, de la chaleur et de l'air, ses puissances organiques se montrent développées distinctement. Les cotylédons s'étendent, les membranes s'éclatent; sa radicule prend de nouvelle matière, descend dans le sol; et la plume s'élève vers l'air libre. Par degrés, dans les plantes à cotylédons, les organes nutritifs deviennent vasculaires, et se convertissent en feuilles seminales; enfin la plante parfaite s'élève au-dèssus du sol. La nature a pourvu toute la surface du sol des élémens de la germination. L'eau, l'air et la chaleur y sont partout en action; les moyens pour la conservation de la vie, et la multiplication, sont tout à la fois et simples et grands.

Il est impossible, avec l'objet de ces leçons, de se livrer à des détails plus minutieux sur la physiologie végétale. J'ai essayé de fournir seulement quelques idées générales, pour donner à l'agriculteur philosophe le moyen d'entendre les fonctions des plantes. Ceux qui désireront étudier l'anatomie des végétaux, trouveront des matériaux abondans dans les auteurs que j'ai cités page 9, et dans les écrits de Linnée, de Defontaines, de Candolle, de Saussure, Bonnet et Smith.

L'historique des particularités existantes dans la structure des diverses classes de végétaux, appartient plutôt à la botanique qu'aux connaissances de l'agriculture. Ainsi que je l'ai dit en commençant, les organes des plantes sont pourvus des analogies les mieux marquées, et sont gouvernés par les mêmes lois. Dans les graminées et les palmes, les couches corticales sont, en général, plus larges que dans les autres plantes; et leur usage semble pourtant être le même que chez les arbres forestiers.

Dans les racines bulbeuses, la substance pulpeuse fait la plus grande partie du végétal; dans tous les cas, néanmoins, elle semble contenir la sève, ou les matières solides qu'elle y a déposées.

Les feuilles étroites, et comparativement très-sèches du pin et du cèdre, remplissent les mêmes fonctions que les larges feuilles si corsées du figuier et du noyer.

Dans cette famille de plantes, nommée *cryptogamie*, où la production des fleurs n'est pas distincte, il y a cependant des motifs de croire que la production des graines s'effectue par les mêmes moyens que pour les plantes les plus complètement organisées. Les mousses et les lichens qui appartiennent à cette famille, n'ont point de feuilles ni de racines, mais elles sont garnies de filamens qui remplissent les mêmes fonctions. Dans les *fongus*, champignons, et les mousserons il y a un système d'organes, pour l'évaporation et l'ération de la sève.

J'ai établi précédemment que toutes les parties des plantes étaient susceptibles de se décomposer en un très-petit nombre d'élémens. Leur usage pour la nourriture, ou dans lès arts, dépend de l'arrangement composé de ces élémens, qui peut être le résultat, soit de leurs parties organiques, soit des fluides que celles-ci renferment. L'examen de la nature de ces substance constitues une partie essentielle de l'agriculture chimique.

On retire de l'huile des fruits de beaucoup de plantes. Des fluides résineux transudent de certains bois; la sève contient de la matière sucrée. Les feuilles ou les fleurs fournissent des substances tinctoriales, mais il faut mettre en usage divers procédés, pour séparer des unes et des autres toutes ces substances végétales composées; on se sert de la macération, de l'infusion ou de la digestion dans l'eau, ou dans l'esprit de vin. L'application et la nature de tous ces procédés seront mieux comprises quand on connaîtra la nature chimique des substances. Leur examen est donc réservé pour un autre endroit de cette Leçon.

Les substances composées que l'on rencontre dans les végétaux, sont: 1° *la gomme* ou mucilage, et ses diverses modifications; 2° *l'amidon*, 3° *le sucre*, 4° *l'albumine*, 5° *le gluten*, 6° *la gomme élastique*, 7° *l'extrait*, 8° *le tannin*, 9° *l'indigo*, 10° *le principe narcotique*, 11° *le principe amer*, 12° *la cire*, 13° *la résine*, 14° *le camphre*, 15° *les huiles fixes*. 16° *les huiles volatiles*, 17° *la fibre ligneuse*, 18° *les acides*, 19° *les alcalis*, *les terres*, *les oxides métalliques*, *et les composés salins*.

Je vais décrire d'une manière générale les propriétés et la composition de ces corps, et celle dont ils sont produits.

1° La *gomme* est une substance qui transude de certains arbres. Elle se montre sous la forme d'un fluide épais qui durcit bientôt à l'air, et y devient solide. Il est alors, ou blanc, ou d'un blanc jaunâtre, plus ou moins transparent; elle est quelquefois cassante. Sa gravité spécifique varie de 1300 à 1490.

Il existe une grande variété de gommes, mais les plus connues sont la gomme arabique, la gomme du Sénégal, la gomme adragante, et celle du prunier et du cerisier. La gomme est soluble dans l'eau, et non dans l'esprit de vin. Si l'on a fait dans l'eau une solution de gomme, et que l'on y verse de l'esprit de vin, la gomme se sépare sous la forme de flocons blancs. La gomme s'enflamme difficilement, et laisse pendant ce temps-là échapper beaucoup d'humidité, une fumée épaisse et une faible flamme bleue; il reste du charbon.

La solubilité de la gomme dans l'eau, et son insolubilité dans l'esprit de vin, forment ses propriétés caractéristiques. On a proposé l'emploi de diverses substances pour découvrir la présence de la gomme; mais il y a des motifs de penser que peu d'entr'eux donnent des résultats assurés. Plusieurs mêmes, et particulièrement les sels métalliques, qui produisent des changemens dans les solutions de gomme, peuvent être regardé comme agissant sur quelques-uns des composés salins qui se rencontrent dans la gomme, plutôt que sur le principe végétal. Le docteur Thomson a proposé d'employer une solution aqueuse de la silice dans la potasse, comme un moyen d'épreuve pour constater la présence de la gomme. Il établit que celle-ci et la silice se précipitent ensemble. On ne peut employer ce procédé, et en obtenir des résultats justes, s'il y a quelques acides présens.

Le *mucilage* doit être considéré comme une variété de la gomme, il lui est conforme dans ses propriétés les plus importantes; il paraît pourtant jouir d'une moindre affinité avec l'eau. Hermstadt assure que, si l'on dissout ensemble de la gomme et du mucilage dans l'eau, l'acide sulfurique sépare le mucilage; on le retire de la graine de lin, des bulbes de l'hyacinthe, et des feuilles de la mauve; plusieurs espèces de lichens, et d'autres substances végétales en fournissent aussi.

L'analise de la gomme arabique faite par MM. Gay-Lussac et Thénard, nous apprend que 100 de ses parties contiennent:

Charbon	42,23	100
Oxigène.	50,84	
Hydrogène	6,93	

avec une petite quantité de matière terreuse et saline.

Ou autrement :

De charbon.	42,23	100
Et d'hydrogène et d'oxigène, dans les proportions nécessaires pour former de l'eau.	57,77	

Cette estimation se rapproche infiniment des proportions exactes de 20 de charbon, 10 d'oxigène, et 20 d'hydrogène.

Toutes les variétés de gomme sont nutritives; elles perdent en partie, et même en totalité, leur solubilité lorsqu'elles ont été exposées à une chaleur de 500 ou de 600, au thermomètre de Fahrenheit (1), leur qualité nutritive ne leur est pas cependant enlevée à moins qu'elles ne soient décomposées. La gomme et le mucilage sont en usage dans les arts, et surtout pour l'impression des calicos. Il y a eu un temps que les imprimeurs en toile se servaient de la gomme arabique; aujourd'hui plusieurs d'eux ont adopté, d'après l'avis de lord Dundonald, le mucilage retiré des lichens.

2° L'*amidon* est fourni par différens végétaux; mais surtout par le blé et les pommes de terre. Pour l'obtenir du blé, on met le grain dans l'eau froide jusqu'à ce qu'il soit attendri, et qu'il rende, en le pressant, un suc laiteux; il est mis alors dans des sacs de toile, et pressé dans une cuve pleine d'eau; on continue la pression aussi long-temps que le suc laiteux en sort. Le fluide s'éclaircit par degrés, une poudre blanche se précipite, c'est elle qui est l'amidon.

L'eau bouillante dissout cette substance, mais non pas la froide, ni l'esprit de vin. Le docteur Thomson indique, comme étant le caractère propre de l'amidon de se dissoudre dans une infusion chaude de noix

(1) 260 à 315 du thermomètre centigrade, 208 à 252 Réaumur. (*Note du traducteur.*)

de galle, et de s'en précipiter quand elle se refroidit.

L'amidon brûle plus facilement que la gomme ; jeté sur du fer échauffé au rouge, il s'enflamme avec une sorte d'explosion, et laisse à peine un résidu. Suivant MM. Gay-Lussac et Thénard, 100 parties d'amidon contiennent :

Charbon avec une petite quantité de matière saline et terreuse . . .	43,55	100
Oxigène	49,68	
Hydrogène	6,77	
Ou charbon	43,55	100
Oxigène et hydrogène dans la proportion nécessaire pour former de l'eau	56,45	

Cette estimation, adoptée comme correcte, l'amidon est constitué de 15 parties de carbone, 13 d'oxigène, et 26 d'hydrogène.

L'amidon fait une partie considérable de beaucoup de substances végétales qui servent à la nourriture. Les gruaux, la cassave, le salep, le sagou, et nombre d'autres doivent à l'amidon qu'ils contiennent leur pouvoir nutritif. On a trouvé l'amidon dans les plantes qui suivent :

La bardane (*arctium lappa*), la belladone (*atropa belladonna*), la bistorte (*poligonum bistorta*), la brionne blanche (*bryonia alba*), la colchique (*colchion autumnale*), la filipendule (*spiræa filipendula*), la renoncule bulbeuse (*ranonculus bulbosus*), la scrophulaire des bois (*scrophularia nodosa*).

l'yèble (*sambucus ebulus*), le sureau (*sambucus nigra*), l'orchis morio (*orchis morio*), l'impératoire (*imperatoria ostruthium*), la jusquiame (*hyasciamus niger*), la patience à feuilles obtuses (*rumex obtusis foliis*), la patience à feuilles aiguës (*rumex acutus*), la patience aquatique (*rumex aquaticus*), arum ou pied de veau (*arum maculatum*), l'orchis mâle (*orchis mascula*), l'iris des marais (*iris pseudocorus*), l'iris puante (*iris fetidissima*), la terre noix (*buncum bulbocastanum*).

3° Le *sucre*, dans son plus grand état de pureté, se retire du jus du *saccharum officinarum* ou suc de la canne à sucre; l'acide de ce suc est neutralisé par la chaux. L'évaporation des parties aqueuses, et le refroidissement font passer le sucre à l'état cristallin; on l'amène au blanc en faisant filtrer, au travers et par degrés, de l'eau. Dans le procédé usité par les manufactures, la blancheur et le raffinage sont le résultat d'une grande consommation de temps. L'eau est obligée de s'infiltrer au travers d'une couche d'argile mise sur le sucre. Sa matière colorante étant soluble dans une solution saturée du sucre, c'est-à-dire un sirop, il paraît qu'un moyen prompt et économique de raffiner le sucre coloré, serait d'employer le sirop de sucre (1).

---

(1) Un français vint, il y a peu de temps en Angleterre, offrir à nos planteurs des Indes occidentales, la connaissance d'un procédé très-prompt pour raffiner le sucre; ses prétentions trop élevées ne permirent pas de traiter avec lui. Dans une conversation, que j'eus, à ce sujet, avec sir Joseph Banks, je lui dis qu'il était probable que l'on purifierait aisément le sucre brut, en faisant

Les propriétés sensibles du sucre sont bien connues : Fahrenheit lui donne de pesanteur spécifique, 1, 6, à 50 degrés; il est soluble dans son poids égal d'eau. Il ne se dissout, dans l'alcohol (esprit de vin), que dans une proportion très-petite.

Lavoisier a conclu, d'après ses expériences, que 100 parties de sucre contiennent :

Charbon	28	100
Hydrogène	8	
Oxigène	64	

Le docteur Thomson lui donne les proportions suivantes :

Charbon	27,5	100
Hydrogène	7,8	
Oxigène	64,7	

Suivant les expériences récentes de Gay-Lussac et Thénard, 100 parties de sucre donnent :

Charbon	42,47	100
Et.	57,53	

d'eau ou des gaz qui sont ses élémens.

---

filtrer au travers, du sirop qui dissoudrait la matière colorante. Il paraît que Édouard Howard Esq[e] avait eu, dans le même temps ou peut-être précédemment, cette même idée; car il en a démontré l'efficacité par des expériences, et a publié le détail de son procédé. (*Note de l'auteur.*)

Je dois rapporter ici la connaissance que j'ai d'un moyen employé actuellement en Belgique, et qui y a été transporté de l'Angleterre. On jette dans la chaudière de *Vésou* des os calcinés au noir, et l'on écume : la proportion est assez grande, puisqu'une seule fabrique de Bruxelles en emploie journellement quatre quintaux. (*Note du traducteur.*)

Les analises de Lavoisier et de Thomson se rapportent de très-près, et donnent les proportions de :

3 de charbon,
4 d'oxigène,
5 d'hydrogène.

L'estimation de Gay-Lussac et Thénard, fournit les mêmes élémens que la gomme :

11 de charbon,
10 d'oxigène,
et 8 d'hydrogène.

Il paraît, suivant les expériences de Proust, Achard, Goettling et Parmentier, que plusieurs espèces différentes de sucre sont existantes dans le règne végétal. Le sucre qui tient le plus de la nature de celui de la canne à sucre, est retiré de la sève de l'*érable d'Amérique, acer saccharinum.* Dans le nord de l'Amérique, les cultivateurs usent de ce sucre, et se le procurent par une espèce de fabrication domestique ; ils percent le tronc de l'arbre avec une tarière, et à la profondeur de deux pouces, au commencement du printemps ; ils introduisent dans le trou une gouttière en bois, et le suc coule pendant cinq ou six semaines. Un arbre, d'une grosseur ordinaire, c'est-à-dire de deux à trois pieds de diamètre, fournira 200 pintes de sève, et 40 pintes de cette liqueur rendent une livre de sucre. La chaux est employée pour neutraliser l'acide, puis l'évaporation fournit les cristaux.

On a récemment, en France, substitué le *sucre de raisins*, à celui des colonies. On le retire du jus des grappes mûres, par l'évaporation, et l'action de la potasse; il est moins doux que le sucre ordinaire, il a un goût particulier. En se dissolvant dans la bouche, il y produit une sensation de froid, et probablement contient une plus forte proportion d'eau ou de ses élémens.

Les racines de la betterave (*beta vulgaris et cicla*) contiennent une espèce particulière de sucre, que l'ébullition et l'évaporation en séparent. Il ressemble, pour la majeure partie de ses propriétés, au sucre de raisin; mais il a un goût légèrement amer.

La *manne*, substance qui découle de plusieurs arbres, et notamment du *fraxinus ormus*, espèce de frêne qui croît abondamment dans la Sicile et la Calabre, peut être regardée comme une variété de sucre, très-analogue à celui de raisin. Fourcroi et Vauquelin ont obtenu une substance très-semblable à la manne, du suc de l'oignon commun, *allium cæpa*.

Il paraît, qu'en outre des sucres qui deviennent solides et se cristallisent, il en existe un, qui ne peut se séparer de l'eau, et seulement se présente sous forme fluide. Il constitue la principale partie des mélasses et pulpes sucrées, et se trouve dans une grande quantité de divers fruits; il est plus soluble dans l'esprit de vin, que le sucre solide.

Margraf a fait connaître le moyen le plus simple de découvrir la présence du sucre dans un végétal, en en faisant bouillir une portion dans l'esprit de vin. S'il existe du sucre solide dans le végétal, il se dissoudra pendant l'ébullition, et se séparera par le refroidissement de la solution.

On a retiré du sucre des végétaux suivans :

Le bouleau blanc, *betula alba;* le bambou, *arundo*

bambos; le maïs, *zea maïs;* l'érable sycomore, *acer pseudoplatanus;* le berce, *heracleum sphondilium;* le cocotier, *cocos nucifera;* le noyer blanc, *juglans alba;* l'agavé d'Amérique, *agave mexicana;* le varec palmé, *fucus palmatus;* le panais, *pastinaca sativa;* le caroubier, *ceratonia silica;* l'arbousier, *arbutus unedo;* le turneps, *brassica rapa;* la carotte, *daucus carota;* le persil, *apium petroselinum;* le rododendron de Pont, *rododendron ponticum.*

On a aussi obtenu du sucre de presque toutes les fleurs, c'est la partie que l'on nomme le *nectaire* qui le contient.

Les propriétés nutritives du sucre sont bien connues; depuis l'époque où le commerce d'Angleterre a été surchargé de cette denrée, que lui expédiaient les colonies, on a proposé d'en faire usage pour la nourriture des bestiaux; l'expérience a montré qu'il les engraissait; mais les difficultés, qu'ont fait naître les droits imposés sur le sucre, ont empêché que l'on ne pût donner à ce plan une certaine étendue.

4° L'albumine, *albumen*, est une substance qui n'a été reconnue, dans les végétaux, que dans ces derniers temps. Elle abonde dans le suc de papayes *carica papaya* (1).

---

(1) Sir Humphry Davy se contente de dire que c'est depuis peu que l'*albumine* a été découverte dans les végétaux. Je puis fixer l'époque de cette découverte d'une manière précise, puisque ce fut M. *Larcher d'Aubancourt et moi* qui en fûmes les auteurs. M. Vauquelin aurait droit aussi à réclamer cette découverte, car son analise fut publiée dans les Annales de Chimie

Lorsque l'on fait bouillir ce suc, l'albumine tombe au fond du vase, dans l'état de coagulation. Les mousserons et diverses espèces de *fungus* (champignons) la fournissent aussi (1).

---

presque en même temps que nous imprimions le rapport que nous avions lu à la Société académique des Sciences, dans sa séance publique du 7 septembre 1801. M. Vauquelin et nous, avions reçu, de feu Charpentier de Cossigni, du lait de papayes vertes, sous trois formes différentes. Notre analise fut d'autant plus pénible, que nous ne nous attendions point à rencontrer en aussi grande quantité dans une substance végétale, une matière analogue au blanc d'œuf. Notre rapport a été imprimé dans les *Mémoires des Sociétés savantes*, page 284, v[e] 1er. Cet ouvrage étant devenu fort rare, j'ai fait présent de mon propre exemplaire à la bibliothèque de Sainte-Geneviève, afin qu'il y soit à la disposition du public.

Les proportions que nous déterminâmes dans le lait de papayes vertes, sont :

Résine	0,5	100
Corps muqueux	5,5	
Albumine	4,0	

(*Note du traducteur.*)

(1) La quantité de gélatine ou matière animale, existante dans certains champignons, est beaucoup plus considérable qu'on ne peut le croire : j'avais recueilli sur un vieux pommier un champignon qui pesait plus de 30 onces ; je l'avais mis macérer dans une suffisante quantité d'eau froide pour en retirer ainsi les premiers principes solubles. Je fus obligé de m'absenter pour quelques jours, et en rentrant dans mon laboratoire, je fus infecté par une odeur dégoûtante de viande gâtée. Je cherchais quelle en pouvait être la cause, lorsqu'en jetant les yeux sur le vase où était le champignon, je vis que presque toute l'eau s'étant évaporée, la plante était recouverte de plusieurs mouches à viande ; elles y avaient déposé leurs œufs, et un nombre infini de leurs vers, déjà devenus très-gros, avaient mangé une partie du champignon. L'état où il était me fit m'en débarrasser promptement;

L'albumine, sous sa forme pure, est un fluide épais, glaireux et sans goût; elle est précisément la même que dans le blanc d'œuf. Elle se dissout dans l'eau froide; et lorsque la solution n'est pas trop étendue, l'ébullition la coagule, et elle se sépare en flocons légers. Les acides et l'alcohol coagulent de même l'albumine. La solution de cette substance donne aussi un précipité lorsqu'elle est mêlée avec une solution froide de noix de galle. Elle jette, en brûlant, une odeur d'alcali volatil, et fournit de l'acide carbonique et de l'eau. Elle est donc évidemment composée de charbon, d'hydrogène, d'oxigène et d'azote.

Suivant les expériences de Gay-Lussac et Thénard, 100 parties de l'albumine du blanc d'œuf, sont composées de :

Charbon	52,883	100
Oxigène	23,872	
Hydrogène.	7,540	
Azote	15,705	

Cette analise autoriserait la supposition que l'albumine a 2 proportions d'azote, 5 d'oxigène, 9 de carbone, et 22 d'hydrogène.

La portion principale des amandes et des autres noix, paraît, suivant les expériences de Proust, être une substance analogue à l'albumine coagulée.

---

mais j'étais résolu de me procurer d'autres individus pour suivre une analise directe du principe animal dont l'existence m'était démontrée. Dans l'intervalle j'eus connaissance de la découverte de M. Braconnot, et la regardant comme certaine, je ne m'occupai plus de ce travail (*Note du traducteur.*)

Le suc du fruit de *l'ochra* (le gombout) *hibiscus esculentus*, contient, suivant le docteur Clarke, une telle quantité de l'albumine, que l'on s'en sert à l'île de la Dominique, au lieu de blanc d'œuf, pour la clarification du suc de la canne.

On distingue l'albumine des autres substances végétales, par sa propriété de se coaguler à la chaleur, ou par les acides, lorsquelle est dissoute dans l'eau. Le docteur Bostoch dit qu'une solution de 1000 grains d'eau, qui en contiendrait un d'albumine, louchit quand on la chauffe.

Cette substance est commune au règne animal et au règne végétal; mais elle abonde bien davantage dans le premier.

5° Le *gluten* se retire de la fleur de farine, par le procédé suivant : on réduit la farine en pâte, puis on la lave soigneusement en jetant dessus un léger courant d'eau, et cela jusques au moment où l'eau a emporté la totalité de l'amidon : ce qui reste insoluble est le gluten. C'est une substance tenace, ductile, élastique. Elle n'a point de goût, exposée à l'air elle y brunit; elle est très légèrement soluble dans l'eau froide, et nullement dans l'alcohol. Si l'on chauffe une solution de gluten dans l'eau, il s'en sépare sous la forme de flocons jaunes; il ressemble, à cet égard, à l'albumine, mais en diffère parce qu'il est moins soluble dans l'eau; en effet, on n'obtient pas de *coagulum* d'une solution qui tient moins de mille parties de l'albumine, tandis que le gluten exige, pour sa dissolution, 1000 parties d'eau.

Le gluten, exposé à l'action du feu, donne des produits semblables à ceux fournis par l'albumine, et probablement il en diffère très-peu par sa composition. Un grand nombre de plantes contiennent le gluten Proust l'a découvert dans le gland, la chataigne, le marron, les pommes, les coings, l'orge, les pois, les fèves, dans les feuilles de la rue, du choux, du cresson, de la ciguë, de la bourrache et du safran, dans les baies du sureau, et le raisin.

Le gluten paraît être la portion nutritive par excellence dans les plantes, et c'est par lui que le froment l'emporte sur les autres céréales, parce qu'il le contient en bien plus grande quantité.

6° La *gomme élastique* ou *caoutchouc*, est le produit du suc d'un arbre qui croît dans le Brésil, appelé *hævea*. Lorsque l'on incise l'arbre, il en découle un jus laiteux, qui dépose, par degrés, une substance solide, qui est la gomme élastique.

Elle se plie, et est souple comme du cuir, la chaleur l'assouplit encore davantage. Pure, elle est blanche. Sa pesanteur spécifique est 9,335. Elle est combustible, et jette une flamme blanche ; il en émane une fumée épaisse, qui répand une odeur désagréable ; elle est également insoluble dans l'eau et dans l'alcohol. L'éther, les huiles volatiles et le pétrole, sont ses dissolvans ; on la retire de sa dissolution éthérée, en faisant évaporer celle ci où se trouve la gomme indécomposée. Cette substance paraît exister dans une grande variété de plantes. entr'autres dans l'*jatropha elastica*, *ficus indica*, *artocarpus integrifolia*, et *l'urceola elastica*.

La *glu* est une substance que l'on retire du houx, et elle paraît avoir la plus grande analogie avec la gomme élastique. On peut l'obtenir du gui et du mastic, de l'opium, du smilax caduca, dans lesquelles le docteur Berton l'a récemment trouvée.

La gomme élastique distillée, donne de l'alcali volatil, de l'eau, de l'hydrogène et du charbon, dans différentes combinaisons. Ses principes sont donc principalement de l'azote, de l'hydrogène, de l'oxigène et du charbon; mais les proportions dans lesquelles ces corps sont combinés, n'ont pas encore été reconnues. La gomme élastique est une substance qui, ne pouvant subir la digestion, ne peut, par conséquent, être utile à la nourriture des animaux. On connait bien ses usages divers dans les arts.

7° L'*extrait* ou principe extractif, existe dans presque toutes les plantes; on l'obtient, dans un état passable de pureté, du *safran*, par l'infusion dans l'eau et l'évaporation. On le retire aussi du *cachou* ou *terra japonica*, substance qui nous est apportée de l'Inde. Ce dernier corps est principalement composé d'une matière astringente, et d'extrait; par l'action de l'eau, la matière astringente est la première dissoute, elle peut être ainsi séparée de l'extrait; celui-ci est toujours plus ou moins coloré, et également soluble dans l'eau et dans l'alcohol, mais non pas dans l'éther. Il s'unit à l'alumine, lorsque l'on fait bouillir cette terre dans une solution d'extrait; il est précipité de ses solutions, par les sels alumineux, par plusieurs solutions métalliques, et particulièrement par celle du muriate d'étain.

Les produits qu'il fournit à la distillation, indiquent qu'il est composé d'hydrogène, d'oxigène, de charbon, et d'un peu d'azote. Il paraît donc qu'il doit exister autant de variétés d'extraits qu'il y a de sortes de plantes. La différence de leurs propriétés doit, en beaucoup de cas, dépendre de ce qu'ils se trouvent combinés avec quelqu'autre principe végétal, en petite quantité, ou bien de ce qu'ils contiennent quelques corps salins, alcalins, ou acides, ou terreux. Plusieurs substances colorantes sont d'une nature extractive; par exemple, le principe rouge de la garance, et le jaune de la gaude.

Le principe extractif a une forte attraction pour les fibres du coton et du lin; il se combine avec elles quand on les fait bouillir dans une de ses solutions. La combinaison devient plus étroite par l'intervention des mordans, qui sont des combinaisons terreuses ou métalliques. Elles s'unissent à l'étoffe, et rendent la matière colorante plus apte à y adhérer beaucoup plus fortement.

L'extrait sous sa forme pure n'est pas propre à servir de nourriture, mais devient probablement nutritif, lorsqu'il est uni à l'amidon, au mucilage, ou au sucre.

8. Le *tannin*, ou principe tannant, peut s'obtenir par l'action d'une petite quantité d'eau froide, mise sur des grains de raisins concassés, ou sur de la noix de galle en poudre. On évapore ensuite la solution à siccité. Il se présente alors sous une forme jaune, et possédant à un haut degré un goût astringent. Sa combustion est difficile. Il est très-soluble dans l'eau et dans l'alcohol, et ne l'est point dans l'éther. Quand une solution de glu ou de gélatine est versée dans une solution de tannin, les substances végétale et animale s'unissent, se préci-

pitent dans un état de combinaison, et ce précipité est insoluble.

En distillant le tannin dans des vaisseaux clos, les principaux produits, que l'on en retire, sont : du charbon, de l'acide carbonique, des gaz inflammables, et un peu d'alcali volatil. Ses élémens semblent donc être les mêmes que ceux de l'extrait, mais dans d'autres proportions. La propriété caractéristique du tannin est son action sur la gélatine. Elle le distingue spécialement de l'extrait, avec lequel, d'ailleurs, il a beaucoup de rapports chimiques.

Il y a de nombreuses variétés de tannins, ce qui paraît surtout dépendre de leurs diverses combinaisons avec d'autres principes, et surtout avec l'extrait, dont il n'est pas toujours facile de le dégager. Celui qui est le plus pur est retiré des grains de raisins, et ses précipités avec la gélatine sont blancs. Celui de la noix de galle lui ressemble pour ses propriétés. Celui tiré du Sumac donne des précipités jaunes, tandis que celui du kina a ses précipités roses, et celui du cachou précipite couleur chamois. La matière colorante rouge du bois de Brésil, que M. Chevreul a considérée comme un principe particulier, et qu'il a nommée *hematine*, diffère des autres espèces de tannin, parce qu'il donne avec la gélatine un précipité qui est soluble dans beaucoup d'eau chaude. Son goût est bien plus doux que celui des autres variétés, et il peut être regardé comme une substance intermédiaire entre le tannin et l'extrait.

Le tannin n'est point nutritif; mais il est d'un

usage très-important par son application dans l'art du tannage.

La peau consiste particulièrement en gélatine ou gelée ; elle y est dans un état organique, et est presque entièrement soluble par l'action longue et continuée de l'eau bouillante. Lorsque la peau est exposée à l'action d'une solution de tannin, elle s'unit seulement à ce principe. Sa texture fibreuse et sa cohérence sont conservées ; mais elle devient insoluble dans l'eau, et ne peut plus éprouver la putréfaction. Elle est devenue enfin une substance, qui, dans sa composition chimique, est précisément analogue à celle fournie par une solution de gélatine précipitée par une solution de tannin.

On emploie en général, dans ce pays, l'écorce du chêne pour le tannage des cuirs. Mais l'écorce de plusieurs autres arbres, et particulièrement celle du chataignier d'Espagne, ont été employées récemment. Le tableau suivant donnera une idée générale de la richesse en tannin des différentes écorces. Il est établi sur des expériences que j'ai faites moi-même.

Tableau des différentes quantités de tannin, fournies par quarante-huit livres d'écorce, et montrant leurs valeurs respectives.

Ecorce entière de chêne, de moyenne grosseur, levée au printemps	29
de chêne d'Espagne	21
du saule de Leicester	33
de l'orme	13

Ecorce du saule commun	11
du frêne	16
du hêtre	10
du marronnier d'Inde	9
du sycomore	11
du peuplier d'Italie	15
du bouleau	8
du noisetier	14
du prunellier	16
du taillis de chêne	32
du chêne coupé en automne	21
du mélèse dans la même saison	8
Couches blanches intérieures corticales de l'écorce de chêne	72

La quantité du principe tannin varie dans les écorces, suivant les saisons. Quand le printemps a été très-froid, la production en est très-petite. Il faut employer quatre à cinq livres de bonne écorce de chêne pour bien tanner une livre de cuir. La plus grande quantité de tannin est contenue dans toutes les écorces, par les couches blanches intérieures corticales. Au moment où les bourgeons commencent à s'ouvrir, c'est alors que les écorces contiennent la plus grande proportion de tannin, et l'hiver est l'époque où elles en sont moins riches.

Les matières extractives ou colorantes, qui se trouvent dans les écorces, influent sur les qualités du cuir. La peau tannée avec la noix de galle est beaucoup plus pâle que celle préparée avec l'écorce de chêne, qui contient une matière extractive brune. Le cuir fait avec le cachou a une teinte rouge. Il est probable que, dans le procédé du tannage, la peau et le principe tannant entrent d'abord en combinaison, et que le cuir, à l'instant de sa formation, s'unit avec la matière extractive.

En général, les peaux converties en cuir prennent une augmentation de poids d'environ un tiers, et l'opération se fait beaucoup mieux lorsqu'elle s'effectue avec lenteur. Dans cet accroissement de poids des peaux converties en cuir, je les ai considérées dans l'état de sécheresse. Lorsque l'on introduit des peaux dans une forte infusion de tannin, les surfaces extérieures se combinent rapidement avec ce principe, et défendent les couches intérieures de l'action du tannin. De tels cuirs sont susceptibles de se casser, et d'être détruits par l'action de l'eau.

Les précipités de gélatine par une solution de tannin, étant bien séchés, contiennent en moyenne proportionnelle quarante pour cent de matière végétale. Il est facile d'obtenir la valeur comparative des différentes substances que le tanneur doit préférer d'employer, en comparant les diverses quantités de précipités que donneront des poids donnés d'une infusion de tannin avec des solutions de glu ou de gélatine.

Pour faire cette expérience, on prend une once ou quatre cent quatre-vingts grains de la substance végétale, réduite en poudre grossière, sur laquelle on verse une demi-pinte d'eau bouillante. Il faut agiter ce mélange fréquemment, et le laisser ainsi pendant vingt-quatre heures. On filtre ensuite la liqueur à travers une toile claire; puis on la mêle avec une égale quantité de solution de gélatine ou de glu dans l'eau chaude : on fait cette dernière solution avec une dragme de glu ou de gélatine pour une pinte d'eau.

On rassemble le précipité lorsqu'il est bien formé, en passant la liqueur à travers un filtre de papier. Celui-ci est ensuite exposé à l'air, jusqu'à ce qu'il soit parfaitement sec. Si l'on emploie, dans le cas où l'on aurait différentes substances à éprouver, des filtres qui soient d'un poids égal, la différence du poids de ces mêmes filtres séchés, indiquera avec une passable exactitude les quantités de tannin contenues par chacune des substances éprouvées, et leur valeur relative pour les manufactures. Quatre dixièmes de grains d'augmentation de poids doivent être pris en considération, parce qu'elle est en rapport avec la table précédente.

Il est encore d'autres écorces, qui, outre celles que j'ai mentionnées, contiennent le tannin. Il en est bien peu qui en soient tout-à-fait exemptes. On le rencontre aussi dans le bois et dans les feuilles de nombre d'arbres et d'arbustes. Il est un des principes végétaux le plus généralement répandu.

M. Hatchett a formé une substance très-analogue au tannin, en faisant chauffer de l'acide nitrique, étendu d'eau, sur du charbon; puis en faisant évaporer à siccité. Cent grains de charbon ont donné cent vingt grains de tannin artificiel, qui possède la propriété de rendre la peau insoluble dans l'eau.

Les tannins, soit le naturel ou l'artificiel, ont la propriété de former des composés avec les alcalis et les terres alcalines. Ces composés ne sont pas décomposables par la peau. La tentative que l'on a voulu faire de rendre l'écorce de chêne plus active dans le tannage, en la faisant infuser dans de l'eau de chaux, est donc fondée sur une erreur, puisque la chaux forme avec le tannin un composé insoluble dans l'eau.

Les acides se combinent avec le tannin, et donnent avec lui des composés plus ou moins solubles. Il est probable qu'il y a des végétaux dans lesquels le tannin existe combiné avec les alcalis ou les terres. Ces composés doivent devenir utiles au tanneur par l'action des acides délayés.

9. L'*indigo* se retire du pastel (*isatis tinctoria*), en faisant digérer la plante dans de l'esprit de vin, et en évaporant à siccité. On obtient des grains cristallins blancs, qui deviennent bleus par degrés, par l'action de l'atmosphère. Ces grains sont l'indigo.

Le commerce nous l'apporte de l'Amérique; on l'y retire des plantes suivantes : *indigofera argentea*, ou indigo sauvage; *indigofera disperma*, ou indigo guatimalo ; et l'*indigofera tinctoria*, ou indigo français. On le prépare par la fermentation des feuilles de ces plantes dans l'eau. L'indigo, sous sa forme ordinaire, paraît comme une poudre fine d'un bleu foncé. Insoluble dans l'eau, il est légèrement soluble dans l'alcohol. L'acide sulfurique est son véritable dissolvant. Il faut huit parties de cet acide contre une d'indigo. La solution, étendue d'eau, forme une teinture d'un très-beau bleu.

A la distillation, l'indigo donne du gaz acide carbonique, de l'eau, du charbon, de l'ammoniaque, et un peu d'une matière huileuse et acide. Le charbon y est dans une proportion très-abondante. Il est donc, dans son état de pureté, composé de carbone, d'hydrogène, d'oxigène, et d'azote.

L'indigo doit sa couleur bleue à sa combinaison avec l'oxigène. Par les opérations de la teinture il en est privé en partie, en le faisant digérer avec l'orpiment et l'eau de chaux. Lorsqu'il devient soluble dans l'eau de chaux, il prend une couleur verte. Les étoffes, trempées dans cette solution, s'y combinent avec l'indigo. Elles paraissent vertes quand on les retire de cette solution; mais, exposées à l'air, et reprenant de l'oxigène, elles passent au bleu.

L'indigo est une des substances tinctoriales qui a le plus de valeur, et dont l'usage est le plus étendu.

10. Le *principe narcotique* est abondamment fourni par l'*opium* que l'on retire du suc du pavot blanc, *papaver album*. Afin de séparer le principe narcotique, on met l'opium digérer dans l'eau. On évapore ensuite la solution jusqu'à ce qu'elle prenne la consistance d'un sirop. Il s'y forme, par l'addition de l'eau froide, un précipité, que l'on fait bouillir dans l'alcohol, et des cristaux se précipitent pendant le refroidissement. Il faut le redissoudre de nouveau dans l'alcohol, et les y laisser précipiter par le refroidissement. L'opération doit être répétée jusqu'à ce qu'ils deviennent blancs : ces cristaux sont le principe narcotique.

Il n'a ni goût, ni odeur. Quatre cents parties environ d'eau bouillante parviennent à le dissoudre. Il est insoluble dans l'eau froide. Vingt-quatre parties d'alcohol bouillant, et cent de froid le dissolvent. Il est très-soluble dans tous les acides.

M. Derosne a prouvé que l'action de l'opium dans l'économie animale dépendait entièrement de ce principe (1). Il est d'autres substances, outre le suc du pavot, qui contiennent le principe narcotique, mais elles n'ont point encore été examinées avec assez d'attention.

La laitue des jardins, *lactuca sativa*, et beaucoup d'autres laitues, contiennent un suc laiteux, qui épaissi, a tous les caractères de l'opium, et probablement renferme le principe narcotique.

11. Le principe *amer* est très-répandu dans le règne végétal. On le trouve abondamment dans le houblon, *humulus lupilus*; dans le genêt, *spartium scoparium*; la camomille, *anthemis nobilis*; et dans la *quassia amara et excelsa*. L'action de l'eau et de l'alcohol le fait retirer aisément de ces plantes après l'évaporation. Sa couleur est habituellement d'un jaune pâle; son goût d'une amertume excessive. Il est très-peu soluble dans l'eau ou dans l'alcohol, et n'a que peu ou point d'action sur les solutions acides, alcalines, ou métalliques.

On a obtenu une substance artificielle, analogue à ce principe, en faisant digérer de l'acide nitrique, étendu d'eau, sur la soie, l'indigo et le bois de saule blanc. Cette substance a la propriété de teindre les étoffes d'un jaune brillant. Elle diffère du principe amer naturel par son pouvoir de combinaison avec les alcalis; elle constitue des corps cristallisés qui

(1) Cette assertion est maintenant contredite, et l'on pense que l'action narcotique est due à une autre combinaison. (*Note du traducteur.*)

ont la propriété de détonner à la chaleur, ou par la percussion.

Le principe amer naturel est d'une grande importance dans l'art du brasseur. Il arrête la fermentation, et conserve les liqueurs fermentées. La médecine en fait aussi usage.

Ainsi que le principe narcotique, le principe amer semble principalement composé de charbon, d'hydrogène et d'oxigène, avec une petite quantité d'azote.

12. La *cire* se trouve dans un grand nombre de végétaux. On la rencontre abondamment dans les baies du myrte à cire, *myrica cerifera.* On la retire aussi des feuilles de beaucoup d'arbres. Dans son état de pureté elle est blanche. Sa pesanteur spécifique est 9,662; elle fond à 155. L'alcohol bouillant la dissout; à froid, il n'agit pas sur elle. Elle est insoluble dans l'eau, et ses propriétés, comme corps combustible, sont bien connues.

La cire du règne végétal paraît être absolument la même que celle fournie par les abeilles.

MM. Gay-Lussac et Thénard ont constaté que cent parties de cire contiennent :

Charbon	81,784	100
Oxigène.	5,544	
Hydrogène	12,672	

ou autrement :

Charbon	81,784	100
Oxigène et hydrogène, dans les proportions convenables pour former de l'eau	6,300	
Hydrogène	11,916	

proportions qui se rapprochent infiniment de 37 d'hydrogène, 21 de charbon, et 1 d'oxigène.

13. La *résine* est très-commune dans le règne végétal ; et celle qui est de l'usage le plus ordinaire, est fournie par les différentes espèces de sapin. Lorsque, dans le printemps, on a enlevé une portion de l'écorce d'un sapin, il en exsude une matière que l'on nomme térébenthine. En la chauffant doucement, il s'en élève une huile volatile, et il reste une substance plus fixe, qui est la résine.

Celle retirée du sapin, et dont les usages sont bien connus, porte le nom de colophane. Sa pesanteur spécifique est 1,072. Elle a beaucoup d'odeur, et donne, en brûlant, une flamme jaune, en répandant une forte fumée. L'eau froide ou chaude ne l'attaque point ; mais elle est très-soluble dans l'alcohol. Une solution alcoholique de résine, étant mêlée avec de l'eau, devient laiteuse. La résine est déposée, à cause de la forte attraction de l'alcohol pour l'eau.

Beaucoup d'autres sortes d'arbres donnent de la résine. Le mastic vient du *pistaccia lentiscus* ; l'élémi, de l'*amyris elemifera;* le copal, du *rhus copallinum* ; le sandarach du *juniper*. Entre toutes ces résines, le copal a un caractère particulier. Il est le plus difficile à dissoudre dans l'alcohol, et l'on n'y parvient qu'en l'exposant à sa vapeur, ou bien il faut que l'alcohol contienne du camphre en dissolution.

Cent parties de résine commune contiennent, d'après Gay-Lussac et Thénard :

Charbon	75,944	100
Oxigène	13,337	
Hydrogène	10,719	

ou de Charbon	75,944	100
Oxigène et hydrogène, dans les proportions nécessaires pour former de l'eau	15,156	
Hydrogène en excès	8,900	

Suivant les mêmes chimistes, le copal contient sur 100 parties.

Charbon	76,811	100
Oxigène	10,606	
Hydrogène	12,583	

ou de Charbon	76,811	100
D'eau ou de ses élémens	12,052	
D'hydrogène en excès	11,137	

D'après ces résultats, si la résine est un composé bien connu, elle a pour ses proportions : 8 de charbon, 12 d'hydrogène, et 1 d'oxigène.

On emploie les résines à une foule d'usages. Le goudron et la poix sont de la résine dans un état particulier de décomposition. Le goudron est le produit de la combustion lente du sapin, et la poix, de l'évaporation des parties les plus volatiles du goudron. Les *vernis* sont des résines que l'on a dissoutes dans l'esprit de vin, ou dans les huiles. Celui du copal est un des plus beaux. On le fait en réduisant le copal en poudre, que l'on fait bouillir dans de l'huile de romarin, et l'on ajoute de l'alcohol à la solution.

14. Le *camphre* est retiré par la distillation du bois du camphrier, *laurus camphora*, qui croît dans le Japon. C'est un corps très-volatil, qui peut être purifié par la distillation. Le camphre est blanc, brillant; il a une demi-transparence, une odeur particulière, et un fort goût acide. Il est légèrement soluble dans l'eau, puisqu'une partie de camphre en exige 100,000 d'eau; il l'est au contraire extrêmement dans l'alcohol. En versant d'une seule fois une petite quantité d'eau dans une solution alcoholique de camphre, il s'en sépare sous forme cristalline. Soluble dans l'acide nitrique, l'eau détruit cette combinaison.

Il est très-inflammable, brûle en répandant une flamme brillante, et laisse une forte quantité de matière charbonneuse. Durant sa combustion, il donne naissance à de l'acide carbonique, à de l'eau, et à un acide particulier, nommé *acide camphorique*. On n'a pas fait encore une analise exacte de cette substance; mais sa composition semble se rapprocher de celle des résines, et consister en charbon, en hydrogène et en oxigène.

Il est d'autres plantes que le *laurus camphora*, qui fournissent du camphre. On en retire d'une autre variété de laurier qui croît à Sumatra, Borneo, et dans d'autres îles des Indes orientales. On le retire du thym, *thymus serpillum*; de la marjolaine, *origanum majorana*; du gimgenbrier, *amomum zingiber*; et de la sauge, *salvia officinalis*.

Plusieurs huiles volatiles laissent, par la simple exposition à l'air, émaner l'odeur de camphre.

M. Kind a produit une substance artificielle très-semblable au camphre, en saturant l'huile essentielle de la térébenthine par le gaz acide muriatique. On obtient ce gaz par l'action de l'acide sulfurique versé sur le sel commun. Cette opération bien conduite donne en camphre la moitié de l'huile essentielle que l'on a employée.

Il a beaucoup des propriétés du camphre naturel; mais il en diffère essentiellement par ses qualités chimiques et sa composition. Il ne peut se dissoudre dans l'acide nitrique sans se décomposer. Les expériences de Gehlen ont fait connaître que ses élémens sont ceux de l'huile de térébenthine, c'est-à-dire, du charbon, de l'hydrogène et de l'oxigène unis aux élémens du gaz muriatique, le chlore et l'hydrogène.

L'analogie existante entre le camphre naturel et l'artificiel peut induire à penser que le premier est un composé végétal secondaire, formé de l'acide camphorique et d'huile volatile. On emploie le camphre dans la médecine; il n'a point d'autres usages.

15. Les *huiles fixes* se retirent des graines et des fruits par l'expression. L'olive, les amandes, la graine de lin, celle de navette, fournissent les huiles fixes végétales les plus usitées. Leurs propriétés sont parfaitement connues. Leur pesanteur spécifique est moindre que celle de l'eau. Celle de l'huile d'olive et de graine de navette est 913; celle de graine de lin et d'amande, 932; l'huile de palmier a 968; celle de faine et de noix, 923. Plusieurs huiles fixes se congèlent à une température plus basse que

celle à laquelle l'eau se glace, et toutes demandent pour leur évaporation un degré de chaleur plus intense que celui auquel l'eau entre en ébullition.

Les produits de leur combustion sont de l'eau et de l'acide carbonique.

Les expériences de MM. Gay-Lussac et Thénard nous ont appris que 100 parties d'huile d'olive contiennent :

Charbon.	77,213	100
Oxigène.	9,427	
Hydrogène	13,360	

Ce calcul est très-approximatif de 11 proportions de charbon, 20 d'hydrogène et 1 d'oxigène.

Voici la liste des diverses huiles fixes, et des végétaux qui les produisent.

L'huile d'olive vient de l'olivier, *olea europea ;* l'huile de lin, du lin commun et annuel, *linum usitatissimum et perenne ;* l'huile de noisette, du noisetier, *coryllas avellana ;* l'huile de noix, *juglans regia ;* l'huile de chenevis, *cannabis sativa ;* l'huile d'amandes douces, *amigdalus communis ;* l'huile de faîne, du hêtre commun, *fagus silvatica ;* l'huile de navette, *brassica napus et campestris ;* l'huile de pavot, vulgairement huile d'œillet, *papaver somniferum ;* l'huile de sesame, *sœsamum orientale ;* l'huile de concombre, *cucurbita pepo et mala pepo ;* l'huile de moutarde, du senevé, *sinapis nigra et arvensis ;* l'huile de tournesol, *heliantus annuus et perennis ;* l'huile de castor, du palma-christi, *ricinus communis ;* l'huile de tabac, *nicotiana tabacum et rustica ;* l'huile d'amandes du prunier, *prunus domestica;* l'huile de grains de raisin, *vitis vinifera ;* le beurre de cacao, *theobroma cacao ;* l'huile de laurier, des baies douces du laurier, *laurus nobilis.* Les huiles fixes sont très-nutritives; elles sont d'une grande importance dans les besoins de la vie; combinées avec la soude, elles forment le savon le plus beau et le plus solide. On emploie extrêmement ces huiles dans les arts mécaniques, et pour les préparations de la peinture et des vernis.

Les huiles volatiles, que l'on nomme aussi huiles essentielles, diffèrent des premières en ce qu'elles sont susceptibles d'évaporation à un degré de chaleur bien inférieur, et par leur solubilité dans l'alcohol; elles ont en outre un degré léger de solubilité dans l'eau.

Il y a un grand nombre d'huiles volatiles, distinguées par leur odeur, leur goût, la pesanteur spécifique, et d'autres qualités apparentes. Une odeur forte et particulière peut néanmoins être regardée comme un grand caractère propre à chaque espèce. Les huiles essentielles s'enflamment avec plus de facilité que les huiles fixes, et donnent, par leur combustion, différentes proportions de substances semblables : de l'eau, de l'acide carbonique, et du charbon.

Le docteur Lewis nous a donné la pesanteur spécifique des huiles suivantes.

L'huile de sassafras	1,094.
de canelle	1,035.
de gérofle	1,034.

L'huile de fenouil	997.
d'anis	994.
de pouliot	978.
de cumin.	975.
de menthe	975.
de muscade	948.
de tanaisie	946.
de carvi	940.
d'origan	940.
de lavande	936.
de romarin	934.
de genièvre	911.
d'orange	888.
de térébenthine	792.

L'odeur particulière à chaque plante paraît toujours être due aux huiles volatiles qu'elles contiennent, et les eaux distillées parfumées, doivent aussi leur odeur à une portion de ces mêmes huiles qu'elles tiennent en dissolution. En rassemblant les huiles aromatiques, l'odeur des fleurs dont l'existence est si fugitive, semble en recevoir une toute nouvelle, et devenir durable.

Il n'est pas douteux que les huiles volatiles ne soient composées de charbon, d'hydrogène et d'oxigène ; mais des expériences exactes n'ayant point été faites, on ne connaît pas les proportions dans lesquelles ces élémens sont combinés.

On n'a jamais employé les huiles volatiles comme nourriture; plusieurs d'elles servent dans les arts et dans les manufactures, pour les peintures, et pour les vernis ; mais leur plus grand usage est dans les parfums.

16. On retire la *fibre ligneuse* du bois même, et de l'écorce, des feuilles, des fleurs, en les exposant à l'action répétée de l'eau bouillante et de l'alcohol bouillant. La matière insoluble qui reste est la base des parties organiques solides du végétal. Il existe autant de variétés de fibres ligneuses qu'il y a de plantes, et d'organes des plantes ; mais toutes sont reconnaissables par leur texture fibreuse et leur insolubilité.

Cette substance brûle avec une flamme jaune, et produit de l'eau, et de l'acide carbonique. Distillé en vaisseaux clos, elle laisse un résidu charbonneux considérable, et c'est effectivement la fibre ligneuse qui fournit le charbon pour les usages de la vie.

Le tableau suivant contient les expériences de M. Mushet sur les quantités de charbon que les différens bois fournissent.

Cent parties de *lignum vitæ*

ont donné	26,8.	de charbon.
d'acajou	25,4.	
de laburnum	24,5.	
de chataignier	23,2.	
de chêne	22,6.	
de hêtre noir d'Amérique.	21,4.	
de noyer	20,6.	
du houx	19,9.	
d'érable d'Amérique. . .	19,9.	
de hêtre	19,9.	
d'orme	19,5.	
de pin du nord	19,2.	
de saule	18,4.	

de frêne	17,9.
de bouleau.	17,4.
de sapin d'Ecosse	16,4.

MM. Gay-Lussac et Thénard ont conclu, d'après leurs expériences, que 100 parties de chêne et de hêtre contenaient :

Charbon	52,53	
Oxigène.	41,78	100
Hydrogène	5,69	

Et 100 parties de hêtre :

Charbon	51,45	
Oxigène.	42,73	100
Hydrogène	5,82	

Supposant donc la fibre du bois bien connue, nous concluerons qu'elle renferme 5 proportions de charbon, 3 d'oxigène, et 6 d'hydrogène.

Il n'est pas nécessaire de nous arrêter sur les usages de la fibre ligneuse. Les applications que l'on fait des bois, du coton, du lin et des écorces, sont assez connues, et la fibre parait n'avoir rien d'utile pour la digestion.

17. Les acides que l'on rencontre dans le règne végétal sont nombreux. Ceux qui existent primordialement formés dans les sucs des plantes sont : l'acide oxalique, le citrique, le tartrique, le benzoïque, l'acétique, le malique, le gallique et le prussique. Tous, excepté les acides acétique, malique et prussique, sont des corps blancs cristallisés. Ces trois derniers n'ont été obtenus que dans l'état de fluidité. Ils sont tous plus ou moins solubles dans l'eau ; ils

ont un goût acide dont sont privés seuls les acides gallique et prussique. Celui du premier est astringent, et celui de l'autre est analogue au goût de l'amande amère.

L'acide oxalique existe libre dans un fluide qui transude des pois chiches, *cicer arietinum*. On peut le retirer des diverses oseilles, *oxalis acetosella*; de l'oseille commune et de plusieurs autres espèces de rumex. On l'obtient aussi du *geranium acidum*. On reconnaît, et l'on distingue aisément des autres acides végétaux l'acide oxalique, par sa propriété de décomposer tous les sels calcaires, et de former avec la chaux des sels insolubles. Il donne des cristaux prismatiques et à quatre pans.

L'acide citrique est celui qui appartient spécialement au suc du citron et de l'orange. On le retire pareillement des baies de l'airelle-canneberge, de myrtille et d'églantine.

Cet acide se fait reconnaître par sa propriété de donner des sels calcaires, insolubles dans l'eau, mais décomposables par les acides minéraux.

On retire l'acide tartrique du suc de la mûre, du mou de raisin, des groseilles, et de la pulpe de tamarin. Il a pour caractère de former avec la potasse un sel peu soluble, et avec la chaux un sel insoluble, décomposable par les acides minéraux.

L'acide benzoïque est retiré de différentes substances résineuses par leur distillation; tels sont le benjoin, le storax et le baume de Tolu. Son odeur aromatique et son extrême volatilité le différencient des autres acides.

L'acide malique est retiré du suc des pommes,

de l'épine-vinette, des prunes, des baies du sureau, des groseilles, des fraises et des framboises. Avec la chaux il forme des sels solubles, et son goût particulier le fait distinguer de ceux dont nous venons de parler.

L'acide acétique, ou vinaigre, est fourni par la sève de différens arbres. Son odeur propre le distingue de l'acide précédent ; il l'est des autres acides végétaux, par sa propriété de former avec les alcalis et les terres des sels solubles.

L'acide gallique peut être retiré de la noix de galle pulvérisée, au moyen d'une chaleur douce et graduée, et en recevant dans un vaisseau froid la matière volatile. Des cristaux blancs se manifestent et sont reconnaissables, parce qu'ils précipitent les solutions de fer en un pourpre foncé.

L'acide prussique végétal, s'obtient par la distillation des feuilles de laurier ou des amandes ; de la pêche, de la cerise et de l'amande amère. Son caractère est de donner, lorsqu'on y a ajouté un peu d'alcali et qu'on le verse dans des solutions ferrugineuses, un précipité d'un bleu verdâtre. Il a, par ses propriétés, la plus grande analogie avec celui que l'on retire du règne animal, ou qui est obtenu en passant de l'ammoniaque sur du charbon fortement chauffé. Mais ce dernier composé forme avec l'oxide rouge de fer cette substance d'un bleu intense et brillant, connue sous le nom de *bleu de Prusse*.

Deux autres acides végétaux ont encore été découverts dans les plantes. L'un est l'acide moroxique qui transude du murier blanc, et l'acide kinique, qui existe dans un sel trouvé dans l'écorce du Pérou. Ces acides n'ont point été rencontrés dans d'autres circonstances. L'oignon présente l'acide phosphorique libre de toute combinaison. Cet acide et le sulfurique, le nitrique et le muriatique, existent dans plusieurs composés salins du règne végétal. On ne peut cependant pas les considérer avec vérité comme des produits des végétaux.

D'autres acides prennent naissance pendant la combustion des composés végétaux ; tels sont : l'acide camphorique, l'acide muqueux ou saclactique, et le subérique. Le camphre fournit le premier de ces acides ; la gomme ou le mucilage, le second ; le troisième est dû au liége, soumis à l'action de l'acide nitrique.

Il résulte, des expériences qui ont été faites sur les acides végétaux, que tous, excepté le prussique, sont composés de charbon, d'azote, d'hydrogène et d'oxigène. Le charbon, l'azote, l'hydrogène et un peu d'oxigène constituent l'acide prussique.

L'acide gallique contient plus de charbon que les autres acides végétaux.

L'analise de plusieurs d'entre eux a été faite par MM. Gay-Lussac et Thénard.

100 parties d'acide oxalique contiennent :

Charbon.	26.566	100
Hydrogène	2,745	
Oxigène	70,689	

100 d'acide tartrique :

Charbon.	24,050	100
Hydrogène	6,629	
Oxigène	69,321	

100 d'acide citrique :

Charbon.	33,811	} 100
Hydrogène	6,330	
Oxigène	59,859	

100 d'acide acétique :

Charbon.	50,224	} 100
Hydrogène	5,629	
Oxigène	44,147	

100 d'acide muqueux ou saclactique :

Charbon.	33,690	} 100
Hydrogène	3,620	
Oxigène	62,690	

Ces proportions se rapprochent beaucoup des suivantes :

Pour l'acide oxalique, 7 de charbon, 8 d'hydrogène, et 15 d'oxigène. Les expériences faites sur ce même acide par le docteur Thomson présentent un résultat très-différent ; 3 de charbon, 4 d'hydrogène, et 4 d'oxigène.

Pour l'acide tartrique, le calcul des proportions serait : 8 de charbon, 28 d'hydrogène, et 18 d'oxigène.

Pour l'acide citrique : 3 de charbon, 6 d'hydrogène, et 4 d'oxigène.

Pour l'acide acétique : 18 de charbon, 22 d'hydrogène, et 12 d'oxigène ; enfin, pour l'acide muqueux : 6 de charbon, 7 d'hydrogène, et 8 d'oxigène.

L'emploi des acides végétaux est bien connu, et celui principalement des acides citrique et acétique est très-étendu. Le goût agréable et la salubrité des diverses substances végétales, employées comme nourriture, dépendent surtout des acides végétaux qu'elles contiennent.

19. L'*alcali fixe* peut être amené dans un état de solution aqueuse, en brûlant d'abord les plantes, puis en lessivant leurs cendres que l'on mêle avec de la chaux vive. L'alcali végétal, la *potasse*, est celui qui est le plus généralement répandu dans le règne végétal. Dans son état de pureté, la potasse est blanche, demi-transparente, n'entre en fusion qu'à un très-haut degré de chaleur, et se trouve douée d'un goût caustique très-violent.

Il existe encore de l'eau dans le corps que les chimistes nomment potasse pure. Celle que le commerce désigne par le nom de *perasse*, *potasse* (1), est combinée à une petite portion d'acide carbonique. Pure, telle que nous l'avons dit, page 46, elle est composée de potassium, métal très-inflammable, et d'oxigène, en proportion égale au métal.

La *soude* se retire de certaines plantes qui croissent dans le voisinage de la mer. On l'obtient par le même procédé que la potasse. Elle est composée, ainsi qu'on l'a dit, page 47, d'une partie de *sodium*, et deux d'oxigène. Ses propriétés sont très-

---

(1) Les manufacturiers anglais sont dans l'usage de travestir les noms des substances qu'ils emploient, *pearl ashes*, en français *perlache*, *perlasse*, signifie *cendres de perles*. Le traducteur de Home sur le blanchiment des toiles, n'a jamais pu se tirer de cette difficulté; il est vrai qu'à cette époque, vers 1760, on ne sentait pas encore assez, en France, l'utilité dont était la chimie pour le perfectionnement des arts. (*Note du traducteur.*)

semblables à celles de la potasse, avec cette différence pourtant que, dans son union avec les huiles, elle forme des savons durs, tandis que la potasse ne donne que des savons mous.

La *perlasse*, la *barille*, le *varec*, ou soude impure, provenant de la combustion de toutes sortes de plantes marines, sont très-appréciées dans le commerce par leur utilité pour les verreries et pour les fabriques de savon. Le verre est fait avec la potasse, les pierres siliceuses, et quelques substances métalliques.

Afin de s'assurer si un végétal contient de l'alcali, il doit être réduit en cendres, et celles-ci sont lavées ensuite dans une petite quantité d'eau. Si, après avoir laissé quelque temps cette lessive exposée à l'air, elle rougit le papier teint avec le curcuma, on fait passer au vert les couleurs bleues des végétaux; l'infusion de fleurs de violette, par exemple; il est certain que le végétal contient de l'alcali (1).

Pour s'assurer des quantités respectives d'alcali, contenues dans des plantes diverses, on prend un poids égal de chacune d'elles pour le brûler, et leurs cendres sont lessivées dans deux fois leur volume d'eau. La lessive est ensuite filtrée à travers du papier brouillard, et évaporée à siccité. Les poids

---

(1) L'exposition à l'air, recommandée par l'auteur, est d'autant plus nécessaire, que si l'alcali était dans l'état caustique, la couleur bleue des végétaux ne passerait point au vert, mais au jaune. Il faut que l'acide carbonique se soit combiné en partie avec l'alcali. (*Note du traducteur.*)

relatifs des sels retirés indiqueront d'une manière approximative les quantités d'alcali qui y étaient contenues.

La richesse des plantes marines, productrices de la soude, peut être évaluée de la même manière, avec une exactitude suffisante pour les usages commerciaux (1).

Les herbes fournissent en général quatre ou cinq fois plus de potasse que les arbres, et les arbrisseaux deux ou trois fois plus. Les feuilles en donnent plus que les branches, et celles-ci davantage que les troncs. Les végétaux, brûlés verts, donnent plus de cendres que lorsqu'ils sont secs.

La table suivante, établie sur les expériences de Kirwan, Vauquelin et Pertuis, démontre quelles

(1) La méthode que l'auteur indique n'est pas suffisamment exacte; car les plantes contiennent d'autres sels que les alcalis; ils sont à la vérité moins solubles en général, et malgré la précaution prise de ne verser sur les cendres que deux fois leur volume d'eau, il peut se glisser d'assez grandes erreurs, puisque le poids indique non-seulement les sels alcalins, mais même les sels neutres qui se trouvent confondus. Nous devons à M. *Descroisilles*, chimiste aussi éclairé que manufacturier habile, un procédé sûr, et un instrument commode pour évaluer les quantités alcalines contenues non-seulement dans les plantes, mais ce qui est généralement utile dans les potasses et dans les soudes que le commerce nous livre. Cet instrument, nommé par son auteur *alcalimètre*, est exécuté avec un soin qui fait honneur aux talens de M. *Chevallier*, ingénieur-opticien, chez lequel seul il se trouve. M. Descroisilles a donné à cet instrument plusieurs autres applications très-utiles, et dont nos manufacturiers ne cessent de se louer. (*Note du traducteur.*)

sont les quantités de potasse fournies par plusieurs arbres et plusieurs plantes faciles à se procurer.

10,000 parties de chêne en donnent .	15 de potasse.
d'orme	39
de hêtre	12
de vigne	55
de peuplier	7
de chardon	33
de fougère	62
de chardon aux ânes.	196
d'absinthe	730
de vesce	275
de fèves	200
de fûmeterre	790

Quatre sortes de terres se rencontrent dans les plantes : la silice ou terre des cailloux, l'alumine ou argile pure, la chaux et la magnésie. L'incinération les fait découvrir. La chaux est ordinairement combinée avec l'acide carbonique. Cette terre et la silice sont beaucoup plus généralement répandues dans le règne végétal que la magnésie, et celle-ci plus que l'alumine.

Les terres sont la partie principale de la matière insoluble des cendres des végétaux. On sait que la silice n'est pas soluble dans les acides ; quant à la terre calcaire, si les cendres n'ont point été soumises à un état d'ignition trop vif, elle se dissout dans l'acide muriatique en y faisant effervescence. La magnésie donne avec l'acide sulfurique un sel cristallisable et soluble, tandis que celui résultant de la chaux est difficilement soluble.

L'alumine se fait reconnaître des autres terres, parce que les acides ont peu de prise sur elle, qu'elle forme des sels très-solubles et difficilement cristallisables.

Les terres, ainsi que je l'ai dit, page 47, sont composées d'un métal particulier, uni à l'oxigène en parties égales. Les terres, que les plantes fournissent, ne sont point appliquées aux usages de la vie, et bien peu de cas existent, où la connaissance de leur nature puisse être de quelque importance pour le cultivateur, et l'intéresser.

Les seuls *oxides métalliques*, qui se rencontrent dans les plantes, sont ceux de fer et de manganèse; on les retire des cendres, mais en petite quantité. Lorsque celles-ci sont d'un rouge brun, c'est que le fer y abonde; noires ou pourpres, c'est la manganèse. Le mélange de ces deux couleurs est un indice de la présence des deux oxides.

Les composés salins, que donnent les plantes, ou ceux que l'on en retire par l'incinération, sont très-variés. L'un des plus communs est l'acide sulfurique uni à la potasse, le *sulfate de potasse;* le sel commun, *muriate de soude*, existe aussi fréquemment dans les cendres; le phosphate de chaux, insoluble dans l'eau, mais qui se dissout dans l'acide muriatique, s'y trouve aussi.

Les composés des acides nitrique, muriatique, et phosphorique avec les alcalis et les terres, existent dissous dans la sève de beaucoup de plantes, et sont le produit de leur évaporation ou de leur incinération. Les sels à base de potasse sont reconnaissables de ceux de soude, parce qu'ils occasionnent des précipités dans les solutions acides de platine ; ceux de chaux, par le *nébuleux* qu'ils produisent avec une solution d'acide oxalique ; ceux de magnésie, parce qu'ils font le même effet avec l'ammoniaque. On découvre la présence de l'acide sulfurique par le précipité blanc et pesant qu'il donne avec une solution de baryte ; l'acide muriatique, par le nébuleux qu'il occasionne avec une solution nitrique d'argent ; enfin, lorsque des sels contiennent l'acide nitrique, on reconnait son existence par les étincelles brillantes que donnent ces sels en les jetant sur des charbons ardens.

Aucune application n'ayant été faite d'aucun des sels neutres ou des composés salins trouvés dans les plantes, il est inutile d'en donner une description exacte et particulière.

Les tables suivantes sont tirées des recherches de M. de Saussure sur les végétaux; elles contiennent les résultats obtenus par ce savant, et montrent quelles sont les quantités de sels solubles, d'oxides métalliques et de terres que leurs cendres fournissent.

Numéros.	NOMS DES PLANTES.	Quantités des cendres fournies par 1000 parties vertes.
1	Feuilles de chêne, *quercus robur*, cueillies le 10 mai.	13
2	*Idem* cueillies le 27 septembre.	24
3	Tiges ou branches de jeunes chênes, mais privées d'écorces, cueillies le 10 mai	. . . . .
4	Ecorces des branches précédentes.	. . . . .
5	Bois de chêne sans aubier	. . . . .
6	Aubier du n° précédent	. . . . .
7	Ecorces des troncs des chênes précédens	. . . . .
8	*Liber* des écorces précédentes.	. . . . .
9	Extrait du bois de chêne n° 5	. . . . .
10	Terreau de bois de chêne	. . . . .
11	Extrait du terreau de bois de chêne.	. . . . .
12	Feuilles de peuplier, *populus nigra*, cueillies le 26 mai.	23
13	*Idem* le 12 septembre	41
14	Troncs de ces peupliers privés de leur écorce, le 12 septembre.	. . . . .
15	Ecorces de ces troncs.	. . . . .
16	Feuilles de noisetier, *coryllus avellana*, cueillies le 1er mai	. . . . .
17	*Idem* lavées à l'eau distillée froide	. . . . .
18	*Idem* cueillies le 22 juin	28
19	*Idem* le 20 septembre.	31
20	Branches du noisetier, n° 16, écorcés et prises le 1er mai	. . . . .
21	Ecorces de ces branches	. . . . .
22	Bois du mûrier d'Espagne, *morus nigra*, sans aubier, novembre	. . . . .
23	Aubier du bois, n° 22.	. . . . .
24	Ecorce du mûrier n° 22	. . . . .
25	*Liber* de l'écorce ci-dessus.	. . . . .
26	Bois de charme, *carpinus betulus*, privé de son aubier, coupé en novembre	4
27	Aubier du numéro précédent	4
28	Ecorce de ce bois.	88
29	Troncs et branches du marronnier privés de leurs feuilles, *æsculus hypocastanum*, le 10 mai	. . . . .
30	Feuilles de l'arbre précédent, prises le 10 mai . . .	16
31	*Idem* le 23 juillet.	29
32	*Idem* le 27 septembre	31
33	Fleurs de l'arbre précédent	9

Quantités des cendres fournies par 1000 parties sèches.	Eau de végétation.	Sels solubles par l'eau.	Phosphates terreux.	Carbonates terreux.	Silice.	Oxides métalliques.	Pertes.
53	745	47	24	0,12	3, 0	0,64	25,24
55	540	17	18,25	23, 0	14, 5	1,75	25,05
4	. . .	26	28,05	18.25	0,12	1, 0	32,58
60	. . .	7, 0	4, 5	63,25	0,25	1,75	22,75
2	. . .	38, 6	4, 5	32, 0	2, 0	2,25	20,65
4	. . .	32, 0	24, 0	11, 0	7, 5	2, 0	23, 5
60	. . .	7, 0	3, 0	66, 0	1, 5	2, 0	21, 5
73	. . .	7. 0	3,75	65, 0	0, 5	1, 0	22,75
61	. . .	51, 0					
41	. . .	24, 0	10, 5	10, 0	32, 0	14, 0	8, 5
111	. . .	66. 0					
66	652	36, 0	13, 0	29, 0	5, 0	1,25	15,75
93	565	26, 0	7, 0	36, 0	11, 5	1, 5	18, 0
8	. . .	26. 0	16,75	27, 0	3, 3	1, 5	24, 5
72	. . .	6, 0	5, 3	60, 0	4, 0	1, 5	23, 2
61	. . .	26, 0	23, 3	22, 0	2, 5	1, 5	24, 7
57	. . .	8, 2	19, 5	44, 1	4, 0	2, 0	22, 5
62	655	22, 7	14, 0	29, 0	11, 3	1, 5	21, 5
70	557	11, 0	12, 0	36, 0	22, 0	2, 0	17, 0
5	. . .	24, 5	35, 0	8, 0	0,25	0,12	52, 2
62	. . .	12, 5	5, 5	54, 0	0,25	1,75	26, 0
7	. . .	21, 0	2,25	56, 0	0,12	0,25	20,38
13	. . .	26, 0	27,25	24, 0	1, 0	0,25	21, 5
89	. . .	7, 0	8, 5	40, 0	15,25	1,12	23,13
88	. . .	10, 0	16, 5	48, 0	0,12	1, 0	24,38
6	346	22, 0	23, 0	26, 0	0,12	2,25	26,63
7	390	18, 0	36, 0	15, 0	1, 0	1, 0	29, 0
137	346	4, 5	4, 5	59, 0	1, 5	0,12	30,88
35	. . .	9, 5					
72	782	50, 0					
84	652	24, 0					
86	636	13, 5					
71	873	50, 0					

Numéros.	NOMS DES PLANTES.	Quantités des cendres fournies par 1000 parties vertes.
34	Fruits mûrs du même arbre récoltés le 5 octobre. .	12
35	Plantes de pois en fleurs, *pisum sativum*	. . . . .
36	*Idem* la graine en maturité.	. . . . .
37	Fèves de marais, *vicia faba*, cueillies le 23 mai avant la floraison.	16
38	*Idem* le 23 juin, pendant la floraison.	20
39	*Idem* le 23 juin, la graine en maturité	. . . . .
40	*Idem* séparées des graines mûres	. . . . .
41	Graines des plantes précédentes.	. . . . .
42	Plantes de fèves en fleurs venant des graines précédentes, et cultivées dans l'eau distillée	. . . . .
43	Verge d'or, *solidago vulgaris*, prise le 1er mai avant la floraison	. . . . .
44	*Idem* le 15 juillet, au moment de fleurir	. . . . .
45	*Idem* portant graine, le 20 septembre.	. . . . .
46	Plantes de tournesol, *helianthus annuus*, prises le 23 juin, un mois avant la fleur	. . . . .
47	*Idem* le 23 juillet, la fleur commençant	13
48	*Idem* le 20 septembre, les graines mûres.	23
49	Plantes de froment, *triticum sativum*, en fleurs . .	. . . . .
50	*Idem* graines mûres	. . . . .
51	*Idem* un mois avant la floraison.	. . . . .
52	*Idem* en fleurs le 14 juin.	16
53	*Idem* le 28 juillet, graines mûres	. . . . .
54	Paille de ce froment séparée des graines	. . . . .
55	Graines choisies de ce froment	. . . . .
56	Son	. . . . .
57	Plantes de maïs, *zea maïs*, prises un mois avant la floraison, le 23 juin	. . . . .
58	*Idem* en fleurs, le 23 juillet.	. . . . .
59	*Idem* graines mûres.	. . . . .
60	Tiges du même maïs, séparées des épis mûrs	. . . . .
61	Epis de ces tiges	. . . . .
62	Graines du maïs précédent	. . . . .
63	Paille d'orge, *hordeum vulgare*, séparée des tiges mûres.	. . . . .
64	Grains d'orge de la paille du n° précédent	. . . . .
65	Grains d'orge	. . . . .
66	Avoine	. . . . .

Quantités des cendres fournies por 1000 parties sèches.	Eau de végétation.	Sels solubles par l'eau	Phosphates terreux.	Carbonates terreux.	Silice.	Oxides métalliques.	Perte.
34	647	75, 0	10, 5	....	0,75	0, 5	13,25
95	...	49, 8	17,25	6, 0	2, 3	1, 0	24,65
81	...	34,25	22, 0	14, 0	1, 0	3, 5	17,25
150	895	55, 5	14, 5	3, 5	1, 5	0, 5	24,50
122	876	55, 5	13, 5	4,12	1, 5	0, 5	24,38
66	...	50, 0	17,75	4, 0	1,75	0, 5	26, 0
115	...	42, 0	5,75	36, 0	1,75	1, 0	12, 9
33	...	69,28	27,92	....	....	0, 5	2, 3
39	...	60, 1	30, 0	....	....	0, 5	9, 4
92	...	67, 5	10,75	1, 5	1, 5	0,75	18,25
57	...	59, 0	8, 5	9,25	1, 5	0,75	21, 0
50	...	48, 0	11, 0	17,25	3, 5	1, 5	18,75
147	...	62, 0	6, 7	11,56	1, 5	0,12	16,67
137	877	61, 0	6, 0	12, 5	1, 5	0,12	18,78
93	755	51, 5	22, 5	4, 0	3,75	0, 5	17,75
.....	...	43,25	12,75	0,25	32, 0	0, 5	12,25
.....	...	11, 0	15, 0	0,25	54, 0	1, 0	18,75
79	...	60, 0	11, 5	0,25	12, 5	0,25	15, 5
54	699	41, 0	10,75	0,25	26, 0	0, 5	21, 5
33	...	10, 0	11,75	0,25	51, 0	0,75	23, 0
43	...	22, 5	6, 2	1, 0	61, 5	1, 0	78, 0
13	...	47,16	44, 5	....	0, 5	0,25	7, 6
52	...	4,16	46, 5	....	0, 5	0,25	8, 6
122	...	69, 0	5,75	0,25	7, 5	0,25	17, 0
81	...	69, 0	6, 0	0,25	7, 5	0,25	17, 0
46							
84	...	72,45	5, 0	1, 0	18, 0	0, 5	3, 5
16							
10	...	62, 0	36, 0	....	1, 0	0,12	0,88
42	...	20, 0	7,75	12, 5	57, 0	0, 5	2,25
.....	...	22, 0	22, 0	....	21, 0	21, 0	29,88
31	...	1, 0	24, 0	....	60, 0	60, 0	14,75

Numéros.	NOMS DES PLANTES.	Quantités des cendres fournies par 1000 parties vertes.
67	Feuilles de rosage, *rhododendrum ferrugineum*, prises sur le Jura, montagne calcaire, le 20 juin	. . . . .
68	*Idem* prises sur le Breven, montagne granitique, le 27 juin	. . . . .
69	Tiges et branches du même, prises le 20 juin sur le Jura	. . . . .
70	Tiges et branches du même, prises le 27 juin sur le Breven.	. . . . .
71	Feuilles de pin, *pinus abies*, prises le 20 juin sur le Jura.	. . . . .
72	*Idem* prises sur le Breven le 27 juin	. . . . .
73	Branches de pin privées de leurs feuilles, prises le 20 juin	. . . . .
74	Airelle, *vaccinium myrtillus*, prise le 29 août sur le Jura	. . . . .
75	*Idem* sur le Breven le 20 août	. . . . .

Outre les principes dont nous venons d'exposer la nature, il en est d'autres qui ont été désignés par les chimistes, comme faisant partie du règne végétal. C'est ainsi que M. Vauquelin a découvert dans la papaye une substance fibreuse, qui a quelque analogie avec la fibre musculaire des animaux. Braconnot a de même montré dans les champignons l'existence d'une gelée, analogue à celle des animaux. Mais il serait déplacé d'entrer ici dans ces détails particuliers. Mon objet est de donner des vues générales sur la constitution des végétaux, en ce qu'elle a d'utile pour le cultivateur. Quelques auteurs systématiques ont établi des distinctions auxquelles

Quantités des cendres fournies par 1000 parties sèches.	Eau de végétation.	Sels solubles par l'eau.	Phosphates terreux.	Carbonates terreux.	Silice.	Oxides métalliques	Perte.
30	. . .	23, 0	14, 0	43,25	0,75	3,25	15,63
25	. . .	21, 1	16,75	16,75	2, 0	5,77	31,52
	. . .	22, 5	10, 0	39, 0	0, 5	5, 4	22,48
8	. . .	24, 0	11, 5	29, 0	1, 0	11, 0	24, 5
29	. . .	16, 0	12,27	43, 5	2, 5	1, 6	14,13
29	. . .	15, 0	12, 0	29, 0	19, 0	5, 5	19, 5
15	. . .	15, 0					
26	. . .	17, 0	18, 0	42, 0	1, 5	3,12	19,38
22	. . .	24, 0	22, 0	22, 0	5, 0	9, 5	17, 5

je ne me suis point arrêté, parce qu'elles ne m'ont pas semblé essentielles pour éclairer mes recherches.

Le docteur Thomson, dans son savant système de chimie, a donné la description de six substances végétales qu'il a nommées : *mucus*, *gelée*, *sarcocolle*, *asparagine*, *inuline* et *ulmine*. Il établit que le *mucus muqueux* existe dans son plus grand état de pureté dans la graine de lin; mais Vauquelin a démontré nouvellement que le mucilage de la graine de lin est, par son caractère essentiel, analogue à la gomme, mais qu'il est combiné avec un *muqueux*, semblable à celui des animaux. Le docteur Thomson considère la gelée végétale comme analogue à la gomme.

Le goût de la *sarcocolle* rend probable que c'est la gomme en état de combinaison avec un peu de sucre.

L'*inuline* a tant d'analogie avec l'amidon, qu'il est naturel de penser qu'elle en est une variété. M. Smithson vient de démontrer que l'*ulmine* est une combinaison de la matière extractive avec la potasse, et vraisemblablement l'asparagine est uniquement quelque combinaison semblable. S'il suffit d'une légère différence, dans les propriétés chimiques ou physiques, pour former de nouvelles catégories de substances végétales, un catalogue acquerrait une excessive étendue. Deux composés, extraits de deux plantes, ne sont pas identiquement les mêmes; bien plus, le même composé varie suivant l'époque à laquelle il aura été recueilli, et la manière dont il a été préparé ; la grande utilité des classifications dans une science, c'est de soulager la mémoire. Toute classification doit donc être établie sur la similitude de propriétés distinctes, caractéristiques, et invariables.

L'analise d'un corps qui contient des mixtes, résultant de divers principes végétaux, peut être faite aisément, et de manière à remplir toutes les vues de l'agronome. Une quantité donnée, 200 grains, par exemple, doivent être, ou réduits en poudre, ou mis en pâte et en masse, avec une petite quantité d'eau. On les pétrit à la main, ou bien on les concasse dans un mortier sous de l'eau froide. Si le corps contient du gluten, ce principe se séparera sous l'apparence d'une masse cohérente. Que l'on ait ou non obtenu par cette opération du gluten, mettez le corps que vous analisez dans une demi-pinte d'eau froide ; qu'il y reste trois ou quatre heures, et quelquefois, pendant ce temps-là, agitez-le ou broyez-le dans l'eau. Séparez ensuite la matière solide en filtrant la liqueur au papier, et chauffez ensuite la liqueur filtrée par degrés. S'il s'y montre quelques flocons, séparez-les comme vous venez de faire en filtrant ; continuez alors l'évaporation à siccité.

La matière que vous avez obtenue doit être examinée avec un papier humide, teint avec le suc de chou rouge, ou celui de violette. Si le papier devient rouge, alors reconnaissez la présence d'un acide ; s'il passe au vert, c'est un sel alcalin. La nature de l'acide ou de l'alcali sera déterminée ensuite par les réactifs précédemment décrits, *pages* 103, 104, 105.

Si la matière solide est douce au goût, on peut supposer qu'elle contient du sucre. L'amertume, au contraire, dénotera le principe amer, ou l'extrait, et l'astriction, le tannin. Si elle est presque insipide, alors pensez qu'elle contient la gomme ou le mucilage. Afin de les séparer des autres principes, faites bouillir ce résidu dans l'esprit de vin, il dissoudra le sucre et l'extrait, et laissera le mucilage. On doit s'assurer du poids de chacune des substances retirées.

Afin de séparer le sucre de l'extrait, on fait évaporer l'esprit de vin jusques au moment où il se précipite des cristaux, c'est le sucre. Un peu d'extrait les colore cependant encore, et ne peut en être séparé que par une dissolution répétée dans l'alcohol. L'extrait peut être séparé du sucre, en dissolvant la matière solide, obtenue par l'évaporation de l'alcohol, dans une petite quantité d'eau, que l'on fait bouillir pendant long-temps en contact avec l'air. L'extrait se précipitera par degrés sous la forme d'une poudre insoluble, et le sucre demeurera dans la dissolution.

Si le tannin existe dans la première solution faite avec l'eau froide, sa séparation s'effectuera aisément par le procédé indiqué, *page* 89. On doit ajouter la solution de gélatine graduellement, afin d'empêcher qu'il ne s'en trouve un excès, qui pourrait se confondre avec le mucilage.

Lorsque la substance végétale, soumise à l'expérience, ne donne plus ses principes avec l'eau froide; on doit la soumettre à l'action de l'eau bouillante. Celle-ci se combinera avec l'amidon, s'il en existe; elle enlèvera de même le sucre, l'extrait et le tannin, pourvu qu'ils soient intimement combinés avec les autres principes du composé.

Le mode de séparation de l'amidon est semblable à celui employé pour séparer le mucilage. Si l'action de l'eau bouillante n'a rien produit, il faut tenter celle de l'alcohol. Les matières résineuses seront dissoutes, et leur quantité sera constatée par l'évaporation de l'alcohol.

Le dernier réactif est l'éther, qui dissoudra la gomme élastique; il est cependant rare qu'on ait besoin d'employer ce réactif, car si ce principe est présent, il sera facilement reconnu par ses autres propriétés.

Si la substance végétale contenait une huile fixe,

ou de la cire, la séparation aurait eu lieu pendant l'ébullition de l'eau, et l'on aurait pu rassembler l'huile ou la cire. Toute substance sur laquelle l'eau, l'alcohol ou l'éther n'ont point eu d'action, doit être regardée comme étant la fibre ligneuse.

S'il existe dans un végétal une huile essentielle, il est évident que l'on pourra, par la distillation, et l'extraire, et constater sa quantité.

Lorsque l'on cherche à s'assurer de la quantité de matière saline fixe, soit alcaline, soit métallique ou terreuse, qui existe dans un composé végétal, il faut le décomposer par la chaleur. On l'expose donc au feu dans un creuset, on le tient long-temps à la chaleur rouge. Si l'on traitait une matière volatile, on la fait passer à travers un tube de porcelaine, chauffé au rouge. On reconnaîtra quelles sont les matières obtenues en les soumettant aux épreuves décrites, *page* 112.

Les seules analises dont la chimie agricole puisse avoir le désir de s'occuper, sont celles des corps qui contiennent principalement l'amidon, le sucre, le gluten, les huiles, le mucilage, l'albumine et le tannin.

Les deux tables suivantes donneront une idée de la manière dont il faut arranger les résultats de ces expériences. La première donne le détail de la composition des pois mûrs déduite des expériences de Einhoff.

La seconde montre quels sont les produits fournis par l'écorce de chêne; elle est basée sur mes propres expériences.

3,840 parties de farine de pois, donnent :

d'amidon	1,265 parties.
Matière fibreuse analogue à l'amidon, et peaux des pois . . .	840
Substance analogue au gluten .	550
Mucilage	249
Matière saccarine	81
Albumine	66
Matière volatile	540
Phospates terreux	11
Perte	229

1000 parties d'écorces sèches d'un chêne, levées sur un petit arbre dépouillé de son épiderme, contiennent :

Fibre ligneuse	876
Tannin	57
Extrait	31
Mucilage	18
Matière devenue insoluble pendant l'évaporation, et vraisemblablement composée d'albumine et d'extrait	9
Perte et en partie matière saline	30

On a adopté diverses méthodes d'analise pour reconnaître les élémens primitifs des divers principes végétaux, et leurs proportions de combinaison. La plus simple de toutes est celle par laquelle on les décompose au moyen de la chaleur, ou la formation de nouveaux produits par la combustion.

Lorsqu'un principe végétal éprouve un degré de

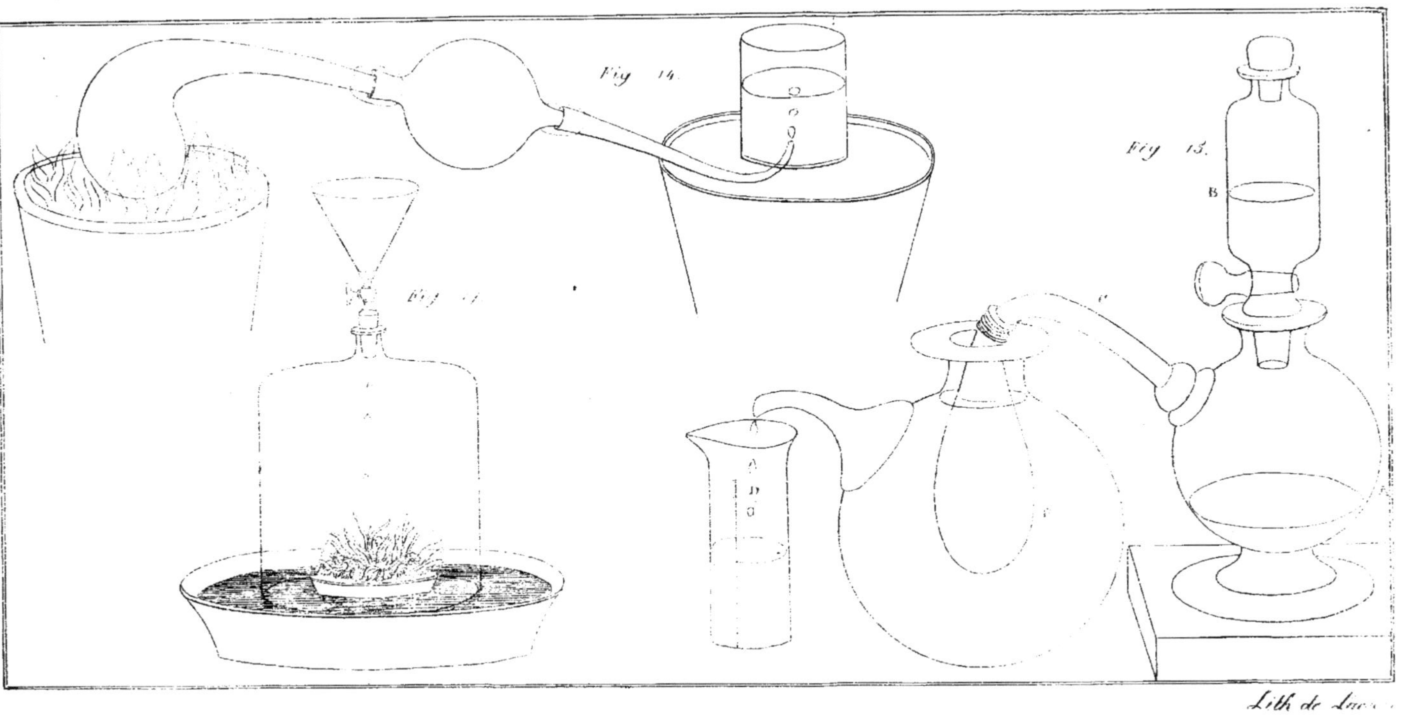
Fig 14.
Fig 13.
B
A
D

chaleur porté au rouge, ses élémens prennent de nouveaux arrangemens. Ceux qui sont volatils se présentent sous la forme gazeuse, et ensuite, se condensant, deviennent des fluides, ou conservent une élasticité durable. Les principes se montrent, ou dans l'état charbonneux ou terreux, ou salin, alcalin, ou enfin, comme une substance métallique.

Des expériences exactes, entreprises pour décomposer les substances végétales par le secours du feu, exigent un appareil compliqué, beaucoup de temps et de travail, et toutes les ressources de la chimie philosophique. Mais ceux de ces résultats qui sont utiles à l'agriculteur, peuvent s'obtenir avec facilité.

L'appareil nécessaire est une cornue de verre vert, attachée par du lut à un récipient, communiquant avec un tube qui se rend sous une cloche de verre renversée, d'une capacité connue, et qui est remplie d'eau.

La figure XIV expose toutes les pièces de l'appareil.

On chauffe au rouge, au moyen d'un feu de charbon, un poids donné de la substance à analiser, qui a été introduit dans la cornue. On a soin de tenir le récipient froid, et l'on soutient l'opération autant de temps qu'il se dégage une substance gazeuse. Les fluides condensables se réunissent dans le récipient, la cornue conserve le résidu fixe. Les fluides, que la distillation fournit principalement, sont de l'eau, des acides acéteux et muqueux, de l'huile empyreumatique ou du goudron, et quelquefois de l'ammoniaque. Les gaz produits sont de l'aacide carbonique gazeux, de l'oxide de carbone, de l'hydrogène carboné, quelquefois de l'hydrogène uni à un gaz huileux, et d'autres fois, mais plus rarement, avec l'azote.

L'acide carbonique est le seul de tous ces gaz qui soit rapidement absorbé par l'eau ; les autres sont inflammables. Le gaz huileux brûle avec une flamme blanche et brillante ; l'hydrogène carboné donne une flamme comme celle de la cire ; l'oxide de carbone, une flamme bleue et faible. Nous avons décrit dans la leçon précédente les propriétés de l'hydrogène et de l'azote.

La pesanteur spécifique du gaz acide carbonique est à celle de l'air, comme 20,7 à 13,7, il contient une partie de charbon et deux d'oxigène : 11,4 du premier, et 30 du second.

La pesanteur spécifique du gaz oxide de carbone suit la même règle, et contient une proportion de charbon, et une d'oxigène.

Les pesanteurs spécifiques du gaz huileux et de l'hydrogène carboné sont comme 13 est à 8. Tous deux ont quatre proportions d'hydrogène ; mais le premier a deux proportions de charbon, et le second une seule.

Si, au poids du résidu charbonneux, on ajoute celui des fluides condensés dans le récipient, que l'on soustraie ce total du poids premier de la substance analisée, la différence sera celui des gaz retirés. Les acides acétique et muqueux qui se forment sont, ainsi que l'ammoniaque, en très-petite quantité. La comparaison des proportions d'eau et de charbon, étant faite avec celle des gaz, en tenant compte de leurs qualités, donnera une idée générale de la composition des corps analisés. Les proportions des élémens contenus dans le plus grand nombre des substances végétales qui peuvent servir à la nourriture, ont été reconnues par des Savans, et je les ai rapportées dans ce qui a précédé. Dans quelques cas néanmoins, le procédé de la distillation peut être employé utilement pour reconnaître la puissance des fumiers, et cela d'une manière que je détaillerai dans la suite.

MM. Gay-Lussac et Thénard se sont servis du muriate suroxigéné de potasse brûlant, pour constater les proportions élémentaires des diverses substances végétales dont ils ont donné les analises. Ce sel est composé de *potassium*, de *chlore* et d'*oxigène*; il fournit donc au charbon, de l'oxigène et de l'hydrogène. Ils firent leurs expériences dans un appareil particulier; elles demandaient de grandes précautions, et furent d'une nature très-délicate. Il n'est donc pas nécessaire de nous arrêter ici à les décrire.

Il est évident, d'après tous les faits qui ont été rapportés, que les substances végétales les plus importantes sont formées de charbon, d'hydrogène, et d'oxigène, en proportions diverses, et qui, dans un petit nombre de cas, se trouvent unis à l'azote. Les acides, les alcalis, les terres, les oxides métalliques et les composés salins, quoiqu'ils soient utiles dans l'économie végétale, doivent cependant être regardés comme ayant une moindre importance que les autres principes, du moins relativement à l'agriculture. Il résulte des tables de M. de Saussure, et de quelques autres expériences qui confirment le fait, que, dans les mêmes espèces de végétaux, ces autres principes varient en quantité, selon la nature des sols sur lesquels ils ont vécu.

MM. Gay-Lussac et Thénard ont déduit de leurs expériences les trois propositions suivantes, qu'ils nomment des *lois*.

La première est : *qu'une substance végétale est toujours acide, quand l'oxigène, qu'elle contient, est à l'hydrogène en proportions plus grandes que celles qui forment de l'eau.*

La seconde : *qu'une substance végétale est toujours résineuse, ou huileuse, ou spiritueuse, lorsque son oxigène y est en proportion plus petite, relativement à l'hydrogène, que dans l'eau.*

La troisième : *qu'une substance végétale n'est, ni acide, ni résineuse, mais qu'elle est, ou saccarine, ou mucilagineuse, ou analogue à la fibre ligneuse, ou bien à l'amidon, toutes les fois que l'oxigène et l'hydrogène ne s'y rencontrent point en proportions différentes que celles qui forment l'eau.*

Avant que l'on puisse admettre ces intéressantes conclusions d'une manière absolue, il est nécessaire que d'autres substances végétales soient soumises à des expériences. Les recherches de ces Savans ont néanmoins établi une étroite analogie entre plusieurs composés végétaux, qui diffèrent par des qualités sensibles. Le rapprochement de ces recherches, et de celles de plusieurs autres chimistes, nous offre une explication simple de plusieurs procédés de la nature et de l'art, par lesquels des substances végétales se convertissent l'une dans l'autre, ou forment de nouveaux composés.

Le sucre et la gomme donnent à l'analise presque les mêmes élémens ; l'amidon ne diffère de ceux-ci que par un peu plus de charbon. Les propriétés particulières du sucre et de la gomme doivent surtout provenir de l'arrangement différent de leurs élémens, ou du degré de leur condensation. La composition de ces corps pourrait rendre naturelle la pensée qu'ils devraient, aussi bien que l'amidon, être convertibles les uns dans les autres; et c'est ce qui a été fait.

Au moment où s'opère la maturité du blé, la matière sucrée du grain, et celle que les vaisseaux séveux y portent, se coagulent, et donnent naissance à l'amidon. Dans le procédé du *malt* (1), le changement inverse a lieu, et l'amidon du grain se change en matière sucrée. Il se fait alors une légère absorption d'oxigène, et l'acide carbonique se forme; il est donc probable que l'amidon perd un peu de son carbone, lequel, en s'unissant avec l'oxigène absorbé, donne naissance à l'acide carbonique. Problablement aussi l'oxigène tend à acidifier le gluten du grain, et détruit ainsi la texture de l'amidon ; il donne à ses principes de nouveaux arrangemens, et le rend soluble dans l'eau.

M. Cruikshank ayant exposé du sirop à l'action du phosphure de chaux, qui a une grande tendance

(1) Préparation du grain pour faire la bierre. (*Note du traducteur.*)

à décomposer l'eau, convertit en mucilage une portion du sucre. M. Kirchhoff a récemment converti de l'amidon en sucre par un procédé simple. Il l'a fait bouillir dans de l'acide sulfurique très-étendu d'eau. Les proportions sont : 100 parties d'amidon, 400 d'eau, et 1 d'acide sulfurique, le tout en poids. Le mélange est tenu bouillant pendant 40 heures, et l'on remplace souvent la perte de l'eau, causée par l'évaporation.

Il faut neutraliser l'acide avec la chaux, et laisser cristalliser le sucre par le refroidissement. Cette expérience a été répétée avec succès par beaucoup de personnes. Le docteur Tuthill a obtenu d'une livre et demie d'amidon de pommes de terre, *fécule*, une livre un quart de sucre brun cristallisé. Il le regarde comme ayant des propriétés intermédiaires entre le sucre de canne et celui de raisin.

Il est probable que c'est par l'affinité de l'acide pour les élémens du sucre, que l'amidon est changé en celui-ci. En effet, il a été prouvé par diverses expériences que l'acide n'est point décomposé, et qu'il ne se fait aucun dégagement de matière élastique. La couleur brune de ce sucre est due à un peu de charbon, devenu libre, ou à une nouvelle combinaison qu'il éprouve; car il a été établi par les analises, que c'est le léger excès avec lequel il se trouve dans l'amidon, qui fait différer ce dernier du sucre.

En torréfiant légèrement de l'amidon, M. Bouillon de la Grange l'a rendu soluble dans l'eau froide; et après l'évaporation de la dissolution, on trouve une matière analogue au mucilage.

C'est surtout par l'azote qu'ils contiennent, que le gluten et l'albumine diffèrent des autres produits végétaux. Le gluten, conservé long-temps dans l'eau, entre en fermentation. L'ammoniaque, et cette substance contient de l'azote, est dégagée du gluten fermentant par l'acide acétique ; il reste une matière grasse, et de la fibre ligneuse.

L'extrait, le tannin et l'acide gallique, dissous et tenus long-temps exposés à l'air, déposent une matière semblable à la fibre du bois. Les substances solides lui deviennent analogues par une légère torréfaction. Il est probable que, dans cette circonstance, leur oxigène et leur hydrogène sont dégagés dans l'état d'eau.

Tous les autres principes végétaux diffèrent des acides du règne végétal, parce qu'ils contiennent plus d'hydrogène et de carbone, ou moins d'oxigène. Il est donc évident que beaucoup d'entre eux peuvent être convertis en acides par la simple soustraction d'un peu d'hydrogène.

La plupart des acides végétaux peuvent se changer les uns dans les autres par des procédés faciles. L'acide oxalique est, de tous, celui qui contient le plus d'oxigène, et l'acide acétique celui qui en contient le moins. On forme aisément ce dernier corps par la distillation des autres substances végétales, ou par la seule action de l'atmosphère sur celles d'entre elles qui sont solubles dans l'eau. Cet effet est probablement dû à la pure combinaison de l'oxigène avec l'hydrogène et le carbone, et dans quelques cas, à la soustraction de l'hydrogène.

L'alcohol, ou esprit de vin, a souvent été rappelé

dans tout ce qui a précédé. Nous ne l'avons point classé parmi les principes des végétaux, parce qu'il n'a jamais été trouvé formé par la nature dans les organes des plantes. On le doit à un changement, qui s'opère dans les principes de la matière sucrée, dans une circonstance nommée *la fermentation vineuse.*

Le suc, exprimé des raisins, contient du sucre, du mucilage, du gluten, et quelques matières salines, principalement composées de l'acide tartrique. Lorsque ce suc, ou *moût*, car c'est ainsi qu'on le nomme, est exposé à une température d'environ 70 d. de Fahrenheit, 15 centigrades, et 12 de Réaumur, la fermentation commence. Il devient épais et trouble; sa température s'élève, il se dégage une grande abondance d'acide carbonique. En peu de jours la fermentation cesse. La matière solide, qui rendait le suc trouble, gagne le fond; il s'éclaircit. Le fluide a perdu en grande partie la saveur douce qu'il avait, il est devenu spiritueux.

Fabroni a montré que le gluten est, par dessus tout, le principe essentiel dans la fermentation. Ce chimiste a fait fermenter une solution de matière sucrée, en y introduisant le gluten des végétaux, et de l'acide tartrique. Gay-Lussac a fait voir que le *moût* n'entrait plus en fermentation, lorsqu'on l'avait privé d'air en le faisant bouillir, et qu'on l'empêchait d'être en contact avec l'oxigène. La fermentation s'établit de nouveau lorsqu'on l'expose à l'oxigène de l'air, parce qu'il reprend un peu de ce principe; la fermentation continue ensuite, indépendamment de l'intervention de l'atmosphère. Dans les brasseries d'*ale* et de *porter*, le sucre se forme pendant la germination de l'orge; il devient apte à fermenter, en le dissolvant dans l'eau avec une petite quantité de *levure* qui contient le gluten dans un état propre à amener la fermentation par une température convenable. Le gaz acide carbonique se dégage durant cette fermentation du moût, et par degrés la liqueur devient spiritueuse.

Les mêmes phénomènes se présentent dans la fermentation du sucre de jus de pommes, et de tous les fruits mûrs. Il paraît qu'elle dépend tout-à-fait d'un nouvel arrangement des principes de la matière sucrée. Une portion du charbon s'unit à l'oxigène pour former de l'acide carbonique, et le reste du charbon se combine avec l'hydrogène et l'oxigène pour former de l'alcohol. Le rôle du gluten ou levure, et l'exposition primitive à l'air, paraissent être l'occasion de la formation d'une certaine quantité d'acide carbonique. Ce changement, une fois commencé, ne s'arrête point. On peut le comparer à celui d'une étincelle qui enflamme de la poudre à canon. L'élévation de la température, causée par la formation d'un peu d'acide carbonique, occasionne la combinaison d'une autre quantité des mêmes élémens.

Les résultats obtenus par divers chimistes dans leurs expériences analitiques de l'alcohol, offrent tant de divergence, qu'il est difficile d'en tirer des conclusions certaines. S'il était donc possible de penser que dans la fermentation du sucre il s'est formé une proportion d'acide carbonique, alors on pourrait croire, d'après l'analise que le docteur Thomson a donnée du sucre, analise par laquelle il lui assigne pour proportions, 3 de charbon, 4 d'oxigène, et 8 d'hydrogène, que l'alcohol consiste en 2 proportions de charbon, 2 d'oxigène et 8 d'hydrogène. On devrait donc le considérer comme renfermant 2 proportions de gaz oléfiant, unies à 2 d'oxigène.

L'alcohol, dans son plus grand état de pureté, est un fluide extraordinairement inflammable. A la température de 60 degrés, sa pesanteur spécifique est 796; il bout à 170 de Fahrenheit, et du thermomètre centigrade 76. On obtient cette espèce d'esprit de vin par des distillations répétées de l'alcohol ordinaire le plus fort, sur le sel connu en chimie sous le nom de *muriate de chaux*; on a eu auparavant le soin de chauffer ce sel jusques au rouge. L'alcohol le plus fort que l'on ait obtenu, lorsque l'on n'a point eu recours au muriate de chaux, a rarement une pesanteur spécifique au dessous de 825, la température étant à 60°. Suivant les expériences de Pewitz, il contient 89 parties d'alcohol, a 796 de pesanteur spécifique, et 11 parties d'eau.

La *preuve établie* pour les *esprits* par l'acte du parlement, passé en 1762, exige qu'ils aient 916 de pesanteur spécifique, et ceux-ci contiennent donc presque un poids égal d'alcohol pur et d'eau.

Dans les liqueurs fermentées, l'alcohol est combiné avec l'eau, la matière colorante, le mucilage et les acides végétaux. On a souvent douté s'il existait quelqu'autre moyen que la distillation pour se procurer l'alcohol, et quelques personnes ont même été jusque à croire qu'il se formait pendant la distillation. Des expériences récentes de M. Brande sont concluantes contre ces deux opinions. Il a montré que les substances colorantes et acides du vin pouvaient en être séparées pour la plus grande partie, sous forme solide, par une solution de sel de saturne, *l'acétate de plomb*, et que l'on obtenait l'alcohol, séparé de l'eau, par l'hydrate de potasse ou le muriate de chaux, et cela, sans avoir recours à la chaleur.

Le goût séduisant des liqueurs fermentées dépend de l'alcohol qu'elles contiennent. Leur action sur l'estomac est modifiée par les substances acides, saccarines ou mucilagineuses qu'elles renferment. L'alcohol agit avec moins d'énergie quand il est moins rapproché; celle-ci est affaiblie par une grande proportion d'eau, ou par le sucre, l'acide, et la matière extractive.

Tableau du résultat des recherches de M. Brande sur les proportions d'alcohol contenues dans les vins et dans les liqueurs fermentées, la pesanteur spécifique étant 825, *et la température* 60°, *ou* 15,5 *centigrade.*

VINS.	Proportions d'alcohol sur 100 parties en volume.
Porto	21,40
. . . .	22,30
. . . .	23,39
. . . .	23,71
. . . .	24,29
. . . .	25,83

VINS.	Proportions d'alcohol sur 100 parties en volume.
Madère	19,34
	21,40
	23,93
	24,42
Xeres	18,25
	18,79
	19,81
	19,83
Bordeaux (*claret*)	12,91
	14,08
	16,32
Calcavella	18,10
Lisbonne	18,94
Malaga	17,26
Bucellas	18,49
Madère rouge	18,40
Malvoisie de Madère	16,40
Marsala	25,87
	17,26
Champagne rouge	11,30
.... blanc	12,80
Bourgogne	14,53
	11,95
Hermitage blanc	17,43
..... rouge	12,32
Hock, vin du Rhin	14,37
	8,88
Grave, bordelais	12,80
Frontignan	12,79
Côte rôtie	12,32

VINS.	Proportions d'alcohol sur 100 parties en volume.
Roussillon	17,26
Madère du cap	18,11
Muscat *idem*	18,25
Constance	19,75
Tinto	13,30
Schiras	15,52
Syracuse	15,28
Nice	14,63
Tokai	9,88
Vin de raisin	25,77
. . non égrappé	18,11
. . de groseilles	20,55
. . de groseilles à maquereau	11,84
. . de baies de sureau	9,87
Cidre	9,87
Poiré	9,87
Bierre rouge	6,80
Ale	8,88
Eau-de-vie	53,39
Rhum	53,68
Hollande (1)	51,60

Les liqueurs alcoholiques retiennent toujours une odeur propre aux divers fluides qui les ont fournies.

(1) M. Brande a continué son travail et l'a extrêmement étendu; on le trouvera dans les Annales de Chimie. On voit dans le tableau précédent, que M. Brande n'a pas noté les années et les vins différens dans un même cru, suivant la température de l'été; on ne peut donc regarder ce travail que comme une induction générale. (*Note du traducteur.*)

L'alcohol entraîne dans la distillation cette matière odorante, ou des huiles volatiles. L'esprit, retiré des grains fermentés, prend une odeur empyreumatique. Elle ressemble à celle de l'huile que les végétaux fournissent à la distillation (1).

Le parfum des meilleures eaux-de-vie vient d'une substance huileuse, produite par la réaction de l'acide tartrique sur l'alcohol. Le rhum doit son goût à un principe particulier à la canne à sucre.

En faisant digérer à plusieurs fois, sur un mélange de chaux et de charbon parfait, les esprits que l'on trouve dans le commerce, je suis parvenu à en obtenir d'excellent alcohol. Les eaux-de-vie de *Cognac* donnent de l'acide prussique végétal; il est possible de les imiter en prenant une solution d'alcohol et d'eau, mise à la même preuve que ces eaux-de-vie, et en y ajoutant quelques gouttes d'huile volatile, formée pendant la distillation de

---

(1) Cette odeur d'empyreume tient surtout à la manière dont se fait la distillation des eaux-de-vie de grain, et à la grossièreté des appareils. On doit donc consulter l'excellent ouvrage que M. le Normand a publié, sous le titre d'*Histoire de la Distillation*. Dans la Belgique et dans tout le nord, on cherche à masquer ce goût en mettant des grains de genièvre dans la rectification des *petites eaux*, car il faut, pour obtenir leur eau-de-vie *de preuve*, distiller deux fois. Distinguons donc le goût d'empyreume de l'arome particulier de la liqueur primitive. L'eau-de-vie de grains, le *gin* des anglais, n'a point d'arome. L'eau-de-vie retirée du marc des raisins a non-seulement l'odeur d'empyreume, mais une seconde s'y mêle et elle est désagréable : elle provient de l'huile contenue dans les pepins des raisins, qui, par le vice de l'appareil, ont éprouvé dans l'alambic une assez forte torréfaction pour les rendre charbonneux. (*Note du Traducteur.*)

l'éther, et pareille quantité d'acide prussique (1), obtenu des feuilles de laurier, ou retiré des amandes amères.

Parties égales (2) d'acide sulfurique et d'alcohol étant distillées ensemble, donnent naissance à l'éther. De tous les fluides connus, celui-ci est le plus léger. A la température de 60° et centigrade 15,5, sa pesanteur spécifique est 632. Extraordinairement volatil, il est de plus très-inflammable. Il se volatilise à la chaleur naturelle du corps. Vraisemblablement il est le résultat d'une soustraction de carbone et des élémens de l'eau qui est unie à l'alcohol. Il n'en diffère donc que par une moindre proportion d'oxigène et de carbone. Il est enivrant; mais sa composition n'a pas encore été déterminée d'une manière assez exacte.

Un grand nombre de changemens dans les produits des végétaux proviennent de la séparation de l'oxigène et de l'hydrogène qu'ils contiennent dans l'état d'eau. Un des plus remarquables est celui que nous offre la fabrication du pain. La farine, dont l'amidon forme la plus grande partie, ayant été mise

---

(1) En distillant le mélange d'acide sulfurique et d'alcohol, qui donne naissance à l'éther, lorsque celui-ci a passé dans le récipient et que l'on continue à chauffer, il se présente un fluide huileux jaune; son odeur est pénétrante et son goût agréable. (*Note de l'auteur.*)

Nos anciens chimistes français la nommaient *huile douce du vin*; ils la regardaient comme constituant un des principes du vin. (*Note du traducteur.*).

(2) L'égalité consiste dans le poids, et non dans le volume, livre pour livre. (*Note du traducteur.*)

en état de pâte, et exposée sur-le-champ, et par degrés, à une chaleur de 440° et du centigrade 226, augmente de poids, et prend de nouvelles propriétés; elle ne peut plus être dissoute par l'eau, et ne formerait plus de sucre. Elle est devenue du pain non levé (1).

Lorsque l'on mêle de la farine de froment ou de la fécule de pommes de terre avec des pommes de terre cuites à l'eau; que la pâte, mise à une douce température, est abandonnée à elle-même pendant trente ou quarante heures, elle entre en fermentation, et beaucoup d'acide carbonique en est dégagé; elle se couvre de bulles, de ce fluide élastique. Cuite ensuite, elle devient du pain levé, mais acescent et d'un goût désagréable. On sait que le pain de ménage se fabrique par le mélange d'un peu de pâte fermentée avec de la pâte récente, ou bien en ajoutant de la levure de bierre.

Dans la panification, la farine de froment absorbe plus du quart des élémens de l'eau employée à la détremper. L'orge en solidifie encore plus, et l'avoine plus que les deux autres. Mais la farine de froment est celle qui contient le plus de gluten, et forme avec l'amidon et l'eau une combinaison telle, que

---

(1) C'est dans un état très-voisin de celui-ci, que les Anglais consomment le pain; ils y mettent peu de levure, forment des espèces de cubes avec la pâte, et leur donnent 7 à 8 pouces d'épaisseur : la masse de mie est considérable, la croûte mince et le tout peu cuit. Ce pain est lourd, mais ils en mangent fort peu. Le pain fabriqué avec plus de levure, est fort bon et est vendu plus cher sous le nom de *pain français*. (*Note du traducteur.*)

c'est elle qui donne le pain le plus facile de tous à digérer.

Dans le cours de cette même leçon, nous avons traité, mais en passant, des arrangemens de divers principes, contenus par les végétaux. De plus grands détails sont indispensables pour donner le rapport précis, existant entre leur organisation et leur constitution chimique.

C'est la fibre ligneuse qui forme les tubes et les cellules hexagones du système vasculaire. Lorsqu'une matière fluide ne les remplit pas, du moins on y trouve quelques-uns des principes solides, constituant originairement les fluides propres à ce système. C'est encore la fibre ligneuse qui est la base principale des racines, du tronc, des branches, de l'écorce, de l'aubier et du cœur du bois; elle constitue les feuilles, et les fleurs mêmes. Elle compose presque en totalité, le cœur et l'écorce. Il y en a moins dans l'aubier, et bien moins encore dans les feuilles et les fleurs. L'aubier du bouleau abonde tellement en sucre et en mucilage, que, dans le nord de l'Europe, il remplace le pain. Les feuilles du chou, des brocolis et du crambé sont riches en mucilage; elles contiennent aussi un peu de matière sucrée et albumineuse. 1000 parties de chou m'ont fourni à l'analise 41 de mucilage, 24 de sucre, et 8 d'albumine.

Les vaisseaux des racines bulbeuses, et quelquefois ceux des racines ordinaires, sont pleins d'amidon, d'albumine et de mucilage. C'est au moment où le cours de la sève est suspendu que principalement on y rencontre ces substances en plus grande quantité. Leur destination est d'alimenter les jeunes pousses du printemps suivant. De toutes les racines bulbeuses, la pomme de terre est celle dont le système vasculaire en est le plus rempli ; elle est donc la plus importante comme objet d'aliment. Elle donne du cinquième au septième de son poids d'amidon sec. Le docteur Pearson a retiré de l'espèce commune, nommée *kiduey*, sur 100 parties, 28 à 32 de fécule, qui contenaient 20 à 23 d'amidon et de mucilage. La variété, nommée *aple*, lui a donné dans plusieurs expériences, jusques à 18 et même 20 d'amidon pur. M. Skrimshire, sur cinq livres de variétés suivantes, a obtenu :

Captain hart	12 onces.
Moulton white	11 $\frac{3}{4}$
Rough red	10 $\frac{1}{2}$
Yorckshire kidney	10 $\frac{1}{4}$
Hundred eyes	9
Purple red	8 $\frac{1}{2}$
Ox noble	8 $\frac{1}{4}$

Les autres substances solubles, que contient cette bulbe, sont l'albumine et le mucilage.

L'analise, faite par Einchoff, établit que 7680 de ses parties, contiennent :

Amidon	1153
Matière fibreuse, analogue à l'amidon	540
Albumine	107
Mucilage dans l'état d'une solution saturée	312
	2112

Ainsi la pomme de terre contient un quart de son poids de matière nutritive.

Le navet, la carotte et le panais abondent surtout en matière sucrée, en mucilage et en extrait. J'ai retiré de 1000 parties du navet commun, 7 de mucilage, 34 de substance sucrée, et presque une partie d'albumine. De 1000 de carottes, 95 de sucre, 3 de mucilage et demi-partie d'extrait. La même quantité de panais contient 90 de matière sucrée, et 9 de mucilage. La *walcheren* ou *carotte blanche*, donne dans 1000 de ses parties 98 de sucre, 2 de mucilage, et 1 d'extrait.

La partie pulpeuse des fruits tient, dans son organisation, de la nature des bulbes. Ils contiennent dans leurs cellules une certaine proportion de nourriture, qui y est déposée pour l'usage de l'embryon de la plante. Le sucre, le mucilage et l'amidon y sont combinés avec des acides végétaux. Beaucoup d'arbres à fruit communs ont été naturalisés en Angleterre, à cause de la matière sucrée qu'ils contiennent, laquelle, unie aux acides végétaux et au mucilage, les rend tout à la fois nutritifs, et leur donne un goût agréable.

La juste appréciation des fruits, relativement à la fabrication des liqueurs fermentées, a lieu par la pesanteur spécifique du suc que l'on en retire. Les meilleurs cidres de pomme et de poire sont le produit de ceux de ces fruits qui donnent le jus le plus dense. On peut s'assurer d'une manière assez exacte de la valeur des différens fruits, en plongeant simultanément ceux que l'on veut reconnaître, dans une solution de sel dans l'eau, ou dans une forte solution de sucre. Ceux qui s'y plongeront le plus profondément sont les plus riches en jus.

L'amidon, ou le mucilage coagulé, forment la plus grande portion des graines et des grains qui servent à la nourriture. En général ils y sont combinés avec le gluten, l'huile, l'albumine. Dans le froment, c'est avec le gluten; dans les pois et les fèves, c'est avec la matière albumineuse; dans la navette, le chenevis, la graine de lin et les amandes de beaucoup de noyaux, c'est avec des huiles.

J'ai trouvé que cent parties de bon blé bien grené, que l'on sème en automne, contenaient 77 parties d'amidon et 19 de gluten;

Que 100 parties de celui que l'on sème au printemps avaient 70 d'amidon et 24 de gluten;

100 de blé de Barbarie, 74 d'amidon et 23 de gluten;

100 de celui de Sicile, 75 d'amidon et 21 de gluten.

J'ai fait l'examen de différens blés, venus de l'Amérique septentrionale; tous m'ont fourni une plus grande proportion de gluten que ceux qui étaient crus en Angleterre. En général, le froment récolté dans les pays chauds est plus abondant en gluten et en matière insoluble. Sa pesanteur spécifique est plus grande; il est plus dur, et se mout avec plus de difficulté.

Le froment des contrées méridionales de l'Europe, contenant donc une plus grande quantité de gluten, est particulièrement propre pour fabriquer des macaronis et toutes les autres préparations de farine, dans lesquelles la qualité glutineuse est regardée comme un avantage. Des expériences que j'ai faites sur des grains bien nourris d'orge de Norfolk, m'y ont fait trouver 79 d'amidon, 6 de gluten et 8 de son; les sept autres parties étaient de la matière sucrée.

Einhoff a publié une analise détaillée de la farine d'orge, et 3,840 parties lui ont fourni:

d'une matière volatile	360
d'albumine	44
de substance sucrée	200
de mucilage	176
de phosphate de chaux, uni à un peu d'albumine	9
de gluten	135
de son mêlé à du gluten et de l'albumine	260
d'amidon non totalement dépouillé de gluten	2,580
Perte	78

Le même savant a trouvé dans 3,840 parties de seigle,

Farine	2,520
Son	930
Humidité	330

La même quantité de farine de seigle analisée, lui a donné:

Amidon	2,345
Albumine	126
Mucilage	426
Matière sucrée	126
Gluten non desséché	364

Le surplus est pour le son et la perte.

J'ai retiré de 1,000 parties de seigle venu dans le Suffolk, 61 parties d'amidon, et 5 de gluten.

100 parties de l'avoine de Sussex m'ont donné 61 d'amidon, et 5 de gluten;

1,000 de pois venus dans le Norfolk, 501 d'amidon, 22 de matière sucrée, 35 d'albumine, et 16 d'un extrait qui devient insoluble pendant l'évaporation du fluide qui tenait en dissolution la partie sucrée.

Einhoff a retiré de 3,840 parties de fèves de mars, *vicia faba* :

Amidon	1,312
Albumine	31
Diverses matières que l'on peut regarder comme nutritives, telles que de la gomme, de l'amidon, de la matière fibreuse, et une autre substance analogue à la matière animale	1,204

La même quantité de fèves de *Kidney*, *phaseolus vulgaris*, a fourni :

d'une substance analogue à l'amidon	1,805
d'albumine, et d'une matière tenant de la nature de la matière animale	851
du mucilage	799

Il a retiré de 3840 parties de lentilles 1,260 d'amidon, et 1,433 d'une substance analogue à la matière animale.

Einhoff l'a décrit comme un corps insoluble dans l'eau, mais qui, desséché, devient soluble dans l'esprit de vin, et ayant l'apparence de la glu. C'est probablement une modification du gluten.

Bucholz a retiré de 16 parties de chenevis 3 d'huile, 3 et demie d'albumine, et environ 1 trois quarts de matière gommeuse et sucrée. Le son insoluble et les cosses pesaient 6 parties et un huitième.

Les différentes parties des fleurs contiennent diverses substances. Le pollen, ou poussière fécondante du dattier, a été trouvé par Fourcroi et Vauquelin, contenir une matière analogue au gluten, et un extrait soluble qui abonde en acide malique.

Link a trouvé dans le pollen du noisetier beaucoup de tannin et de gluten.

La matière sucrée se trouve dans le nectaire des fleurs, ou les réceptacles qui sont dans la corolle. En attirant les plus gros insectes dans le sein des fleurs, elle rend le travail de la fécondation plus certain; car, par leur moyen, le pollen est souvent apporté sur le stigmate. C'est même ce qui a lieu quand les organes mâles et femelles existent sur des fleurs, ou des individus différens.

Il a été établi que le parfum des fleurs est dû aux huiles volatiles qu'elles contiennent. Celles-ci, au moyen de leur évaporation constante, entourent la fleur d'une atmosphère odorante; et, dans le moment où elle attire les plus gros insectes, probablement elle préserve des ravages des plus petits, les parties de la fructification.

Les huiles volatiles ou odorantes paraissent spécialement destructives de ces petits insectes ou animalcules, qui se nourrisent de la substance du végétal. Mille pucerons se font voir habituellement sur l'écorce et les feuilles du rosier, mais pas un sur les fleurs. Le camphre est mis en usage par les naturalistes pour conserver leurs collections. Les bois qui contiennent des huiles aromatiques sont remarqués pour leur indestructibilité, et pour être exempts de l'attaque des insectes. Ceci est le cas particulier au cèdre, au bois de rose et au cyprès. Les portes de Constantinople, qui avaient été faites de ce dernier bois, durèrent depuis Constantin, qui les avait fait faire, jusques au temps du pape Eugène IV, c'est-à-dire, pendant 1100 ans.

Les pétales de plusieurs fleurs fournissent de la matière sucrée et mucilagineuse. Le lis blanc abonde en mucilage, et le lis orange par le mélange du mucilage et de la matière sucrée. Les pétales du convolvulus donnent du sucre, du mucilage et de l'albumine.

La nature chimique de la partie colorante des fleurs n'a pas été jusqu'à présent l'objet d'un examen soigné. Ces couleurs sont, en général, très-fugitives, particulièrement les bleues et les rouges. Les alcalis changent les couleurs de beaucoup de fleurs en vert, et les acides en rouge On peut imiter la partie colorante, en faisant digérer des solutions de noix de galle sur de la craie. On a un fluide vert qui rougit par l'action des acides, et les alcalis rétablissent sa nuance verte.

La partie colorante jaune des fleurs a une plus grande fixité. Le carthame, *carthamus tinctorius*, contient deux matières colorantes, l'une jaune et l'autre rouge. L'eau dissout très-facilement la première, la seconde sert à préparer le rouge, au moyen d'une méthode que l'on tient secrète (1).

Les mêmes substances, existantes dans les parties solides des plantes, se rencontrent aussi dans leurs fluides, moins la fibre ligneuse. Les huiles fixes et volatiles qui contiennent la résine, le camphre, ou d'autres substances analogues, en état de solution, existent dans les tubes cylindriques, propres à nom-

---

(1) Deux analises du carthame ont été publiées presque en même temps, dans les Annales de Chimie, septembre 1803. M. . . . . est l'auteur de la première, et moi de la seconde; elles offrent, l'une et l'autre, des faits curieux sur l'emploi de cette substance tinctoriale. Il est, au reste, fort difficile d'épuiser la matière colorante jaune, qui est la plus abondante. Les premiers lavages laissent déposer une quantité considérable d'une gelée qui est mêlée d'albumine. Ce n'est plus aujourd'hui un secret que la préparation du rouge, et la voici: on dépouille autant que possible le carthame de sa partie colorante jaune, et on enlève la couleur rouge au moyen du carbonate de soude; celle-ci épuisée, on avive le bain avec le jus de citron, et l'on teint de petits écheveaux de coton. Quand ils ont pris toute la couleur, on les plonge dans une solution de carbonate de soude, et l'on sépare de nouveau la partie colorante rouge enlevée au coton par l'alcali de la soude; elle se précipite, et l'on enlève l'eau surabondante. C'est ainsi que se fait le rose en liqueur, avec lequel on prépare le rouge végétal pour les femmes, ou bien que l'on teint des tissus de coton du rose le plus vif. (*Note du traducteur.*)

bre de végétaux. Diverses espèces d'euphorbe rendent un suc laiteux, qui, exposé à l'air, dépose un corps similaire à l'amidon, et un autre au gluten.

L'opium, la gomme élastique, la gomme gutte, les poisons de l'*upas-antiar* et du *tiente*, les autres substances enfin qui exsudent des plantes, peuvent être considérées comme des sucs particuliers, appartenans à des vaisseaux qui leur sont propres.

La sève des plantes est, en général, d'une nature très-composée. Elle est chargée, dans l'aubier, de plus de sucre, de mucilage, et d'albumine; dans l'écorce elle contient plus de tannin et d'extrait. Le cambium, ce mucilage fluide qui se trouve dans les arbres, entre le bois et l'écorce, et qui est essentiel à la formation de parties nouvelles, paraît devoir son existence à ces deux natures de sève. Il est probablement une combinaison de la matière mucilagineuse et albumineuse de l'une avec la matière astringente de l'autre. C'est ainsi qu'il devient apte à recevoir l'organisation par la séparation de sa partie aqueuse.

La sève de l'aubier de quelques arbres a été analisée par M. Vauquelin. Il a trouvé dans celle de l'orme, du hêtre, du charme commun et du bouleau, de l'extrait et du mucilage, et de l'acide acétique, combiné à la potasse ou à la chaux. Le corps solide, restant après l'évaporation, répandait une odeur ammoniacale, due probablement à l'albumine. La sève du bouleau donnait du sucre.

M. Deyeux a découvert, dans la sève de la vigne et du charme commun, une substance analogue au caillé du lait, et j'en ai pareillement moi-même trouvé une semblable à l'albumine, dans la sève du noyer.

Le suc qui sort des vaisseaux des mauves, quand on les coupe, est une solution de mucilage.

Les fluides, renfermés dans les vaisseaux séveux du froment et de l'orge, m'ont donné, dans quelques expériences auxquelles je les ai soumis, du mucilage, du sucre, et une matière que la chaleur coagulait. Celle-ci était très-abondante dans le froment.

La table suivante établit les quantités de matières solubles et nutritives, contenues dans les variétés de diverses substances dont j'ai déjà parlé, et de quelques autres qui servent à la nourriture des hommes ou des bestiaux. Ces analises m'appartiennent ; je les ai dirigées sous le point de vue de constater la nature générale des produits et leur quantité, et non sous celui de découvrir leur composition intime et chimique. La matière soluble, fournie par les graminées, excepté celle du *fiorin* pendant l'hiver, furent obtenues par M. Sinclair, jardinier du duc de Bedford. Il les tira d'un poids donné de plantes coupées, lorsque les graines étaient mûres. Par le désir de M. le duc de Bedford, elles me furent envoyées pour en faire un examen chimique. Elles font partie de résultats d'une grande importance et de nombreuses expériences sur les fourrages, faites à *Woburn abbey*. J'aurai la satisfaction d'en donner plus loin le détail.

Quantités des matières solubles et nutritives con

VÉGÉTAUX.	TOTAL des quantités solubles.
Blé de Middlesex, moyenne récolte	955
— de mars	940
— niellé de 1806.	210
——— de 1804	650
— dur de Sicile de 1810	955
— commun de Sicile, 1810.	961
— de Pologne	950
— de l'Amérique septentrionale.	955
Orge de Norfolk	920
Avoine d'Ecosse	743
Seigle de Yorkshire	792
Fèves ordinaires.	570
Pois secs	574
Pommes de terre	{ 260 200 }
Tourteaux de graine de lin.	151
Betteraves rouges	148
——— blanches	136
Panais	99
Carottes	98
Turneps communs	42
———de Suède	64
Choux.	73
Trèfle	39
—— rampant	39
—— blanc	32
Sainfoin	39
Luzerne.	23
Alopecure des prés, *vulpin*	33
Raigrass.	39
Poa fertile.	78
— commun	39
Lacrételle des prés	35
Festura des prés	19
Holcus odorant, *houque laineuse*	82
Flouve odorante	50
Fiorin, *agrostis stolonifera*	54
—— coupé en hiver	76

tenues dans 100 *parties des végétaux suivans.*

MUCILAGE ou AMIDON.	MATIÈRE SUCRÉE.	GLUTEN ou ALBUMINE.	EXTRAIT devenu insoluble dans l'évaporation.
765	. . . .	190	
700	. . . .	240	
178	. . . .	32	
520	. . . .	130	
725	. . . .	230	
722	. . . .	239	
750	. . . .	200	
730	. . . .	225	
790	70	60	
641	15	87	
645	38	109	
426	. . . .	103	41
501	22	35	16
{ 200	{ 20	{ 40	
{ 155	{ 15	{ 30	
123	11	17	
14	121	13	
13	119	4	
9	90		
3	95		
7	34	1	
9	51	2	2
41	24	8	
31	3	2	3
30	4	3	2
29	1	3	5
28	2	3	6
18	1	. . . .	4
24	3	. . . .	6
26	4	. . . .	1
65	6	. . . .	7
29	5	. . . .	6
28	3	. . . .	4
15	2	. . . .	2
72	4	. . . .	6
43	4	. . . .	3
46	5	1	2
64	8	1	3

Toutes ces substances furent soumises en vert aux expériences, et dans leur état naturel. Il est probable que l'on trouvera que leur supériorité, comme nourriture, vient, en grande partie, des quantités proportionelles des matières solubles ou nutritives qu'elles fournissent. Mais, jusqu'ici, ces quantités ne peuvent pas être regardées comme dénotant leur valeur d'une manière *absolue*.

L'albumine ou le gluten ont le caractère des substances animales; le sucre est plus nourrissant, et l'extrait l'est moins que quelques autres principes composés de carbone, d'hydrogène et d'oxigène. Certaines combinaisons de ces substances peuvent être plus nourricières que d'autres.

Sir Joseph Banks m'a appris que, dans l'hiver, les mineurs du Derbyshire préfèrent les gâteaux d'avoine au pain de froment. Ils trouvent que cette sorte de nourriture soutient leurs forces et les rend plus capables de supporter leurs travaux; ils disent que dans l'été ces gâteaux les échauffent, et ils usent alors du plus beau pain de froment qu'ils peuvent se procurer. L'écorce même de la portion farineuse de l'avoine jouit vraisemblablement d'une puissance nutritive, et devient, en partie, soluble dans l'estomac avec l'amidon et le gluten. Dans beaucoup de contrées de l'Europe, et en Arabie, mais non pas en Angleterre, les chevaux sont nourris avec de l'orge mêlé à de la paille hachée.

Au moulin, quatorze livres de bon blé donnent treize livres de farine; la même quantité d'orge douze, et l'avoine seulement huit.

Dans le midi de l'Europe, on estime davantage le

blé dur, et dont la peau est mince, que celui qui est mou, et revêtu d'une robe épaisse. Le motif en est simple, c'est à cause de la plus grande quantité de gluten et de matière nutritive qu'il contient. Je n'ai analisé qu'un seul échantillon de froment à peau mince ; il serait donc possible que d'autres continssent une plus grande proportion de substance nutritive que celle inscrite par moi dans la table. Le blé de Barbarie et celui de Sicile, dont j'ai déjà parlé, étaient à peau mince. On éprouve en Angleterre de la difficulté à moudre le blé qui est couvert de cette sorte de peau, et c'est contre lui une objection ; mais on fait disparaître aisément cette difficulté en humectant le grain. Je dois à sir Joseph Banks les éclaircissemens suivans. Il les a obtenus de *John Jeffery*, notre consul à Lisbonne ; ils sont la réponse à des éclaircissemens que le bureau de commerce lui demanda au mois de janvier 1812.

Il faut, pour moudre en Angleterre le blé dur avec nos meules, le cribler, et le mouiller ensuite selon la prudence du meunier ; le mettre en tas, le remuer et le retourner fréquemment. Le son s'adoucira de manière à se séparer de la farine pendant la mouture. Ce procédé donne à la farine un coup-d'œil brillant ; sans cela, la qualité luisante du grain et le peu d'épaisseur de la peau, empêchent la séparation, et rendent la farine incapable de faire du pain.

Un meunier expérimenté, et qui n'emploie pas dans son moulin d'autres meules que celles d'Angleterre ou d'Irlande, m'a appris qu'il prépare souvent le blé dur de Barbarie en le plongeant dans l'eau dans des paniers d'osier fermés, et qu'il le répand ensuite sur le plancher, par couches minces, pour y sécher. Le jugement et le savoir du meunier influent extrêmement sur la manière dont il prépare son blé, relativement à sa qualité. Je ferai observer que le procédé d'humecter ainsi le blé n'ajoute rien au poids de la farine du blé dur, et que, par sa qualité naturelle, elle prend beaucoup plus d'eau dans la panification. Les meules ne doivent pas être entaillées trop profondément; les sillons doivent être fins et piqués suivant l'usage ordinaire. Les meuniers doivent moudre avec une moindre vitesse le blé dur que le tendre, et mettre en travail celui-ci le premier, jusqu'à ce que les meules cessent de bien travailler; alors qu'ils mettent le blé dur. Il est toujours vendu au marché à plus haut prix que l'autre, et sur un calcul de dix à quinze pour cent, parce qu'il produit à proportion plus de farine, et qu'il donne moins de son.

La farine de blé dur est plus estimée que celle du tendre, et toutes deux sont appliquées à divers usages.

La première est donc supérieure, mais il n'y a aucune différence dans la façon de fabriquer le pain; elle prend et retient plus d'eau, et par conséquent donne plus de poids en pain. C'est l'usage ici, et l'on s'en trouverait bien en Angleterre de fabriquer le pain en mêlant les deux sortes de farine, et le pain en serait meilleur.

QUATRIÈME LEÇON.

Des sols ; leurs parties constituantes. De l'analise des sols et de leurs usages. Des roches et des couches qui existent sous les sols ; de l'amélioration de ceux-ci.

Il n'y a pas de sujet plus important pour le cultivateur que celui de la nature et de l'amélioration des sols. Aucune partie des doctrines de l'agriculture n'est aussi susceptible d'être éclairée par les recherches de la chimie.

Les apparences et les qualités des sols sont très-diversifiées, et néanmoins ils ont les mêmes élémens. Ils diffèrent donc seulement par les proportions, qui sont, ou combinées chimiquement, ou simplement dans l'état de mélange.

J'ai déjà parlé des substances qui les composent, ce sont : la silice, la chaux, l'alumine, la magnésie, les oxides de fer et de manganèse, des matières végétales et animales en décomposition, *l'humus*, et des combinaisons salines, soit acides ou alcalines.

Tous les sols examinés, relativement à l'agriculture, et soumis à l'expérience, ont, pour leur constitution, des composés dont l'action est relative à leur nature. Je les considérerai donc sous ce rapport, afin de donner leurs caractères.

1° La *silice*, ou terre des cailloux, étant pure et cristallisée, est cette substance désignée en histoire naturelle, sous le nom de *cristal de roche*. Préparée chimiquement, elle est en poudre impalpable et blanche. Les acides ordinaires ne peuvent la dissoudre, mais les solutions alcalines chaudes l'attaquent. L'oxigène, dont elle est saturée, la rend incombustible. J'ai déjà dit qu'elle était le résultat de la combinaison d'un métal particulier, le *silicium* avec l'oxigène. Berzelius a rendu probable par ses expériences qu'elle contenait parties égales de ces deux corps.

2° La *chaux* a ses propriétés physiques généralement connues. On la trouve combinée avec l'acide carbonique, que tous les acides ordinaires peuvent en chasser. La nature nous la présente aussi unie avec les acides sulfurique ou phosphorique. Ce sera en traitant des engrais, tirés du règne minéral, que je parlerai de ses propriétés chimiques, et de son action dans son état de pureté. Les alcalis ne la dissolvent pas; les acides nitriques forment avec elle des sels très-solubles, mais celui qui résulte de l'acide sulfurique l'est au contraire fort peu; c'est le gypse, et calciné, le plâtre. Quarante pour cent du métal que j'ai nommé *calcium*, et une proportion d'oxigène, c'est-à-dire quinze, constituent la chaux.

3° La *magnésie* pure et cristallisée a l'apparence du talc; elle nous vient ainsi du nord de l'Amérique. Sous sa forme habituelle elle est la *magnesia usta*, magnésie calcinée des pharmaciens. Elle est ordinairement unie à l'acide carbonique dans les sols où elle se rencontre. Tous les acides minéraux la dissolvent, mais les alcalis ne l'attaquent point. Son extrême solubilité dans les solutions des carbonates neutres est son caractère distinctif des autres terres que les sols contiennent. 38 parties du métal nommé *magnesium*, et 15 d'oxigène, ou une proportion, paraissent constituer la magnésie.

4° L'*alumine* existe pure et cristallisée dans le saphir blanc ; elle y est unie à une petite portion de silice et de fer dans les autres gemmes. L'état, dans lequel les chimistes l'obtiennent, la présente en poudre blanche, soluble dans les acides et les dissolutions alcalines. Mes expériences m'ont appris qu'elle est le résultat d'une proportion, ou 33 d'*aluminum*, et une ou 15 d'oxigène.

5° Le *fer* a deux oxides bien connus, le noir et le brun. Le noir est cette partie qui jaillit du fer chauffé au rouge, tandis qu'on le forge. Il est possible d'obtenir l'oxide brun en soumettant le premier pendant long-temps à l'action du feu porté au rouge, et le tenant en contact avec l'atmosphère. Une proportion de fer, 103, et deux d'oxigène, 30, semblent constituer l'oxide noir ; et l'autre l'être par une de fer et trois d'oxigène, ou 45.

Les sols contiennent quelquefois l'oxide de fer, combiné avec l'acide carbonique. On distingue facilement les oxides de ce métal des autres substances, parce qu'étant dissous dans les acides, ils donnent une couleur noire à la solution de noix de galle, et un précipité bleu et brillant dans la solution de prussiate de potasse et de fer.

6° L'*oxide de manganèse* est cette substance noire, nommée communément la manganèse, et dont on fait usage pour le blanchîment des toiles. Une proportion de *manganesum* ou 113, et trois ou 45 d'oxigène, semblent former sa composition. On la distingue des autres corps trouvés dans les sols, par sa propriété de décomposer l'acide muriatique, et de le convertir en *chlore*.

7° Les matières *végétales* et *animales* sont reconnaissables par leurs qualités apparentes et par leur propriété d'être décomposées au feu. On trouvera dans la leçon précédente leurs caractères.

8° Les *composés salins*, rencontrés dans les sols, sont : le sel commun ; le sulfate de magnésie, quelquefois celui de fer ; les nitrates de chaux et de magnésie ; le sulfate et le carbonate de potasse, et ceux de soude. Il n'est pas nécessaire de détailler minutieusement leurs caractères ; on trouvera, *pag.* 103, les épreuves propres à les faire reconnaître.

La silice, l'alumine et l'oxide de fer sont ordinairement combinés ensemble dans les sols ; ou bien c'est avec la chaux, l'alumine, la magnésie et l'oxide de fer, et forment des graviers et des sables de différens degrés de finesse. Le carbonate de chaux y est ordinairement en poudre impalpable, parfois aussi dans l'état de sable calcaire. Si la magnésie n'est pas combinée dans le sol en petits graviers où en sable, on l'y trouvera en poudre très-fine, unie à l'acide carbonique. La portion impalpable du sol, nommée habituellement argile ou terre grasse, est ordinairement un composé de silice, d'alumine, de chaux et de magnésie. Elle a dans la réalité la même composition que le sable dur, mais elle est dans un plus grand état de division. Les matières végétales et animales, et celles-là sont de beaucoup les plus abondantes, existent sous divers états de décomposition.

Quelquefois elles ont conservé leurs fibres, et d'autres fois entièrement brisées, elles sont confondues dans les sols.

Pour se former une idée juste de ceux-ci, il est nécessaire de concevoir différentes roches décomposées, et réduites en poudres de plusieurs degrés de finesse : quelques-unes de leurs parties solubles, dissoutes par l'eau, et celle-ci adhérant à la masse; et le tout mélangé avec des quantités plus ou moins considérables de débris de végétaux et d'animaux, dans différens degrés de décomposition.

Il est convenable de décrire les procédés par lesquels toutes les variétés de sols peuvent être analisées. Je serai minutieux dans ces détails, et je crains d'être fatiguant; mais l'agriculteur philosophe sentira, je pense, l'extrême nécessité de détails étendus sur cette matière.

Les instrumens nécessaires à ces recherches sont et peu nombreux et de peu de dépense. C'est d'abord une balance qui puisse contenir quatre onces du terrain à analiser, et cependant susceptible de trébucher, lorsqu'elle est chargée par un grain; une série de poids, depuis le quarteron jusqu'au grain; un tamis de toile métallique, suffisamment gros pour laisser passer un grain de moutarde par ses ouvertures; une lampe d'Argand et son pied; des bouteilles de verre; des creusets de Hesse; des évaporatoires de porcelaine, ou de terre de pipe; un pilon et un mortier de Wedge-Wood; quelques filtres d'une demi-feuille de papier brouillard, pliée comme pour tenir une pinte de liquide, et graissée sur ses bords; un couteau d'os, et un appareil pour recueillir et mesurer les fluides aériformes.

Les substances chimiques, ou réactifs nécessaires à la séparation des parties constituantes, ont déjà été, pour la plupart, décrites plus haut. Elles sont l'esprit de sel, *acide muriatique*, l'acide sulfurique, l'ammoniaque, une solution de prussiate de potasse et de fer; du succinate d'ammoniaque, une solution de savon et une de potasse, de carbonate d'ammoniaque, de muriate d'ammoniaque, de carbonate neutre, de potasse et de nitrate d'ammoniaque.

Lorsque l'on a pour objet de reconnaître la nature d'un champ, on doit absolument prendre des échantillons du terrain, en différens endroits, à deux ou trois pouces de profondeur, et examiner la similitude de leurs propriétés. Il arrive quelquefois que, dans une plaine, la couche générale superficielle est de la même nature; il suffit alors d'une seule analise. Mais dans les vallées, et près du lit des rivières, il existe de très-grandes variations; une partie du champ est calcaire, et une autre siliceuse. Dans ce cas, et dans tous les autres semblables, les portions de champ qui diffèrent les unes des autres doivent être soumises à différentes analises.

Si l'on ne peut examiner sur-le-champ les divers terrains, il faut en conserver les échantillons dans des flacons bouchés hermétiquement, et que le vase en soit rempli.

Une analise parfaite demande que l'on opère sur trois ou quatre cents grains. Il a fallu prendre ses échantillons par un temps sec, et les exposer à l'air jusqu'au moment où le toucher indiquera leur sécheresse.

La pesanteur spécifique d'un sol, ou la relation de son poids avec l'eau, pourra être reconnue, en introduisant dans une fiole, contenant une quantité connue d'eau, un volume égal d'eau et de sol. Cela se fait aisément, en y versant de l'eau jusqu'à ce qu'elle soit à moitié pleine, et la remplissant ensuite avec le sol, jusqu'à ce que le fluide s'élève à l'orifice de la fiole. La différence entre le poids du sol et celui de l'eau donnera le résultat cherché. Soit donc que la bouteille contienne quatre cents grains d'eau, et qu'elle ait gagné deux cents grains, quand elle est à moitié remplie d'eau et de terre, la gravité spécifique du sol sera 2, c'est-à-dire, qu'il est deux fois plus lourd que l'eau; et, s'il avait seulement 65 grains, sa pesanteur spécifique serait 1825, celle de l'eau étant 1000.

Le motif qui rend si intéressant la connaissance de la nature des sols est qu'elle indique leur richesse en matière végétale et animale; et ces substances abondent dans les terrains légers.

L'examen des propriétés physiques doit précéder l'analise. Elles indiquent au moins en partie quelle est la composition des sols, et mettent sur la voie, pour les recherches chimiques. Les fonds siliceux ont de la rudesse au tact; ils rayent le verre. Une teinte rouge ou jaune décèle ceux qui abondent en oxide de fer; les calcaires sont doux au toucher (1).

(1) L'auteur ne parle pas des argilleux, de ceux que les culti-

1° Il reste toujours une portion d'humidité assez grande dans les sols, malgré leur exposition à l'air, et leur exsiccation apparente. L'adhérence de cette humidité aux terres, et aux matières végétales et animales est telle, qu'il est nécessaire d'employer une assez vive chaleur pour l'en expulser. Le premier soin à prendre est donc, pour y parvenir, d'exposer la terre à analiser, pendant dix à douze minutes à l'action d'une lampe d'Argant; la terre est mise dans une capsule de porcelaine que l'on chauffe à 150° centigrade, et 650 de Fahrenheit. A défaut de thermomètre, on détermine le degré de chaleur par le moyen suivant : il consiste à mettre un petit morceau de bois en contact avec le fond du vase; aussi long-temps qu'il ne brunit pas, le feu n'est pas trop fort. Mais, lorsque cela lui arrive, arrêtez l'opération. Ce qui reste d'eau, au cas qu'elle ne soit pas tout entière évaporée, ne nuit pas au résultat. Un degré de chaleur plus intense détruirait les matières végétales et animales; et l'expérience serait fautive.

On note exactement la diminution du poids (1). Si la perte s'élève à 50 grains sur 400 analisés, le sol a une grande affinité pour l'eau, et doit contenir de l'alumine, avec beaucoup de matières végétales et animales. Si la différence ne va que de 10

---

vateurs nomment *roides*; ils sont gras, collans, adhérent aux doigts. (*Note du traducteur.*)

(1) Je conseillerais de peser le sol analisé encore chaud, afin d'éviter une nouvelle action de l'affinité de l'eau pour les substances en état de décomposition. (*Note du traducteur.*)

à 20 grains, le sol est presque totalement siliceux; il est privé en grande partie des propriétés dont nous venons de parler.

2° Aucune des menues pierres, ni les graviers, ni les sables ne doivent être séparés de la masse, qu'après l'extraction de l'eau; car ces corps sont eux-mêmes très-absorbans, et la retiennent avec une grande foree; et par conséquent ils influent sur la fertilité du sol. La première chose à faire cependant ensuite, c'est de procéder à leur séparation. On y parvient aisément, au moyen du tamis: il aura cependant été nécessaire auparavant de broyer doucement la terre dans le mortier.

Les poids des fibres végétales ou ligneuses, et des graviers et sables doivent être notés séparément, et avec soin, et leur nature déterminée. Calcaires, ils feront effervescence avec les acides : s'ils sont siliceux, leur dureté est assez grande pour rayer le verre; mais s'ils sont de la classe ordinaire des pierres argileuses, on les trouvera doux, et ne faisant pas effervescence avec les acides, et se coupant aisément avec un couteau.

3° La plus grande partie des sols contient, outre les pierres et les graviers, des proportions de sable plus ou moins considérables, et de divers degrés de finesse. C'est une opération indispensable, et le premier procédé de l'analise, que de les détacher des parties encore plus divisées qu'ils ne le sont, telles que l'argile, la terre franche, la marne, les substances végétales ou animales, et celle qui est soluble par l'eau. On y parviendra avec une exactitude suffisante, en faisant bouillir la masse dans trois ou quatre fois son volume d'eau. Quand le tissu du sol a été ainsi rompu; que l'eau est refroidie; on l'agite plusieurs fois; puis on laisse faire le dépôt.

Dans cette circonstance, le sable grossier se précipite en une minute, et le fin en deux ou trois. Mais les terres plus divisées, les parties végétales et animales restent dans un état mécanique de suspension, pendant un temps bien plus long. Ainsi donc, une, ou deux et trois minutes étant écoulées, on versera à part toute l'eau contenue dans le vase au fond duquel on trouvera le sable séparé des autres substances.

L'eau qui les contient doit être jetée sur un filtre; et celle-ci étant passée, les terres doivent être rassemblées, séchées et pesées. On prend note des quantités respectives; on conserve avec soin l'eau qui les a lessivées; car elle contient les matières salines et solubles des deux règnes, qui pouvaient faire partie du sol.

4° Le lavage et la filtration ont divisé le sol en deux portions, dont la plus importante est celle qui se trouve dans le plus grand état de finesse. Une analise minutieuse du sable est rarement, ou même n'est jamais nécessaire. On peut reconnaître sa nature de la même façon que pour les graviers et les pierres. C'est toujours un sable siliceux ou calcaire, ou enfin un mélange de tous les deux. S'il se trouvait être en entier un carbonate de chaux, il se dissoudrait rapidement, et avec effervescence, dans l'acide muriatique; mais, s'il était siliceux en partie, on s'assurerait des quantités respectives, en pesant le résidu, après l'action de l'acide muriatique. On a dû continuer de verser de l'acide aussi long-temps que l'effervescence se représente, et jusqu'à ce que la liqueur demeure aigre.

Ce résidu est la silice : il faut le laver, le sécher, et le chauffer fortement dans un creuset. La différence entre son poids actuel et le primitif indique celui du sable calcaire.

5° La matière fine du sol est ordinairement très-composée. Quelquefois elle contient les quatre terres primitives des sols, et de plus les matières végétales et animales. La partie vraiment difficile de cette analise est de s'assurer de ses proportions.

Le premier procédé à employer consiste à l'exposer à l'action de l'acide muriatique. La terre étant placée dans un vase évaporatoire, on versera sur la matière terreuse deux ou trois fois son poids d'acide étendu dans le double de son volume d'eau. Ce mélange doit être agité souvent, et rester ainsi pendant une heure ou une heure et demie. S'il existait dans le sol des carbonates de chaux ou de magnésie, l'acide les aura dissous dans cet intervalle, et il prend aussi parfois un peu d'oxide de fer, mais très-rarement de l'alumine.

Cette solution acide sera filtrée. On rassemblera la partie insoluble, pour la laver dans l'eau de pluie, la sécher à une chaleur modérée, et la peser ensuite. Ce qu'elle aura perdu en poids indiquera celui de la matière enlevée par l'acide. L'eau du lavage doit être réunie à la dissolution à laquelle, si elle n'a pas le goût acide, on en ajoutera un peu de nouveau au moment où l'on voudra y mettre un peu de solution de prussiate de potasse et de fer. S'il se fait un précipité bleu, la présence du fer se trouve indiquée; et l'on continuera d'ajouter du prussiate de potasse jusqu'au moment où elle cessera d'agir. Pour reconnaître la quantité de fer, on filtre : le précipité, rassemblé de la même manière qu'on l'a déjà dit, est chauffé jusqu'au rouge. Le résultat est donc un peu d'oxide de fer qui est peut-être mêlé avec une petite portion d'oxide de manganèse.

Versez ensuite dans ce fluide, dégagé de la présence du fer, une solution de carbonate neutre de potasse, jusqu'au moment où il ne se fera plus d'effervescence, et que le goût vous fasse reconnaître un excès très-marqué de lessive alcaline.

Le précipité qui s'est fait est du carbonate de chaux. Après l'avoir rassemblé sur le filtre, il doit être séché à un degré de chaleur inférieur au rouge.

Il convient de faire bouillir ensuite le fluide resté à part, et cela durant un quart-d'heure à peu près. S'il y existe de la magnésie, elle se précipitera unie à l'acide carbonique; puis on la séparera, pour en reconnaître le poids, de la même manière que le carbonate de chaux.

Si, par quelque circonstance particulière, il y avoit eu une légère portion d'alumine dissoute par l'acide, elle se trouvera mêlée avec le carbonate de chaux. Pour l'en séparer, il suffit de faire bouillir sur ce précipité, pendant quelques minutes, assez de solution de savon pour en couvrir la matière terreuse. Cette substance dissoudra l'alumine, sans toucher au carbonate de chaux.

Le sol, assez calcaire pour produire une vive effervescence avec les acides, doit être ensuite suffisamment divisé, et une méthode très-simple fera connaître la quantité de carbonate; elle est assez exacte pour tous les cas ordinaires.

Le carbonate de chaux contient dans tous ses états une proportion déterminée d'acide carbonique, et c'est 43 pour cent. Si donc on connaît la quantité de ce fluide élastique fournie par un sol, durant son mélange avec un acide, et l'action de celui-ci sur la terre calcaire; que ce soit en poids ou en volume que l'on obtienne cette connaissance, la quantité de carbonate de chaux sera toujours facilement constatée.

Quand on emploie le procédé par la diminution du poids, on pèse 2 parties d'acide et 1 du sol dans deux bouteilles séparées. On mêle ensuite le tout avec lenteur, jusqu'à ce que l'effervescence ait cessé. La différence du poids des deux bouteilles, avant et après l'épreuve, indique la quantité d'acide carbonique qui a été dégagée. En effet pour chaque quatre grains et un quart, de diminution de poids, il faut compter dix grains de carbonate de chaux.

La meilleure méthode pour recueillir l'acide carbonique, et pour en constater le volume, est l'emploi de l'appareil pneumatique, *figure* XV. A l'aide de cet appareil, on mesure le volume des bulles d'acide carbonique par celui de l'eau qu'elles déplacent.

Description de l'appareil pneumatique.

La figure XV, A B C D, *offre l'appareil monté et en travail.* A *est la bouteille dans laquelle on a in-*

troduit le sol ou terre à analiser. B *est le vase qui contient l'acide ; il a un robinet à sa partie inférieure*. C *est un tube auquel est attaché une vessie aplatie, et dont on a fait, en la comprimant ainsi, sortir l'air*. D *est une mesure de verre, ayant une échelle de graduation sur l'un de ses côtés*. E *est la bouteille dans laquelle on introduit la vessie comprimée. Pour faire usage de cet appareil, on a introduit un poids connu du sol dans la bouteille* A. *Le vase* B, *dont le robinet est bien fermé, est mis sur le vase* A ; *et l'acide muriatique, étendu d'autant d'eau, sera versé dans le vase* B. *Le vase* D, *qui est gradué, est placé sous le bec du vase* E ; *ce bec est recourbé, et l'eau, qu'il laisse échapper, tombe dans le vase gradué. La vessie se trouve donc ainsi introduite dans le vase* E *qui est plein d'eau. On ouvre alors le robinet du vase* B, *l'acide tombe en* A, *agit sur le sol. L'acide carbonique, qui est dégagé, passe dans la vessie, la distend, et déplace ainsi dans le vase* E *un volume d'eau égal au sien. L'eau qui tombe dans le vase gradué, indique quel est ce volume; car chaque once de liquide répond à deux grains de carbonate de chaux.*

6. Après avoir traité les parties calcaires du sol par l'acide muriatique, il faut s'assurer de la quantité de matière animale et végétale qui se trouve dans l'état d'une extrême division.

On le pourra faire d'une manière assez précise, en plaçant ce résidu sur un feu ordinaire, et dans un creuset, autant de temps qu'il paraîtra noirâtre. On doit le remuer fréquemment avec une baguette de fer, afin de renouveler ses surfaces, et de les exposer au contact de l'air. Lorsque l'odeur qui se manifeste pendant l'incinération est celle de la plume brûlée, elle indique la présence d'une matière animale ou de quelque chose d'analogue. Si, pendant l'ignition, il se montrait une forte flamme bleue, elle annoncerait la présence d'une portion considérable de substance végétale. Dans le cas où l'on désirerait terminer l'incinération promptement, on peut avoir recours au nitrate d'ammoniaque. La matière étant chauffée, on jette dessus vingt grains de ce sel par chaque cent grains de résidu du sol. On accélère ainsi la dissipation des substances végétales et animales, que ce sel convertit en fluides élastiques, et lui-même se détruit, décomposé par elles.

7. Le résidu est, après cette destruction, composé de particules déliées de matière terreuse. Ordinairement elles sont de l'alumine et de la silice unies, avec les oxides de fer et de manganèse.

Afin d'opérer leur séparation, il faut faire bouillir le résidu solide pendant deux ou trois heures dans de l'acide sulfurique étendu de quatre fois son poids d'eau. La quantité de l'acide se règle sur celle du résidu à traiter. Par chaque cent grains on emploie cent vingt grains d'acide.

Ce qui reste ensuite doit être considéré comme étant de la silice, et l'on s'assurera de son poids, après qu'elle aura été lavée et séchée de la manière dont il a déjà été dit.

S'il existait de l'alumine et des oxides de fer et de manganèse, ils ont été dissous par l'acide sulfurique. Le succinate d'ammoniaque, ajouté en excès, les séparera. Il précipite l'oxide de fer; la solution de savon dissoudra ensuite l'alumine, et non pas l'oxide de manganèse. Le poids des oxides sera reconnu après les avoir chauffés jusqu'au rouge.

Si quelques portions de magnésie et de chaux avaient échappé à l'action de l'acide muriatique, on les retrouverait dans l'acide sulfurique. Ce fait se présente rarement; mais le procédé pour constater leur présence est le même dans les deux cas.

La méthode analitique par l'acide sulfurique est assez précise pour tous les cas ordinaires. Si l'objet cependant était de nature à exiger une grande précision, il faudrait se servir du carbonate de potasse sec pour réactif. On chauffe au rouge pendant une demi-heure le résidu de l'incinération (6) avec quatre fois son poids de ce sel. On se sert d'un creuset d'argent ou de porcelaine bien cuit. La masse obtenue est ensuite dissoute dans l'acide muriatique, et la dissolution évaporée presque jusques à siccité. On ajoute à la fin de l'eau distillée, qui dissout l'oxide de fer et toutes les terres, excepté la silice, et dans l'état de muriates. La silice, après le procédé ordinaire de lavage, doit être chauffée au rouge; les autres substances seront séparées, comme nous l'avons déjà prescrit pour les dissolutions sulfuriques et muriatiques. Ce procédé est celui dont les Savans font usage dans leurs analises des pierres.

8° Si l'on soupçonne qu'il existe dans le sol des substances salines ou des matières végétales et animales solubles, elles se retrouveront toutes dans la première eau de lixivation, celle qui a servi d'abord à séparer le sable.

Cette eau doit être évaporée dans un vase convenable, et jusques à siccité, à une chaleur insuffisante pour la porter jusques à l'ébullition.

S'il y a une matière solide, on la trouvera d'une couleur brune, elle sera inflammable, et l'on peut la considérer comme un extrait ou partie végétale. Si, exposée au feu, son odeur est celle de la plume brûlée, elle contient des matières animales ou de l'albumine. Si elle est blanche, cristalline, indestructible par la chaleur, on peut la regarder principalement comme étant saline, et l'on connaîtra sa nature par les moyens décrits *page* 103.

Il est nécessaire de mettre en usage un procédé particulier, afin de pouvoir constater la présence du sulfate de chaux, *gypse, et quand il est calciné, plâtre,* et celle du phosphate terreux.

Il faut prendre un poids déterminé du sol à analiser : soient quatre cents grains. On a donc une quantité donnée de ce sol, ces quatre cents grains, par exemple ; on les tient au feu rouge dans un creuset, pendant une heure et demie, après les avoir mêlés avec un tiers de leur poids de charbon pulvérisé. Le mélange doit ensuite être mis dans une demi-pinte d'eau, que l'on fait bouillir pendant un quart d'heure. On filtre, et le fluide est ensuite exposé pendant plusieurs jours à l'action de l'atmosphère dans un vaisseau ouvert. S'il existait dans le sol une portion remarquable de gypse, ou sulfate de chaux, il se formera graduellement dans le fluide un précipité blanc, dont le poids indiquera la proportion.

La séparation du phosphate de chaux se fait après celle du sulfate. On met le sol en digestion dans une quantité d'acide muriatique, plus que suffisante pour opérer la dissolution des terres diverses. La dissolution est évaporée ensuite, et de l'eau jetée sur le résidu solide. Cette eau dissoudra les composés muriates terreux, et ne touchera point au phosphate de chaux.

Ce serait sortir des limites naturelles de cet ouvrage, que de m'arrêter ici à donner le détail des procédés qui font découvrir les substances qui sont accidentellement mêlées dans les matières constituantes des sols. D'autres terres, d'autres oxides métalliques s'y rencontrent de temps en temps, mais en quantités trop petites pour exercer quelque influence sur la fertilité ou la stérilité du sol. Les recherches, propres à les découvrir, rendraient donc l'analise bien plus compliquée, sans la rendre plus utile pour notre objet (1).

9° Lorsque l'analise d'un sol est complète, les produits doivent être rangés numériquement, et leurs sommes diverses additionnées. Si leur total approche de très-près le poids primitif soumis aux expériences, on doit regarder l'analise comme exacte ; il est ce-

(1) Sir Humphry Davy a publié, en 1807, un mémoire spécialement consacré aux recherches qu'il a faites sur cette matière. On en a dans le temps publié des portions; mais il est d'un haut intérêt, et forme avec celui-ci un complément précieux. C'est par ce motif que je me suis résolu à le donner en entier à la suite de la traduction *de la Chimie de l'Agriculture*. Les savans me sauront gré, je l'espère, de leur avoir présenté dans un seul volume l'ensemble des travaux du chimiste anglais, et ceux dont les études ne sont pas encore aussi profondes, y trouveront le moyen de les perfectionner, et prendront une idée juste des richesses de la science et de son utilité. (*Note du traducteur.*)

pendant à remarquer, que si l'on a, par le procédé spécial décrit n° 9, découvert l'existence du sulfate ou du phosphate de chaux, il faudra admettre une correction générale, en soustrayant une somme égale à leur poids de la quantité de carbonate de chaux retirée de l'acide muriatique par la précipitation.

L'arrangement à donner aux produits doit être le même que celui des procédés par lesquels ils ont été obtenus.

Ainsi j'ai retiré de 400 grains d'un bon sol sablonneux et siliceux, pris dans un champ de houblon près de Tunbridge, dans le comté de Kent :

Eau d'absorption		19 grains.
Pierres tendres et gravier principalement siliceux.		53
Fibres végétales indécomposées . . .		14
Sable siliceux fin		212
Matière divisée en minucules séparées par l'agitation et la filtration, et principalement composée de carbonate de chaux .	19	
Carbonate de magnésie	3	
Matière surtout végétale et destructible au feu.	15	
De silice	21	81
D'alumine	13	
D'oxide de fer	5	
De matière soluble contenant surtout du sel commun et de l'extrait végétal.	3	
Gypse	2	
		379
Perte		21
		400 grains.

La perte notée dans cette analise n'excède pas celle que l'on éprouve habituellement. Elle vient de l'impossibilité de réunir la quantité absolue de chaque précipité, et de la présence d'une plus forte portion d'humidité que celle qui est notée pour l'eau d'absorption du sol, et qui se confond dans les diverses manipulations.

Lorsque celui qui se livre à ces recherches est exercé à manier les divers appareils, et connaît les propriétés des réactifs, et les rapports établis entre les qualités chimiques et celles extérieures des sols, il lui est rarement nécessaire d'appliquer tous les procédés à chacune de ses analises. Si, par exemple, un sol ne renferme pas une quantité notable de principe calcaire, il omettra d'employer l'acide muriatique indiqué (7); dans l'examen des sols tourbeux, il tournera principalement son attention sur le procédé (8) par l'air et le feu ; et dans l'analise des terrains crayeux ou de la terre argileuse, il pourra fréquemment se passer d'user de l'acide sulfurique (9).

Les premiers essais des personnes peu versées dans la chimie ne leur donneront pas d'abord des résultats très-fidèles. Plusieurs difficultés se présenteront ; mais, en les surmontant, elles acquerront l'espèce la plus utile de connaissances pratiques. Dans les sciences expérimentales, la découverte d'une cause d'erreur est un grand pas vers l'instruction. Une analise correcte s'établit parfaitement sur une connaissance générale de la chimie, et peut-être n'y a-t-il pas de moyen préférable de l'obtenir, que celui de se livrer à des recherches de décomposition. La continuité des expériences force d'acquérir la connaissance des substances que l'on emploie. Les idées théoriques s'améliorent en se liant aux pratiques, et deviennent de nature à conduire aux découvertes.

Les plantes, n'étant pas douées d'une puissance locomotrice, ne peuvent croître que dans les endroits propres à leur fournir leur nourriture. Le sol est donc nécessaire à leur existence, soit pour leur donner l'aliment convenable, soit pour leur fournir la possibilité de s'y attacher d'une façon telle, que, pouvant obéir aux lois mécaniques, leurs racines s'enfoncent sous la surface de la terre, et que leurs feuilles s'exposent à l'air ambiant. Les systèmes des racines, des branches et des feuilles diffèrent extrêmement dans les divers végétaux, de sorte qu'ils sont plus vigoureux selon la nature des sols; les plantes à racines bulbeuses désirent un terrain plus ouvert et plus léger que celles dont les racines sont fibreuses; les plantes pourvues seulement de racines courtes et fibreuses ont besoin d'un sol plus ferme que celles dont les racines sont pivotantes, ou qui prennent une grande extension latérale.

Un sol de Hoïkam, dans le comté de Norfolk, très-favorable à la culture du navet, m'a donné huit parties de sable siliceux sur neuf, et cette dernière portion, composée d'une matière divisée et très-fine était composée de

Carbonate de chaux	63	100
Silice	15	
Alumine	11	
Oxide de fer	3	
Matière végétale et saline . . .	5	
Humidité.	3	

J'ai reconnu qu'un sol, pris dans un champ à Sheffieldplace, dans le Sussex, lequel était remarquable par la végétation vigoureuse des chênes qui y croissaient, était composé de six parties de sable et d'une partie d'argile et de matière divisée très-fin. Cent parties de ce même terrain m'ont donné à l'analise :

Silice	54
Alumine	28
Carbonate de chaux	3
Oxide de fer	5
Matière végétale en décomposition.	4
Humidité et perte.	3 (1)

Un excellent terrain à froment, situé dans le voisinage de Westdraiton, dans le comté de Middlessex, donnait, sur cinq parties, trois d'un sable siliceux ; une matière très-divisée composait les deux autres, qui étaient constituées de

Carbonate de chaux	28	100
Silice.	32	
Alumine	29	
Matière végétale animale et humidité	11	

De tous ces sols, le premier était celui qui était le plus cohérent, et le dernier le moins. Dans toutes les circonstances, c'est la matière divisée très-fin, qui, entre les diverses parties d'un sol, est celle qui lui donne de la cohérence et de la ténacité. Elle jouit

(1) Vraisemblablement c'est 6. (*Note du traducteur.*)

éminemment de la possibilité de lui donner ces qualités au plus haut point, quand elle abonde en alumine.

Une petite quantité de matière divisée très-fin suffit pour rendre un sol propre à la végétation des navets et de l'orge, et j'ai vu une récolte passable de navets dans un terrain, qui, sur douze parties, en contenait onze de sable. Une plus grande proportion de celui-ci néanmoins est la cause d'une stérilité absolue. Le sol des landes de Bagshot, entièrement privé de toute parure végétale, contient moins d'un vingtième de matière divisée et fine; 400 de ses parties, chauffées au rouge, donnent 380 d'un sable siliceux et grossier; 9 du même, divisé fin, et 11 de matière impalpable, qui est un mélange d'une argile ferrugineuse, unie à du carbonate de chaux. Les matières végétales et animales, dans l'état de division parcellaire, donnent non-seulement de la cohérence au sol, mais en outre, de la douceur et de la pénétrabilité. Mais il ne faut pas qu'elles-mêmes, ou toute autre partie constitutive du sol, s'y trouvent dans une proportion trop forte. Il deviendrait stérile, s'il n'était composé que de matières impalpables.

L'alumine ou la silice pures, le carbonate de chaux ou celui de magnésie sont incapables de fournir à une végétation vigoureuse.

Aucun sol n'est fertile lorsque, sur vingt de ses parties, il en contient dix-neuf de l'une des substances dont il vient d'être parlé.

On demandera si, dans les sols, les terres pures exercent une action simplement mécanique, ou si elles deviennent indirectement des agens chimiques, ou si elles fournissent d'une façon actuelle la nourriture aux végétaux ? Cette question est importante, mais n'est point d'une solution difficile.

Les terres, ainsi que je l'ai démontré précédemment, sont les composés de métaux et de l'oxigène. Ces métaux n'ayant point été décomposés, il n'y a aucun motif de penser que les terres puissent être changées, pour devenir les élémens propres aux composés organisés, qui sont le charbon, l'hydrogène et l'azote.

Les plantes ont été créées pour vivre sur une quantité donnée de terrain. Elles en consomment une très-petite portion; et ce qu'elles en enlèvent peut être justement évalué par les quantités qui s'en retrouvent dans leurs cendres; c'est-à-dire, ce qui n'a point été converti en de nouveaux produits.

Si quelque acide, plus puissant que l'acide carbonique qui est combiné à la chaux ou à la magnésie, se trouve formé dans le sol pendant la fermentation de la matière végétale, il le chassera de sa combinaison avec ces deux terres. Mais les terres elles-mêmes ne peuvent pas être conçues, comme pouvant être changées en d'autres substances par une opération qui se fasse dans l'intérieur du sol.

Les cendres des plantes contiennent dans toutes les circonstances quelques-unes des terres du sol sur lequel elles ont végété. Mais ces terres, ainsi que l'on a dû s'en apercevoir par la table rapportée dans la leçon précédente, qui expose les quantités de cendres fournies par les diverses plantes, cette table montre qu'elles ne s'élèvent jamais à plus d'un cinquantième du poids primitif de la plante qui a été brûlée.

Si donc les terres sont jugées être nécessaires aux végétaux, ce sera seulement pour donner de la solidité et de la fermeté à leur organisation. C'est ainsi que nous avons dit, que le froment, les avoines, et beaucoup de plantes graminées fistuleuses, avaient un épiderme surtout très-siliceux, dont l'usage paraissait être de les renforcer et de les défendre contre les attaques des insectes, et celles des plantes parasites.

Il est des terrains que l'on nomme *froids*, en style populaire. Cette dénomination est juste, quoiqu'au premier coup-d'œil elle paraisse due à un préjugé.

Quelques terrains sont beaucoup plus échauffés que d'autres par les rayons solaires, toutes circonstances d'ailleurs étant egales. Des sols, amenés au même degré de température, se refroidissent en différens temps, et l'un devient froid plus rapidement qu'un autre.

Cette propriété a très-peu attiré l'attention sous un point de vue philosophique, et néanmoins, en agriculture, il devient de la plus grande importance. Les sols qui, en général, sont principalement formés d'une argile blanche et dense, *roide*, suivant l'expression ordinaire, sont difficilement échauffés. Étant habituellement très-humides, ils ne retiennent leur chaleur que pour un temps très-court. Les craies de même ont de la peine à être échauffées; mais, conservant l'eau moins long-temps, elles conservent beaucoup mieux leur chaleur, qui s'épuise moins à leur enlever leur humidité.

Un sol noir, contenant beaucoup de matière molle

et végétale, est bien plus promptement échauffé par l'air et le soleil. Les terrains colorés, et ceux qui renferment une forte quantité de matière charbonneuse ou ferrugineuse, étant exposés dans des circonstances égales aux rayons solaires, prennent plus promptement une température élevée que ceux dont les teintes sont plus pâles.

Quand des terrains sont parfaitement séchés, ceux qui s'échauffent le plus vite, sont aussi ceux qui se refroidissent avec la plus grande promptitude. Je me suis assuré par l'expérience qu'un terrain sec, d'une couleur foncée, riche en matière animale et végétale, substance qui facilite l'abaissement de la température, lorsqu'il était chauffé au même degré, et dans les limites ordinaires aux effets de la chaleur solaire, se refroidissait plus lentement qu'un terrain humide et peu coloré, totalement formé de matières terreuses.

J'ai vu un riche terreau noir, contenant près d'un quart de matière végétale, élever en une heure sa température de 65° à 88, en l'exposant aux rayons solaires; de 18 à 31 centigrades; de 15 à 24 de Réaumur. Mais, durant le même espace de temps, un terrain crayeux n'avait acquis que 69°, et centigrade 20, les circonstances étant semblables. Le terreau ayant été porté à l'ombre, où la température était de 62° ou 16,6 centigrades, en perdit 15 ou 8,3 en une demi-heure, tandis que le crayeux, dans le même cas, n'avait abaissé sa température que de 4° ou 2,2 centigrades.

Un sol brun fertile, et une argile froide et stérile, furent artificiellement chauffés à 88° de Fahrenheit ou 31 centigrades; ils avaient auparavant été soigneusement desséchés. Ayant été ensuite exposés à une température de 57° ou 14 centigrades, le sol brun avait perdu 9° ou 5 centigrades en une demiheure, et l'argile seulement 6° ou 3,5. Une semblable portion d'argile humide ayant été élevée à la même température de 88°, et mise ensuite à celle de 55 ou 19,3, prit, en moins d'un quart d'heure, la température de la chambre. Dans toutes ces expériences, les terres étaient placées dans un petit vase d'étain de deux pouces en carré, et d'un pouce et demi de profondeur. Un thermomètre très-sensible servait à déterminer le degré de température.

Il n'est rien de plus évident, si ce n'est que la chaleur naturelle du sol, et surtout au printemps, est de la plus haute importance pour la plante naissante. Lorsque les feuilles sont entièrement développées, le terrain est couvert par leur ombrage, et la trop grande chaleur dans l'été ne peut y exercer une influence nuisible; elle est entièrement prévenue. C'est ainsi que la température de la superficie du sol, quoique nue, et exposée aux rayons du soleil, fournit au moins une indication du degré de fertilité, et que le thermomètre devient quelquefois un utile instrument pour celui qui s'occupe de l'amélioration des terres.

L'humidité d'un sol a de l'influence sur sa température; et la manière dont il est intérieurement mélangé ou combiné avec les parties terreuses, a un rapport intéressant avec la nourriture de la plante. Si l'eau est trop puissamment attirée par les terres, elle ne sera point absorbée par les racines. Si elle est en trop grand volume, ou trop faiblement combinée avec les terres, elle deviendra nuisible aux racines, en ayant de la tendance à détruire leurs parties fibreuses.

L'eau paraît exister sous deux états dans les terres et dans les substances végétales et animales. Dans le premier état elle est unie chimiquement, et dans le second, seulement par l'attraction de cohésion.

Si, dans une solution d'alun, on verse une solution pure d'ammoniaque ou de potasse, l'alumine se précipite combinée avec l'eau; et la poudre, ayant ensuite été séchée par son exposition à l'air, fournira encore à la distillation plus de la moitié de son poids d'eau; dans ce cas, celle-ci y était unie par l'attraction chimique. Le fluide que le bois, la fibre musculaire, la gomme, qui ont été chauffés à 212° de chaleur ou 100 centigrades, donnent ensuite à la distillation portée à la chaleur rouge, est encore de l'eau, dont les élémens étaient en combinaison chimique dans cette substance.

Lorsque de la terre à pipe, séchée à la température atmosphérique, est mise en contact avec de l'eau, celle-ci est rapidement absorbée; c'est un effet de l'attraction de cohésion. Les substances terreuses, celles végétales ou animales, qui ont été desséchées à une chaleur inférieure à celle de l'eau bouillante, augmentent de poids par leur exposition à l'air; cet accroissement est une suite de l'attraction de cohésion qu'elles exercent sur l'eau vaporisée, qui existe dans l'air, et qu'elles absorbent.

L'eau, *combinée chimiquement* dans les élémens constitutifs des sols, ne peut pas être absorbée par les racines, si ce n'est dans le cas de la décomposition des matières végétales et animales. Mais celle qui est seulement *adhérente* aux parties du sol est d'un usage constant dans la végétation. Dans la vérité, il existe peu de mélanges de terres dans les sols qui contiennent de l'eau combinée chimiquement ; elle est chassée des terres par des substances qui se combinent avec ces mêmes terres.

Si donc une combinaison de chaux et d'eau est exposée à l'action de l'acide carbonique, celui-ci prend la place de l'eau. Un composé d'alumine et de silice, ou toute autre composé des terres, ne peut pas s'unir chimiquement avec l'eau ; et, comme je l'ai établi, les sols sont composés, soit de carbonates terreux, ou par d'autres composés de terres pures, et d'oxides métalliques.

Quand il existe dans les sols des substances salines, celles-ci peuvent s'y trouver unies à l'eau, soit mécaniquement, soit chimiquement ; mais elles sont toujours en quantités trop faibles pour influencer matériellement les rapports de l'eau avec le sol.

Le pouvoir, que celui-ci a d'absorber l'eau par l'attraction de cohésion, repose, en grande partie, sur son propre état de division. Plus il est divisé, plus sa puissance absorbante est grande. Ses différentes parties constituantes semblent aussi agir avec divers degrés d'énergie, par l'attraction de cohésion. C'est ainsi que les substances végétales paraissent plus absorbantes que celles animales, et celles-ci plus que les composés d'alumine et de silice, qui, à leur tour, le sont plus que les carbonates de chaux et de magnésie. Il est cependant possible que ces différences tiennent à celles de l'état de division, et de la surface qui est exposée.

Le pouvoir d'absorption, que les sols exercent sur l'eau dissoute dans l'air, a une étroite liaison avec leur fertilité. Lorsque ce pouvoir est grand, les plantes se trouvent, dans les saisons sèches, fournies d'humidité. Les effets de l'évaporation diurne sont contre-balancés par l'absorption des vapeurs aqueuses de l'atmosphère ; action que les parties intérieures du sol exercent pendant le jour, et qui l'est également, par sa superficie et son intérieur, pendant la nuit.

Les argiles compactes, celles qui tiennent de la nature de la terre des potiers, qui prennent une grande quantité d'eau, lorsque l'on verse celle-ci sous forme fluide sur elles, ces argiles ne forment pas les terrains, qui, dans les temps de sécheresse, soutirent de l'atmosphère la plus grande quantité d'eau. Elles s'agglutinent et n'offrent à l'air qu'une petite surface ; et, en général, la végétation est tout aussitôt brûlée dans ces terres que sur les sables.

Les sols, capables de fournir les plantes de l'eau atmosphérique avec le plus d'activité, sont ceux dans lesquels il existe une juste proportion de sable, d'argile divisée très-fin, et de carbonate de chaux, mêlé à des matières animales et végétales. Il faut que ces sols soient ouverts et légers, pour être facilement perméables à l'atmosphère. Le carbonate de chaux et ces dernières matières, sont d'une grande utilité pour faire acquérir aux sols cette perméabilité. Ils leur donnent un pouvoir absorbant, sans accroître leur ténacité ; le sable, qui, loin de la donner, la détruit, a aussi un pouvoir absorbant.

J'ai comparé les pouvoirs d'absorption de beaucoup de sols, relativement à l'humidité atmosphérique, et j'ai toujours vu qu'ils étaient plus actifs, là où les terrains étaient plus fertiles. Il est donc possible de s'en faire un moyen de prononcer sur la fertilité d'un sol.

1000 parties d'un sol célèbre d'Ormiston, dans le Lothian de l'est, qui contient plus de moitié de son poids de matière divisée très-fin, dont 11 parties étaient du carbonate de chaux, et 9 de matières végétales, ayant été séchées à 212° de Fahrenheit et 80 de Réaumur, 100 du thermomètre centigrade, acquit, par son exposition, pendant une heure, à l'air saturé d'humidité, 18 grains, la température étant 62° ou 16 centigrades.

1000 parties d'un sol très-fertile, provenant des alluvions de la rivière de Parret, dans le Sommersetshire, gagna 16 grains dans les mêmes circonstances que le précédent.

1000 parties d'un sol de Mersea, dans l'Essex, qui est loué 28 schelings, 33 francs 60 centimes l'acre, prit 13 grains.

1000 grains d'un sable fin d'Essex, loué le même prix, acquirent 11 grains.

1000 d'un sable grossier, loué 15 schelings l'acre, prirent 8 grains.

1000 grains d'un sol des landes de Bagshot prirent seulement 3 grains.

L'eau et la matière végétale et animale en décomposition, qui constituent le sol, sont la véritable nourriture des plantes; et, comme les parties terreuses du sol sont utiles pour retenir l'eau, elles le sont de même pour la distribuer dans des proportions convenables aux racines des plantes, et sont également efficaces pour causer une juste distribution de la matière animale et végétale. Se trouvant mêlées également avec cette matière, elles préviennent sa décomposition trop rapide, et c'est par leur entremise que la distribution en a lieu dans des proportions utiles.

En outre de cette action, qui peut être regardée comme purement mécanique, il en existe une seconde qui s'exerce entre les sols et les matières organiques; celle-ci doit être regardée comme d'une nature chimique. Les terres, et même les carbonates terreux, ont un certain degré d'attraction pour plusieurs des principes contenus dans les substances végétales et animales. Ce fait peut facilement être prouvé entre l'alumine et l'huile.

Si l'on mêle une solution acide d'alumine avec une solution de savon, et si celle-ci est composée d'huile et de potasse, l'huile et l'alumine s'uniront pour former une poudre blanche qui se précipitera au fond du fluide.

L'extrait, qui provient de la décomposition de la matière végétale, étant mis à bouillir avec de l'argile ou de la craie, forme une nouvelle combinaison qui le rend moins soluble, et d'une décomposition moins facile. La silice et les sables siliceux ont une très-faible action de cette nature, et les sols, qui contiennent beaucoup d'alumine et de carbonate de chaux, sont ceux qui agissent avec la plus grande énergie chimique dans la conservation des engrais; ils sont ceux qui ont un juste droit au nom qu'on leur donne communément de *sols riches*. En effet, ils conservent long-temps la nourriture des plantes, à moins qu'elle ne leur soit enlevée par leurs organes pour se l'approprier. Les sables siliceux méritent leur nom de *dévorans*, qu'on leur applique ordinairement. En effet, les matières animales et végétales qu'ils renferment, n'étant point attirées par les parties constituantes du sol, sont plus susceptibles d'être décomposées par l'action de l'atmosphère, ou entraînées loin d'elles par les eaux.

Dans la plupart des terreaux noirs ou bruns, riches en matières végétales, les terres paraissent se trouver dans un état de combinaison avec une matière extractive particulière, qui s'est formée pendant la décomposition des substances végétales. Cette matière extractive est attirée ou entraînée lentement par les eaux, et c'est elle qui paraît être la première cause de la fertilité du sol.

La mesure de cette fertilité pour les différentes plantes doit varier avec le climat, et être particulièrement influencée par la quantité de la pluie.

Le pouvoir, dont les sols sont doués pour absorber l'humidité, est bien plus grand dans les pays secs et chauds que dans ceux froids et humides, et la quantité d'argile, ou de matière animale et végétale, plus considérable. Les terrains, situés sur des pentes, sont plus absorbans que ceux des plaines ou du fond des vallées. Leur richesse est aussi influencée par la nature du tuf ou des couches sur lesquelles ils reposent.

Lorsqu'un sol est immédiatement placé sur un lit de roche ou de pierre, il est bien plutôt desséché par l'évaporation que si le tuf était une argile ou une marne. La première cause de la grande fertilité de la terre dans le climat humide de l'Irlande, c'est la proximité de la couche de roche avec le sol. Un tuf argileux deviendra quelquefois avantageux à un sol sablonneux, parce qu'il retiendra l'humidité de manière à fournir celle que la couche supérieure perd par suite de l'évaporation, ou par la consommation que les plantes en ont faite.

Un tuf sablonneux, ou de gravier, corrige souvent l'imperfection du trop grand pouvoir d'absorption dont le sol est pourvu.

Dans les pays calcaires où la superficie est une espèce de marne, le sol repose fréquemment à quelques pouces de la pierre à chaux, et sa fertilité n'est pas anéantie par la proximité de la roche, quoique, dans un sol moins absorbant, ce voisinage eût occasionné la stérilité. Les montagnes de roches sablonneuses, et celles calcaires du Derbyshire et du nord du pays de Galles, peuvent aisément, pendant l'été, être distinguées dans l'éloignement par les teintes différentes de la végétation. Les graminées sur les montagnes sablonneuses paraissent brunes et être brûlées ; celles des montagnes calcaires sont vertes et vigoureuses.

Lorsque l'on veut consacrer les diverses parties d'une ferme aux récoltes nécessaires, il est parfaitement évident, d'après ce que je viens de dire, qu'il n'y a point de principe général à poser, à moins que toutes les circonstances de la nature du sol et du tuf, de leur composition et de leur situation, ne soient parfaitement connues.

La méthode de culture doit aussi varier selon la diversité des sols. La même pratique, reconnue excellente dans un cas, deviendra nuisible dans un autre.

Un labour profond peut être avantageux dans un sol riche et dense ; mais dans celui qui est peu profond, quoique fertile, et qui est situé sur une argile froide ou un tuf sablonneux, un tel labour deviendrait très-préjudiciable.

Dans un climat humide, où la quantité de pluie qui tombe chaque année s'élève de 40 à 60 pouces, et tels sont le Lancashire, le pays de Cornouailles, et quelques parties de l'Irlande, un sol sablonneux et siliceux est beaucoup plus productif que dans les contrées sèches. Avec une situation pareille, le froment et les fèves demandent un sol moins cohérent et moins absorbant que dans des climats secs, et les plantes à racines bulbeuses auront une végétation vigoureuse dans un sol qui, sur 15 de ses parties, en aura 14 de sable.

Le pouvoir d'épuisement, que les récoltes exercent sur le sol, sera influencé dans une telle circonstance. Lorsqu'il arrive que les plantes ne peuvent pas absorber une humidité suffisante, elles enlèveront plus d'engrais. En Irlande, dans le comté de Cornouailles, et sur les parties élevées de l'ouest de l'Écosse, le blé épuisera moins la terre que dans des situations de l'intérieur. L'avoine, surtout dans les climats secs, appauvrit un sol beaucoup davantage qu'elle ne le fait dans un climat humide.

L'origine première des sols paraît avoir été l'effet de la décomposition des roches et des couches. Il arrive fréquemment qu'on les trouve sans altération sur les roches qui leur ont donné l'être. Il est facile de se former une idée de la manière dont ces roches ont pu se convertir ainsi, en considérant la marche de cette décomposition dans le *granit tendre*, ou *granit de porcelaine*. Cette roche est composée de quartz, de feldspath et de mica. Le quartz est la terre siliceuse presque pure, sous la forme cristalline. Le feldspath et le mica sont des corps très-composés. L'un et l'autre contiennent la silice, l'alumine, et l'oxide de fer. Il se trouve ordinairement dans le feldspath de la chaux et de la potasse, et dans le mica de la chaux et de la magnésie.

Lorsqu'une roche de cette espèce a été long-temps exposée à l'action de l'air et de l'eau, la chaux et la potasse, contenues dans ses parties constituantes, ressentent aussi l'action de l'eau et de l'acide carbonique. L'oxide de fer, qui est presque toujours dans un moindre état d'oxidation, tend à s'unir avec une plus grande portion d'oxigène. La conséquence de ceci est que le feldspath et le mica se décomposent, mais le premier plus rapidement. Le mica, décomposé en partie, se mêle avec l'autre sous forme sablonneuse, et le quartz indécomposé se montre comme un gravier ou un sable, dans différens états de finesse.

Aussitôt que la plus légère couche terreuse est formée à la superficie d'une roche, les graines des *lichens*, des *mousses*, et d'autres végétaux imparfaits, lesquelles flottent toujours dans l'atmosphère, commencent à y végéter, après en avoir fait leur séjour. Elles meurent, et leur destruction et leur décomposition fournissent une nouvelle quantité de matière organique, qui se mêle avec les matières terreuses de la roche.

Des plantes plus parfaites sont alors capables d'y subsister; à leur tour, elles tirent leur nourriture de l'eau et de l'atmosphère; et périssant ensuite, donnent de nouveaux matériaux à celles déjà nées. La décomposition n'en continue pas moins de faire des progrès; et, à la longue, par ces procédés lents et graduels, il se forme un sol, sur lequel des arbres mêmes peuvent attacher leurs racines, et il devient propre à récompenser les peines du laboureur.

Lorsqu'il arrive que des générations successives de végétaux sont nées sur un sol, si l'homme n'en a point enlevé le produit, s'il n'a point été consommé par les animaux, alors la matière végétale s'accroît dans une telle proportion, que le sol approche de la nature tourbeuse.

Un grand nombre d'immenses tourbières paraissent avoir été formées par la destruction de forêts. Suivant les apparences, ce fut la faute des premiers cultivateurs, qui firent un usage imprudent de la hache dans les pays où ces tourbières existent. Lorsque l'on abat les arbres sur la lisière d'une forêt, ceux de l'intérieur sont exposés aux attaques des vents; et, ayant été habitués à être abrités, ils deviennent mal portans, et meurent dans cette nouvelle situation. Leurs feuilles et leurs branches se décomposent graduellement, et donnent naissance à une couche de matière végétale. Dans plusieurs des grands marais de l'Irlande et de l'Écosse, les arbres les plus gros, que l'on a trouvés sur leurs bords, portaient des indices qu'ils avaient été abattus, on trouvait peu d'arbres entiers dans l'intérieur, parce qu'ils étaient tombés par une destruction graduelle, et que la destruction et la décomposition de la matière végétale avait été plus rapide, là où il s'était trouvé une plus forte quantité de matière (1).

Les lacs et les étangs sont quelquefois remplis par l'accumulation des détritus de plantes aquatiques. Dans ce cas, il se forme une sorte de fausse tourbe. Dans l'espèce proposée, néanmoins la fermentation paraît être d'une nature différente. Plus de matière gazeuse est développée, et le voisinage des marais, dans lesquels il se décompose des plantes aquatiques, est ordinairement malsain et fiévreux, tandis que

---

(1) La naissance des tourbières, attribuée à la seule cause des vents et à des abatis mal dirigés, ne me paraît pas suffisamment exacte; il n'existe pas de tourbières où l'on ne puisse démontrer la présence de l'eau, soit actuelle, soit passée. Dans les terrains humides le sol n'a pas une grande ténacité, et dans les contrées citées par l'auteur, les vents d'ouest et de sud-ouest sont de la plus grande violence. Remarquons encore que c'est dans l'intérieur des forêts que les ouragans causent les plus grands dégâts, et s'il s'est trouvé sur les bords des tourbières des arbres portant les traces de la hache qui les avait abattus, ne serait-ce pas parce qu'ils y auraient été abandonnés en raison d'un transport trop difficile, surtout puisque l'exploitation ne pouvait pas être continuée; car il me paraît évident que c'est par l'intérieur que la formation des tourbières forestières a dû commencer. (*Note du traducteur.*)

celui de la véritable tourbe, de celle formée sur des terrains secs, dans l'origine, est toujours salubre (1).

La matière terreuse des tourbes est uniformément analogue à celle de la couche sur laquelle elles reposent. Les plantes, qui les forment, doivent avoir enlevé de cette couche les terres qu'elles contiennent. C'est ainsi que dans le Wiltshire et le Berkshire, où la couche qui porte la tourbe est de la craie, les terres calcaires abondent dans les cendres, et il ne s'y trouve que peu de silice et d'alumine. Elles contiennent aussi beaucoup d'oxide de fer et de gypse. L'un et l'autre peuvent provenir de la décomposition des pyrites, qui sont si abondantes dans les craies.

Différentes tourbes, produites dans les diverses parties de ces îles, sur des sols granitiques et schisteux, ont été brûlées par moi. J'ai trouvé principalement dans leurs cendres, de la silice et de l'alumine. Un échantillon de tourbe du comté d'Antrim donnait des cendres composées, presque des mêmes parties constituantes que la grande couche basaltique qui règne dans ce comté.

Les sols pauvres et arides, ceux qui sont produits par la décomposition des roches granitiques ou sa-

(1) En suivant la différence de nos opinions, je ferai observer que dans les tourbières dues à des plantes aquatiques, la décomposition est actuelle, elle se renouvelle chaque jour; après 18 ou 20 ans on peut recommencer à tourber dans le même endroit. Il y a donc eu nouvelle végétation et nouvelle destruction. Rien de pareil n'existe dans les tourbières forestières. (*Note du traducteur.*)

blonneuses, restent des siècles sans se couvrir d'une couche légère de végétation. Ceux qui viennent de la décomposition des roches calcaires, ou crayeuses ou basaltiques, reçoivent souvent de la nature une parure de graminées, et lorsqu'elles sont labourées, offrent une riche couche à la végétation de toutes les espèces de plantes cultivées.

Les roches et les couches qui ont produit les sols, et celles qui composent les parties intérieures et les plus solides du globe, sont rangées dans un certain ordre. Il arrive souvent que des couches d'une nature très-différente sont mêlées ensemble, et que des couches, immédiatement placées sous un sol, contiennent des matières qui peuvent l'améliorer. Un examen général, sur la nature et la position des roches et des couches, ne paraîtra pas, je l'espère, déplacé au cultivateur, ami de la science.

Les géologistes séparent, en général, les roches en deux grandes divisions, qu'ils distinguent sous les noms de *primaires* et de *secondaires*.

Les roches primaires sont composées de matière pure, cristallisée, et contiennent des fragmens des autres roches.

Les roches secondaires, ou couches, sont composées, seulement en partie, de matière cristallisée, et renferment des fragmens des autres roches ou couches. Souvent elles offrent les vestiges de plantes et d'animaux marins, et quelquefois contiennent les restes d'animaux terrestres.

Les roches primaires sont, en général, arrangées en larges masses, ou par couches verticales, ou plus ou moins inclinées à l'horizon.

Les roches secondaires sont ordinairement disposées en lits parallèles, ou presque parallèles à l'horizon.

Le nombre des roches primaires, que l'on a observées dans la nature, est de huit.

La première est le *granit;* nous en avons déjà parlé; il est composé de quartz, de feldspath et de mica. Lorsque ces corps sont rangés par couches régulières dans la roche, on la nomme *gneiss*.

La seconde est le *schiste micacé;* il est composé de quartz et de mica rangés par couches ordinairement curvilignes.

La troisième est la *siénite;* les corps qui la forment sont la hornblende et le feldspath.

La quatrième est la *serpentine;* le feldspath et un corps, nommé hornblende resplendissante, sont ses composans. Leurs cristaux séparés sont quelquefois si petits, qu'ils donnent à la pierre une apparence uniforme. Cette espèce de roche, abonde dans les veines d'une substance appelée *stéatite*, ou *roche savonneuse*.

La cinquième est le *porphyre;* celle-ci est composée de cristaux de feldspath, enchâssés dans un ciment de la même matière, mais ordinairement d'une autre couleur.

La sixième est le *marbre granulaire;* il est totalement formé de cristaux de carbonate de chaux. Lorsqu'il est blanc et d'un grain fin, il devient la matière des travaux du statuaire.

La septième est le *schiste chlorite*, la chlorite schistoide. Elle est composée de chlorite, substance verte ou grise quelquefois analogue au mica et au feldspath.

La huitième est la *roche quartzeuse ;* composée de quartz sous la forme granulaire; elle est quelquefois combinée avec quelques élémens cristallisés, dont nous avons parlé comme appartenans à d'autres roches.

Les roches secondaires sont en plus grand nombre que les primaires. Douze variétés forment le total de ce qui en a été trouvé dans nos îles.

1° La *grauwacke ;* elle est formée de fragmens de quartz, de chlorite schistoide, enchâssés dans un ciment principalement composé de feldspath.

2° Le *grès siliceux ;* il est le résultat d'un quartz ou sable quartzeux fin, uni par un ciment de la même nature.

3° La *pierre à chaux ;* composée de carbonate de chaux, plus compact dans sa texture qu'il ne l'est dans le marbre, et souvent abondant en vestiges d'animaux.

4° Le *schiste alumineux* ou *shale* est le résultat de matériaux décomposés de différentes roches, réunis par une petite quantité de matière ferrugineuse ou siliceuse, et contenant souvent aussi des impressions de végétaux.

5° La *pierre calcaire ou granulée ;* formée d'un sable purement calcaire, dont les molécules sont réunies par un ciment de même espèce.

6° La *pierre de fer ;* formée de presque tous les matériaux qui composent le schiste alumineux ou *shale ;* elle contient cependant une beaucoup plus grande quantité de fer.

7° Le *basalte* ou *Whinstone ;* il est composé de feldspath et de hornblende, et de matériaux provenant de la décompositiou des roches primaires. Ses cristaux sont, en général, si petits, qu'ils donnent à toute la pierre une apparence homogène; souvent on le trouve disposé en colonnes très-régulières, ayant cinq ou six pans.

8° Le *charbon bitumineux*, ou charbon de terre ordinaire, la *houille*.

9° Le *gypse* ou pierre à plâtre; cette substance est bien connue; elle est composée de sulfate de chaux, et contient souvent du sable.

10° La *roche de sel*, ou sel gemme.

11° La *craie;* on y trouve ordinairement et en grande abondance des vestiges d'animaux marins et des couches horizontales de cailloux (1).

12° Le *plumpudding;* il est composé de cailloux unis par un ciment siliceux ou ferrugineux.

Il est inutile de décrire d'une façon plus particu-

---

(1) J'ai été à portée d'examiner des portions considérables de la grande masse de craie qui porte tout le département de la Marne et une partie de celui de l'Aube, tous deux faisant partie de l'ancienne Champagne; je n'ai pu y reconnaître des impressions de végétaux, ni des vestiges d'animaux. Un puits creusé sous mes yeux, sur une largeur de quatre pieds et demi, et porté à quatre-vingt-dix pieds de profondeur, ne m'a présenté qu'une masse de craie dure, ne se délitant point à l'air. Il n'y avait aucune couche distincte, un peu d'oxide jaune de fer altérait la blancheur de la craie en sortant du sein de la terre. A la profondeur de soixante pieds, on voyait dans la masse de légères fentes par lesquelles l'eau suintait. Les cailloux siliceux que l'on rencontra n'étaient point par couches, mais isolés et sans ordre régulier : ils étaient peu nombreux, il y en avait plusieurs gros et ronds comme un moyen melon; leur teinte était noire. (*Note du traducteur.*)

lière les parties constituantes de ces différentes roches ou couches. Ces détails sont toujours en effet sans utilité, à moins que l'on n'ait un échantillon de ces corps sous les yeux. Une courte inspection et la comparaison des objets divers rendra au contraire, en peu de temps, un observateur ordinaire, capable de les distinguer.

Les plus hautes montagnes de nos îles, et celles mêmes de tout l'ancien continent, sont granitiques. Cette roche a eté pareillement trouvée dans les plus grandes profondeurs auxquelles l'industrie de l'homme lui ait permis de parvenir. Le schiste micacé se trouve fréquemment sur le granit; la serpentine ou le marbre, sur celui-ci.

Mais l'ordre dans lequel les roches primaires sont groupées ensemble, est très-varié. Le marbre et la serpentine sont habituellemeut rencontrés dans les places supérieures; mais quoique le granit semble former la fondation des roches du globe, néanmoins on le rencontre quelquefois porté sur le schiste micacé.

Les roches secondaires sont toujours couchées sur les primaires. La *grauwake* est celle d'entre elles qui atteint la plus grande profondeur. Sur celle-ci est la pierre à chaux, ou la pierre calcaire granulée. La roche de sel se trouve presque toujours associée avec le gypse ou le grès rouge. Le charbon, le basalte, le grès et la pierre à chaux sont fréquemment rangés en couches alternatives d'une médiocre épaisseur, et forment ainsi une grande étendue de pays. Dans une profondeur de moins de 500 verges (200 toises) on a compté 80 couches différentes.

Fig. 16

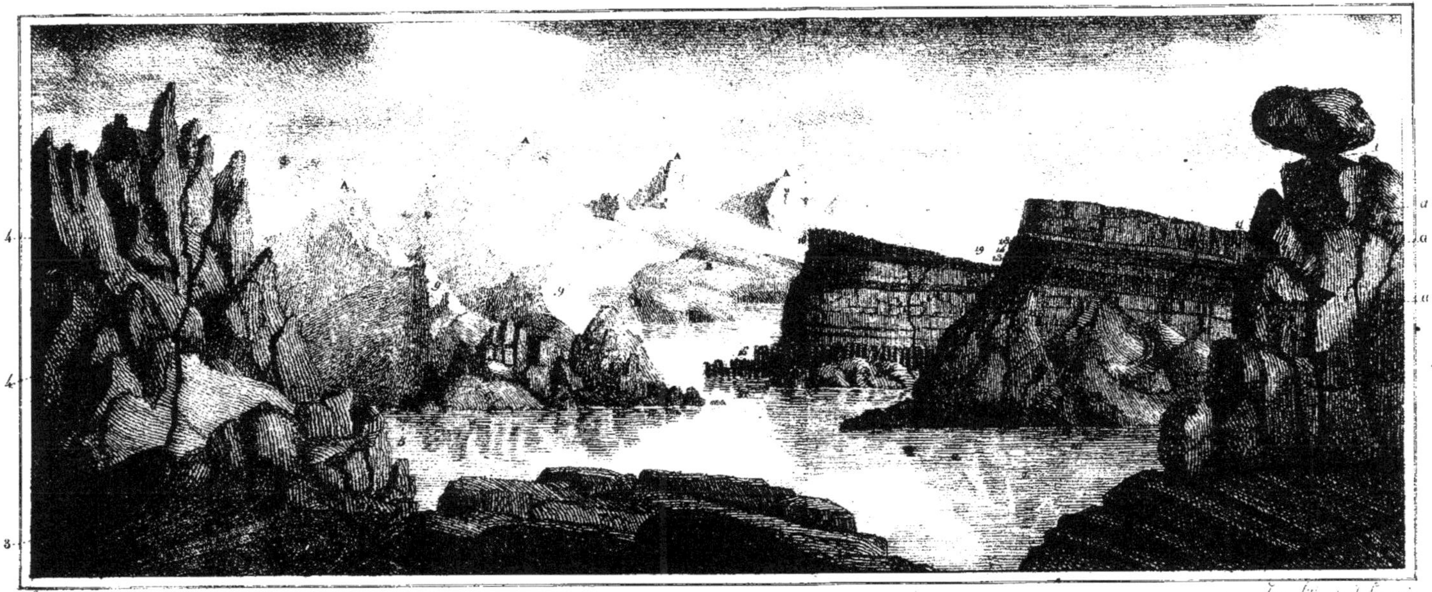

Lettu.

Imp. lith. de J. Lacroix.

Les veines, dans lesquelles on trouve les métaux, sont des fentes ou *fissures*, plus ou moins verticales. Elles sont remplies des matériaux des diverses roches, dans lesquelles elles existent. Ces corps y sont ordinairement cristallisés, et sont du spath calcaire, du spath fluor, du quartz, du spath pesant, ou baryte. Les substances métalliques y sont dispersées ou confusément mêlées avec les corps cristallisés.

Les veines du granit dur fournissent rarement un métal utile ; mais celles du granit tendre et du gneiss contiennent de l'étain, du cuivre et du plomb. Le cuivre et le fer sont les seuls métaux que l'on trouve dans la serpentine. Le schiste micacé, la siénite et le marbre granulaire sont rarement des roches métalliques. Le plomb, l'étain, le cuivre et le fer, et plusieurs métaux, existent dans la chlorite schistoide. La grauwake, lorsqu'elle contient peu de petits fragmens, et qu'elle est en larges masses, est souvent une roche métallifère. On y trouve les métaux précieux, et le fer, le plomb et l'antimoine. Quelquefois aussi elle a des veines ou des masses de charbon de terre exempt de bitume. Dans la classe des roches secondaires, c'est la pierre à chaux qui est la grande roche métallifère ; le plomb et le cuivre sont les métaux que l'on y rencontre le plus fréquemment Nulle veine métallique n'a jamais été découverte dans le schiste alumineux ou shale, ni dans la craie et la pierre calcaire granulée. Elles sont très-rares dans la basalte et dans le grès.

La *figure* XVI donne une idée générale de l'aspect des roches et de leurs veines.

Lorsque les veines des roches se montrent au jour,

les indications de l'existence des métaux qu'elles contiennent peuvent être facilement reconnues. Toutes les fois que l'on y aperçoit le spath fluor, il y a toujours de fortes raisons de soupçonner qu'il y est associé avec une substance métallique. Une poudre brune, à la superficie d'une veine, indique la présence du fer, et souvent de l'étain. Une poudre d'un jaune pâle, ce sera du plomb. La couleur verte annonce la présence du cuivre.

Il n'est pas déplacé de donner un aperçu général de la constitution géologique de l'Angleterre et de l'Irlande. Le granit forme la grande chaîne des montagnes, qui règne depuis Land's end jusques à Dartmoor dans le Devonshire; les couches de roches les plus élevées dans le Sommersetshire sont la grauwacke et la pierre à chaux. Les montagnes de Malvern sont composées de granit, de siénite et de porphyre. Dans le pays de Galles, les montagnes les plus élevées sont de la chlorite schistoide et de la grauwacke. Le granit se présente au mont Sorrel, dans le Leicestershire. La grande rangée de montagnes du Cumberland et du Westmoreland sont du porphyre, de la chlorite, du schiste et de la grauwacke; mais on rencontre le granit à leurs limites occidentales. Dans l'Ecosse, les roches des plus hautes montagnes sont granitiques, et de siénite et de schiste micacé. On ne trouve point de véritable formation secondaire au midi de la Grande-Bretagne, à l'ouest de Dartmoor. Nul basalte n'existe au midi de Severn. Le domaine de la craie s'étend depuis la partie occidentale de Dorsetshire jusques aux côtes orientales de Norfolk. Les formations de charbon sont multipliées dans les districts qui se trouvent entre Glamorganshire et Derbyshire, et dans les couches secondaires de l'Yorkshire, de Durham, Westmoreland et Northumberland. Trois endroits de la Grande-Bretagne fournissent la serpentine. L'un est près du cap Lézard; le second à Portsoy dans l'Aberdeenshire, et le troisième dans Ayrshire. Les marbres noirs et gris granulés se tirent à Padstow dans le pays de Cornouailles, et les autres marbres primaires colorés existent dans le voisinage de Plymouth. La même nature de marbre se trouve aussi dans l'Ecosse; et le marbre blanc granulaire est rencontré dans l'île de Sky, à Assint, et sur les rives du Lochshin dans le Sutherland. Les principales formations du charbon en Ecosse sont dans le Dumbartonshire, Ayrshire, Fifeshire, et sur les rives de la Brora dans le Sutherland. La pierre à chaux secondaire et le grès se présentent dans beaucoup des parties basses, au nord des montagnes de Mendip.

En Irlande, il y a cinq grandes associations de montagnes primaires : les montagnes du Morne dans le comté de Down ; celles de Donegal ; celles de Magow et de Galway; celles de Wicklow et de Kerry. Les roches, qui composent les quatre premières, sont principalement du granit, du gneiss, de la siénite, du schiste micacé et du porphyre. Les montagnes de Kerry contiennent surtout le quartz granulaire et la chlorite schistoide. Les marbres colorés se trouvent près de Killarney, et les blancs sur la côte occidentale de Donegal.

La pierre à chaux et le grès sont les roches secondaires communes au midi de Dublin. On trouve dans Sligo, Roscommon et Leytrim la pierre à chaux, le grès, le schiste alumineux et le charbon bitumineux. Dans ce pays, les montagnes secondaires ont une hauteur considérable, et plusieurs d'entre elles montrent le basalte à leur sommet. La côte septentrionale de l'Irlande est surtout basaltique. Les roches y posent communément sur une pierre à chaux blanche, qui renferme des couches de cailloux et les mêmes fossiles que la craie ; mais elle est infiniment plus dure que celle-ci. Il est des endroits dans ce district où les colonnes basaltiques sont portées sur le grès et le schiste alumineux, alternativement avec le charbon. C'est surtout à Kilkenny que celui-ci se trouve associé en Irlande avec la pierre à chaux et la grauwacke.

Tout ce que j'ai dit sur la production des sols aux dépens des roches, a dû rendre évident qu'il doit exister autant de variétés de sols qu'il existe d'espèces de roches exposées à la surface de la terre ; et dans la réalité il y en a un beaucoup plus grand nombre.

Indépendamment des changemens produits par la culture et les efforts de l'industrie de l'homme, les matières des couches ont été mêlées les unes avec les autres. Elles ont été transportées de places en places par les différentes et grandes altérations qui ont eu lieu sur notre globe, et par la perpétuelle action des eaux.

Ce serait un vain travail que d'essayer le classement des sols avec une exactitude scientifique. Les distinctions adoptées par les cultivateurs suffisent aux besoins de l'agriculture, et spécialement si l'on met un certain degré de précision dans l'application des termes employés. Celui de *sablonneux*, par exemple, ne doit jamais être appliqué à un terrain qui ne contient pas au moins sept huitièmes de sable. Les terrains sablonneux, qui font effervescence avec les acides, doivent être distingués par le nom de *sol sablonneux calcaire*, afin de le distinguer du siliceux. Celui de *sol argileux* ne doit jamais être attribué à aucune terre qui a moins d'un sixième de matière terreuse impalpable, ne faisant point avec les acides une effervescence marquée. Le mot de *terre franche* ne doit appartenir qu'aux terres qui contiennent au moins un tiers de matière terreuse impalpable, faisant une forte effervescence avec les acides. Un sol, pour être regardé comme *tourbeux*, doit avoir une moitié de ses proportions en matières végétales.

Dans les cas où les parties terreuses d'un sol sont évidemment la matière décomposée d'une roche d'une nature particulière, le nom de cette espèce de roche lui peut être appliqué avec une très-juste propriété. Si donc une terre rouge fine se trouve immédiatement placée sur du basalte en décomposition, elle pourra être nommée *sol basaltique*. Si des fragmens de quartz et de mica se rencontrent en abondance dans les matières d'un autre sol, et cela arrive souvent, on pourra l'appeler *sol granitique*. Les mêmes principes doivent, dans tous les cas pareils, recevoir la même application.

En fait général, les sols, dont les matières sont les plus variées et les plus hétérogènes, sont nommés *sols d'alluvion*. Ils ont été formés par les dépôts des rivières; et la plupart sont extraordinairement fertiles. J'ai fait l'examen de quelques-uns de ces sols fertiles d'alluvion, et j'en ai trouvé la composition très-différente. Le sol que j'ai cité comme très-productif, *page* 187, et venant des rivages de la rivière de Parret, dans le Sommerset, donnait huit parties de matière divisée fine et terreuse, et une seule de sable siliceux. Les résultats que l'analise m'a donnés de la matière terreuse, sont :

Carbonate de chaux	360 parties.
Alumine	23
Silice.	20
Oxide de fer	8
Matière végétale, animale et saline	19

Un sol riche dans le voisinage d'Avon, vallée d'Evesham dans le Worcestershire, m'a donné trois cinquièmes de sable fin, et deux de matière impalpable, dont la composition était :

Alumine	35
Silice	41
Carbonate de chaux	14
Oxide de fer.	3
Matière végétale, animale et saline	7

Un échantillon d'un sol fertile de Tiviot-Dale, *vallon de Tiviot*, avait cinq sixièmes d'un sable siliceux fin, et un sixième de matière impalpable, composée de

Alumine	41
Silice.	42

Carbonate de chaux	4
Oxide de fer	5
Matière végétale, animale et saline	8

Un sol, portant un excellent pâturage, dans la vallée d'Avon près de Salisbury, contenait un onzième d'un sable siliceux grossier; la matière très-divisée renfermait :

Alumine	7
Silice	14
Carbonate de chaux	63 (1)
Oxide de fer.	2
Matière végétale, animale et saline	14

Dans toutes ces circonstances, la fertilité semble dépendre de l'état de division et du mélange des ma-

(1) Cette quantité de carbonate de chaux ou de craie, ne doit point étonner; tout le comté de Kent est posé sur la craie, et il se trouve compris dans cette étendue de pays que l'auteur a nommé, page 202, le *Domaine de la craie*. Je ne me serais point arrêté à faire cette remarque, si elle ne devenait intéressante au succès de nos propres cultures. En effet, en Champagne même, on regarde la craie comme la cause de la stérilité des plaines. Il est vrai qu'elle y est surabondante, et l'auteur a posé plus loin en principe, que tout sol où il y avait excès d'une matière quelconque, devenait improductif, cette matière devant, par son mélange, être regardée comme fertilisante. Il est donc évident que c'est le défaut de matière végétale et animale qui rend les plaines de Champagne stériles, et les prairies artificielles retournées fréquemment, et l'emploi des fumiers, rendraient à la culture d'immenses terrains qui maintenant paraissent se refuser à la végétation. (*Note du traducteur.*)

tériaux terreux, et des substances végétales et animales. Elle peut facilement être expliquée par les principes que j'ai exposés dans la première partie de cette leçon, et que je me suis efforcé de mettre dans tout leur jour.

Lorsque l'on s'attache à connaître la composition d'un sol stérile, dans le dessein de l'améliorer, il faut surtout fixer son attention sur la cause particulière qui lui enlève sa fertilité. S'il est possible, il faut le comparer avec quelque sol fertile du voisinage, qui soit dans la même situation; et dans beaucoup de cas, la différence de la composition découvrira quelles sont les meilleures méthodes d'amélioration. Si, après avoir lessivé un sol stérile, on a reconnu qu'il contient des sels ferrugineux ou quelque substance acide, il deviendra possible de l'améliorer par l'emploi de la chaux vive. Sir Joseph Banks me remit de la terre d'un sol de l'Incolnshire; son apparence paraissait très-bonne, tandis que ce sol était remarquable par sa stérilité. L'examen m'apprit que cette terre contenait du sulfate de fer. J'offris un remède facile pour l'améliorer par la chaux, et elle convertit le sulfate en engrais. S'il y a un excès de matière calcaire dans le sol, il sera amendé par l'application du sable ou de l'argile. Ceux qui abondent trop en sable, seront améliorés par l'argile ou la marne, ou les matières végétales.

Un champ qui appartient à sir Robert Vaughan, à Nannau dans le Merionetshire, et dont le sol était un sable léger, fut totalement grillé dans l'été de 1805; je recommandai au propriétaire l'emploi de la tourbe pour l'améliorer. L'épreuve fut suivie d'un plein succès, et j'ai su qu'il avait été durable. Le manque de matière végétale et animale disparaît par les engrais, et l'excès de celle-ci a pour remède, ou l'écobuage et la combustion, ou l'application de matières terreuses. L'amélioration des tourbes, des marais, des terres marécageuses, doit être précédée du desséchement. Les eaux stagnantes sont nuisibles à la végétation de toutes les classes de plantes nutritives. Des sols noirs tourbeux desséchés deviennent souvent productifs par la seule application du sable, comme principal engrais. Lorsque les tourbes sont acides et renferment des sels ferrugineux, la matière calcaire devient indispensable pour les mettre en état de culture. Lorsqu'ils sont garnis de branches et de racines d'arbres, ou quand toute leur superficie est couverte de végétaux vivans, il faut en extraire, et les végétaux et le bois, ou recourir à la combustion. Dans ce dernier cas, les cendres fournissent des matières terreuses qui servent d'amélioration pour diviser le tissu tourbeux du sol.

Les meilleurs sols naturels sont ceux dont les matériaux proviennent de la destruction de différentes couches. L'air et les eaux les ont divisés en particules très-fines, et les ont intimement mêlés. Le cultivateur ne peut donc mieux faire, pour améliorer artificiellement ses sols, que d'imiter le procédé de la nature.

Rarement les matériaux dont il a besoin se trouvent-ils hors de sa portée. Le sable grossier se trouve fréquemment sous la craie; et des lits de cette nature et de gravier existent communément sous l'argile. Le travail pour l'amélioration du tissu et de la constitution d'un sol est récompensé par de grands et de longs avantages. Il faut moins de fumier, et sa fertilité est assurée. Le capital, que cette dépense exige , assure pour toujours la fertilité, et conséquemment la valeur de la terre.

CINQUIÈME LEÇON.

De la nature et de la constitution de l'atmosphère, et de son influence sur les végétaux. De la germination des graines. Des fonctions des plantes dans leurs différens degrés de croissance. Vues générales sur les progrès de la végétation.

La constitution de l'atmosphère a été exposée d'une manière générale dans la leçon précédente. L'eau, le gaz acide carbonique, l'oxigène et l'azote ont été désignés comme ses parties constitutives. Mais il est nécessaire de se livrer à un examen plus détaillé de leur nature et de leur action, pour arriver à une connaissance exacte des usages de l'atmosphère dans la végétation.

C'est maintenant de ces recherches dont je vais m'occuper; et j'espère qu'elles nous offriront des points utiles de pratique pour la culture. Elles donneront aussi quelques lumières philosophiques sur la manière dont les plantes se nourrissent, dont leurs organes s'accroissent, et sur le développement de leurs fonctions.

Si une portion de ce sel, que nous avons nommé *muriate de chaux*, est exposé à l'air après avoir été chauffé jusques au rouge, le temps même étant très-sec et très-froid, bientôt il augmentera de poids, deviendra humide, et se convertira peu à peu en un fluide. S'il est mis ensuite dans une cornue, et qu'il soit chauffé, il fournira de l'eau pure, et reprendra par degrés sa forme première; chauffé ensuite au rouge, il n'aura plus que son premier poids. Il est donc évident que l'eau, qui lui était unie, venait de l'atmosphère. Elle existait dans l'air sous forme élastique et invisible: en voici la preuve. Si une quantité donnée d'air est exposée à l'action de ce sel, elle perdra de son poids et de son volume. Cette expérience demande de l'exactitude.

La quantité d'eau vaporisée, qui existe dans l'air, varie avec la température. Elle est plus grande lorsque le temps est plus chaud. A la température de 50° de Farhenheit, 10 centigrades, l'air contient environ un cinquantième de son volume de vapeur aqueuse; et, comme la pesanteur spécifique de cette eau vaporisée est à celle de l'air comme 10 est à 15, elle forme un soixante-quinzième du poids total.

A 100° de Farhenheit, 38 centigrades, si l'air a joui d'une libre communication avec l'eau, il en aura dissous le quatorzième de son volume, ou un vingt-quatrième de son poids. C'est la condensation de cette vapeur par l'abaissement de la température de l'atmosphère, qui devient probablement la cause principale de la formation des nuages et de la chute de la rosée, de celle des brouillards, de la neige et de la grêle.

J'ai traité dans la leçon précédente du pouvoir des différentes substances pour absorber les vapeurs de l'atmosphère par l'attraction de cohésion. Les feuilles des plantes vivantes paraissent agir de même sur la vapeur dans son état élastique, et l'absorber. Quelques végétaux augmentent de poids par cette cause, lorsqu'ils sont suspendus dans l'atmosphère, et sans adhérence avec le sol. Telles sont la joubarbe et plusieurs espèces d'aloès. Dans les chaleurs très-fortes, et lorsque le terrain est sec, la vie semble conservée aux plantes par la puissance absorbante de leurs feuilles. C'est une belle circonstance dans la nature, que de trouver les vapeurs aqueuses être alors plus abondantes dans l'atmosphère, lorsque les besoins de la vie végétale sont devenus plus pressans. Les autres sources sont desséchées, et celle-ci devient plus féconde.

Nous avons parlé de la nature composée de l'eau. Il est donc à propos de rapporter les preuves que l'expérience a données de sa décomposition et de sa composition par l'oxigène et l'hydrogène.

Si l'on expose le métal, que nous avons nommé *potassium*, dans un tube de verre, à l'action d'une petite quantité d'eau, il s'y combinera avec la plus grande violence; un fluide élastique sera dégagé, et ce fluide est de l'hydrogène. Le potassium éprouvera un effet semblable à celui dans lequel il aurait absorbé une petite quantité d'oxigène. L'hydrogène dégagé, et l'oxigène ajouté au potassium, sont en poids comme 2 est à 15. Si deux en volume d'hydrogène, et un d'oxigène, pareillement en volume, sont mis dans un vaisseau fermé, et que l'on fasse passer entre eux une étincelle électrique, ils s'enflammeront, seront condensés, et formeront dix-sept parties d'eau.

Les principes posés dans la troisième leçon ont rendu évident que l'eau forme la très-grande partie de la sève des plantes, et que cette substance ou ses élémens entrent abondamment dans la constitution de leurs organes et de leurs produits solides.

L'eau, dans son état élastique et fluide, est absolument nécessaire à l'économie de la végétation; elle n'y est pas même sans usage dans la forme solide. La neige et la glace sont de mauvais conducteurs de la chaleur; or donc, lorsque la terre est couverte de neige, ou que la surface du sol ou celle de l'eau est gelée, les racines ou bulbes des plantes, qui se trouvent au-dessous, sont défendues par l'eau congelée de l'influence de l'atmosphère, dont la température, dans les hivers des pays septentrionaux, est souvent beaucoup inférieure au point de congélation. Cette eau devient en outre, dans le printemps, la première nourriture des plantes. L'expansion de l'eau au moment où elle se congèle, l'augmentation de son volume, qui est d'un douzième, le resserrement de sa masse pendant le dégel, tendent à pulvériser le sol, à en séparer les parties les unes des autres, et à le faire devenir plus perméable aux influences de l'air.

Si l'on expose une solution de chaux dans l'eau, à l'air libre, il se formera promptement une pellicule à sa surface, et peu à peu une matière solide tombera au fond du vase; au bout d'un certain temps, l'eau n'aura plus de goût. C'est l'effet de la combinaison de la chaux qui était dissoute dans l'eau, avec l'acide carbonique mêlé à l'atmosphère. On peut en acquérir la preuve en rassemblant la pellicule et la matière solide, puis en la faisant rougir fortement dans un petit tube de platine ou de fer.

Elle laissera échapper l'acide carbonique, et redeviendra de la chaux vive, qui, remise dans la même eau, la reportera de nouveau à l'état d'eau de chaux.

La quantité d'acide carbonique, qui existe dans l'atmosphère, est très-peu considérable. Elle n'est pas très-facile à constater avec précision, et doit varier suivant les situations. Mais là, où il existe une libre circulation de l'air, il est probable que cette quantité n'excède jamais un cinq-centième du volume de l'air, et n'y est jamais au-dessous d'un huit-centième. L'acide carbonique est presque d'un tiers plus pesant que les autres parties élastiques de l'air dans leur état de combinaison. A ce premier aperçu, on devrait donc penser qu'il doit se trouver plus abondamment dans les régions basses de l'atmosphère; mais cependant cela paraît ne pas être ainsi, en exceptant néanmoins les cas où, par quelques procédés chimiques, il y en aurait eu de produit en quantité sur la superficie de notre terre. Les fluides élastiques, de gravités différentes, ont une tendance à un mélange réciproque, effet de l'attraction; et les diverses parties de l'atmosphère sont constamment agitées et mêlées ensemble par les vents ou par d'autres causes. De Saussure a trouvé que sur le Mont-Blanc, point le plus élevé de toute l'Europe, l'eau de chaux se précipitait. Le gaz acide carbonique a toujours été trouvé existant, et vraisemblablement en proportions convenables, dans l'air pris par les aéronautes dans les régions élevées de l'atmosphère.

Les preuves expérimentales de la composition de l'acide carbonique sont très-simples. Si treize grains de charbon bien brûlé sont enflammés au moyen d'une lentille, sous une cloche de verre qui contient cent pouces cubes de gaz oxigène, le charbon disparaîtra en entier. Si l'expérience a été bien faite, tout le gaz oxigène, moins quelques pouces, aura été converti en acide carbonique; et, ce qui est très-remarquable, le volume du gaz ne se trouve pas être changé. Il est donc facile, d'après cette dernière circonstance, d'obtenir une estimation correcte de la quantité de charbon pur et d'oxigène, qui se trouvent unis dans l'acide carbonique. Le poids de 100 pouces cubes de gaz acide carbonique est à 100 pouces cubes d'oxigène, comme 47 est à 34. Ainsi donc, 47 parties en poids d'acide carbonique doivent être composées de 34 parties d'oxigène et de 13 de charbon; et ces nombres correspondent à ceux que nous avons déterminés dans la seconde leçon.

L'acide carbonique est aisément décomposé en y chauffant du potassium. Le métal se combine avec l'oxigène, et le charbon se dépose sous la forme d'une poudre noire.

La principale consommation de l'acide carbonique atmosphérique semble se faire par la nourriture des plantes, et quelques-unes d'elles paraissent surtout tirer de lui leur charbon.

Le gaz acide carbonique se forme pendant la fermentation, la combustion, la putréfaction, dans la respiration, et dans nombre d'opérations qui ont lieu à la surface de la terre; et nous ne connaissons dans la nature aucun autre procédé, pour le décomposer, que la végétation.

Une portion d'air, de laquelle on a soustrait la

vapeur aqueuse et l'acide carbonique, semble peu altérée dans ses propriétés, car elle entretient toujours la combustion et la vie des animaux. Il y a plusieurs moyens de désunir ses parties constituantes, l'oxigène et l'azote. Un des plus simples, est de brûler du phosphore dans un volume d'air renfermé ; le phosphore s'empare de l'oxigène, et laisse l'azote. 100 parties d'air en volume, dans lesquelles du phosphore a été brûlé, contiennent 79 parties d'azote. En mêlant ces 79 parties avec 21 d'oxigène, que l'on peut se procurer artificiellement, on produit une substance qui a tous les caractères de l'air même. Pour retirer de l'air son oxigène pur, on emploie le mercure. On l'échauffe à environ 600°, et du centigrade 300; il se change en une poudre rouge (1). Cette poudre étant ensuite chauffée plus fortement, laisse échapper l'oxigène.

Ce fluide est nécessaire à quelques-unes des fonctions des végétaux ; mais son rôle le plus important dans la nature, est relatif à l'économie animale. Il est d'une absolue nécessité pour la vie. L'air atmosphérique, lorsqu'on le recueille dans les poumons des animaux, ou après sa dissolution dans l'eau, et qu'il a traversé les ouïes des poissons, a perdu son oxigène, et l'on trouve à la place un égal volume d'acide carbonique.

On ne connaît pas clairement les effets de l'azote

---

(1) Les anciens chimistes la nommaient *précipité, per se;* ils étaient plusieurs mois à la faire, parce que leur manière d'opérer était opposée à la véritable théorie de cette opération. (*Note du traducteur.*)

dans la végétation. Puisqu'il se trouve dans quelques-uns des produits des végétaux, il est vraisemblable que certaines plantes le soutirent de l'atmosphère. Il s'oppose à l'action trop énergique de l'oxigène, et la porte à ce terme moyen, dans lequel les parties les plus essentielles de l'air agissent; et ce fait n'a rien qui ne soit conforme à l'analogie de la nature. En effet, les élémens qui abondent le plus à la superficie solide du globe, ne sont pas ceux qui servent le plus essentiellement à l'existence des êtres vivans qui lui appartiennent.

L'action de l'atmosphère sur les plantes est différente selon les périodes diverses de leur croissance. Elle varie avec les degrés de leur développement et du déclin de leurs organes. On a déjà pu prendre une idée générale de son influence par les circonstances que j'en ai rapportées. Mais je vais y insister plus particulièrement, et faire mes efforts pour la lier avec des vues sur la marche de la végétation.

Si une graine bien constituée est mouillée, et reste ensuite exposée à l'air à une température qui ne soit pas au-dessous de 45°, du centigrade 8, elle y germera promptement. Sa *plumule* poussera et s'élèvera en haut, et une radicule s'efforcera de gagner le sens opposé.

Si ce fait a eu lieu dans une portion d'air renfermé, on reconnaîtra que, dans le travail de la germination, tout l'oxigène, ou une partie au moins, a été absorbée. L'azote reste sans altération, aucune portion de l'acide carbonique de l'air n'a été absorbée, il y en a eu au contraire une légère addition.

Les graines sont incapables de germer sans la présence de l'oxigène. Mises sous le récipient d'une machine pneumatique et dans le vide, ou placées dans le gaz azote pur ou dans le gaz acide carbonique pur, après avoir été mouillées, elles se gonflent, mais ne végètent point; et si elles demeurent dans ces gaz, elles y perdent leur pouvoir vital, et passent à la putréfaction.

En examinant une graine avant la germination, on la trouvera plus ou moins insipide, mais non pas ayant une saveur douce et sucrée. Elle l'acquiert toujours dans la germination; son mucilage coagulé ou amidon, a été converti en sucre. Un corps, d'une solution difficile, est changé dans un autre facile à dissoudre. Le sucre, qui se trouve porté dans les cellules ou vaisseaux des cotylédons, y devient la nourriture de l'embryon végétal. Il est facile de comprendre la nature de ce changement, en se rappelant les faits rapportés dans la troisième leçon. L'acide carbonique qui est produit, rend probable l'idée que la principale différence chimique, qui existe entre le mucilage et le sucre, dépend d'une légère nuance entre leurs proportions de charbon.

L'absorption de l'oxigène par les graines dans la germination, a été comparée à la même absorption, produite dans l'œuf par le développement de la vie chez le fœtus. Cette analogie est très-éloignée; tous les animaux, depuis le plus parfait jusques à celui qui l'est le moins, ont besoin de l'oxigène (1).

(1) Les œufs fécondés des insectes, ceux même des poissons,

Depuis le moment où le cœur commence à battre, jusques à sa dernière pulsation, l'aération du sang est constante, et la fonction de la respiration invariable. L'acide carbonique est dégagé et s'échappe, mais on ne connaît point quel est le changement chimique du sang, ni s'il y a quelque motif de supposer la formation d'une substance analogue au sucre.

Dans la production d'une plante par sa graine, il est besoin de quelque magasin de nourriture, jusques au moment où la racine pourra lui fournir la sève. Ce magasin est les cotylédons; la nourriture y est en réserve sous forme insoluble, et défendue, s'il est nécessaire, pendant l'hiver; mais elle est rendue

---

ne produiraient point à moins qu'ils n'aient de l'air; c'est-à-dire, à moins que le fœtus ne puisse respirer. J'ai trouvé que les œufs des teignes ne donnaient point de larves, lorsqu'ils étaient tenus dans l'acide carbonique pur: exposés dans l'air commun, l'oxigène disparaissait en partie, et il se formait de l'acide carbonique. Les œufs des poissons, *le frai*, tire son oxigène de l'air dissous dans l'eau. Les poissons qui vont frayer au printemps et en été dans les eaux calmes, et tels sont le brochet, la carpe, la perche, la brême, déposent leurs œufs sur les plantes cachées sous l'eau, et les feuilles remplissant leurs fonctions salutaires, suppléent à l'oxigène de l'eau. Les poissons qui fraient dans l'hiver, comme le saumon et la truite, cherchent des lieux abondans en eaux fraîches, et autant qu'il se peut dans le voisinage des sources, des ruisseaux, et dans les courans les plus rapides, où il n'existe aucune stagnation, où l'eau est saturée de l'air auquel elle a été exposée pendant sa chute des nuages. L'instinct seul conduit ces poissons à venir chercher, pour leurs œufs, cette provision d'air, les attire des mers dans les contrées montagneuses et du sein des lacs. C'est l'air qui les porte à s'élever contre les courans, à vaincre les obstacles, les écluses et les cataractes. (*Note de l'auteur.*)

soluble par des agens, dont la présence est constante à la surface de la terre. Le changement de l'amidon en sucre, lié à l'absorption de l'oxigène, peut se comparer bien plus justement au procédé de la fermentation, qu'à celui de la respiration. C'est une mutation qui s'opère sur une matière inorganique, et l'art peut l'imiter. Dans tous les changemens chimiques, qui s'effectuent lorsque les composés végétaux sont exposés à l'air, le gaz oxigène est absorbé, et celui acide carbonique se trouve formé ou développé.

Il est évident que, dans toutes les pratiques du labour, une graine doit être semée de manière à demeurer pleinement exposée aux influences de l'air. Une des causes qui rend les terrains argileux stériles, c'est la cohérence de leur sol, en sorte que la graine s'y trouve enveloppée d'une matière imperméable à l'air.

Dans les sols sablonneux, la terre est toujours suffisamment pénétrable par l'atmosphère. Mais, dans les sols argileux, il ne peut exister, par l'action du labour, une aussi grande division mécanique. Nulle graine ne pouvant y être fournie d'une assez forte quantité d'air, ne pousse qu'une plante faible et malade.

Le procédé du maltage, dont il a déjà été question, est purement un procédé dans lequel on produit artificiellement la germination, et par lequel l'amidon des cotylédons se change en sucre, et celui-ci, par une fermentation ultérieure, en *liqueur spiritueuse.*

Il demeure évident par les principes chimiques

de la germination, que le procédé du *maltage* ne doit pas être porté plus loin que le moment de la pousse de la radicule, et qu'il doit être arrêté aussitôt que la radicule s'est montrée d'une manière distincte. Si on le continuait au point d'occasionner le développement parfait de la radicule et de la plume, il y aurait une quantité considérable de matière sucrée qui aurait été consommée à produire leur expansion; moins d'*esprit* serait produit dans la fermentation, on en recueillerait moins à la distillation.

Cette circonstance étant d'une certaine importance, j'en fis, au mois d'octobre 1806, l'objet d'une expérience directe. Je m'assurai par l'alcohol des égales quantités de matière sucrée contenues dans deux fractions du même orge. Dans la première, la germination avait été portée assez loin pour occasionner l'extension de la radicule à presque un quart de pouce en dehors du grain, et cela dans presque tous. Dans la seconde au contraire, dont la germination avait été arrêtée avant que la radicule eût atteint une ligne de long, la quantité du sucre était comme 5 est à 6.

La matière sucrée, contenue dans les cotylédons, les rend, au moment de leur conversion en feuilles séminales, excessivement susceptibles d'être attaqués par les insectes. Cette substance convient tout à la fois à la nourriture des plantes et à celle des animaux. Les plus grands ravages se font dans les récoltes, au premier âge de leur croissance.

La mouche du turneps est un insecte du genre des coléoptères; il s'attache sur les feuilles séminales de la plante, au moment où elles commencent à remplir leurs fonctions; mais lorsque les feuilles rudes et velues de la plume paraissent, il est incapable de faire un tort marqué à la plante.

On a entrepris l'emploi de divers moyens pour détruire cet insecte, et l'empêcher de nuire à la récolte. On a entrepris de semer en même temps de la graine de radis mêlée à celle du turneps; on pensait que cet animal préférait les feuilles séminales du radis. On assure que la tentative n'a pas été suivie du succès, et que l'insecte vit indistinctement sur les deux plantes.

J'avais pensé que, puisqu'il existait plusieurs solutions chimiques qui rendaient la marche de la germination plus rapide, lorsque l'on a mis la semence y tremper, il serait possible de faire l'épreuve de quelques-unes de ces solutions. Dans les cas où l'on en fait l'emploi, les feuilles séminales étant développées plus rapidement, remplissent aussi beaucoup plutôt leurs fonctions. J'espérais que le turneps, arrivant plus vite à l'état dans lequel il ne redoute plus les attaques de la mouche, se trouverait à l'abri de ses ravages. Le résultat a prouvé que cette pratique était inadmissible. Les graines traitées de cette manière germèrent en effet bien plus promptement, mais ne produisirent point de plantes vigoureuses, et souvent elles périrent aussitôt après qu'elles eurent commencé à végéter.

Dans le mois de septembre 1807, je mis tremper pendant douze heures des graines de radis dans une solution de chlore; j'en plaçai d'autres dans de l'acide nitrique et dans l'acide sulfurique, très-étendus d'eau, dans une faible dissolution d'oxi-sulfate de fer; d'autres enfin dans de l'eau ordinaire.

Les graines qui avaient infusé dans le chlore et dans l'oxi-sulfate de fer, poussèrent leur germe en deux jours; celles de l'acide nitrique en trois jours; celles de l'acide sulfurique en cinq, et celles de l'eau en sept. Dans ces germinations prématurées, quoique la plume se montrât pour un peu de temps très-vigoureuse, elle devint néanmoins, au bout d'une quinzaine de jours, faible et malade. Elle était, à cette époque, moins vigoureuse que celle dont le développement avait été naturel. Il est donc impossible de faire aucune utile application de ces expériences. Une trop rapide croissance paraît liée à une prompte destruction dans les structures organiques. C'est uniquement par les lentes et successives opérations des causes naturelles, qu'elles deviennent capables de faire des progrès.

Il y a une quantité de substances chimiques très-nuisibles et souvent mortelles pour les insectes, et qui non-seulement ne peuvent nuire à la végétation, mais qui y concourent. On a fait l'essai de plusieurs de ces mélanges avec différens succès. Un mélange de chaux et de soufre, qui est très-destructif des limaçons, ne peut prévenir les ravages de la mouche qui attaque les jeunes pousses des récoltes de turneps.

Le duc de Bedford eut la bonté d'ordonner, sur ma prière, que l'expérience fût tentée en grand à Woburn-Farm. Le mélange de chaux et de soufre fut répandu sur une partie d'un champ semé en turneps, et rien ne fut mis sur l'autre moitié. Toutes les deux cependant furent attaquées, et presque de la même manière, par la mouche.

Des mélanges de suie et de chaux vive, d'urine et de chaux vive, seraient vraisemblablement plus efficaces. L'alcali volatil, qui se dégage de ces mélanges, est nuisible aux insectes, et ils fournissent de la nourriture à la plante. M. T. A. Knight m'a appris avoir essayé la méthode par la vapeur ammoniacale. Dé plus nombreux essais me paraissent encore nécessaires pour établir son efficacité générale ; on peut l'adopter cependant avec sûreté, car si elle manquait la destruction des mouches, au moins elle deviendrait un utile engrais pour la terre. Voici ce que m'a appris M. Knight :

« L'expérience que j'ai essayée, il y a deux ans, » et répétée l'année dernière, ne suffit point encore » pour me permettre de parler avec assurance; et » cependant, l'année dernière, toutes mes récoltes » de navets réussirent parfaitement bien. Par suite » de ce que vous me dites, il y a quelques années à » Holkam, que la chaux, répandue avec l'urine, » parviendrait peut-être à détruire la mouche du » turneps, ou du moins à l'éloigner des récoltes, » j'ajoutai au mélange que vous me proposâtes trois » parties de suie. Je mis cette composition dans un » petit baril percé tout à l'entour de trous de foret, » de manière à laisser passer une certaine dose de li» queur, environ quatre boisseaux par acre, dans » les trous par lesquels elle tombait avec la graine de » navet. Soit qu'elle ait fourni une nourriture abon» dante aux plantes, soit que l'odeur qu'elle répan» dait ait déplu aux mouches, je ne puis prononcer

» avec certitude, toujours est-il vrai que les sillons » adjacens furent, en 1811, tout à fait ravagés, tandis » que ceux auxquels j'avais appliqué la composition, » furent presque totalement préservés. Mon projet » est pour l'avenir d'arroser la graine, d'abord sur » le haut des sillons avec la composition, puis de sé- » mer à la volée une livre de graine au moins sur » tout le terrain. La dépense est faible, et n'excède » pas deux schelings par acre. La houe à cheval en- » lèvera promptement les plantes surabondantes en- » tre les sillons, si elles ont échappé aux mouches, » qui surtout auront dû y être attirées. En effet, j'ai » toujours vu ces insectes préférer les turneps venant » dans un terrain pauvre à ceux qui végétaient dans » un terrain riche. Il paraît qu'il y a de l'avantage à ac- » célérer la pousse des plantes par les effets puissam- » ment stimulatifs de la nourriture qu'elles reçoivent » dès l'instant de leur pousse, avant même que les » radicules aient pénétré dans la profondeur du sol.

» Les avis que je viens de donner ne peuvent être » applicables qu'aux turneps semés par sillons, et » ayant l'engrais sous eux. Je suis bien assuré que » dans tous les sols on devrait cultiver ainsi le tur- » neps. Le très-proche voisinage du fumier, et par » suite la briéveté du temps nécessaire pour porter » la nourriture à la feuille et reporter la matière or- » ganisable dans les racines, sont dans mon hypo- thèse d'une haute importance, et les résultats y répondent dans la pratique. »

Après la formation des racines et des feuilles dans une plante naissante, les cellules et les tubes répandus dans toute sa structure, commencent à se remplir d'un fluide qui leur est ordinairement fourni par le sol. Elle complète sa nourriture par l'action que ses organes ont sur les élémens extérieurs. Les parties constituantes de l'air y concourent, mais, ainsi que l'on peut s'y attendre, ils agissent différemment selon les diverses circonstances.

Lorsqu'une plante végétante, dont les racines reçoivent une nourriture convenable, est placée dans une quantité donnée d'air atmosphérique, et sous l'action des rayons solaires, si l'air contient sa portion accoutumée d'acide carbonique, celui-ci, au bout d'un certain temps, se trouvera détruit, et une certaine portion d'oxigène existera à sa place. Si de nouvel acide carbonique est réintroduit et exposé à l'action de la plante, le même effet aura lieu. Ainsi donc, par le procédé de la végétation, sous l'influence des rayons solaires, le charbon dissous dans l'air vient se combiner avec la plante, et une nouvelle quantité d'oxigène se réunit à l'atmosphère.

Ce fait a été démontré par nombre d'expériences faites par Priestley, Ingenhousz, Woodhouse et de Saussure. J'en ai personnellement répété plusieurs, et toujours avec le même résultat. L'absorption du gaz acide carbonique et la production du gaz oxigène se font par les feuilles; celles mêmes que l'on a récemment détachées d'un arbre, continuent de remplir encore cette fonction. Lorsqu'on les met dans des portions d'air qui contiennent de l'acide carbonique, elles l'absorbent, produisent de l'oxigène, même étant plongées dans de l'eau qui tient en dissolution de l'acide carbonique.

Cet acide est vraisemblablement absorbé par les

fluides qui existent dans les cellules de la partie verte et parenchymateuse de la feuille. C'est encore de cette partie qu'est produit l'oxigène, qui se dégage par l'action solaire. M. Sennebier a découvert que la feuille, à laquelle on avait enlevé son épiderme, continuait de donner de l'oxigène lorsqu'elle était placée dans de l'eau contenant de l'acide carbonique, et que des globules d'air s'élevaient du parenchyme mis à nu. Les expériences de Sennebier et de Woodhouse ont également fait voir, que les feuilles les plus riches en parties parenchymateuses étaient celles qui produisaient le plus d'oxigène quand on les plongeait dans de l'eau imprégnée d'acide carbonique.

Un petit nombre de plantes, l'*arenaria tenuifolia*, par exemple, que j'ai vu produire de l'oxigène dans de l'acide carbonique presque pur, peuvent végéter dans une atmosphère artificielle, et composée principalement d'acide carbonique. Plusieurs même peuvent végéter dans de l'air qui en est mêlé d'un tiers ou d'une moitié. Elles n'y sont pas cependant aussi bien portantes, que si l'on se borne à leur fournir une petite quantité de cette substance élastique.

On a vu des plantes dégager de l'oxigène lorsqu'on les tenait, soit dans des *milieux* élastiques, soit dans de l'eau privée d'acide carbonique; mais la quantité d'oxigène produite était beaucoup plus petite qu'au moment où l'acide carbonique était présent.

Il n'y a point de production de gaz oxigène dans l'obscurité, quelque soit le *milieu* élastique dans lequel la plante est exposée; il n'y a point d'absorption d'acide carbonique. Dans le plus grand nombre de cas au contraire, si l'oxigène existe, c'est lui qui est absorbé, et il se produit de l'acide carbonique.

Dans les nombreux changemens qui ont lieu dans la composition des parties organisées, il est probable que les composés sucrés sont principalement formés pendant l'absence de la lumière. Les gommes, la fibre ligneuse, les huiles et les résines, au contraire, pendant sa présence. Le développement de l'acide carbonique, ou sa production pendant la nuit, peuvent être nécessaires pour donner une plus grande solubilité à quelques composés. J'avais même soupçonné que tout l'acide carbonique, produit par les plantes pendant la nuit ou à l'ombre, était dû à la détérioration de la feuille ou de l'épiderme ; mais les expériences récentes de M. Ellis sont opposées à cette idée. J'ai vu qu'une plante de céleri, parfaitement bien portante, placée pour quelques heures seulement dans une portion donnée d'air, avait occasionné la production de l'acide carbonique et l'absorption du gaz oxigène.

Quelques personnes ont pensé que les plantes exposées à l'action libre de l'atmosphère, aux vicissitudes des rayons solaires et de l'ombre, de la lumière et de l'obscurité, consommaient plus d'oxigène qu'elles n'en absorbaient; que leur action constante sur l'air était au fond semblable à celle des animaux. Cette opinion a été adoptée par l'auteur que j'ai justement cité, dans ses ingénieuses recherches sur la végétation. Mais toutes les expériences qu'il a mises en avant, en faveur de son opinion, et surtout ses expériences personnelles, ont été faites dans des circonstances peu favorables, pour obtenir un résultat exact. Les plantes ont été situées dans un état peu naturel, et leur nourriture ne l'était pas moins; l'influence de la lumière sur ces plantes perdait beaucoup de son énergie, par la nature du milieu à travers lequel elle était transmise. Les plantes mises dans des portions limitées d'air atmosphérique devinrent bientôt mal portantes; leurs feuilles périrent, et leur décomposition détruisit l'oxigène de l'air.

Dans quelques-unes des premières expériences du docteur Priestley, et avant qu'il connût l'action de la lumière sur les feuilles, l'air qui avait servi à la combustion et à la respiration, se trouvait purifié par la végétation des plantes, lorsqu'on les y plaçait durant plusieurs jours et plusieurs nuits de suite. Ses expériences sont celles sur lesquelles il ne peut s'élever aucun doute : car le plus grand nombre de ces plantes végétait dans son état naturel; leurs rejetons ou leurs branches étaient les seules de leurs parties qui eussent été introduites dans une portion limitée d'air au travers de l'eau.

J'ai fait un petit nombre de recherches sur ce sujet, et j'en donnerai les résultats. Je pris un gazon de quatre pouces carrés, couvert de graminées, et principalement d'alopécure et de trèfle blanc; je le mis dans un plat de porcelaine placé dans un baquet profond et plein d'eau; je couvris le tout d'une cloche de Flintglass, contenant 380 pouces cubiques d'air atmosphérique dans son état naturel. Cet appareil fut mis dans un jardin, afin de pouvoir mieux éprouver les diverses variations de la lumière et de l'air ambiant. J'examinai les résultats le 20 de juillet.

Le gaz avait augmenté de volume; il y avait 15 pouces cubiques de plus; mais la température avait changé de 64 à 71°, de 18 à 21 centigrades, et la pression de l'atmosphère, qui, le 12, était égale à 30,1 pouces, était montée à 30,2 (1). Quelques-unes des feuilles du trèfle blanc et de l'alopécure étaient jaunes, et toute l'apparence du gazon moins vigoureuse qu'au moment où il avait été introduit sous la cloche. Un pouce cubique de ce gaz, mêlé et agité dans l'eau de chaux, y causa un léger nuage, et son absorption ne fut pas tout-à-fait d'un cent-cinquantième du volume. Cent parties du gaz restant exposées à une solution de sulfate vert du fer, imprégnée de gaz nitreux, substance qui absorbe rapidement l'oxigène de l'air, occasionnèrent une diminution de 80 parties; cent parties de l'air du jardin éprouvèrent une perte de 79.

Si, d'après cette expérience, on calculait les ré-

---

(1) Il est indispensable de faire remarquer ici, en faveur de ceux qui seraient tentés de répéter ces expériences, que les hauteurs barométriques indiquées par l'auteur, l'ont été d'après le pied anglais, qui est plus court que le nôtre. Je vais donner le rapport de toutes ces mesures relativement au mètre, et je le ferai d'après le beau travail de M. Prony, qui fut consigné dans les *Mémoires des Sociétés savantes*, tome II, page 265.

Le mètre ou la dix-millionième partie de l'arc du méridien, vaut:

En pouces français	36 pouces	11 lig.	2960.
En pouces anglais.	39	0	3827.

Le pied anglais est donc de 8 lignes 3622 dix-millièmes plus court que le nôtre. Il en est de même pour la livre et ses subdivisions. L'auteur n'a porté l'once qu'à 480 grains, elle est en France de 576 grains. (*Note du traducteur.*)

sultats, il paraîtrait que l'air avait été légèrement détérioré par l'action des graminées. Mais il faut remarquer que le ciel avait été constamment nébuleux pendant la marche de l'expérience, et que les plantes n'avaient pas été fournies d'acide carbonique d'une manière naturelle; que celui formé pendant la nuit, et par l'action des feuilles languissantes, doit avoir été en partie dissous par l'eau. Que cela se soit passé ainsi, j'en ai acquis la preuve, par l'eau de chaux que je versai sur l'eau, et qui produisit un précipité instantané. J'incline à penser que l'augmentation de l'azote doit être attribuée à l'air ordinaire dégagé de l'eau.

Je regarde l'expérience suivante comme ayant été conduite dans des circonstances beaucoup plus analogues à celles qui ont lieu dans la nature. Un gazon de quatre pouces carrés, provenu d'une prairie humide, couvert de gramen commun, d'alopécure, ou flouve odorante, fut mis dans un plat de porcelaine qui nageait à la surface d'une eau imprégnée d'acide carbonique; une cloche mince de Flintglass, de 230 pouces cubiques de capacité, recouvrait le gazon. Cette cloche portait à son sommet un entonnoir garni d'un robinet à la tige; et l'appareil fut placé dans un lieu ouvert. Chaque jour on fournissait une petite quantité d'eau au gazon, par le moyen du robinet. *Voyez la figure* XVII *qui expose l'appareil.*

Chaque jour on enlevait, avec un syphon, une certaine quantité d'eau, et elle était remplacée par une semblable portion qui avait été saturée d'acide carbonique. Il était permis de croire qu'il y avait toujours sous le récipient une certaine quantité de gaz acide carbonique présente.

Le 7 juillet 1807, premier jour de l'expérience, le temps fut nébuleux le matin, et devint beau l'après-dîner. Le thermomètre était à 67°, ou 19 centigrades, et le baromètre à 30,2. Il se manifesta vers le soir une augmentation de gaz. Les trois jours qui suivirent furent brillans de lumière; mais le matin du 11, le ciel fut couvert. On observait alors une augmentation considérable dans le volume du gaz. Le 12 fut nébuleux, avec des instans de rayons solaires. Il y avait encore une augmentation, mais moindre que dans les jours éclairés. Le 13 fut brillant. Le 14, à neuf heures du soir, le récipient était entièrement plein, et l'accroissement du fluide élastique, comparé à l'état primordial, devait être de 30 pouces cubiques; et, pendant le jour, il s'était échappé des globules de gaz. A dix heures du matin, le 15, j'examinai une portion du gaz. Il contenait moins d'un cinquantième d'acide carbonique. Cent de ses parties exposées à la solution de sulfate vert, imprégnée de gaz nitreux, laissaient seulement 75 parties; ainsi, l'air du récipient était de quatre pour cent plus pur que celui de l'atmosphère.

Je vais rendre compte encore d'une expérience de même nature, qui donne également des résultats décisifs. Un rejeton de vigne, garni de trois feuilles bien portantes, et lui-même, restant attaché à sa branche-mère, fut courbé de manière à être placé sous le récipient qui avait servi dans l'expérience précédente. L'eau qui touchait la couche d'air atmosphérique fut aussi imprégnée de gaz acide carbonique. L'expérience eut lieu depuis le 6 août 1807, jusqu'au 14. Pendant cet intervalle, quoique le temps eût été en général nébuleux, et même qu'il fût tombé de la pluie, le volume de l'air ne cessa point d'augmenter sous le récipient. Dans la matinée du 15, il fut examiné : il contenait un quarante-deuxième d'acide carbonique, et 100 de ses parties fournissaient 23,5 d'oxigène.

Ces faits confirment l'opinion générale, que les feuilles des végétaux, remplissant leurs fonctions dans l'état de santé, tendent à purifier l'atmosphère dans les variations ordinaires du temps, et changent de fonctions dans le passage de la lumière aux ténèbres.

Dans la germination, et lorsque les feuilles dépérissent, il doit y avoir absorption d'oxigène. Mais si l'on considère combien est grande la portion de la surface de la terre qui est toujours couverte de graminées durables, et que la moitié du globe est toujours exposée à l'action des rayons solaires, on regardera comme bien plus probable la pensée, qu'il y a plus d'oxigène de produit qu'il ne s'en consomme pendant la durée de la végétation, et que cette circonstance est la principale cause de l'uniformité de la constitution de l'atmosphère.

Les animaux, pendant l'exercice de toutes leurs fonctions, ne produisent point d'oxigène. Ils en font une consommation perpétuelle. Mais l'étendue du règne animal, comparée à celle du règne végétal, est très-petite, et la production du gaz acide carbonique dans l'acte de la respiration, et par les divers procédés de la combustion et de la fermentation ne forment qu'une portion bien peu considérable, relativement à tout le volume de l'atmosphère. Si donc chaque plante pendant sa vie ajoute de l'oxigène à celui de l'air, et cause une très-petite consommation d'acide carbonique, il est possible de concevoir les résultats égaux aux besoins de la nature.

Ces idées peuvent cependant souffrir l'objection suivante : Si les feuilles des plantes purifient l'atmosphère, ne doit-il pas arriver que, dans l'automne, où les feuilles périssent ; que, dans l'hiver et dans les premiers momens du printemps, l'air de nos climats ne devienne impur ? Il y a diminution d'oxigène, et accroissement de gaz acide carbonique. Mais cela n'arrive pas ; et l'on peut faire une réponse satisfaisante à cette objection.

Les vents mêlent constamment toutes les parties de l'atmosphère ; et ceux-ci, lorsqu'ils sont forts, parcourent, en une heure, un espace de 60 à 100 milles (20 à 30 lieues). Dans l'hiver, les coups de vent de sud-ouest apportent un air qui a été purifié dans les vastes forêts et les prairies de l'Amérique méridionale. Cet air, en passant sur l'Océan atlantique, arrive dans un état de pureté. Les ouragans et les tempêtes, qui ont lieu au commencement et vers le milieu de nos hivers, et qui sont ordinairement produits par les vents qui soufflent de cette partie du globe, ont une influence salutaire. C'est par le mouvement et l'agitation, que l'équilibre des parties constituantes de l'atmosphère se trouve conservé. Elle devient apte aux besoins de la vie ; et ces événemens que la superstition attribue à la colère céleste, ou aux fureurs des mauvais esprits; ces événemens, dans lesquels elle ne voit que désordre et confusion, sont démontrés, par la science, être les actes d'une divine intelligence qui sait les lier à l'ordre et à l'harmonie de notre système.

Dans le commencement de cette leçon, je me suis élevé contre cette étroite analogie, que quelques personnes ont voulu établir entre l'absorption de l'oxigène et la formation de l'acide carbonique dans la germination, et entre la respiration du fœtus. Les mêmes argumens peuvent encore être ici opposés à la continuation de cette analogie entre les fonctions des feuilles de la plante adulte, et celles des poumons de l'animal adulte. Les plantes poussent avec vigueur lorsqu'elles sont exposées à la lumière, et beaucoup d'espèces meurent si elles en sont privées. On ne peut supposer que la production de l'oxigène par la feuille, production qui est liée avec sa couleur naturelle, soit encore exécutée dans l'état de maladie ; ou qu'elle peut acquérir du carbone pendant le jour, lorsque la croissance est la plus vigoureuse, quand la sève monte, et quand la plante exerce tous ses pouvoirs pour se procurer de la nourriture; et cela purement afin de dégager ensuite ce gaz carbonique pendant la nuit, quand ses feuilles sont fermées, que le mouvement de la sève est imparfait, et qu'elle est dans un état voisin de celui du repos. Beaucoup de plantes qui végètent sur des roches, ou sur des sols qui ne contiennent pas de matière carbonique, peuvent être supposées avoir acquis celle qu'elles possèdent du gaz acide carbonique répandu dans l'atmosphère. Il est donc possible de considérer la feuille, à cette époque, comme un organe d'absorption, et un organe dans lequel la sève éprouve divers changemens chimiques.

Lorsque c'est de l'eau pure seulement qui a été absorbée par les racines, ce fluide, en arrivant aux feuilles, jouira probablement d'un pouvoir d'absorption plus grand sur le gaz acide carbonique de l'atmosphère. Si l'eau en est saturée, une petite quantité de ce gaz peut même, sous l'influence des rayons solaires, être mise en liberté par les feuilles, mais une partie sera toujours décomposée, et c'est une vérité démontrée par les expériences de M. Sennebier.

Quand le fluide, enlevé par les racines, contient beaucoup de matière charbonneuse, il est probable que la plante laissera émaner par ses feuilles beaucoup d'acide carbonique, même pendant l'action solaire. Enfin, la fonction de la feuille varie suivant la composition de la sève qui la traverse, et suivant la nature des produits qu'elle y forme. Au moment où il se produit du sucre, comme dans les premiers momens du printemps, lors du développement des bourgeons et des fleurs, il est probable que moins d'oxigène deviendra libre qu'à l'époque de la maturité des grains. C'est, en effet, alors que les gommes, l'amidon et les huiles sont formés, et la maturité a ordinairement lieu, tandis que la lumière du soleil est plus intense.

Lorsque, pendant la marche naturelle de la végétation, les sucs acides des fruits deviennent sucrés, il existe des motifs de croire que plus d'oxigène est mis en liberté que dans d'autres époques, ou qu'il s'en combine plus actuellement. En effet, ainsi qu'il a été démontré dans la troisième leçon, tous les acides végétaux contiennent plus d'oxigène que le sucre. Il paraît probable que, dans quelques cas, au moment où les résines et les huiles sont formées, l'eau est décomposée, son oxigène demeure libre, et l'hydrogène est absorbé.

J'ai déjà dit que, dans l'eau pure, quelques plantes produisent de l'oxigène. Le docteur Ingenhousz a démontré que ce fait était propre à des espèces de conferves. J'ai fait des expériences sur les feuilles de beaucoup de plantes, et particulièrement de celles qui produisent des huiles volatiles. Lorsque de telles feuilles sont exposées dans l'eau saturée de gaz oxigène, celui-ci est dégagé par la lumière du soleil; mais la quantité en est petite et toujours limitée. Je n'ai jamais pu acquérir la certitude si, dans cette circonstance, les pouvoirs de la feuille étaient mis en action, ce qui cependant me paraît probable. J'obtins, dans une expérience que je fis, il y a quinze ans, une quantité considérable de gaz oxigène, avec des feuilles de vigne que j'exposai dans l'eau pure; mais, cet essai répété souvent, je n'ai jamais retiré que des quantités beaucoup plus petites. J'ignore si cette différence vient de l'état particulier des feuilles, ou de quelques conferves qui peuvent avoir adhéré au vase, ou enfin de quelque autre cause d'erreur. Les produits les plus importans et les plus généralement répandus des végétaux, le mucilage, l'amidon et le sucre, et la fibre ligneuse, sont composés d'eau ou de ses élémens, dans une proportion convenable; plus de charbon. Ces produits, ou quelques uns d'eux, existent dans toutes les plantes. La décomposition de l'acide carbonique, et la combinaison de l'eau dans les structures végétales, sont des procédés qui doivent se représenter d'une manière très-générale.

Lorsque les substances glutineuses et albumineuses existent dans des plantes, on peut soupçonner que l'azote qu'elles contiennent est provenu de l'atmosphère ; mais il n'y a aucune expérience qui le prouve. On peut cependant les tenter facilement sur les *champignons* et les *fungus*.

Dans les cas où des bourgeons sont formés, ou bien lorsque des rejetons sont poussés au dehors par les racines, l'oxigène semble être également absorbé comme dans la germination des graines. J'ai exposé une petite pomme de terre humectée avec de l'eau ordinaire, dans 24 pouces cubiques d'air atmosphérique, à la température de 59° ou 13 centigrades. Dès le troisième jour, elle poussa un rejeton. Lorsqu'il eut acquis un pouce et demi de long, j'examinai l'air ; près d'un pouce cubique d'oxigène avait été absorbé, et trois-quarts de pouce cubique d'acide carbonique avaient été formés. Le suc de ce rejeton séparé de la pomme de terre, avait un goût douceâtre. L'absorption de l'oxigène et la production de l'acide carbonique sont vraisemblablement dus à la conversion d'une partie de l'amidon en sucre. Lorsque des pommes de terre qui ont été gelées, se dégèlent, elles deviennent douces ; probablement il y a absorption d'oxigène dans ce procédé. Si donc on empêche qu'elles ne dégèlent avec le contact de l'air, sous de l'eau que l'on a fait bouillir, par exemple, leur changement n'a pas lieu.

Dans la *marcotage* du blé, opération par laquelle il se produit de nouvelles tiges autour de la plume primitive, il est des raisons de croire qu'il y a de l'oxigène d'absorbé ; car la tige, sur laquelle on fait cette opération, contient toujours du sucre, et les rejetons s'élèvent d'une partie qui est privée de l'exposition à la lumière. La culture à la main favorise ce procédé, car la terre éparpillée est jetée à l'entour des tiges. Défendues alors contre la lumière, elles sont néanmoins nourries d'oxigène. J'ai compté de 40 à 120 tiges produites par un seul grain de blé ; et cela dans une médiocre récolte qui avait été travaillée à la houe. Kenelm Digby nous apprend, qu'en 1660, il y avait chez les pères de la Doctrine chrétienne, à Paris, un pied d'orge que l'on regardait comme une curiosité ; 249 tiges s'élevaient d'une seule racine, et étaient le produit d'un grain unique. On y comptait au-delà de 18,000 grains d'orge.

Le grand avantage que présente le *repiquage* du blé, repose sur ce fait, que chaque rejeton, qui a été renversé dans le travail à la houe, peut être enlevé et traité comme une plante particulière. On trouve dans le 58ᵉ volume des Transactions philosophiques, *page* 203, le fait suivant. M. C. Miller, de Cambridge, sema, le 2 juin 1766, un peu de blé, et le 8 d'août, il en enleva un pied, qui fut divisé en 18 parties et replanté. Ces plantes furent encore levées et divisées dans les mois de septembre et d'octobre ; elles furent plantées séparément pour passer l'hiver. Cette division avait produit 67 plantes. On les leva de nouveau en mars et avril 1767, et il y eut 500 pieds. Le nombre d'épis, résultant d'un seul grain de froment, fut 21,109. Ils rendirent trois picotins et trois-quarts de blé, qui pesaient 47 livres 7 onces, et qui furent estimés à 576,840 grains.

Il est évident, d'après les faits qui viennent d'être exposés, que les changemens qui eurent lieu dans les sucs de la feuille par l'action de la lumière solaire, tendaient nécessairement à accroître les proportions de la matière inflammable, au-delà de leurs autres parties constituantes. Les feuilles des plantes qui végètent dans l'obscurité ou à l'ombre, sont uniformément décolorées. Leurs sucs sont aqueux et sucrés, et ne fournissent pas d'huiles ni de résines. Je vais rapporter une expérience que j'ai faite à ce sujet.

Je pris un poids égal, 400 grains, de feuilles de deux plantes de chicorée. Les unes, d'un vert brillant, avaient végété, entièrement exposées à la lumière solaire; les autres, presque blanches, en avaient été privées; elles avaient été couvertes avec une boîte. Après que je les eus traitées toutes deux pendant quelque temps par l'eau bouillante, et réduites dans l'état de pulpe, je séchai la matière insoluble, et l'exposai à l'action de l'alcohol chauffé. La matière colorante des feuilles vertes lui donna une teinte olive, tandis que les feuilles pâles n'altérèrent point sa couleur; à peine l'évaporation de l'alcohol mis sur ces dernières laissa-t-elle un peu de matière solide; tandis que j'eus un résidu considérable de celui dans lequel j'avais mis les feuilles vertes en digestion. J'en détachai 5 grains du vaisseau évaporatoire; ils brûlèrent avec flamme, et me parurent une substance à peu près analogue à la résine. Les feuilles vertes me donnèrent 53 grains de fibre ligneuse, et les pâles, seulement 31 grains.

Il a été dit dans la troisième leçon que probablement, dans les circonstances ordinaires, la sève descend des feuilles dans l'écorce. Celle-ci est si lâche dans son tissu, qu'il devient possible à l'atmosphère d'agir sur la sève dans les couches corticales. Mais c'est dans les feuilles que ses changemens s'opèrent, et paraissent suffisans pour expliquer la différence qui existe entre les produits de l'écorce et ceux de l'aubier. Celle-là contient plus de matière charbonneuse que ce dernier.

Lorsque l'on considère, d'après les points de vue exposés dans la troisième leçon, la similitude des élémens des divers produits végétaux, il est facile de concevoir comment les différentes parties organiques peuvent être produites par la même sève, et cela, suivant la manière dont la chaleur, la lumière et l'air ont agi sur elle. Par la soustraction de l'oxigène, les produits sucrés et mucilagineux donnent naissance aux huiles volatiles, au camphre, aux résines, et à la fibre ligneuse. Par la séparation du carbone et de l'hydrogène, l'amidon, le sucre, les acides végétaux et les substances solubles dans l'eau, peuvent devoir leur existence à des corps insolubles et puissamment combustibles.

Les huiles limpides et volatiles mêmes, qui produisent l'arome des fleurs, ont les mêmes élémens essentiels que la fibre ligneuse, mais dans des proportions différentes. Ces deux natures de corps ont été formées dans les mêmes organes par des changemens divers des mêmes matériaux, et à la même époque.

M. Vauquelin a récemment essayé de reconnaître les mutations chimiques qui ont lieu dans la végétation, en analisant quelques-unes des parties organisées du marronnier d'Inde, à différens âges de leur croissance. Il trouva dans les bourgeons, pris le 7 mars 1812, le principe tannant et la matière albumineuse, capables d'être obtenus séparément; mais, lorsqu'il les obtint, ils étaient combinés ensemble. Dans les écailles qui environnaient les bourgeons, il découvrit le tannin, un peu de matière sucrée, de la résine, et une huile fixe. Il rencontra dans les feuilles parfaitement développées les mêmes principes que dans les bourgeons, et de plus, une matière particulière, verte et résineuse. Les pétales des fleurs lui fournirent une résine jaunâtre, de la matière sucrée, une autre albumineuse, et un peu de cire; les étamines donnaient du sucre, de la résine et du tannin.

Les jeunes marrons analisés, immédiatement après leur formation, donnèrent une grande quantité de matière, qui parut être une combinaison de l'albumine et du tannin. Toutes les parties de la plante fournissaient des combinaisons salines de l'acide acétique, et de l'acide phosphorique.

M. Vauquelin ne put pas obtenir une quantité suffisante de la sève du marronnier d'Inde pour en faire l'examen; cette circonstance est fâcheuse, et il n'a point établi les quantités relatives des différentes substances qu'il a rencontrées dans les bourgeons, dans les feuilles, dans les fleurs et les graines. Il est néanmoins probable, d'après ces détails incomplets, que la quantité de la matière résineuse s'augmente dans les feuilles, et que la pulpe blanche et fibreuse du marron, est le résultat de l'action mutuelle de la matière albumineuse et du principe astringent, que les différentes cellules ou vaisseaux fournissent.

J'ai déjà dit, *page* 150, que le *cambium*, dont les parties nouvelles du tronc et des branches paraissent être formées, devait son pouvoir de solidification au mélange de deux espèces différentes de sève. L'une s'élève des racines, et l'autre redescend des feuilles. J'essayai au mois de mai 1804, époque à laquelle le cambium se forme dans le chêne, de reconnaître la nature de l'action de la sève de l'aubier, sur les sucs de l'écorce. En perforant l'aubier d'un jeune chêne, et plaçant une seringue dans l'ouverture, je pus en aspirer une petite quantité de sève; il me fut cependant impraticable par ce moyen, d'obtenir la sève de l'écorce même. Je fus obligé de recourir à la solution de ses principes dans l'eau, et je fis infuser une petite quantité de l'écorce fraîche dans de l'eau chaude. Le liquide, que cette infusion me procura, était haut en couleur et astringent; il causa un précipité immédiat dans la sève de l'aubier, dont le goût était douceâtre, légèrement astringent, et était incolore.

La croissance des arbres et des plantes, doit dépendre de l'abondance de la sève qui circule dans leurs organes, de sa qualité, et de ses modifications par les principes atmosphériques. L'eau étant le véhicule de la nourrirure des plantes, est la principale substance qui s'évapore par les feuilles. *Hales* a trouvé que, pendant douze heures de jour, un tournesol avait laissé transpirer par ses feuilles, une livre et quatorze onces d'eau, qui toute avait été aspirée par les racines.

Dans la seconde et troisième leçon il a été parlé légèrement des pouvoirs qui causent l'ascension de la sève. Les racines soutirent les fluides du sol par l'attraction capillaire; mais ce pouvoir seul est insuffisant pour expliquer la rapidité de l'élévation de la sève dans les feuilles. On en trouve la preuve complète dans le fait détaillé par le docteur Hales, vol. 1er, *page* 114, de la Statique des végétaux.

Une branche de vigne, de quatre à cinq ans, fut coupée en travers, et un tube de verre, recourbé en siphon et rempli de mercure, fut soigneusement attaché à son extrémité. La force d'ascension de la sève pouvait donc ainsi être mesurée par l'élévation du mercure dans le tube. Hales vit qu'en peu de jours la sève avait été poussée avec tant de force, qu'elle avait fait monter le mercure de 38 pouces, force infiniment supérieure à celle de la pression ordinaire de l'atmosphère. L'attraction capillaire n'est susceptible d'être exercée, que par les surfaces des petits vaisseaux, et ne peut jamais élever un fluide dans des tubes, au-delà des vaisseaux eux-mêmes.

J'ai, au commencement de la troisième leçon, rapporté l'opinion de M. Knight, qui pense que les contractions et les expansions du *grain d'argent* dans l'aubier, sont la cause la plus puissante de l'ascension des fluides contenus dans les pores et dans les vaisseaux. Les théories de cet excellent physiologiste sont rendues extrêmement probables, par les faits sur lesquels il les appuie. Il a vu qu'une très-petite augmentation de température suffisait pour écarter, les unes des autres, les fibres du grain d'argent; et qu'une légère diminution de chaleur y produisait une contraction. La sève s'élève avec plus de vigueur dans le printemps et dans l'automne, époques où la température est variable. Si l'on suppose que les fibres élastiques du grain d'argent, en se dilatant et en se contractant, exercent une pression sur les cellules et sur les tubes qui renferment les fluides absorbés par l'attraction capillaire des racines, on concevra que ces fluides doivent toujours tendre à s'élever, vers les points qui ont besoin d'en être fournis.

Les expériences du célèbre inventeur des ballons, de Montgolfier, ont montré que l'eau peut être élevée à une hauteur presque infinie par une très-petite puissance, pourvu que des divisions continues dans la colonne du fluide, détruisent la pression. Il y a de fortes raisons de croire, que ce principe doit concourir à l'ascension de la sève dans les cellules et les vaisseaux des plantes qui n'ont point une communication rectiligne, et qui partout présentent des obstacles à la pression perpendiculaire de la sève.

Les changemens qui s'opèrent dans les feuilles et dans les bourgeons, le degré de leur puissance de transpiration, doivent être intimement liés avec la tendance que la sève a pour s'élever. Plusieurs expériences de Hales le démontrent.

Une branche de pommier fut détachée du tronc, introduite dans l'eau, et liée à une jauge pleine de mercure. Cette branche, munie de ses feuilles, élevait le mercure de quatre pouces par la force de l'ascension de ces sucs, tandis qu'une autre branche, privée de ses feuilles, l'élevait à peine d'un quart de pouce.

Les arbres, en effet, dont les feuilles sont douces, et d'un tissu spongieux et poreux à la partie supérieure, déploient le plus énergique pouvoir, relativement à l'ascension de la sève.

Cet exact observateur, que j'ai cité avec tant de raison, trouva que le poirier, le cognassier, le noyer, le pêcher, le groseiller, l'aune et le sycomore, qui ont tous des feuilles douces et exemptes de vernis, élevaient, dans des circonstances favorables, le mercure, de trois à six pouces. Mais, au contraire, l'orme, le chêne, le chataignier, le noisetier, le saule, le frêne, qui ont des feuilles plus coriaces et luisantes, élevaient à peine le mercure, de un à deux pouces. Les *toujours verts*, et les autres arbres dont les feuilles paraissent vernissées, l'affectaient à peine, surtout le laurier et le *lauristinus*.

Il faut aussi rappeler les faits qui établissent que, dans beaucoup de cas, les fluides redescendent par l'écorce. Ils ne sont pas d'une nature aussi évidente que ceux sur lesquels on se fonde pour prouver l'ascension de la sève par l'aubier, néanmoins plusieurs d'entre eux sont satisfaisans.

M. Baisse, mit des branches de différens arbres dans une infusion de garance, et les y garda longtemps. Il y vit toujours le bois devenir rouge avant l'écorce, et celle-ci ne prendre aucune teinte, jusques au moment où la totalité du bois était devenue colorée, et à celui où les feuilles étaient affectées; alors la matière colorante s'annonçait à la partie supérieure de l'écorce, celle qui était en contact avec les feuilles.

M. Bonnet a fait des expériences semblables, et il a obtenu les mêmes résultats, mais non aussi distincts que ceux de M. Baisse.

Duhamel a trouvé que les diverses espèces de pins et les autres arbres, dont on enlevait une portion de l'écorce, laissaient découler un fluide seulement par la partie supérieure de la blessure, tandis que le bas demeurait sec.

La même chose peut encore être observée l'été dans les arbres à fruit, quand l'écorce a été blessée, et que l'aubier est resté sans altération.

J'ai déjà dit, dans le cours de la troisième leçon, que, si une nouvelle écorce se forme pour remplacer un anneau enlevé à l'ancienne, c'est au bord supérieur de la blessure que la réparation commence, en s'avançant lentement vers le bas. Si l'expérience a été bien faite, nulle matière ne se présente à la partie inférieure pour s'avancer vers le haut. Je viens de dire soigneusement faite; car si l'on a souffert que quelque couche intérieure restât en communication avec le bord supérieur, une nouvelle écorce se formera couverte par l'épiderme; en se formant sous lui, elle paraîtrait comme s'avancer sur l'aubier mis à nu, et cette circonstance deviendrait la source de conclusions erronées.

Dans l'été de 1804, j'examinai quelques ormes à Kensington. L'écorce de plusieurs d'entre eux avait été très-maltraitée; et, sur quelques-uns, plus d'un pied carré avait été enlevé. Dans la plupart de toutes ces blessures, la formation des nouvelles couches corticales partait du dessus en s'avançant vers le bas, autour de l'ouverture. Mais, dans deux cas, il y avait très-visiblement formation d'écorce à la partie inférieure. Je fus, au premier instant, très-surpris à cette apparence, si opposée à l'opinion générale; mais, en passant la pointe d'un canif, de bas en haut, à la surface de l'aubier, je trouvai qu'une partie de la couche corticale, qui avait la couleur de l'aubier, était restée en communication avec le bord supérieur de la plaie, et que cette nouvelle écorce avait été formée par cette couche. Je n'ai point eu d'occasions récentes de voir ces arbres, mais je ne doute pas que l'on ne puisse toujours y observer ce phénomène, car plusieurs années se passeront encore avant que la régénération de l'écorce ne soit complète.

En réfléchissant à l'expérience de M. Beauvois, rapportée dans la troisième leçon, on peut supposer que le fluide cortical tombait le long de l'aubier sur l'écorce isolée, et devenait ainsi la cause de son accroissement; ou bien que l'écorce elle-même renfermait assez de fluide cortical à l'instant où elle fut isolée, pour reformer une nouvelle écorce par son action sur le fluide de l'aubier.

Le mouvement de la sève dans l'écorce, paraît surtout être dû à la gravitation, lorsque les particules aqueuses ont été considérablement diminuées par la transpiration des feuilles; et les parties constituantes mucilagineuses, inflammables et astringentes, considérablement augmentées par l'action de la chaleur, de la lumière et de l'air. L'impulsion continuelle vers le haut, due à l'aubier, pousse le surplus des fluides épaissis dans les vaisseaux de l'écorce, qui ne reçoivent pas d'autre nourriture. Dans ceux-ci, par son propre poids, sa tendance naturelle doit être de descendre. La rapidité de cette descente doit être influencée par la consommation générale des fluides de l'écorce dans le procédé de la vie végétative; en effet, il y a des motifs de juger que nul fluide ne passe dans le sol par les racines. Il est impossible de concevoir une communication libre et latérale, entre les vaisseaux absorbans de l'aubier dans les racines, et les vaisseaux de transport et de charriage de l'écorce. Si une telle communication existait, il n'y a pas de raison pour que la sève ne s'élevât pas par l'écorce, aussi bien que par l'aubier; les mêmes puissances physiques, devraient opérer également sur les deux.

Quelques auteurs ont supposé, que la sève monte dans l'aubier et descend par l'écorce, en conséquence d'un pouvoir semblable à celui qui produit la circulation dans le sang des animaux, et qu'il existerait dans les parties latérales des vaisseaux séveux, une force analogue à la force musculaire des mêmes parties chez les animaux.

Le docteur Thomson, dans son Système de Chimie végétale, a établi un fait qu'il regarde comme démonstratif de l'irritabilité du système de la vie végétale : lorsqu'une tige d'euphorbe, *euphorbia peplis*, est séparée au même instant par deux incisions, de ses feuilles et de ses racines, un suc laiteux coule à la fois des deux incisions. Ainsi, dit cet ingénieux auteur, il est impossible que ce fait arrive, sans une action de vie dans les vaisseaux, car ils ne peuvent pas avoir été plus que pleins; leur diamètre, d'ailleurs, est si petit, que s'ils étaient restés sans altération, l'attraction capillaire eût été plus que suffisante pour retenir leur contenu, et conséquemment pas une goutte n'aurait coulé au dehors; mais puisque le liquide s'échappe, il est évident, qu'il est poussé par une force différente de la force commune et physique.

Il est possible de répondre à ce raisonnement, que les parois de tous les vaisseaux sont souples, et capables d'éprouver de l'affaissement par la gravitation, comme toutes les veines dans le système animal, long-temps après qu'elles ont perdu leur entière vitalité; et cet effet diffère totalement de l'action vitale et d'irritabilité. Ce phénomène peut être comparé à celui qui se présente, lorsqu'un vaisseau de gomme élastique plein d'eau est piqué au même instant à ses extrémités supérieure et inférieure; le fluide sort à la fois par les deux ouvertures, et même en plus grande quantité par celle qui est la plus basse, et c'est ce que j'ai personnellement vérifié sur l'euphorbe.

Le docteur Burton a montré que les plantes végètent plus vigoureusement dans de l'eau où un peu de camphre a été infusé. On a mis en avant ce fait, pour favoriser l'opinion de l'irritabilité du système tubulaire végétal. On a dit, que le camphre pouvait seulement être regardé, dans ce cas, comme un stimulant, parce qu'il accroissait le pouvoir vital des vaisseaux, et qu'il les forçait à se contracter avec plus d'énergie; mais cette sorte d'explication n'a rien de satisfaisant. Nous savons que le camphre a un goût piquant, désagréable, et une odeur très-forte; mais les médecins sont loin de s'accorder sur l'opinion qu'il est stimulant ou sédatif, et même sur sa manière d'agir sur le corps humain. Nous n'avons donc pas le droit, même en regardant l'irritabilité des végétaux comme prouvée, de conclure que parce que le camphre était utile à l'accroissement des végétaux, il avait de l'action sur leurs puissances vitales. Il n'est pas juste de reconnaître l'existence d'une propriété, dont rien autre chose ne donne la preuve, et seulement d'après l'opération de propriétés qui ne sont pas certaines.

Il est aisé de concevoir que le camphre sert à la croissance des plantes; mais pourquoi ne considérerions-nous pas son action comme semblable à l'efficacité dont jouissent, en pareil cas, les matières sucrées et mucilagineuses, et les huiles surtout, auxquelles il appartient très-prochainement par la composition: elles fournissent de la nourriture aux plantes sans être des stimulans, elles sont des matériaux d'assimilation, et non pas d'excitation.

Les argumens en faveur d'une contraction végétale semblable à l'action musculaire, ne sont donc pas d'un grand poids; il existe en outre des faits directs qui rendent cette opinion puissamment improbable.

Lorsque, pendant l'hiver, une seule branche de vigne, ou de tout autre arbre, est introduite dans une serre chaude, tandis que le tronc et les autres branches restent exposés à la température froide de l'atmosphère, la sève, dans cette branche échauffée, commence bientôt à se porter vers les bourgeons; ils se déploient graduellement, commencent à transpirer, et à la fin se changent en feuilles. Maintenant si une contraction particulière des vaisseaux ou des cellules séveuses, était nécessaire à l'ascension de la sève, il n'est pas possible que l'application de la chaleur à une seule branche, ait pu occasionner une action d'irritation dans le tronc, qui est éloigné de plusieurs pieds, ou dans les racines placées dans un sol refroidi. Mais si l'on reconnaît que l'énergie de la chaleur élève les fluides en diminuant leur gravité, en augmentant la facilité de l'action capillaire, et en produisant une expansion de la fibre du grain d'argent, ce phénomène se trouvera dans un rapport parfait avec les principes qui ont été posés au commencement de cette leçon.

L'*ilex*, ou chêne toujours vert, conserve ses feuilles pendant l'hiver, même étant greffé sur le chêne commun; par suite de la persistance des feuilles, il y a un certain mouvement de la sève du chêne vers l'ilex, ce qui, dans le fait, paraît avoir très-peu d'analogie avec la théorie de l'irritabilité.

Il est impossible de lire une portion un peu étendue de la Statique des végétaux de Hales, sans recevoir une impression profonde de la dépendance où est la sève pour se mouvoir, des causes ordinaires physiques. Ce sage observateur vit dans le même arbre, que pendant une matinée froide et nébuleuse, il n'y avait pas d'ascension de la sève, et qu'un changement soudain fut opéré par un rayon de soleil qui dura une demi-heure; il y eut un fort mouvement de ce fluide. Un changement de vent qui du midi passa au nord, arrêta cette action; une soirée froide qui survient après un jour chaud, fait retomber la sève, qui n'avait pas cessé de s'élever; une ondée chaude et une pluie froide, produisent des effets opposés.

Plusieurs observations de ce savant montrent, de même, que les divers pouvoirs qui agissent sur les arbres adultes, produisent des effets différens dans les diverses saisons.

Au commencement du printemps, avant l'expansion des bourgeons, les variations de la température et les changemens d'état de l'atmosphère, sous le point de vue de l'humidité et de la sécheresse, exercent leurs plus grands effets pour la dilatation et la contraction des vaiseaux, l'arbre existe alors dans cette situation que les jardiniers nomment la saison *de la saignée.*

Quand les feuilles sont entièrement développées, la grande détermination de la sève est vers ces nouveaux organes; il en arrive que l'arbre qui, tandis que ses bourgeons s'ouvrent, jette par ses blessures une grande abondance de sève, n'en répandra plus dans l'été lorsque ses feuilles seront parfaites; mais dans les temps variables, vers la fin de l'automne, quand les feuilles tomberont, il reprendra la possibilité de saigner encore, dans un faible degré cependant, mais dans les jours chauds, et non pas dans les autres temps.

On ne découvre rien, dans toutes ces circonstances, qui ait la moindre analogie avec le système de l'irritabilité végétale.

Dans l'économie animale, le cœur et les artères ont une pulsation constante; leurs fonctions s'accomplissent toujours dans tous les climats, et par toutes les saisons : dans l'hiver aussi bien que dans le printemps, sous les glaces du pôle et les feux du tropique ; elles ne s'arrêtent point durant le sommeil périodique des nuits, qui est commun à presque tous les animaux, ni dans le long sommeil de l'hiver, qui est propre à quelques espèces. Ce pouvoir est attaché à l'animalisation ; il est limité aux êtres qui possèdent les moyens d'une locomotion volontaire ; il naît au moment même de la première apparition de la vitalité, et disparaît avec le dernier souffle de la vie.

Il est permis de dire cependant que les végétaux possèdent un système vivant ; mais dans ce sens, que celui qu'ils possèdent, a les moyens de convertir les élémens de la matière commune en structures organiques, soit par assimilation, soit par reproduction ; mais nous ne devons pas supporter de nous abuser nous-mêmes par une application trop étendue du mot *vie ;* nous ne devons pas concevoir dans la vie des plantes, l'existence d'un pouvoir similaire, à celui qui produit la vie dans les animaux : les agens physiques ordinaires semblent opérer seuls la production des fonctions végétales, tandis que dans le système animal, ces agens sont seulement secondaires, et servent à un principe supérieur. Afin de présenter l'argument en langage clair, je dirai qu'il y a peu de savans qui voulussent assurer l'existence de quelque chose au-dessus de la matière commune, et d'immatériel, dans l'économie végétale. Une pareille doctrine appartient seulement à la langue poétique ; l'imagination peut prêter des Dryades à nos arbres, des Sylphes à nos fleurs ; mais ni les Dryades, ni les Sylphes, ne sont admissibles dans la physiologie végétale ; et pour des raisons presque aussi fortes, l'irritabilité et l'animalisation en doivent être exclues.

Au moment où l'action des divers agens physiques sur les vaisseaux séveux des plantes a cessé, à celui où les fluides sont en repos, les matières qu'ils avaient dissoutes à l'aide de la chaleur, sont déposées sur les parois des tubes, dont le diamètre se trouve maintenant très-diminué. L'effet de ce dépôt est de pourvoir, par une matière nutritive, aux premiers besoins de la plante dans le printemps qui suivra, de favoriser la pousse des bourgeons et leur expansion, quand le mouvement est encore faible, à cause du manque de feuilles.

Ce beau principe de l'économie végétale fut avancé d'abord par Darwin, M. Knight y a ajouté la plus grande évidence par de savantes expériences.

Il fit de nombreuses incisions dans l'aubier d'un sycomore et d'un bouleau, à différentes hauteurs; en examinant la sève qui en découlait, il la trouva plus douce et plus mucilagineuse, à proportion de la hauteur à laquelle se trouvaient pratiquées les incisions. Il ne put assigner d'autre cause à cette différence, que la dissolution du sucre et du mucilage, qui avaient été mis en réserve pour y passer l'hiver. Il examina l'aubier de plusieurs morceaux de chêne d'une même forêt; les uns avaient été abattus dans l'hiver, et les autres dans l'été; il trouva toujours plus de matière soluble dans le bois coupé pendant l'hiver, et sa pesanteur spécifique était aussi plus grande.

Dans tous les arbres à longue existence, ce même fait se présente; il se retrouve aussi dans les graminées et les arbustes. Les nœuds, dans les graminées vivaces, contiennent plus de matière saccarine et mucilagineuse pendant l'hiver, que durant toute autre saison. C'est par cette raison que le fiorin, *agrostis alba*, qui abonde en nœuds, devient un fourrage si utile dans l'hiver.

Les racines des arbrisseaux renferment, au fort de l'hiver, la plus forte proportion de matière nourrissante. Les bulbes de toutes les plantes de ce genre, sont le réceptacle dans lequel, pendant cette saison, la nourriture est accumulée.

La sève, dans les plantes annuelles, paraît épuisée de toute sa matière nutritive par la production des fleurs et des graines; il n'existe point de système qui puisse la conserver.

Quand les graminées vivaces ont été coupées près de terre, pour nourrir le bétail en automne, les cultivateurs ont remarqué qu'elles ne poussent jamais aussi vigoureusement au printemps suivant; la cause en est à la suppression de la tige, qui aurait fourni une sève concrète, leur première nourriture.

Les constructeurs de vaisseaux préfèrent employer cette espèce de bois de charpente en chênes qui ont eu leur écorce enlevée au printemps, et qui ont été coupés l'automne suivant. La supériorité de ce bois de charpente vient de ce que la sève concretée, est consommée dans le printemps à la pousse de la feuille, et la circulation étant détruite, il ne s'en forme pas de nouvelle. Le bois ayant donc ses pores dégagés de matière saccarine, est moins porté à subir la fermentation, par l'action de l'air et de l'humidité.

Dans les arbres durables, de nouvel aubier, et par conséquent de nouveaux vaisseaux, sont produits annuellement, et la nourriture de l'année suivante y est déposée. C'est ainsi que les nouveaux bourgeons, de même que la plume dans les graines, ont été munis d'un magasin qui renferme la nourriture nécessaire à leur développement.

L'ancien aubier est, par degré, converti en cœur de bois; pressé sans cesse par la force expansive de la fibre nouvelle, il devient plus dur, plus dense, et à la fin perd aussi sa structure vasculaire. Enfin, après un certain temps, il obéit à la loi commune imposée à la matière morte, il est détruit, décomposé, et converti en élémens aériformes et carboniques, en ces mêmes principes auxquels d'abord il a dû son origine.

La destruction du cœur du bois, semble constituer l'extrême limite de l'âge et de la taille de l'arbre. Dans les jeunes branches des vieux arbres, il est bien plus porté à se décomposer que dans les branches semblables de pieds plus jeunes. C'est ce qui arrive aussi aux greffes, leur unique nourriture est la sève de l'arbre sur lequel elles sont transplantées; c'est de lui seulement qu'elles reçoivent leur nourriture, et celle-ci ne change rien dans leur nature; les feuilles, les fleurs et les fruits, sont toujours ce qu'ils auraient été s'ils eussent végété sur le tronc paternel. Le seul avantage que ce moyen procure, est de fournir à une greffe une nourriture beaucoup plus abondante et plus saine, qu'elle n'aurait pu se la procurer dans son état primitif; elle devient ainsi, pour un temps, plus vigoureuse, et produit de plus belles fleurs et de meilleurs fruits ; mais elle n'est pas venue seulement participer aux propriétés favorables, mais aussi aux infirmités et aux dispositions à la vieillesse, et à la destruction de l'arbre qui les a déjà vues naître.

Les observations et les expériences de M. Knight établissent ce fait clairement. Il a, dans un grand nombre de cas, transporté de jeunes scions et des rejetons vigoureux d'un vieil arbre à fruit estimé sur de jeunes pieds. Les greffes fleurissaient pendant deux ou trois années ; mais, peu après, elles devenaient malsaines et infirmes comme le vieil arbre, auteur de leur origine.

C'est par cette cause, que beaucoup de pommiers, célèbres jadis par leur goût et leurs riches produits dans les cantons à cidre, se détériorent par degrés, et que la plupart en disparaissent bientôt. Le *pepin d'or* ou roi pepin, le *red streak* (1), le *moil*, si excellens au commencement du dernier siècle, ont maintenant atteint l'extrême époque de leur dépérissement. Ils n'en sont pas moins toujours greffés soigneusement, et servent uniquement à multiplier des variétés malades et épuisées.

Les arbres qui possèdent le *cœur de bois* le plus dur et le moins poreux, sont ceux qui ont la plus longue durée.

La quantité de charbon, que fournit un bois, est, en général, une assez bonne indication de sa longévité. Ceux qui abondent en charbon et en matière

---

(1) J'augure, d'après le sens littéral à *raies rouges*, que c'est la pomme *culotte suisse*. Ne connaissant pas le *moil*, je me suis borné à inscrire son nom. (*Note du traducteur.*)

terreuse sont les plus durables; et ceux qui contiennent les plus grandes proportions d'élémens gazeux, sont les plus destructibles.

Dans le nombre de nos arbres indigènes, le chataignier et le chêne sont ceux qui ont la prééminence pour la durée. Le chataignier fournit plus de charbon que le chêne.

Dans les vieilles constructions gothiques, on a souvent pris ces arbres l'un pour l'autre. Il est cependant possible de les distinguer par ce caractère: les pores de l'aubier du chêne sont beaucoup plus larges et plus rapprochés, tandis que, dans le chataignier, il faut recourir à une loupe pour les pouvoir distinguer.

La suite de la lenteur du dépérissement du cœur du bois dans le chêne et le chataignier, fait que ces arbres, placés dans des circonstances favorables, peuvent atteindre un âge, qui ne peut être beaucoup au-dessous de 1000 ans.

Le hêtre, le frêne, le sycomore se ressemblent en ce fait; ils n'atteignent point la moitié de ce terme. La durée du pommier n'est pas probablement de plus de deux siècles. Mais, suivant M. Knight, le poirier vit le double de cette période. On pense que la plupart de nos meilleurs pommiers ont été introduits par un jardinier de Henri VIII; ils sont maintenant dans l'état de vieillesse.

Le chêne et le chataignier, vivant dans une situation humide, se détruisent beaucoup plutôt que sur un sol sec, et leur bois de charpente est bien moins dur. Les vaisseaux séveux sont, dans le premier cas, beaucoup plus dilatés, quoiqu'une matière moins nourrissante y soit portée ; et le tissu général des formations annuelles du bois se trouve être moins ferme. Un tel bois se fend plus aisément, il est plus susceptible de se laisser affecter par les variations de l'atmosphère.

Les arbres ont, en général, une vie plus longue dans les climats septentrionaux que dans ceux du midi. La raison que l'on peut en donner, est que le froid réprime les mouvemens de fermentation et de décomposition, et que, à de très-basses températures, les matières végétales et animales résistent tout-à-fait à la putréfaction. Pendant les hivers du Nord, non-seulement la vie végétative, mais même son déclin restent stationnaires.

La propriété anti-putride des climats froids est pleinement établie par le fait des rhinocéros et des mammouths, que l'on a trouvés récemment en Sibérie. Ils étaient tout entiers ensevelis sous le sol glacé, dans lequel ils existaient probablement depuis le temps du déluge. J'ai fait l'examen d'un morceau de la peau d'un mammouth, elle avait été envoyée de ce pays ; elle était encore munie de quelques poils grossiers, et elle avait tous les caractères chimiques d'une peau desséchée.

Les arbres qui croissent dans une situation très-exposée aux vents, ont un bois beaucoup plus dur et plus solide que ceux qui sont très-abrités. La sève épaissie est, par l'agitation des plus petites branches, portée au tronc et aux grosses branches, où le nouvel aubier qui se forme est par conséquent épais et ferme. De tels arbres abondent en parties courbes, propres à donner ces pièces de charpente qui réunissent les ponts et les côtés d'un vaisseau. Les vents agissent dans les situations élevées, de manière à donner aux arbres la forme la mieux calculée pour résister à leurs effets. Les chênes des montagnes s'élèvent vigoureux et robustes, attachés solidement au sol, et capables d'opposer à la tempête une entière résistance.

La dégénération des meilleures variétés d'arbres fruitiers, qui, par des greffes ont été répandus dans ce pays, est une circonstance d'une grande importance. Il n'y a point de moyen de les conserver, et nulle autre ressource, que d'élever de graine des variétés nouvelles.

Dans les endroits où la culture a amélioré des espèces, la graine qu'elles rapportent produit, si toutes les autres circonstances restent semblables, des plantes plus parfaites et plus vigoureuses. Ce moyen a déjà procuré une grande amélioration dans nos campagnes et dans nos jardins.

Le blé, dans son état indigène, et production naturelle du sol, paraît n'avoir été qu'un très-petit *gramen*. Le même fait est encore remarquable pour la pomme et la prune. Le pommier sauvage paraît être le père de toutes nos variétés de pomme. Il est cependant à peine possible de concevoir deux fruits aussi différens en couleur, en taille et en apparence que la prune sauvage et le *magnum bonum*, la reine-claude.

La graine des plantes qui ont été améliorées par la culture, fournit toujours des variétés fortes et meilleures; mais le parfum, et même la couleur du fruit, sont sujets à varier. C'est ainsi qu'une centaine de semences du *pepin d'or* donneront toujours de beaux pommiers à larges feuilles, portant du fruit d'une considérable grosseur ; mais le goût et la couleur des fruits de tous ces arbres différeront entre eux, et pas un ne sera né de la même espèce que ceux du pommier qui les a fournis. Quelques-uns seront sucrés, et d'autres acides ; quelques-uns seront amers, et d'autres insipides ou aromatiques. Il y en aura de verts, de jaunes, et d'autres rayés. Toutes ces pommes néanmoins, seront supérieures à celles du pommier sauvage, qui ne donne que des arbres de la même espèce, et tous portant des fruits exigus et acides.

L'empire du cultivateur des jardins ne s'étend qu'à savoir multiplier par la greffe les excellentes variétés. On ne peut les rendre durables ; les bons fruits, qui maintenant existent dans nos jardins, sont le produit de quelques graines, probablement choisies entre quelques centaines, ou même quelques milliers ; ils sont le résultat d'un grand travail, d'une puissante industrie et de beaucoup d'expériences.

Plus les feuilles de l'arbre que vous aurez fait venir de graine sont larges et épaisses, plus ses fleurs auront d'expansion, et plus aussi il vous produira une bonne variété de fruit. Ne choisissez point l'arbre aux feuilles rétrécies, car il se rapprochera de l'arbre originel, et cela d'autant plus que les qualités opposées indiquent l'influence de la culture.

Il paraît que dans le choix général des semences, il faut prendre celles qui proviennent des variétés les mieux cultivées, elles sont celles qui donnent les produits les plus vigoureux. Mais il est nécessaire de changer de temps en temps, ou, comme l'on dit, de croiser les races.

Porter le *pollen*, ou poussière des étamines d'une variété, sur le pistil d'une autre de la même espèce, produira facilement une nouvelle variété. Les expériences de M. Knight semblent appuyer eette idée, et que l'on peut retirer un grand avantage de cette méthode de propagation.

Le *gros pois* de M. Knight, provenu du croisement de deux variétés, est célèbre chez les cultivateurs des jardins, et sera, je l'espère, cultivé bientôt par les fermiers eux-mêmes.

J'ai vu plusieurs variétés de ses pommes croisées; elles promettent de rivaliser les meilleures de celles qui ont graduellement dépéri dans les excellens cantons à cidre.

Les expériences qu'il a faites sur le croisement des blés, lequel s'opère d'une manière très-facile, puisqu'il suffit de semer simultanément les diverses espèces de blé, ces expériences conduisent à un résultat de la plus grande importance. Il rapporte, dans les Transactions philosophiques, année 1799, que, dans les années 1795 et 1796, lorsque la presque totalité des moissons de l'Angleterre fut *niellée*, les variétés qu'il obtint par le croisement, furent *seules* exceptées de ce fléau. Elles avaient cependant été semées sur différens sols, et dans des situations différentes.

Les procédés que les jardiniers suivent pour accroître le nombre des branches sur les arbres à fruit, et pour améliorer le fruit sur chaque branche, recevront le plus grand jour de tous les principes qui ont été posés dans le cours de cette leçon.

En mettant les arbres en espaliers, on dirige spécialement la force de gravité vers les parties latérales des branches, et plus de sève est portée à s'avancer vers les boutons à fruit. Ils deviennent donc plus enclins à produire un fruit dans une situation horizontale, que dans une position verticale.

On a souvent recommandé de tortiller un fil de métal, ou même seulement de nouer un fil ordinaire, autour d'une branche, afin de la faire tourner à fruit. La descente de la sève doit alors être empêchée; elle est retenue au-dessus de la ligature, et par conséquent plus de nourriture s'applique aux parties développées.

Dans l'opération de la greffe, les vaisseaux de l'écorce du tronc, et ceux de la greffe, ne peuvent pas être mis dans un contact aussi parfait que s'y trouvent être ceux de l'aubier; ils sont beaucoup plus nombreux et distribués également; la greffe rend donc la circulation vers le bas plus difficile, et sa tendance à développer un fruit, en devient aussi plus grande.

La taille des arbres a pour but de fournir plus de nourriture aux parties conservées; car la sève coule aussi bien dans le sens latéral, que dans le perpendiculaire. Les mêmes raisonnemens s'appliquent à l'accroissement de la grosseur des fruits, par la diminution que l'on opère dans leur nombre.

Puisque les plantes sont capables d'être perfectionnées par des méthodes particulières de culture, et d'avoir le terme de leur existence prolongé, il se peut donc aussi que, conformément à la loi de la réciprocité, elles deviennent mal portantes, lorsqu'elles sont exposées à des circonstances défavorables, et que leur vieillesse et leur destruction soient prématurées.

Les plantes que l'on transporte des climats chauds dans ceux qui sont froids, et celles qui sont portées des pays froids dans ceux qui sont chauds, deviennent toutes, généralement, languissantes.

Il est bien connu que peu de plantes du tropique peuvent croître en Angleterre sans être mises dans des serres chaudes. La vigne, pendant tout le cours de notre été, peut être regardée comme étant dans un faible état de santé; et ses fruits, à l'exception de cas très-extraordinaires, contiennent toujours une surabondance d'acide. Le pin, gigantesque dans le nord, lorsqu'il est transporté sous les climats de l'équateur, n'est plus qu'un nain dégénéré. Un grand nombre de faits de la même espèce peuvent être cités.

Beaucoup d'entre eux ont été décrits, et beaucoup de remarques ingénieuses ont été faites par des savans, sur ce que l'on appelle *les habitudes des plantes*. Il demeure certain qu'un arbre transporté périt ou devient languissant, à moins que sa nouvelle position ne lui offre un soleil semblable à celui dont il jouissait auparavant; les graines que l'on apporte dans ce pays, et qui proviennent des climats chauds, germent beaucoup plutôt que celles des mêmes espèces, tirées des pays septentrionaux.

Le pommier de Sibérie, qui, dans un court été de trois mois précédé d'un long hiver, montre ordinairement en Angleterre, ses fleurs, dans la première année de sa transplantation, à l'apparence du premier temps doux, y est souvent détruit par les dernières gelées du printemps.

Il n'est pas difficile d'expliquer ce fait, si étroitement lié avec l'état de santé ou de maladie des plantes. L'organisation du germe, soit dans les graines ou dans les boutons, doit varier suivant le plus ou le moins de chaleur, ou d'après les alternatives du chaud et du froid, dont il a été affecté pendant l'époque de sa formation; et le mode de son expansion doit dépendre totalement de son organisation. Sous un climat variable, les formations auront été interrompues, elles auront des couches successives; dans une température constante, la formation eût été uniforme; mais l'action de chaque cause nouvelle et subite, se fait apercevoir séparément.

Il est souvent possible de changer par degrés les dispositions des arbres, et l'action d'un nouveau climat leur devient alors supportable. Le myrthe, natif des contrées méridionales de l'Europe, périt inévitablement si, dans les premiers temps de sa croissance, il est exposé aux gelées de nos hivers; mais si pendant quelques années successives il est gardé, dans le temps des froids, dans une serre, et peu à peu exposé aux basses températures, il deviendra capable, dans un âge avancé, de résister à un froid très-vif. Dans le midi et à l'ouest de l'Angleterre, le myrthe fleurit et porte graine, par suite de ce même procédé, comme tout autre arbre qui n'eût pas eu besoin de protection, et ses couches deviennent beaucoup plus dures que celles des myrthes qui ont été sous la sauve-garde des portes.

L'arbousier, *arbutus unedo*, qui probablement doit sa naturalisation à une culture semblable, est devenu le principal ornement des lacs de l'Irlande méridionale; il prospère, même dans les situations montagneuses et froides. Il y a peu de doute que les races de cet arbre, accoutumé à un climat tempéré, ne puissent se multiplier et se répandre en Angleterre.

Les mêmes principes que l'on applique aux effets de la chaleur et du froid, peuvent l'être à ceux de l'humidité et de la sécheresse. Les rejetons des arbres accoutumés à un terrain humide, périront dans un sol sec: un tel sol étant même favorable généralement à la végétation de l'espèce. Ainsi qu'il a été dit *page* 193, les arbres qui ont été élevés au centre des bois, sont tôt ou tard détruits, si dans leur âge adulte ils se trouvent exposés aux coups de vent, par suite des coupes de bois faites autour d'eux.

Toutes les fois que les arbres sont exposés dans des situations élevées et découvertes au soleil, aux vents et à la pluie, ils demeurent, ainsi que je viens de le faire remarquer, petits, mais robustes; leurs membres sont courbes; jamais leurs troncs ne sont droits ni élégans. Les arbustes et les arbres qui, au contraire, sont trop abrités, trop à couvert contre le soleil et les vents, s'étendent excessivement en hauteur; mais ils présentent en même temps des branches faibles et déliées; leurs feuilles sont pâles et malades, et, dans ce dernier cas, ils ne portent pas de fruits. La privation de la lumière suffit seule pour amener cette maladie, et les expériences de Bonnet l'ont démontré. Cet ingénieux physiologiste sema trois graines de pois dans une même nature de terrain; il laissa l'une exposée à l'air libre, la seconde fut enfermée dans un tube de verre, et la troisième dans un tuyau de bois.

Le pois placé dans le tube de verre germa, il végéta d'une manière peu différente de celui qui se trouvait dans les circonstances communes; mais celui qui, enfermé dans le tuyau de bois, ne ressentait pas l'action de la lumière, devint blanc, faible, et acquit une beaucoup plus grande hauteur.

Les plantes qui végètent sur un sol incapable de leur fournir un engrais suffisant, ou de la matière organique morte, restent très-petites; leurs feuilles sont d'un vert brun ou obscur, et leur fibre ligneuse surabonde en portions terreuses; celles qui croissent dans des sols tourbeux, ou dans des terres trop abondamment fournies de matière animale ou végétale, s'étendent avec rapidité, portent des feuilles larges et d'un vert brillant, abondent en sève, et en général fleurissent prématurément.

Lorsqu'une terre se montre trop riche dans la végétation du blé, c'est une pratique assez ordinaire de faucher les premières tiges; l'exubérance du sol est corrigée ainsi, et moins probablement le blé se versera-t-il avant la maturité du grain. L'excès de la pauvreté ou celui de la richesse, devient, dans un sol, également fatal aux espérances du cultivateur. La véritable constitution pour obtenir les meilleures moissons, est celle dans laquelle les matières terreuses, l'humidité et les engrais, sont associés en proportions convenables, et dans laquelle la matière végétale ou animale n'excède pas le quart des matières terreuses constituantes.

Le *chancre*, ou érosion de l'écorce et du bois, vient souvent de la pauvreté du sol ; elle est invariablement attachée à la vieillesse d'un arbre ; son principe paraît être, ou un excès de matière alcaline, ou de la substance terreuse dans la sève descendante. J'ai fréquemment rencontré le carbonate de chaux sur les bords du chancre qui ronge les vieux pommiers. L'*ulmine*, qui contient de l'alcali fixe, abonde dans celui qui attaque les ormes. Sous ce rapport, la vieillesse de l'arbre a une faible analogie avec celle des animaux, chez lesquels les sécrétions de la matière osseuse sont toujours en excès, et la tendance à l'ossification fort grande.

Les moyens ordinaires employés à la guérison du chancre, consistent à couper les bords de la plaie, à la recouvrir d'écorce nouvelle, ou à l'enduire d'une couche de terre ; mais quoique ces méthodes aient été préconisées, elles influent vraisemblablement très-peu dans la génération d'une nouvelle partie. Peut-être pourrait-on essayer l'application d'un acide faible ; ou, lorsque l'arbre est d'une grande valeur, on le laverait plusieurs fois avec un acide étendu d'eau ; la nature terreuse et alcaline de la sécrétion morbifique, garantit la réussite ; il est cependant possible qu'il survienne des circonstances imprévues qui détruisent le succès de cette expérience (1).

---

(1) L'opinion que l'auteur a conçue sur la nature de cette

Outre les maladies qui tirent leur origine de la constitution de la plante, ou de l'action défavorable des élémens extérieurs, il en est plusieurs autres peut-être plus nuisibles, qui sont dues à l'action des autres êtres vivans; leur cure, qui est bien plus difficile, les rend aussi bien plus destructives et ennemies des travaux des cultivateurs.

Les plantes parasites de toute espèce, qui s'attachent aux arbres et aux arbustes, pour se nourrir de leurs sucs, qui détruisent leur santé et finissent par leur enlever la vie, sont abondantes sous tous les climats; elles sont peut-être les ennemies les plus redoutables des végétaux des classes supérieures et cultivées.

La *nielle* ou rouille, qui a si souvent occasionné un si grand dégât dans nos récoltes de blé, et qui fut particulièrement destructive en 1804, est une espèce de *fungus* si petit, qu'on ne peut reconnaître sa forme qu'à l'aide d'une loupe. Il se propage rapidement par ses graines.

Divers botanistes ont donné les preuves de ce fait,

---

maladie cancéreuse, rend moins étonnant le silence qu'il a gardé sur l'onguent de *Forsith*, premier jardinier du roi d'Angleterre à Kensington, dont la formule se trouve dans la traduction que M. Pictet a publiée de l'ouvrage de Forsith sur la taille horizontale des arbres fruitiers. Une récompense nationale et considérable a été accordée, par le parlement, à ce cultivateur, pour avoir découvert et rendu publique la formule de cette composition. Je l'ai souvent employée, et presque toujours avec le plus grand succès; l'écorce se régénère promptement et marche très-vite pour recouvrir la plaie. (*Note du traducteur.*)

qui a reçu la plus grande évidence des recherches éclairées du président de la Société royale.

Ce fungus se répand facilement d'une tige à une autre ; il se fixe dans les cellules correspondantes avec les tubes ordinaires ; il emporte et consomme la nourriture qui aurait été appropriée au grain.

On ne connaît pas encore de remèdes à cette maladie ; mais comme la propagation de ce fungus vient de la diffusion de ses graines, on doit prendre le plus grand soin qu'il ne se trouve point de paille niellée, dans les fumiers que l'on dépose sur les terres qui doivent être ensemencées en blé. Si, au moment de la pousse de la récolte, on découvre de la nielle sur quelques épis de blé, il faut les arracher soigneusement, et les traiter comme les mauvaises herbes. C'est une idée généralement répandue chez tous les fermiers, que le voisinage de l'*épine-vinette* est, pour un champ de blé, une cause assurée de la nielle, et elle mérite examen. Cet arbre est très-souvent convert d'un fungus qui, si on pouvoit le démontrer capable de dégénération, et susceptible de devenir le fungus du blé, offrirait une explication facile de cet effet (1).

Les recherches de sir Joseph Banks, portent à croire que le *charbon* du blé est produit par un très-

---

(1) Les expériences qui ont été faites à Maisons, près Alfort, par M. Yvart, membre de la Société d'Agriculture du département de la Seine, et qui ont été par lui communiquées à la Société d'Agriculture de cette ville, paraissent ne pas laisser de doute à ce sujet. Le mémoire étant imprimé, il suffit de le citer. (*Note du traducteur.*)

petit fungus qui se fixe sur le grain. Les produits qu'il présente à l'analise sont les mêmes que ceux donnés par la vesse-de-loup. Il est difficile de penser que sans l'intervention de quelque être organisé, il puisse s'opérer un changement aussi complet dans la constitution du grain.

Le lierre et le gui, les mousses et les lichens, en s'attachant aux arbres, nuisent également à la marche de la végétation, mais en divers degrés; ils sont supportés par les vaisseaux séveux latéraux, et privent les branches supérieures d'une portion de leur nourriture.

Les familles d'insectes sont à peine moins nuisibles que les plantes parasites.

Pour nombrer tous les animaux destructeurs, tous les tyrans du règne végétal, il faudrait donner le catalogue du plus grand nombre de classes de la zoologie. Chaque espèce de plante, est presque le séjour et l'empire d'une famille d'insectes; et depuis la sauterelle et la chenille, et le limaçon, jusqu'aux pucerons, une épouvantable variété de petits insectes est nourrie et vit, des ravages qu'elle fait dans le monde végétal.

J'ai déjà parlé de l'insecte qui dévore les feuilles séminales des turneps.

La mouche de la Hesse est encore plus redoutable pour le froment; elle a, dans quelques saisons, menacée les Etats-Unis de la famine. Le gouvernement français, en janvier 1813, moment où j'écris, promulgue des décrets pour la destruction des larves de sauterelles.

Le temps humide est en général le plus favorable

à la propagation de la nielle, des fungus, de la rouille, et des pétits végétaux parasites; le temps sec est celui qui augmente les familles des insectes. La nature, au milieu de ses constantes variations, dirige perpétuellement toutes ses ressources vers la production et la multiplication de la vie. Au milieu de la grande et sage économie de tout notre système, les agens qui eux-mêmes semblent le plus nuire aux espérances de l'homme, et détruire le plus ses satisfactions, se trouvent, en dernière analise, étroitement liés à l'état le plus parfait de ses pouvoirs et de sa condition; son industrie est excitée, et son activité sans cesse réveillée par les vices du climat et les torts des saisons. Les accidens qui luttent contre ses efforts, le contraignent à exercer ses talens, à porter ses regards jusques dans l'avenir, à considérer le monde végétal, non comme un héritage assuré et inviolable, qui lui fournira de lui-même tout ce dont il a besoin, mais comme une possession douteuse, mal assurée, qu'il ne peut conserver qu'à force de travail, et qu'il ne peut accroître et perfectionner, que par une extrême adresse et beaucoup d'art.

SIXIÈME LEÇON.

Des engrais d'origine animale et végétale. De quelle manière ils deviennent la nourriture des plantes. De la fermentation et de la putréfaction. Des différentes espèces d'engrais d'origine végétale. Des diverses espèces de ceux d'origine animale. Des engrais mixtes. Principes généraux sur l'emploi et l'application de ces engrais.

QUE certaines substances végétales et animales, introduites dans un sol, y accélèrent la végétation, et y augmentent le produit des récoltes, c'est un fait reconnu depuis les premiers temps de l'agriculture. Mais la manière dont les engrais agissent, les meilleures méthodes pour les employer, leur valeur relative et leur permanence, sont même encore à présent des sujets de discussion.

Je vais essayer de poser dans cette leçon quelques principes sur cette matière importante. Ils sont faits pour recevoir le plus grand jour des découvertes récemment faites par la chimie, et je n'ai pas besoin de m'arrêter à démontrer quelle est leur grande importance pour les cultivateurs.

Les pores sont si petits dans les fibres des racines des plantes, que c'est avec difficulté qu'ils peuvent être aperçus, même avec l'aide du microscope. Il n'y a donc pas de probabilité que les substances solides puissent les traverser, en abandonnant le sol. J'ai tenté une expérience à ce sujet : je me procurai un peu de charbon réduit en poudre impalpable, en lessivant de la poudre à canon pour en extraire le nitre ; je fis ensuite évaporer le soufre à l'aide d'une chaleur suffisante. Je plaçai le charbon dans une fiole qui contenait de l'eau pure, et j'y mis végéter une plante de menthe poivrée. Les racines de la plante furent arrangées soigneusement pour les mettre en contact avec le charbon. L'expérience eut lieu au commencement du mois de mai 1805. La végétation de la plante fut très-vigoureuse pendant une quinzaine de jours ; alors elle fut retirée de la fiole. Les racines furent tranchées en différens endroits, mais il demeura impossible d'y découvrir aucunes traces de matière charbonneuse, ni d'y apercevoir les plus petites fibriles noircies par le charbon. Elles avaient cependant été dans la position, où elles auraient pu absorber le charbon sous forme solide.

Nulle matière n'est d'une nécessité plus indispensable pour les plantes que la matière charbonneuse ; et si elle ne peut s'introduire dans les organes des plantes que dans l'état de dissolution, il y a donc beaucoup de raisons pour supposer que d'autres substances, moins essentielles aux végétaux, se trouveront dans un cas semblable.

Quelques expériences faites en 1804, m'ont fait voir que des plantes introduites dans des dissolutions fortes et récentes de sucre, de mucilage, du principe tannant, de gélatine et de quelques autres substances, y périssaient ; mais que les plantes y végétaient bien lorsque les liqueurs avaient commencé à fermenter. J'en conclus alors que la fermentation devenait indispensable pour préparer la nourriture aux plantes ; mais j'ai depuis découvert que l'effet délétère des solutions récentes végétales provenait de ce qu'elles étaient trop concentrées. Vraisemblablement alors, les organes des végétaux étaient obstrués par la matière solide, et la transpiration par les feuilles en était interceptée.

Au commencement de juin 1792, j'employai des solutions des mêmes substances, mais tellement étendues d'eau qu'elles contenaient seulement une deux-centième partie de matière solide végétale ou animale. Des plantes de menthe y eurent une végétation luxuriante; la solution de matière astringente fut la seule dans laquelle elle se montra la moins belle.

J'arrosai quelques portions de gazon dans un jardin, et séparément, avec ces solutions; une seule place le fut avec de l'eau ordinaire. Les gazons arrosés avec la gélatine, le sucre, le mucilage, poussèrent avec vigueur; la partie arrosée avec le principe tannant végéta encore mieux, que celle arrosée avec l'eau pure, qui était la moindre de toutes.

Je cherchai alors à m'assurer si quelques-unes des substances végétales solubles avaient pénétré dans les racines des plantes sans éprouver de changement. J'employai l'analise pour comparer les produits des racines de quelques pieds de menthe qui avaient végété, les uns dans l'eau commune, les autres dans une solution de sucre. Cent-vingt grains de ces dernières racines me donnèrent cinq grains d'extrait d'un vert pâle qui avait un goût douceâtre, mais il

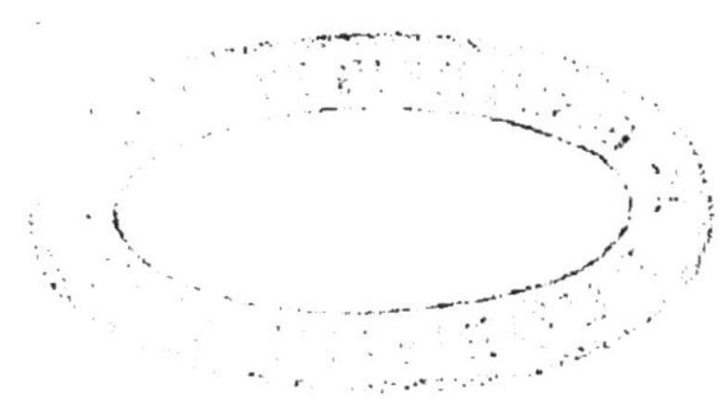

se coagulait légèrement par l'action de l'alcohol. Cent-vingt grains de racines du pied de menthe qui avait poussé dans l'eau commune, me donnèrent trois grains et demi d'un extrait couleur olive foncé. Son goût était aussi assez doux, mais beaucoup plus astringent que celui du premier, et il se coagulait bien davantage avec l'alcohol.

Ces résultats, quoiqu'ils ne soient pas entièrement décisifs, favorisent l'opinion que les matières solubles passent sans altération dans les racines des plantes. Cette idée est confirmée, par la circonstance que les fibres radicales des plantes que l'on fait végéter dans une infusion de garance, se teignent en rouge. On peut donc regarder presque comme prouvé par ce fait, que des substances, qui sont même mortelles pour les plantes, sont absorbées par elles.

J'introduisis une racine de *primevère* dans une faible solution de fer par le vinaigre, et elle y resta jusques à ce que ses feuilles y fussent devenues jaunes. Les racines furent alors soigneusement lavées dans de l'eau distillée, puis concassées et mises à bouillir dans une petite quantité du même fluide. Leur décoction fut filtrée, et examinée ensuite avec l'infusion de noix de galle. Elle prit une forte teinte pourpre, ce qui était une preuve, que la solution ferrugineuse avait été soutirée par les vaisseaux ou pores des racines.

Les substances végétales ou animales déposées dans les sols, sont, ainsi que l'expérience l'a démontré universellement, consommées pendant la marche de la végétation. Elles ne peuvent cependant nourrir la plante qu'en lui fournissant des matières solides, susceptibles de se dissoudre dans l'eau, ou des substances gazeuses capables d'être absorbées par les fluides dans les feuilles, mais celles de leurs parties qui deviennent aériformes, et qui passent dans l'atmosphère, doivent produire comparativement un effet très-borné, car les gaz sont rapidement confondus dans toute la masse de l'air environnant. L'objet principal de l'application des engrais doit être de procurer la fourniture de la plus grande quantité possible de matière soluble aux racines. Cette fourniture doit se faire d'une manière lente et graduelle, en sorte qu'elle puisse se trouver consommée par la formation de la sève et des parties organisées.

Les fluides mucilagineux, gélatineux et sucrés, ceux huileux et extractifs, et l'acide carbonique dissous dans l'eau, sont les corps, qui, dans leur état inaltéré, contiennent presque tous les principes nécessaires à la vie des plantes. Il est cependant un petit nombre de cas, dans lesquels ils ne doivent pas être appliqués comme engrais sous leurs formes pures. Les engrais végétaux renferment un grand excès de matière insoluble et fibreuse, qui doit subir des mutations chimiques, avant d'être susceptible de devenir la nourriture des plantes.

Il est donc nécessaire de prendre une connaissance scientifique de la nature de ces mutations, de leurs causes, et des moyens de les accélérer ou de les retarder, ainsi que des produits qui en sont le résultat.

Si une matière végétale récente, qui contient du sucre, du mucilage, de l'amidon, ou d'autres composés solubles dans l'eau, est mouillée ; si, dans cet état, on l'expose à l'air, à une température de 55 à 80° ou 12 à 18 centigrades, elle absorbera bientôt de l'oxigène, et il se formera de l'acide carbonique. Il se manifestera de la chaleur, et les fluides élastiques, surtout le gaz acide carbonique, celui oxide de carbone et l'hydro-carbonate seront dégagés. Un liquide d'une teinte obscure, d'un goût légèrement acide ou amer, se trouvera pareillement avoir été formé; et si l'action est continuée assez long temps, il n'existera plus rien de solide, à l'exception d'une matière salino-terreuse, colorée en noir par le charbon.

Le fluide d'une couleur foncée, formé pendant la fermentation, contient toujours de l'acide acétique; et, lorsqu'il existe dans le végétal, du gluten ou de l'albumine, il contient en outre de l'alcali volatil.

Plus les proportions de gluten, d'albumine, ou de matière soluble dans l'eau, sont fortes dans le végétal soumis à l'action de la fermentation, plus, toutes les circonstances étant d'ailleurs égales, l'effet aura été prompt. La seule fibre ligneuse subit un changement très lent; mais son tissu est brisé, et il se résout plus facilement en de nouveaux élémens, lorsqu'il est mêlé avec des substances plus aptes à changer, et qui ont plus d'oxigène et d'hydrogène. Les huiles fixes et les volatiles, les résines, la cire, sont plus capables de changement que la fibre ligneuse, lorsqu'elles sont exposées à l'air et à l'eau.

Elles le sont cependant moins que les autres composés végétaux. Les corps, même les plus inflammables, deviennent, en absorbant de l'oxigène, susceptibles de se dissoudre dans l'eau.

Les matières animales subissent une décomposition plus prompte que les végétales. Tandis qu'elles se putréfient, il y a absorption d'oxigène et production d'acide carbonique et d'ammoniaque. Elles produisent des fluides composés, élastiques et putrides, et de plus de l'azote. Elles donnent des fluides acides d'une couleur foncée, et huileux. Leur résidu est un mélange de sels, de terres et de matière charbonneuse.

Les substances principales qui constituent les diverses parties des animaux, ou que l'on trouve dans leur sang, dans leurs excrémens, sont : la gélatine, la fibrine, le mucus, la graisse ou matière huileuse, l'albumine, l'urée, l'acide urique, quelques acides, et des matières salines ou terreuses.

Entre toutes ces substances, la *gélatine* est celle, qui, combinée avec l'eau, forme la gelée. Elle passe très-promptement à la putréfaction. MM. Gay-Lussac et Thénard la regardent comme étant composée de

Carbone.	17,088
Oxigène	27,207
Hydrogène	7,914
Azote	16,998

Ces proportions ne peuvent pas être regardées comme absolument déterminées, car elles ne sont pas l'une avec l'autre en rapport avec aucun des multiples simples des nombres qui représentent les élémens. Le même fait paraît encore se représenter avec les autres composés du règne animal.

Mais, dans les substances végétales mêmes, il paraît, d'après les éclaircissemens donnés dans la troisième leçon, que les proportions sont loin d'avoir les mêmes rapports simples, que l'on découvre dans les composés binaires que l'art peut produire, tels sont les acides, les alcalis, les oxides et les sels.

La *fibrine* constitue la base de la fibre musculaire animale. On peut retirer une substance qui lui est semblable du sang fluide et récent. En le remuant avec une baguette, la fibrine y adhérera. Elle est insoluble dans l'eau; M. Hatchett a démontré que, par l'action des acides, elle peut y être dissoute, et est analogue à la gélatine; elle est moins disposée qu'elle à la putréfaction. 100 parties de fibrine contiennent, suivant MM. Gay-Lussac et Thénard :

Carbone	53,360	100,000
Oxigène	19,685	
Hydrogène.	7,021	
Azote	19,934	

Le *mucus* est très-analogue à la gomme du règne végétal dans ses caractères; et, comme le docteur Bostok l'a fait voir, il peut être retiré en évaporant la salive. On n'a pas encore tenté d'expériences pour l'analiser. Il est cependant probable qu'il se rapproche de la gomme dans sa composition. Il peut passer à la putréfaction, mais moins promptement que la fibrine.

La *graisse* ou *huile animale* n'a point encore été soigneusement analisée. Mais on peut supposer très-raisonnablement que sa composition est semblable à celle des corps analogues du règne végétal.

L'*albumine* nous a déjà occupés, et nous avons rapporté son analise dans la troisième leçon.

L'*urée* peut être obtenue en faisant évaporer l'urine humaine jusques à consistance d'un sirop, et par l'action de l'alcohol sur la substance cristalline qui se forme quand la matière refroidit. On obtient donc une solution alcoholique d'urée, et l'on sépare cette substance à l'aide de la chaleur. L'urée est très-soluble dans l'eau, dont on peut la précipiter au moyen de l'acide nitrique, très-délayé. Elle a alors une forme brillante, couleur de perle, et cristallisée. Cette propriété la distingue de toutes les autres substances animales.

D'après Fourcroi et Vauquelin, 100 parties d'urée donnent à la distillation :

Carbonate d'ammoniaque .	92,027	
Gaz hydrogène carburé . .	4,608	99,860
Charbon.	3,225	

L'urée, surtout lorsqu'elle est mêlée avec l'albumine ou la gélatine, passe promptement à la putréfaction.

L'*acide urique*, ainsi que l'a fait voir le docteur Egan, peut être retiré de l'urine humaine en y versant un acide. Il se précipite souvent de l'urine, sous la forme de cristaux couleur de brique. Il est composé de charbon, d'hydrogène, d'oxigène et d'azote; leurs proportions n'ont point encore été déterminées. L'acide urique est une des substances le moins susceptible de subir la putréfaction.

Conformément aux divers principes qui entrent dans la composition des substances animales, elles sont capables d'éprouver des mutations différentes. Lorsque beaucoup de matière saline ou terreuse s'y trouve mêlée, la marche de leur décomposition est moins rapide, que si elles sont principalement formées de fibrine, d'albumine, de gélatine ou d'urée.

L'ammoniaque, qui devient libre et s'échappe des composés animaux pendant leur putréfaction, peut être regardée comme se formant à l'instant de leur décomposition ; elle résulte de la combinaison de l'hydrogène et de l'azote. Si l'on en excepte ce corps, tous les autres produits de la putréfaction, sont analogues à ceux qui sont développés dans la fermentation des substances végétales. Les substances solubles, qui se forment dans la décomposition des matières animales, abondent en ces mêmes élémens, qui sont les parties constituantes des végétaux : ce sont le carbone, l'hydrogène et l'oxigène.

Quoique les fumiers soient principalement composés de matières solubles dans l'eau, il est évident qu'il faut prévenir leur fermentation autant que cela est possible ; le seul cas dans lequel ce procédé peut devenir utile, c'est lorsque les fumiers sont principalement composés de la fibre végétale ou animale. Les circonstances nécessaires pour amener la putréfaction des matières animales, sont les mêmes que pour la fermentation des végétaux. La température doit être au-dessus du point de glace, la présence de l'eau est nécessaire, et celle de l'oxigène, au moins dans les premiers momens de l'opération.

Pour empêcher la décomposition des fumiers, il faut les tenir secs, les défendre du contact de l'air, et autant que possible, qu'ils restent froids.

Le sel et l'alcohol paraissent tenir leur pouvoir conservateur des substances animales et végétales, de leur attraction pour l'eau : c'est par-là qu'ils préviennent son action décomposante, et en outre parce qu'ils en excluent le contact de l'air. L'utilité de la glace pour conserver les substances animales, réside seulement, à les tenir à une basse température.

L'efficacité de la méthode de M. Appert, récemment publiée en France, pour la conservation des substances animales et végétales, repose entièrement sur l'exclusion de l'air. Sa méthode consiste à remplir un vaisseau d'étain ou de verre, de la viande ou du végétal à conserver; il bouche ou cimente l'ouverture de manière à rendre le vaisseau inaccessible à l'air; on le tient ensuite plongé dans un vase d'eau bouillante, pendant un temps suffisant pour mettre la substance en état de servir à la nourriture (1).

Il est probable que dans ce procédé, la petite quantité d'oxigène qui reste dans le vase, est ab-

---

(1) On prendrait une idée fort peu exacte du procédé de M. Appert, d'après la description que sir Humphy Davy en vient de donner. M. Appert a publié sa méthode par la voie de l'impression, et je renvoie à son ouvrage, dont je conseille la lecture aux habitans des champs; je ferai seulement observer qu'il y a aussi un commencement de coction : elle suffit pour chasser une portion de l'humidité du corps à conserver, pour altérer l'arrangement actuel de toutes ses parties constituantes, et éloigner ainsi son aptitude à la fermentation. Le degré de chaleur est, en outre, assez vif pour chasser une grande portion de l'air de l'intérieur, car celui-ci n'est hermétiquement bouché et scellé, qu'après avoir été retiré du bain-marie. (*Note du traducteur.*)

sorbée, car ayant ouvert une boîte de fer-blanc qui avait été remplie de bœuf cru et exposée à l'eau chaude le jour précédent, je trouvai que la faible quantité de fluide élastique que l'on en pouvait retirer, était un mélange d'acide carbonique et d'azote.

Je suis porté à croire que pour opérer en grand la conservation des viandes et des végétaux pour l'usage des vaisseaux et des armées, il faudrait comprimer dans le vase conservateur, au moyen de la pompe qui sert à faire les eaux artificielles de Seltz, une quantité de gaz acide carbonique, d'hydrogène ou d'azote, et que l'on empêcherait ainsi tout changement dans les substances; aucun fluide élastique ne pourrait trouver de moyen de se former par la décomposition de la viande; mais l'exacte clôture, et la force du vaisseau, seraient également prouvées par le procédé de la compression. Il n'y a point de putréfaction ni de fermentation, sans génération de fluides élastiques; la pression agirait donc probablement, dans ce cas, avec autant d'efficacité que le froid, pour la conservation des substances végétales et animales.

Les divers engrais contenant des proportions diverses des élémens nécessaires à la végétation, exigent donc des traitemens variés pour les rendre propres à produire les plus grands effets dans l'agriculture. Je vais décrire avec détail les propriétés et la nature des engrais dans l'usage ordinaire, et je donnerai quelques aperçus généraux sur les meilleures méthodes de les conserver, et d'en faire l'emploi.

Toutes les plantes vertes succulentes, contiennent

de la matière sucrée et mucilagineuse, avec la fibre ligneuse, et elles entrent rapidement en fermentation ; c'est pourquoi si on veut les employer en qualité d'engrais, on ne peut en faire un usage trop prompt après leur mort.

Lorsque des *récoltes vertes* doivent servir à enrichir un sol, il faut les y enterrer, s'il est possible, lorsqu'elles sont en fleur, ou lorsque la fleur commence à paraître ; c'est l'époque à laquelle elles contiennent la plus grande proportion de matière facilement soluble, et celle ou leurs feuilles ont le plus d'activité pour former de la matière nutritive. Les *récoltes vertes*, les *plantes aquatiques*, le *pelage* le long des haies, ou celui des fossés, ou toute autre espèce de matière végétale récente, n'exigent aucune sorte de préparation pour être convertis en engrais ; une lente décomposition suit sa marche dans l'intérieur du sol : les matières solubles se dissolvent peu à peu, et la légère fermentation qu'elles éprouvent, est retardée par le manque d'une communication libre avec l'atmosphère ; elle tend seulement à rendre la fibre ligneuse soluble, sans occasionner la dissipation trop prompte de la matière élastique et gazeuse.

Lorsque l'on retourne de vieux pâturages pour les rendre au labour, non-seulement le sol a été enrichi par la mort successive et la lente destruction des plantes qui le couvraient, et qui y ont laissé une grande quantité de matière soluble, mais en outre, les feuilles et les racines des plantes vivantes actuellement, et qui occupent encore la plus grande partie de sa superficie, fournissent de la matière sucrée, du mucilage et de l'extrait. Ces substances, qui deviennent immédiatement la nourriture de la récolte, sont, par leur décomposition graduelle, la ressource des années qui vont suivre.

Les *gâteaux de navette* (1), dont on se sert avec un grand succès comme engrais, contiennent une forte quantité de mucilage et un peu de matière albumineuse, avec une petite portion d'huile. Cet engrais doit être employé récent, conservé sec autant que possible, avant d'en faire usage. C'est un excellent amendement pour les récoltes de turneps. On s'en sert d'une façon très-économique en le répandant sur le sol en même temps que la semence. Les personnes qui voudront voir cette méthode portée au plus haut point de perfection, doivent accompagner à Holkam M. Coke à l'époque de la fête annuelle de la tonte des moutons.

La *poussière de malt* consiste principalement dans la petite radicule qui a été séparée du grain dans

(1) On les nomme populairement *tourteaux ;* ils sont le résidu de l'opération de la presse, sous laquelle on a mis la graine de navette pour en retirer l'huile. Dans plusieurs endroits, en France, on s'en sert, pendant l'hiver, pour nourrir les vaches. Cette nourriture leur donne beaucoup de lait : il faut cependant ne pas trop leur en faire consommer, car, ainsi que l'expérience m'en a convaincu, le beurre acquiert un goût gras peu agréable. Cette ressource n'est cependant pas à négliger, l'excès seul doit être évité. Les tourteaux de graine de lin servent au même usage ; ils donnent de plus un excellent lut pour la préparation du *chlore* ou gaz muriatique suroxigéné de l'ancienne nomenclature. On mêle le tourteau de graine de lin avec de la colle d'amidon un peu épaisse, jusqu'à ce que l'on ait une pâte solide. J'ai aussi employé à cet usage le tourteau de navette, il n'a pas autant de liant (*Note du traducteur.*)

les brasseries. Je n'ai jamais fait aucune expérience sur cet engrais, mais il y a beaucoup à croire qu'il contient la matière sucrée, et dès-lors il doit jouir d'un grand pouvoir. On doit, comme le gâteau de navette, l'employer sec, et prévenir autant qu'il est possible sa fermentation.

Les *gâteaux de graine de lin* sont trop précieux pour la nourriture des bestiaux pour que l'on pense à en faire un engrais. J'ai rapporté dans la troisième leçon l'analise de la graine de lin.

L'eau dans laquelle on a fait rouir le *lin* et le *chanvre*, pour retirer de ces plantes la fibre végétale isolée, jouit d'une grande puissance fertilisante. Il paraît qu'elle contient une substance analogue à l'albumine, et pareillement beaucoup de matière végétale soluble et extractive; elle est putréfiée très-promptement. Un certain degré de fermentation est nécessaire pour obtenir le lin et le chanvre dans l'état convenable à nos besoins. L'eau, à l'action de laquelle ils ont été exposés, doit donc être employée comme engrais, aussitôt que les fibres végétales de ces plantes en ont été retirées.

Les *herbes marines* sont les diverses espèces de *fucus*, d'*algues*, et de *conferves*, dont on use comme engrais sur les côtes de l'Angleterre et de l'Irlande. J'ai fait digérer le fucus commun, c'est l'herbe marine la plus abondante, *en français varec;* je l'ai fait bouillir dans l'eau, et j'en ai retiré un huitième d'une matière gélatineuse qui avait des caractères semblables au mucilage. Une portion, que je distillai me fournit presque les quatre cinquièmes de son poids d'eau, mais point d'ammoniaque Cette eau avait un goût empyreumatique et légèrement acide; les cendres contenaient le sel marin, *muriate de soude*, du carbonate de soude, et une matière charbonneuse. La matière gazeuse, qu'il avait fournie, était en petite quantité; elle était principalement du gaz acide carbonique, de l'oxide de carbone, et de l'hydro-carbonate.

Les effets de cet engrais sont peu durables, une seule récolte les épuise. On expliquera [illegible] facilement, si l'on considère la grande quantité d'eau, ou des élémens de l'eau qu'il contient; il se décompose exposé à l'air, sans produire de chaleur, et semble se fondre et se dissoudre. J'en ai vu un gros monceau se détruire en moins de deux années; rien n'en resta qu'un peu de matière fibreuse noire. Je mis la portion la plus solide d'une plante de varec dans un vase clos qui contenait de l'air atmosphérique: une quinzaine de jours écoulés, elle avait diminué extrêmement de volume, les parois du récipient étaient tapissées de rosée; l'air dont je fis l'examen n'était qne de l'acide carbonique, l'oxigène était disparu.

On laisse quelquefois fermenter les plantes marines, avant d'en faire usage; mais cela n'est pas nécessaire; car on ne rend point ainsi la matière fibreuse soluble, et une partie de l'engrais est perdue.

Les meilleurs cultivateurs de l'ouest de l'Angleterre emploient cet engrais aussi récent qu'il leur est possible de se le procurer. Les résultats pratiques de cette méthode sont exactement conformes à la théorie de cette opération. L'acide carbonique, formé par l'action de la fermentation commençante, est en partie dissout par l'eau qui se dégage en même temps ; il peut donc, dans cet état, être absorbé par les racines des plantes.

Les effets des herbes marines, comme engrais, doivent surtout dépendre de l'acide carbonique, et du mucilage soluble qu'elles contiennent. J'ai vérifié que des varecs qui avaient fermenté, jusques au point de perdre la moitié de leur poids, fournissent moins d'un douzième de matière mucilagineuse ; on en peut conclure certainement, que dans la fermentation, une partie de cette substance se trouve avoir été détruite.

La *paille sèche de blé*, celle d'orge, d'avoine, de fèves, de pois, le foin gâté et toutes les autres sortes de matières végétales sèches, sont d'utiles engrais. On soumet en général ces substances à la fermentation, avant d'en faire usage ; quoiqu'il n'y ait pas de doute que cette pratique ne soit adoptée sans discernement.

J'ai retiré, de quatre cents grains de paille d'orge sèche, huit grains de matière soluble dans l'eau ; sa couleur était brune, elle avait le goût du mucilage. Quatre cents grains de paille de blé, n'ont donné que cinq grains d'une substance pareille.

Il est certain que la paille des différentes récoltes, enterrée sur-le-champ, par le labour, dans le terrain, fournit de la nourriture aux plantes ; mais il existe une objection contre cette méthode ; c'est la difficulté d'enterrer la paille dans toute sa longueur, et parce qu'elle rendrait, employée ainsi, la culture difforme.

La paille qui a fermenté devient un engrais plus

maniable; mais aussi elle a perdu, sinon la totalité, au moins la plus grande partie de sa matière nutritive. Il y a peut-être plus d'engrais de fourni pour une seule récolte; mais la terre est moins amendée qu'elle ne l'eût été, dans la supposition que toute la matière végétale eût pu être divisée très-fine et mêlée dans le sol.

On a la coutume de porter la paille qui ne peut servir à aucun usage, sur le fumier, pour y fermenter et s'y décomposer; ce serait une importante expérience, que d'examiner s'il ne serait pas préférable de la conserver sèche, après l'avoir brisée avec une machine convenable, jusques au moment où elle serait enterrée pour servir aux récoltes. Quoiqu'elle fût alors décomposée plus lentement, et qu'elle produisît moins d'effet d'abord, néanmoins son influence serait beaucoup plus durable.

La *pure fibre végétale* semble être la seule matière végétale qui exige la fermentation, afin de devenir nutritive pour les plantes. L'écorce qui a servi aux tanneurs, le *tan*, est une substance de cette nature. M. Young, dans son excellent *Traité des Engrais*, qui a remporté la médaille *bedfordienne* que distribue la Société d'Agriculture de Bath, établit que le tan semble plutôt nuire à la végétation que lui être utile. Il en attribue la cause, au principe astringent qui y est contenu. Mais dans le fait, il est dépouillé de toutes les substances solubles, par l'action de l'eau dans la fosse du tanneur. Si donc il nuit à la végétation, cette action provient de celle qu'il exerce sur l'eau, ou de ses effets mécaniques. Cette substance est très-absorbante, et retient opiniâtrement l'humidité, et cependant n'est pas pénétrable pour les racines des plantes.

La *matière tourbeuse inerte*, doit encore être placée parmi les substances de cette nature; elle demeure pendant des années exposée à l'action de l'air et de l'eau, sans éprouver aucun changement, et dans cet état elle communique peu, ou même point de nourriture aux plantes.

La fibre ligneuse ne fermente qu'à l'aide de quelques autres substances qui se trouvent mêlées avec elle; celles-ci réagissent sur elle, et tels sont le mucilage, le sucre, l'albumine, l'extrait, et ordinairement ces substances lui sont associées dans les herbes et dans les plantes succulentes. Lord Meadowbanks a judicieusement recommandé le mélange du fumier ordinaire de la cour de la ferme, pour amener la tourbe à fermenter. Toute substance putrescible, ou fermentable, remplira ce but. Plus une substance s'échauffe avec rapidité, et plus promptement elle fermente, et meilleur en sera l'emploi pour remplir ce but.

Le même lord établit, qu'une partie de fumier suffit pour en rendre trois ou quatre de tourbe convenables pour les engrais; mais par hasard la proportion peut varier, et suivant la nature du fumier et celle de la tourbe. Si quelques végétaux vivans se trouvaient mêlés avec elle, la fermentation se ferait avec bien plus de promptitude.

Le tan de la fosse, les copeaux, la sciure de bois, exigeraient vraisemblablement autant de fumier que la tourbe, pour entrer en fermentation.

La fibre ligneuse peut aussi, au moyen de la chaux,

devenir un engrais. Je traiterai cette matière dans la leçon suivante, parce qu'elle dépend, par sa nature, d'une autre série de faits, relatifs aux effets de la chaux sur les sols.

MM. Gay-Lussac et Thénard ayant donc montré que les élémens de la fibre ligneuse sont principalement ceux de l'eau et du charbon, et que celui-ci s'y rencontre en plus grandes proportions que dans les autres composés végétaux, il demeure évident que tout procédé qui tendra à en séparer la matière charbonneuse, doit la rapprocher de la composition des substances solubles. C'est ce qui se passe dans la fermentation, par l'absorption de l'oxigène et la production de l'acide carbonique. On verra qu'un effet semblable a lieu avec la chaux.

Les *cendres de bois* peu cuites, celles qui contiennent encore beaucoup de charbon, ont été, à ce que l'on dit, employées comme un engrais avantageux. Une portion de leur effet est dû à la lente et graduelle destruction du charbon, qui semble, dans quelques circonstances, autres que sa combustion actuelle, capable d'absorber de l'oxigène, de manière à devenir de l'acide carbonique.

Au mois d'avril 1803, je renfermai un peu de charbon bien brûlé, dans un tube à moitié plein d'eau et à moitié, d'air atmosphérique; le tube fut hermétiquement scellé. Au printemps de 1804, j'ouvris le tube sous l'eau, dans un moment où la température et la pression atmosphérique étaient à peu près semblables à celles du commencement de l'expérience. Un peu d'eau s'y introduisit précipitamment; puis ayant chassé du tube un peu d'air à l'aide de la chaleur, et l'ayant soumis à l'analise, il ne contenait que sept pour cent d'oxigène. L'eau du tube, mêlée avec l'eau de chaux, y produisait un précipité abondant; il s'était donc formé de l'acide carbonique qui avait été dissous par l'eau.

Les engrais, provenant des matières animales, n'exigent point en général de préparation chimique pour devenir propres à la culture. Le grand objet du fumier est de les confondre avec les parties terreuses, dans un état convenable de division; c'est à lui d'empêcher leur trop rapide décomposition.

Les *parties musculaires* des animaux, dans leur tissu entier, ne sont pas ordinairement employées comme engrais: ce n'est pas, que dans un grand nombre de cas l'application n'en pût être facile. Les chevaux, les chiens, les moutons, les daims et tous les autres animaux quadrupèdes, qui périssent par accident ou d'une mort naturelle, sont souvent laissés, lorsque la peau en a été enlevée, exposés à l'air, ou plongés sous les eaux, jusqu'à ce que les oiseaux de proie, ou les autres bêtes carnivores, les aient anéantis, ou bien jusqu'au moment où ils auront été en entier décomposés. Alors la plus grande portion de matière organisée est perdue pour la terre sur laquelle ils sont morts, et leur portion la plus considérable se trouve employée à répandre des gaz nuisibles dans l'atmosphère.

Si l'on recouvrait les bêtes mortes, avec cinq ou six fois leur masse de terre du sol, mêlée avec une partie de chaux, et qu'on les abandonnât ainsi pour quelques mois, leur décomposition imprégnerait la terre de matière soluble, de manière à la rendre un excellent engrais. En y mêlant ensuite, au moment où on l'enleverait, un peu de chaux vive récente, les effluves désagréables qui en émanent, seraient en grande partie détruites; elle pourrait alors être répandue sur les terres comme toute autre espèce d'engrais, pour les récoltes.

Les *poissons* deviennent un puissant engrais, quelque soit l'état dans lequel on en fasse usage; on ne peut pas les enfouir trop frais, et la quantité en doit être limitée. M. Young rapporte une expérience dans laquelle des harengs furent répandus sur un champ; on les y enterra avec la charrue pour semer du blé; ils furent la cause d'une récolte si forte, que tout le blé fut versé avant sa maturité.

Dans le pays de Cornouailles, les *sardines de rebut* sont employées partout comme un excellent engrais; on les mêle avec du sable ou avec le sol, et quelquefois avec les plantes marines, afin de prévenir la pousse d'une récolte trop abondante; leurs effets se font ressentir pendant plusieurs années.

Dans les marais de Lincolnshire, Cambridgeshire et de Norfolk, on prend dans les eaux basses une si grande quantité d'un petit poisson nommé *sticklebacks*, qu'il y devient une grande partie de l'engrais des terres qui sont dans le voisinage des marais.

Il est facile d'expliquer quelle est l'action du poisson sous le point de vue des engrais. La peau est surtout formée de gélatine; son état léger de cohésion la rend promptement soluble dans l'eau; il existe toujours de la graisse et de l'huile dans les poissons, soit immédiatement sous la peau, soit dans quelques-uns des viscères, et leur matière fibreuse contient tous les élémens essentiels aux végétaux.

Dans le nombre des substances huileuses, l'huile de baleine a été employée comme engrais; elle est très-utile, lorsqu'on la mêle avec l'argile, le sable ou quelque terre ordinaire, de façon à pouvoir présenter une large superficie à l'air, dont l'oxigène, produit avec elle de la matière soluble. Lord Somerville a fait usage de l'huile de baleine dans sa ferme du Surrey avec un grand avantage; elle avait été mise en un monceau avec de la terre du sol, et elle garda son pouvoir fertilisant pendant plusieurs années de suite.

Le charbon et l'hydrogène, qui abondent dans les substances huileuses, remplissent entièrement leurs effets, dont la durée s'explique aisément par la manière graduée par laquelle les huiles sont décomposées par l'air et l'eau.

Les *os* sont, dans le voisinage de Londres, très-employés comme engrais. Lorsqu'ils ont été brisés et que, par l'ébullition, on en a retiré la graisse, on les vend au fermier. Plus ils sont divisés, plus leurs effets sont puissans. La dépense que causerait leur mouture serait bien récompensée par l'accroissement de leur puissance fertilisante; s'ils étaient dans l'état pulvérulent, ils pourraient être employés dans la culture en plateaux et être repandus avec la graine, de la même manière que les gâteaux de navette.

La poussière d'os et leurs raclures, qui sont des résidus inutiles dans l'art du tourneur, peuvent être avantageusement employés de la manière dont je viens de le dire.

La base des os est constituée par des sels terreux, et surtout par le phosphate de chaux; celui de magnésie et un peu de carbonate de chaux. Les substances les plus facilement décomposables dans les os, sont: la graisse, la gélatine et lé cartilage; celui-ci paraît être de la même nature que l'albumine coagulée.

L'analise que Fourcroi et Vauquelin ont faite des os de bœufs, leur assigne les proportions suivantes:

Matière animale décomposable.	51,0	100
Phosphate de chaux	37,7	
Carbonate de chaux	10,0	
Phosphate de magnésie	1,3	

M. Mérat-Guillot a publié le détail suivant sur la composition des os de quelques animaux, sur 100 parties.

NOMS.	PHOSPHATE DE CHAUX.	CARBONATE DE CHAUX.
Os de veau	54	0,00
— de cheval	67,5	1,25
— de mouton.	70	5
— d'élan	90	1
— de cochon	52	1
— de lièvre.	85	1
— de poularde	72	1,5
— de brochet.	64	1
— de carpe	45	5
Dents de cheval.	85,5	20,5
Ivoire	64	1

Le surplus des 100 parties, qui n'est point inscrit,

doit être considéré comme appartenant à la matière décomposable (1).

La *corne* est un engrais plus puissant que les os; elle contient une plus grande quantité de matière décomposable. Cinq cents grains de corne de bœuf ont seulement fourni, à M. Hatchett, un grain et cinq dixième de résidu terreux, un peu moins de moitié seulement était du phosphate de chaux. Les raclures que le tour enlève à la corne, sont un excellent engrais; elles ne se trouvent pas malheureusement en assez grande abondance pour devenir d'un usage commun; leur matière animale paraît tenir de l'albumine coagulée, et devenir lentement soluble par l'action de l'eau. La matière terreuse empêche, dans la corne, et plus particulièrement dans les os, la décomposition trop rapide de la matière animale, et par conséquent elle en rend les effets plus durables.

Les diverses espèces de *poils*, les débris de la *laine*, les *plumes*, ont une composition analogue; elles sont principalement composées d'albumine, unie à la gélatine. Les ingénieuses recherches de M. Hatchett ont démontré ce fait. La théorie de leur action est

---

(1) Le tableau précédent n'est pas assez étendu pour acquérir une connaissance complète de la charpente osseuse des animaux. *Berniard*, digne élève des illustres frères Rouelle, publia, dans le Journal de Physique, en 1781, un travail complet sur cette matière; il analisa des os fossiles, entre autres celui qui fut trouvé enfoui sous les fondemens d'une maison que l'on rebâtissait rue Dauphine, près le Pont-Neuf; il soumit les os humains à l'analise. Les nouvelles richesses, acquises par la chimie, ne doivent pas faire perdre de vue les anciennes. (*Note du traducteur.*)

tout-à-fait semblable à celle des os et des rognures de la corne.

Les *rebuts* de toutes les fabriques, dans lesquelles on travaille les peaux et les cuirs, forment d'excellens engrais. Telles sont les raclures du corroyeur, les rognures des fourreurs, et les déchets des tanneries et des fabriquans de colle forte. La gélatine, que toutes les sortes de peaux contiennent, s'y trouve dans un état convenable pour sa solution graduelle et sa décomposition. Enterrée dans le sol, elle y dure un temps considérable, et fournit constamment un supplément de nourriture à la plante située dans son voisinage.

Le *sang*, contient une certaine quantité de tous les principes que l'on trouve dans les autres substances animales ; il est donc un bon engrais. Il a déjà été établi qu'il contenait la *fibrine ;* l'albumine s'y trouve aussi. La *partie rouge* a été regardée par plusieurs chimistes étrangers, comme étant colorée par du fer dans un état particulier de combinaison avec l'oxigène et une matière acide, mais M. Brande l'a considérée comme formée d'une substance animale particulière, qui contient très-peu de fer.

L'écume que l'on retire des chaudières dans les raffineries de sucre, et que l'on emploie comme engrais, consiste principalement dans les caillots du sang dont on s'est servi pour enlever les impuretés du sucre brut ; la chaudière, portée à l'ébullition, ayant fait coaguler l'albumine contenue dans le sang.

Les diverses espèces de *coraux*, de *coralines* et d'*éponges*, doivent être considérées comme des substances d'origine animale. Il paraît par les analises

que M. Hatchett a faites, que tous ces corps contiennent une proportion considérable de matière analogue à l'albumine coagulée; les éponges ont de plus de la gélatine.

M. Mérat-Guillot assure, que le corail blanc consiste en parties égales de matière animale et de carbonate de chaux. Le corail rouge a 46,5 de matière animale, et 53,5 de carbonate de chaux. La coraline articulée, 51 de matière animale et 49 de carbonate de chaux.

Ces substances n'ont jamais, je crois, servi aux engrais dans ce pays, excepté le cas où elles se seraient trouvées accidentellement mêlées avec des herbes marines. Il est probable cependant que les coralines pourraient être employées très-avantageusement, parce qu'elles se trouvent en quantités très-considérables sur les roches, et dans le fond des lagunes rocailleuses, en beaucoup d'endroits sur nos côtes, où la terre s'abaisse graduellement vers la mer. On pourrait les en détacher avec la houe, et les recueillir sans beaucoup de peine.

Dans le nombre des excrémens dont on fait usage comme engrais, l'urine est celui sur lequel la plus grande quantité d'expériences chimiques aient eu lieu, et dont la nature soit le mieux connue.

L'urine de vache contient, suivant M. Brande:

Eau.	65	97
Phosphate de chaux	3	
Muriates de potasse et d'ammoniaque.	15	
Sulfate de potasse	6	
Carbonates de potasse et d'ammoniaque	4	
Urée	4	

L'urine de cheval, suivant Fourcroi et Vauquelin, contient :

Carbonate de chaux.	11	1,000
Carbonate de soude.	9	
Benzoate de soude	24	
Muriate de potasse.	9	
Urée.	7	
Eau et mucilage	940	

M. Brande y a trouvé, en outre de toutes ces substances, du phosphate de chaux.

L'urine d'âne, celles de chameau, de lapin et des volailles domestiques, ont été soumises à l'analise, et l'on a trouvé leur constitution semblable. Il y a de plus dans l'urine du lapin, et en outre des substances qui viennent d'être citées, de la gélatine que Vauquelin y a découverte. Le même chimiste a vu l'acide urique, dans l'urine des volailles domestiques.

L'urine humaine renferme une plus grande quantité de parties constituantes que les autres espèces examinées.

L'urée, l'acide urique, un autre acide qui lui est semblable, nommé acide rosacique, l'acide acétique,

albumine, la gélatine, une matière résineuse et différens sels y ont été trouvés.

La composition de l'urine humaine varie selon les divers états de santé du corps, suivant les diverses sortes de nourritures et de boissons. Dans plusieurs cas de maladie, elle fournit plus de gélatine et d'albumine que dans les circonstances ordinaires, et dans le diabéte elle fournit du sucre.

Il est naturel de penser, que l'urine du même animal doit aussi varier par la diversité des nourritures et des eaux. C'est ainsi que l'on peut expliquer la discordance des analises publiées sur ce sujet.

L'urine subit facilement des changemens, et passe rapidement à la putréfaction. Celle des animaux carnivores plus promptement que celle des herbivores. C'est la plus grande proportion de gélatine et d'albumine, existante dans l'urine, qui la fait passer plus rapidement à la putréfaction.

Les espèces d'urine qui renferment le plus d'albumine, de gélatine et d'urée, sont celles qui deviennent préférables comme engrais. Toute espèce d'urine tient en dissolution les élémens essentiels des végétaux.

Pendant la putréfaction de l'urine, la plus grande partie de la matière soluble est détruite; on devrait donc en faire usage dans l'état le plus récent. Mais si on ne la mêlait pas pour cela avec quelque corps solide, il faudrait alors l'étendre avec de l'eau; car, seule, elle donnerait une trop forte proportion de matière animale pour devenir un fluide nutritif convenable, pour être absorbé par les racines des plantes.

L'urine putréfiée abonde en sels ammoniacaux, et quoiqu'elle ait une action moindre que celle récente, elle est encore un puissant engrais.

Berzelius a publié une analise de l'urine, d'où il résulte que 1000 parties contiennent :

Eau	933,0	980,16
Urée	30,1	
Acide urique	1	
Muriate d'ammoniaque et acide lactique libre, lactate d'ammoniaque et matière animale	17,14	

Le surplus est composé de divers sels, des phosphates, des sulfates et des muriates.

Entre les *excrémens solides* employés comme engrais, un des plus puissans est la fiente des oiseaux qui se nourrissent de matières animales, et spécialement celle des oiseaux de mer. Le *guano*, dont on fait un grand usage dans l'Amérique méridionale, et qui fertilise les plaines stériles du Pérou, est une production de cette nature. M. Humbold nous a appris qu'il existait en grande abondance sur les petites îles de la mer du sud, *Chinché*, *Ilo*, *Iza* et *Arica*. L'île de Chinché seule fournit un chargement de cinquante bâtimens, dont chacun porte 1500 à 2000 pieds cubiques de guano. On ne l'emploie qu'à de très-petites quantités, et particulièrement pour les récoltes du maïs.

J'ai fait quelques expériences sur des échantillons qui furent expédiés, en 1805, au comité d'agriculture. Il a l'apparence d'une poudre fine, brune; il

noircit au feu et répand une forte fumée ammoniacale. Traité par l'acide nitrique, il donne de l'acide urique. MM. Fourcroi et Vauquelin publièrent, en 1806, une analise soignée de cette substance; ils établirent, qu'elle contient un quart de son poids d'acide urique, saturé en partie par l'ammoniaque, et en partie par la potasse; un peu d'acide phosphorique y est combiné avec ces mêmes bases, et aussi avec la chaux. Le guano contient encore de petites quantités de sulfate et de muriate de potasse, un peu de matière graisseuse et du sable quartzeux.

Il est facile de se rendre compte de ses propriétés fertilisantes, et sa composition doit porter à le regarder comme un puissant engrais. Il faut l'employer avec de l'eau pour dissoudre sa matière soluble, et le rendre capable de produire son utile action sur les récoltes.

La fiente des oiseaux de mer n'a jamais été, je pense, mise en usage comme engrais en Angleterre; mais il est probable que même le sol des petites îles qui bordent nos côtes, et que ces oiseaux fréquentent beaucoup, deviendrait fertilisant. Une petite quantité de cette fiente prise sur un rocher, sur la côte du Mérionetshire, produisit, dans un pâturage, un effet puissant, mais passager. Sir Robert Vaughan en avait fait l'essai, à ma prière, à Nannau.

La pluie doit, dans nos climats, nuire à cette espèce d'engrais, s'il s'y trouve exposé peu de temps après son dépôt sur le sol. Il est permis d'espérer qu'on le recueillerait d'une grande bonté, dans les cavernes et les scissures des rochers habités par les cormorans et les mouëttes. J'ai fait l'examen d'un

peu de fiente récente de cormoran que j'avois prise sur un rocher, près du cap Lézard, dans le pays de Cornouailles; elle n'avait pas toutes les apparences du guano, sa couleur était d'un blanc grisâtre, et son odeur fétide, comme celle d'une matière animale putréfiée. Traitée par la chaux, elle laissait dégager beaucoup d'ammoniaque, et par l'acide nitrique, elle donnait l'acide urique.

La terre de vidange, *la poudrette*, est bien connue : c'est un fort engrais, facile à décomposer; sa nature varie, mais elle abonde en matière ayant pour élémens le carbone, l'hydrogène, l'azote et l'oxigène. L'analise faite par Berzelius, nous apprend qu'elle est en partie soluble dans l'eau, et dans quelque état que l'on en fasse usage, soit récente ou fermentée, elle fournit aux végétaux une nourriture abondante.

Son odeur désagréable peut être détruite en la mêlant avec de la chaux vive; si elle est exposée à l'action de l'air par couches minces saupoudrées de chaux, pendant une belle saison, elle sèche promptement, et se pulvérise avec facilité. Dans cet état, il est possible de l'employer comme les gâteaux de navette, et répandue sur les sillons avec la semence (1).

---

(1) Tout ce que l'auteur vient de dire sur l'emploi des excrémens humains, *de la terre de vidange*, *night soil*, expression à laquelle j'ai appliqué le terme français *poudrette*, me force à faire remarquer que ce dernier nom, quoiqu'il appartienne à la même substance, ne lui est pas, dans le sens de l'auteur, applicable dans le même état. La poudrette préparée en France est une poudre noire, sèche, presque inodore quand elle est tenue à l'abri de l'humidité; les excrémens ont non-seulement été desséchés, mais ils ont même subi une longue et forte fermentation.

Les Chinois, qui ont plus de connaissances pratiques dans l'art des engrais, qu'aucun autre peuple existant, mêlent leur poudrette avec un tiers de son poids d'une marne grasse, la forment en gâteaux et la laissent sécher au soleil. Les missionnaires français nous apprennent que, dans cet état, elle n'a point d'odeur désagréable, et devient un article ordinaire de commerce dans tout l'empire.

La terre, par ses puissances d'absorption, prévient vraisemblablement, avec une certaine étendue, l'action de l'humidité sur la fiente, et la défend contre les effets de l'air.

La *fiente de pigeons* prend son rang après la poudrette, pour le pouvoir fertilisant. Je mis 100 grains de cette fiente digérer pendant quelques heures dans de l'eau chaude, et j'obtins 23 grains de matière soluble; elle donnait, par la distillation, abondamment de carbonate d'ammoniaque, et laissait une

---

L'infortuné Bridet, auteur de cette manipulation, n'y trouva qu'une source de peines, et ne nous en a pas moins laissé une source de richesses dont tous nos départemens de l'ouest tirent le plus grand profit. Notre poudrette étant sans odeur et pulvérulente, n'a pas besoin d'être mêlée avec de la chaux vive pour acquérir ces deux qualités. Il est donc évident que l'auteur n'a entendu parler que des matières récentes tirées des fosses, portées ensuite dans les voiries publiques, où elles ne reçoivent aucune espèce de préparation; c'est au contraire dans les ateliers construits par Bridet, qui existent toujours, auprès de Paris, à Montfaucon, et près de Gentilly sous Bicêtre, que des opérations préparatoires, pénibles et nombreuses ont lieu. Il est étonnant que sir Humphry Davy n'ait pas su que des Français émigrés avaient voulu transporter cette manipulation en Angleterre. (*Note du traducteur.*)

matière charbonnéuse; une autre matière saline formait aussi le résidu, c'était du sel commun et du carbonate de chaux. Lorsque la fiente de pigeons est mouillée, elle fermente promptement, et à la suite de la fermentation contient moins de matière soluble. Je retirai de 100 parties de cette fiente fermentée, seulement huit parties de matière soluble, d'où je retirai proportionnellement moins de carbonate d'ammoniaque à la distillation, que de la fiente récente.

Il est donc évident que l'on doit employer cet engrais le plus nouveau possible. Lorsqu'il est sec on s'en sert de la même manière que de tous ceux qui sont susceptibles d'être pulvérisés.

Le sol des bois, dans lesquels de grandes bandes de pigeons ramiers viennent jucher, est souvent extraordinairement imprégné de leur fiente, et l'on ne peut douter qu'il ne soit un puissant engrais. Un pareil sol m'a donné de l'ammoniaque en le distillant avec de la chaux; aussi dans l'hiver contient-il de la matière végétale en abondance. Les détritus des feuilles tombées, et la fiente, lui fournissent la matière végétale en état de dissolution.

La fiente des volailles domestiques suit de près, par sa nature, celle des pigeons. On y a trouvé l'acide urique. Elle donne à la distillation du carbonate d'ammoniaque, et fournit immédiatement dans l'eau, de la matière soluble. Elle fermente aisément.

Les tanneurs emploient ordinairement cette fiente mêlée avec celle des pigeons, pour donner aux peaux un léger degré de putréfaction, qui rend les cuirs plus souples. Pour cet usage, on dissout ces fientes dans l'eau; alors elles subissent promptement la

putréfaction, et font éprouver un pareil changement à la peau. Les excrémens des chiens sont aussi employés par les tanneurs pour le même objet. Dans tous les cas, les résidus de ce *grainer*, car c'est ainsi que l'on nomme la fosse où l'on adoucit les peaux avec la fiente, doivent faire un engrais très-utile. La *fiente de lapin* n'a point été analisée; M. Fane en use comme engrais avec un plein succès, au point qu'il a trouvé avantageux d'élever des lapins seulement à cause de cette partie de leur produit. On l'enterre dans le sol le plus nouveau possible, et avant qu'il ait fermenté.

MM. Einhoff et Thaer ont analisé la fiente des grands bestiaux, du *bœuf* et de la *vache*. Ils ont trouvé qu'elle contenait une matière soluble par l'eau, et que, par la fermentation, elle fournissait les mêmes produits que les matières végétales, en absorbant de l'oxigène et produisant de l'acide carbonique.

Le *crottin* récent du *mouton* et du *daim*, bouilli long-temps dans l'eau, donne une matière soluble, égale à deux ou trois pour cent de son poids. Je fis l'examen des substances obtenues par la solution et l'évaporation. Elles contenaient une très-légère portion d'une matière analogue au *mucus* animal. Elles étaient principalement formées d'un extrait amer, également soluble dans l'eau et l'alcohol. A la distillation elles donnaient une vapeur ammoniacale, et semblaient différer très-peu dans leur composition.

J'arrosai pendant quelques jours de suite, des gramens avec une solution de ces extraits; ils en devinrent évidemment plus verts, et poussèrent plus

vigoureusement que d'autres gramens, qui, à tout autre égard, se trouvaient placés dans les mêmes circonstances.

La portion insoluble des excrémens du daim et du mouton semble être de la fibre ligneuse pure. Elle est précisément semblable au résidu des végétaux qui forment leur nourriture, et qui a été privé de toutes ses matières dissolubles.

Le *crottin de cheval* donne un fluide brun, qui, évaporé, laisse un extrait amer. Celui-ci répand des vapeurs ammoniacales plus abondantes que celui du bœuf.

Si l'on veut faire usage de la fiente pure du bétail comme engrais, ainsi que cela se fait pour toutes les autres dont je viens de parler, il paraît qu'il n'y aurait aucun motif de l'amener à la fermentation, excepté dans le sol même. Si cependant on la faisait fermenter, ce ne devrait être que dans un très-léger degré. L'herbe, située dans le voisinage de vidanges récentes, est toujours d'un vert plus obscur et plus grossier. Quelques personnes ont attribué cet effet aux qualités nuisibles des excrémens non fermentés. Il paraît plutôt, être le résultat d'un excès de nourriture fourni aux plantes.

L'examen dela question, sur la meilleure méthode d'employer la fiente des chevaux et du bétail, appartient proprement au sujet des *engrais composés.* En effet, dans les fermes elle se trouve toujours mêlée avec de la paille, des balayures, des débris de fourrage, et de tout enfin ce qui compose la litière : la fiente elle-même contient beaucoup de matière fibreuse.

Un léger commencement de fermentation est donc véritablement utile pour façonner le fumier. Il donnera à la fibre ligneuse une tendance à se désunir, à se dissoudre, lorsqu'elle aura été portée dans le champ, et enterrée dans le sol. La fibre ligneuse est toujours en grand excès dans tous les débris des fermes.

Une trop forte fermentation est néanmoins préjudiciable aux engrais composés, dans le travail du trou à fumier. Il est bien préférable qu'il n'y ait aucune fermentation, plutôt que de la porter trop loin. Cela doit être devenu clair par tout ce qui a été dit dans cette leçon. L'excès de la fermentation tend à dissiper et à détruire la partie la plus utile du fumier, et les derniers résultats de cette opération sont analogues à ceux de la combustion.

C'est une pratique ordinaire chez tous les fermiers que de laisser le fumier fermenter dans la basse-cour jusques au moment où le tissu de la matière végétale est totalement brisé, jusqu'à ce que le fumier devienne totalement froid, et assez mou pour se laisser aisément couper avec la bêche.

Indépendamment des principes généraux et de théorie qui condamnent cette pratique, et sont fondés sur la nature et la composition des substances végétales, il existe beaucoup d'argumens et de faits, qui démontrent combien elle est préjudiciable au fermier lui-même.

Pendant la durée de la fermentation nécessaire pour amener le fumier de la basse-cour à cet état que l'on nomme *fumier court*, *short mulk*, *fumier pâteux*, non-seulement une abondante quantité de fluide, mais même de matières gazeuses sont perdues, et tellement que le fumier est diminué de moitié, ou des deux tiers de son poids. Les principales substances dégagées, sont l'acide carbonique, et un peu d'ammoniaque. Tous les deux cependant sont, ainsi que cela a déjà été dit, capables, s'il y a eu dans le sol un peu d'humidité qui ait pu les retenir, de devenir la nourriture des plantes.

En octobre 1808, je pris une grosse cornue, assez grande pour contenir trois pintes d'eau, et je la remplis avec du fumier chaud, composé en grande partie de litière et d'excrémens de bestiaux. J'adaptai un petit récipient, et je bouchai le tout avec un appareil pneumatique au mercure. Je ne voulais rien perdre des fluides élastiques et condensables, qui se dégageraient du fumier. L'intérieur du récipient fut bientôt recouvert d'une rosée, et en peu d'heures, des gouttes commencèrent à couler sur ses côtés, et à se rassembler au fond. Un fluide élastique se montra aussi : au bout de trente jours, il s'en était dégagé trente pouces cubiques, qui, analisés, contenaient 21 pouces cubiques d'acide carbonique; le reste était de l'hydro-carbonate mêlé avec un peu d'azote, et probablement il n'existait plus d'air commun dans le récipient. La matière aqueuse, qui s'y était rassemblée pendant le même espace de temps, montait presque à une demi-once. Elle avait un goût salin, une odeur désagréable, et tenait en dissolution un peu d'acétate et de carbonate d'ammoniaque.

Ayant trouvé que la litière avait laissé émaner de tels produits par sa fermentation, j'introduisis dans le sol, et parmi les racines de quelques gazons servant de bordure dans un jardin, le bec d'une cornue, pleine d'un pareil fumier très-chaud. En moins d'une semaine, il y eut un effet marqué, produit sur ces gazons. Le terrain, qui put se trouver en contact avec la matière dégagée pendant la fermentation, vit se produire dans les gramens une végétation plus luxuriante, que dans toute autre partie des gramens du jardin.

Outre la dissipation inutile des matières gazeuses, lorsque la fermentation est poussée trop loin, il existe un autre désavantage dans la perte de la chaleur. Lorsqu'elle est excitée dans l'intérieur du sol, elle y est utile pour avancer la germination des graines, et pour échauffer la plante à la première époque de sa croissance, lorsqu'elle est encore faible et très-susceptible alors de devenir malade. La fermentation du fumier dans le sol doit surtout être favorable aux récoltes de blé, en conservant sur la fin de l'automne et dans l'hiver une température naturelle.

C'est encore un principe général en chimie, que, dans tous les cas où il y a décomposition, les substances se combinent plus rapidement, au moment où elles se dégagent, que dans celui où elles sont complètement formées. Dans la fermentation sous le sol, la matière fluide est appliquée d'une manière instantanée; et même, tandis qu'elle est chaude, elle se trouve être plus convenable aux organes des plantes, et par conséquent plus efficace que dans les fumiers, qui ont subi une longue opération, et dont tous les principes ont éprouvé de nouvelles combinaisons.

On peut trouver dans les écrits des savans agronomes une grande masse de faits en faveur de l'emploi du fumier récent. M. Young, dans son *Essai sur les engrais*, ouvrage que j'ai déjà cité, rapporte un nombre d'excellentes autorités en faveur de cette méthode. Plusieurs personnes, qui doutaient encore, ont été enfin convaincues. Peut-être même n'y a-t-il point d'objet de recherches dans lequel il se trouve une aussi étroite union, entre l'évidence théorique et pratique. J'ai personnellement recueilli pendant les dix années qui viennent de s'écouler, et obtenu un nombre de preuves claires sur ce sujet. Je me bornerai à rapporter celles qui doivent avoir, et qui, j'en suis certain, auront le plus grand poids pour les agriculteurs. M. Coke a, depuis sept ans, abandonné l'ancien système suivi dans sa ferme, celui de n'employer le fumier que fermenté. Il m'apprend que, depuis cet abandon, ses récoltes ont été aussi belles que jamais elles le furent, et que son fumier dure presque deux fois plus.

Une grande objection est faite contre l'emploi du fumier légèrement fermenté; c'est que, dans les endroits où il est employé, les mauvaises herbes poussent avec vigueur. Si les graines y préexistaient, certes elles y germeront; mais il est rare de voir ce fait prendre une grande étendue; et, si la terre n'était pas purgée de semblables graines, quelque soit la nature du fumier, qu'il soit ou non fermenté, elles y germeront toujours. Si l'on fait usage, pour amender une prairie, de fumier légèrement fermenté, les pailles longues et les matières végétales non fermentées, qui resteront à la surface, devront en être enlevées avec le râteau, aussitôt que l'herbe commencera à pousser avec vigueur, et elles seront reportées au trou à fumier. C'est ainsi que l'engrais ne sera pas perdu, et que la culture sera tout à la fois propre et économique.

Si l'on ne peut répandre sur-le-champ le fumier dans les terres, il est nécessaire de prévenir une fermentation destructive, et les principes, pour y parvenir, ont déjà été rapportés.

On en défendra autant que possible la superficie, contre l'action de l'oxigène de l'atmosphère. Une marne compacte, une argile tenace, sont les meilleures garanties contre l'action de l'air. Avant d'en recouvrir le fumier, il faut le dessécher le plus qu'on le pourra. Si l'on s'aperçoit par la suite qu'il s'échauffe trop fort, il convient de le retourner, et de le refroidir par son exposition à l'air.

On a quelquefois recommandé d'arroser les fumiers pour retarder la marche de la fermentation; mais cette pratique n'est point dans de justes rapports avec les principes de la chimie. On peut pour un temps court refroidir ainsi le fumier; mais, comme il a été précédemment démontré, l'humidité est un des agens principaux de la décomposition. La matière fibreuse sèche ne fermentera jamais. L'eau est aussi nécessaire que l'air, pour cette opération; ainsi, en fournir au fumier qui entre en fermentation, c'est hâter sa destruction.

Toutes les fois que le fumier fermentera, il existe des épreuves simples, par lesquelles on pourra juger de la rapidité de la marche, et par conséquent du mal qu'elle aura produit.

Si un thermomètre est enfoncé dans du fumier, et s'il ne s'y élève pas au-dessus de 100° de Farhenheit, 38 centigrades, 35,5 de Réaumur, le danger de la dissipation d'une grande quantité de fluides gazeux, est faible. Si la température est plus élevée, il faut le retourner et l'étendre sur-le-champ.

Si un morceau de papier, trempé dans l'acide muriatique est placé au-dessus du fumier qui donne des vapeurs gazeuses et répand une fumée épaisse, c'est une preuve certaine que la décomposition a été trop loin; car elle indique que l'alcali volatil est dégagé.

Lorsqu'il est nécessaire de conserver du fumier pendant un certain temps, la situation, dans laquelle il doit être gardé, est fort importante. On doit, si cela se peut, le mettre à l'abri du soleil. Ce serait une excellente pratique que de le conserver sous des hangars, ou de placer le trou à fumier à l'abri d'un mur, et exposé au nord. Le terrain, sur lequel le fumier est placé, devrait être pavé en pierres plates. Les côtés du trou devraient être inclinés légèrement vers le centre, où se trouveraient des gouttières, aboutissantes à un petit puits garni d'une pompe, pour puiser toute la matière fluide qui s'y rassemblerait, et la répandre sur la terre. Il arrive trop souvent qu'un fluide épais, mucilagineux et extractif, s'échappe en pure perte du trou à fumier, en sorte que le cultivateur n'en retire rien.

Les *boues* des rues et des routes, les *balayures* des maisons peuvent être considérées comme des engrais composés. Leur constitution est nécessairement variable; car elles sont produites par une quantité de substances diverses. Ces engrais sont ordinairemens employés d'une manière convenable, et sans avoir éprouvé aucune fermentation.

La *suie*, celle qui est surtout le résultat de la combustion du charbon de terre ou de la tourbe, renferme toutes les substances qui se rencontrent dans les matières animales. Elle est un puissant engrais; elle fournit à la distillation des sels ammoniacaux, et donne par l'eau chaude un extrait brun, d'un goût amer. Elle contient aussi une huile empyreumatique. Sa base principale est le charbon, mais dans un état où il est susceptible de devenir soluble par l'action de l'oxigène et de l'eau.

Cet engrais est très-propre à être employé sec; on le répand sur la terre avec la semence, et il n'exige aucune préparation.

La science de l'application convenable des engrais, provenant des substances organiques, répand le plus grand jour sur une portion importante de l'économie de la nature, et sur l'heureux arrangement qui y existe.

La mort et la destruction des substances animales, tendent à faire prendre aux formes animales celles des élémens chimiques. Les effluves pernicieuses, qui s'en dégagent pendant leur décomposition, ont fait découvrir l'avantage qu'il y avait à les enterrer dans le sol, où elles deviennent la nourriture des végétaux. La fermentation et la putréfaction des corps organiques, dans l'atmosphère, sont des opérations nuisibles; mais elles deviennent salutaires, lorsqu'elles sont opérées sous la superficie du sol. La nourriture des plantes se trouve alors préparée dans le lieu où la consommation peut en être faite. Ce qui blesserait les organes de nos sens, ce qui nuirait à notre santé, se trouve converti par de longs procédés, en formes aussi belles qu'elles sont utiles. Un gaz fétide devient la partie constituante de l'arome d'une fleur, et ce qui eût été un poison, se trouve être la nourriture des animaux et de l'homme même.

SEPTIÈME LEÇON.

Des engrais d'origine minérale, ou engrais fossiles. Leur préparation et leur action. De la chaux dans ses divers états. De son action comme engrais et comme ciment. Diverses combinaisons de la chaux. Du gypse. Vues relatives à son emploi. Des autres composés salins neutres, employés comme engrais. Des alcalis et sels alcalins. Du sel commun.

Tout l'ensemble des leçons précédentes, a montré qu'une grande variété de substances contribue à la croissance des plantes, et fournit la matière de leur nourriture. La conversion de la matière qui a appartenu aux êtres vivans, sous des formes organiques, est une opération qui peut être facilement comprise. Mais il est plus pénible de suivre les opérations, par lesquelles les matières terreuses et salines, se consolident pour devenir la fibre ligneuse d'une plante, et par quel moyen elles leur servent à remplir leurs fonctions. Quelques Savans ont adopté cette sublime généralisation de la matière, opinion des anciens philosophes. Ils voulaient que la matière fût essentiellement la même, que les diverses substances, regardées par les chimistes comme élémentaires, ne fussent que des arrangemens divers de mêmes molécules indestructibles. Ils ont essayé de prouver que toutes les variétés de principes, rencontrées dans les plantes, peuvent être le produit des substances atmosphériques. Enfin, ils ont cru que la vie végétale est un procédé, par lequel ces mêmes corps, qui échappent aux changemens et aux décompositions des analises du chimiste, pouvaient être composés et décomposés.

On n'a pas seulement avancé ces opinions comme des hypothèses, on a essayé de les appuyer sur des expériences. M. Shrader et M. Braconnot, par une série d'opérations séparées, sont arrivés aux mêmes conclusions. Ils établissent que des graines différentes, étant semées dans un sable fin, dans du soufre ou des oxides métalliques, étant alimentées seulement par l'air atmosphérique et de l'eau, produisaient des plantes vigoureuses, qui, à l'analise, contenaient diverses espèces de terres et de matières salines. Elles n'avaient été, ni les unes, ni les autres, primordialement existantes dans les graines, ni dans les matières où leur végétation avait eu lieu. Si elles avaient pu s'y rencontrer, ce n'avait pu être que dans des proportions infiniment plus faibles. Ils en concluaient donc que leur formation était l'ouvrage de l'air et de l'eau, et par une conséquence de l'action propre, des organes vivans de la plante.

Les expériences de ces deux Savans ont été conduites avec beaucoup d'intelligence et d'adresse; mais il y a des circonstances qui sont intervenues dans leurs résultats, qu'ils peuvent n'avoir pas connues; car, au moment où leurs travaux furent rendus publics, la découverte n'en avait pas encore été faite.

J'ai trouvé que l'eau distillée ordinaire est bien loin d'être exempte de toute imprégnation saline (1). En en faisant l'analise par l'électricité de la pile voltaïque, j'en ai retiré des alcalis et des terres. En outre, plusieurs combinaisons métalliques avec le chlore sont extraordinairement volatiles. Lorsque l'on fournit aux plantes de l'eau distillée d'une manière illimitée, il est possible de leur apporter une quantité de substances, qui, pour être imperceptibles dans l'eau, n'en sont pas moins capables de s'accumuler dans la plante, qui ne laisse vraisemblablement transpirer que l'eau pure.

En 1801, je fis une expérience sur la végétation de l'avoine, alimentée avec une quantité limitée d'eau distillée, et poussant dans un sol, composé de carbonate de chaux pur. Le sol et l'eau furent mis dans un vaisseau de fer, qui fut enfermé dans une grande jarre, mise en communication libre avec l'atmosphère, au moyen d'un tube courbé de manière, qu'aucune poussière, aucun fluide, et nulle matière solide ne pussent pénétrer dans la jarre. Mon but avait été de m'assurer, que nulle terre siliceuse ne pût se former pendant la végétation. Mais l'avoine poussa très-faiblement, et jaunit avant la moindre formation de fleurs. Les plantes entières ayant été

(1) M. de Lunel avait, dès 1802, fait connaître, dans un Mémoire imprimé page 106 des *Mémoires des Sociétés savantes*, tome Ier, que toutes les eaux distillées et toutes les fractions de la même distillation d'eau, ne sont pas également pures. Ce fait confirme l'opinion de l'auteur; il faut qu'il lui ait été inconnu, ainsi qu'aux deux savans qu'il combat (*Note du traducteur.*)

brûlées, je comparai leurs cendres avec celles d'un nombre égal de grains d'avoine. Il y eut moins de terre siliceuse fournie par les plantes que par les grains; mais leurs cendres contenaient beaucoup plus de carbonate de chaux. Que les cendres des plantes m'aient donné moins de terre siliceuse que les grains, je l'attribue à l'absence des enveloppes ou cosses, qui s'étaient détruites pendant la germination, et c'est cette partie qui doit être riche en silice. Des plantes vigoureuses d'avoine, prises dans une récolte qui végétait sur un sol de sable fin, donnèrent une bien plus grande proportion de terre siliceuse qu'un poids égal de blé, élevé d'une façon artificielle.

Les résultats généraux de cette expérience sont très-opposés aux idées, que les plantes composent les terres, en puisant leurs élémens dans l'atmosphère même, ou dans l'eau. Un autre fait contredit encore cette pensée. Jacquin rapporte que l'*herbe au verre*, la *salsola soda*, qui donne la soude lorsqu'elle végète sur les côtes, ne fournit que de la potasse lorsqu'elle a poussé dans l'intérieur des terres. Sur les rivages de la mer, où les composés fossiles ou alcali-marins sont plus abondans, elle donne la soude. Duhamel a remarqué que les végétaux, qui croissent habituellement sur le littoral maritime, font peu de progrès lorsqu'on les transporte dans des sols peu abondans en sel commun. Lorsque le tournesol croît sur une terre qui ne contient pas de nitre, il ne produit point non plus cette substance, quoique, s'il a été arrosé avec une solution nitreuse, il contienne alors ce sel en abondance. Les Tables de Saussure, que j'ai rapportées dans la troisième leçon, montrent que les cendres des plantes sont semblables, par leur constitution, aux sols qui les ont portées.

Ce savant a élevé des plantes dans des solutions de différens sels, et il s'assura que toujours, quelques portions de ces sels avaient été absorbées par la plante, et il les retrouva sans altération dans leurs organes.

Les animaux eux-mêmes ne paraissent pas jouir du pouvoir de former les substances terreuses ou alcalines. Le docteur Fordyce a vu, que si les serins, au temps de la ponte, se trouvaient privés de carbonate de chaux, leurs œufs n'auraient que des coquilles molles. S'il existait quelque opération dans laquelle on pût s'imaginer que la nature déployât des ressources d'un tel genre, il est très-vraisemblable que ce serait pour la conservation d'une espèce. L'évidence sur ce point étant maintenant acquise, il faut donc en conclure que les différentes terres et substances salines, trouvées dans les organes des plantes, leur ont été fournies par le sol, et que jamais elles ne sont le résultat de nouveaux arrangemens des élémens, dans l'air ou dans l'eau.

Il est impossible de dire jusques ou s'étendront nos connaissances des lois de la chimie, et à quel point nos idées sur les principes élémentaires, pourront être simplifiées; raisonnons seulement d'après les faits. Nous ne pouvons point imiter les pouvoirs de compositions, qui appartiennent aux structures végétales; mais au moins pouvons-nous les comprendre. D'après ce que nos recherches nous ont fait connaître, il paraît que, dans la végétation, les formes composées sont uniformément le produit d'autres plus simples; que les élémens absorbés dans le sol, dans l'atmosphère et la terre, deviennent les parties des structures les plus belles et les plus diversifiées.

Les vues, qui viennent d'être développées, conduisent à corriger les idées sur l'action de ces engrais, qui ne sont pas le résultat nécessaire de la destruction des corps organisés; qui ne sont pas composés de charbon, d'hydrogène, d'oxigène et d'azote. Ils doivent produire leur effet, soit en devenant parties constituantes des plantes, soit en réagissant sur ses alimens essentiels, de manière à les rendre plus convenables à la vie végétale.

Les seuls corps que l'on puisse nommer avec propriété, *engrais fossiles*, et que l'on retrouve sans mélange dans les restes des êtres organisés, sont certaines terres alcalines, ou les alcalis et leurs combinaisons.

Les seules terres alcalines, que l'on ait jusques à ce moment employées comme engrais, sont la chaux et la magnésie. La potasse et la soude, ces deux alcalis fixes, n'ont été mis en usage, que dans quelques-unes de leurs combinaisons. J'exposerai par ordre les faits venus à ma connaissance, sur les applications faites de chacun de ces corps, aux besoins de l'agriculture. Je m'étendrai beaucoup plus sur la chaux. Si j'entre même dans des détails qui paraîtront minutieux et peut-être fatiguans, j'espère que l'on me le pardonnera, à cause de l'importance de ce sujet; c'est un de ceux sur lequel plus de lumières ont été répandues, par les nouvelles découvertes de la chimie.

La forme, sous laquelle la chaux est trouvée le plus habituellement à la surface de la terre, est celle de sa combinaison avec l'acide carbonique, ou air fixe. Si l'on met un morceau de pierre à chaux, ou de craie, dans un fluide acide, il se fait une effervescence; elle est due au dégagement du gaz acide carbonique. La chaux se dissout dans la liqueur.

Lorsque la pierre à chaux est fortement chauffée, l'acide carbonique est dégagé, il ne reste plus que la terre alcaline pure; alors il y a diminution de poids. Si le degré de feu a été très-intense, cette diminution sera de près de la moitié du poids primitif; mais dans les circonstances ordinaires, si la pierre à chaux a été calcinée étant bien sèche, cette perte ne sera que de 35 à 40 pour 100, ou autrement de 7 à 8 parties sur 20.

En examinant les effets de l'atmosphère sur les végétaux, j'ai rapporté au commencement de la troisième leçon, que l'air contient de l'acide carbonique, et que la chaux est précipitée de l'eau par cette substance. De la chaux calcinée, étant exposée un certain temps à l'air, y devient douce; *elle s'éteint*, elle est alors la même substance que le précipité de l'eau de chaux, elle s'est combinée à l'acide carbonique. La chaux vive, récente, est caustique; elle brûle la langue, rend vertes les couleurs bleues végétales; elle est soluble dans l'eau; combinée avec l'acide carbonique, elle a perdu toutes ses propriétés, sa solubilité et sa saveur; elle a repris son pouvoir de faire effervescence, elle est redevenue la même substance, que la craie ou la pierre à chaux.

Très-peu de craies et de pierres à chaux, sont entièrement de la chaux et de l'acide carbonique. Quelques marbres des statuaires, et certains spaths rhomboïdaux, donnent seuls presque ces substances pures. Les diverses propriétés de la pierre à chaux, soit comme engrais, soit comme ciment, dépendent de la nature des corps qui s'y trouvent mélangés. En effet, le véritable élément calcaire, le carbonate de chaux, est un dans la nature; il consiste dans une proportion d'acide carbonique, 41,4, et une de chaux, 55.

Lorsque la pierre à chaux ne fait pas une vive effervescence dans les acides, et qu'elle est assez dure pour rayer le verre, elle contient de la silice, et très problablement de la terre alumineuse. Si elle est d'un brun foncé, ou rouge, ou si elle est seulement colorée et d'une teinte brune ou jaune, c'est qu'elle contient de l'oxide de fer. Lorsqu'elle n'est point assez dure pour rayer le verre, que son effervescence est lente, et cependant qu'elle a adouci l'acide, elle contient de la magnésie; si elle est noire, et que frottée elle répande une odeur fétide, alors elle contient du charbon ou une matière bitumineuse.

L'analise de la pierre à chaux n'a rien de difficile; on s'assure facilement des proportions de ses parties constituantes, en suivant les procédés décrits dans la leçon sur l'analise des sols. Le cinquième procédé, traité avec un soin suffisant, remplira tous les besoins du cultivateur.

Avant de pouvoir se former une opinion sur la manière dont les différens corps mélangés dans les pierres à chaux modifient ses propriétés, il est nécessaire d'examiner quelle est l'action de l'élément calcaire, comme engrais et comme ciment.

La chaux vive dans son état de pureté, soit en poudre, soit dissoute dans l'eau, est nuisible aux végétaux. J'ai plusieurs fois fait périr des gramens en les arrosant avec de l'eau de chaux; mais la chaux, combinée avec l'acide carbonique, est évidemment, d'après les analises rapportées dans la quatrième leçon, un ingrédient utile des sols. La terre calcaire est rencontrée dans les cendres du plus grand nombre de plantes; exposée à l'air, elle ne reste pas long-temps caustique, et s'unit promptement à l'acide carbonique, par les motifs que j'en ai précédemment donnés.

La chaux nouvellement calcinée, et exposée à l'air, y tombe en poussière; *elle se délite;* on la nomme alors *chaux éteinte.* On produit instantanément le même effet, en versant de l'eau sur elle; alors elle s'échauffe avec violence et l'eau disparaît.

La chaux éteinte est purement une combinaison de ce corps avec environ un tiers de son poids d'eau; c'est-à-dire, que cinquante-cinq parties de chaux en absorbent dix-sept d'eau; alors elle est un composé d'une proportion constante d'eau, et les chimistes la nomment *hydrate de chaux.* Cette substance, exposée long-temps à l'air, s'y change en carbonate de chaux; l'eau est chassée, et l'acide carbonique prend sa place.

Lorsque la chaux, récemment calcinée ou éteinte, est mêlée avec la matière fibreuse végétale humide, il s'excite une forte action entre la chaux et la matière végétale; elles forment une sorte de *compost* dont une portion est ordinairement soluble dans l'eau.

Dans cette opération, la chaux a rendu la matière, qui comparativement était inerte, nutritive; et, comme le charbon et l'oxigène abondent dans toutes les substances végétales, elle se change en même temps en carbonate de chaux.

La chaux amortie, la pierre de chaux en poudre, la marne ou la craie, n'ont aucune action de cette espèce sur la matière végétale : la leur est bornée à prévenir, une décomposition trop rapide des substances déjà dissoutes; mais elles n'ont aucune tendance à former de la matière soluble.

Il est évident, par toutes ces circonstances, que l'action de la chaux vive, et celle de la marne ou de la craie, sont fondées sur des principes tout à fait différens. La chaux vive, mise dans une terre, tend à amener la matière végétale solide qui y est contenue, dans un état de décomposition plus prompte, et de dissolution, afin qu'elle puisse devenir l'aliment des plantes. La craie, la marne, ou le carbonate de chaux, améliorent seulement le tissu du sol, ou son rapport de pouvoir d'absorption, et seulement agissent comme un des élémens terreux. Lorsque la chaux vive s'adoucit, elle n'agit plus que comme la craie; mais dans l'acte de son amortissement, elle a rendu soluble une matière qui ne l'était pas.

C'est sur ce phénomène que repose l'action de la chaux pour la préparation des récoltes de froment; pour la fertilisation des tourbes, et pour mettre en état de culture, les sols qui abondent en racines coriaces, en fibres sèches, enfin, en matière végétale inerte.

La solution de la question, s'il est convenable

d'employer la chaux dans un sol, se trouve dans la quantité de matière végétale qu'il renferme. Celle de savoir, s'il faut lui appliquer la marne, la chaux amortie, la pierre à chaux en poudre, dépend de la proportion de matière calcaire déjà existante dans ce sol. Tous ceux qui ne font point effervescence avec les acides, sont améliorés par la chaux amortie, et enfin par la chaux vive; les sols sablonneux en retirent un plus grand avantage que ceux argileux.

Lorsqu'un sol, qui manque de terre calcaire, contient beaucoup de matière végétale *soluble*, il faut éviter l'emploi de la chaux vive; alors, ou elle se décomposerait en s'unissant à son charbon et à son oxigène, afin de devenir carbonate de chaux, ou elle se combinerait avec la matière soluble, pour former un composé qui aurait moins d'attraction pour l'eau que la matière végétale elle-même.

On est encore dans la même position relativement à plusieurs engrais animaux; mais l'action de la chaux varie suivant la diversité des matières animales; elle forme une espèce de savon insoluble, avec les matières huileuses; elle les décompose graduellement, en en séparant le charbon et l'oxigène; elle se combine aussi avec les acides animaux, et concourt probablement à leur décomposition, en soustrayant de leur matière charbonneuse unie à leur oxigène; elle doit donc les rendre moins nutritifs. Elle affaiblit aussi la puissance nutritive de l'albumine, et par les mêmes motifs. C'est ainsi qu'elle détruit toujours, et jusques à un certain point, l'efficacité des engrais animaux, soit en se combinant avec quelques-uns de leurs élémens, soit en leur faisant prendre de nouveaux arrangemens. Elle ne doit donc jamais être employée avec eux, à moins qu'ils ne soient trop riches, ou que l'on ne veuille prévenir le dégagement de leurs miasmes. Dans les cas rapportés dans la dernière leçon, elle est nuisible, mêlée avec le fumier ordinaire, et tend à rendre la matière extractive insoluble.

J'ai fait une expérience à ce sujet : je mêlai une quantité d'extrait brun soluble, provenant du fumier de mouton, avec cinq fois son poids de chaux vive; je les humectai alors avec de l'eau; le mélange s'échauffa beaucoup, et je le laissai ainsi pendant quatorze heures. Je l'étendis ensuite avec quatre ou cinq fois son volume d'eau pure. Je filtrai ensuite celle-ci, et l'évaporai à siccité. La matière solide que j'obtins était à peine colorée, et était de la chaux mêlée à un peu de matière saline.

Dans le cas où il s'agit de produire une fermentation utile pour la nourriture des plantes, par les substances végétales, la chaux devient très-efficace. Je mêlai un peu de l'écorce épuisée des tanneurs, avec un cinquième de son poids de chaux vive, et je les laissai ensemble pendant trois mois, dans un vaisseau fermé. La chaux devint colorée et effervescente; de l'eau, qui avoit bouilli sur ce mélange, prit une teinte jaune; elle laissa, par l'évaporation, une poudre fauve qui devait être de la chaux unie à une matière végétale; car elle brûlait fortement étant chauffée, et le résidu de la combinaison fut de la chaux amortie.

Les pierres à chaux, qui contiennent de l'alumine et de la silice, sont moins convenables pour les engrais, que celles qui sont pures; mais la chaux qu'elles forment n'a pas de qualités nuisibles, et, si ces pierres ont moins d'activité, c'est qu'elles contiennent moins de chaux.

Je viens de parler des pierres à chaux bitumineuses : elles contiennent rarement une portion considérable de matière bitumineuse, jamais plus de cinq parties sur cent; mais elles font d'excellente chaux. La matière charbonneuse ne peut nuire à la terre, et, dans quelques circonstances au contraire, elle devient la nourriture des végétaux, ce qui a été démontré dans la leçon précédente.

L'emploi de la pierre à chaux magnésienne, est d'un grand intérêt.

Les cultivateurs des environs de Doncaster, dans l'Yorkshire, savaient qu'une espèce de pierre à chaux nuisait extraordinairement aux moissons quand on l'employait sur les terres : je l'ai dit dans la première leçon. M. Tennant, qui fit une suite d'expériences sur cette substance, trouva qu'elle contenait la magnésie. Ayant répandu de la magnésie calcinée, dans un sol, sur lequel il sema différentes graines, il vit qu'elles y périssaient, ou n'y végétaient que très-faiblement; enfin, jamais les plantes n'y furent bien portantes. Ce fut avec autant de justesse que de perspicacité, qu'il rapporta les mauvais effets particuliers à cette pierre de chaux, à la magnésie qu'elle contenait.

En faisant de mon côté des recherches sur ce même objet, je trouvai qu'il est des cas dans lesquels cette même pierre est employée avec de bons effets.

Au nombre de quelques échantillons de pierre à chaux que lord Sommerville me remit, deux, qui étaient spécialement marqués *bons*, furent prouvés être de la pierre à chaux magnésienne. La chaux, faite avec la pierre de Breedon, est en usage dans le Leicestershire, où elle est nommée *chaux ardente*. J'ai su des fermiers voisins de la carrière, qu'ils employaient avantageusement cette pierre à de petites doses, excédant rarement 25 à 30 boisseaux par acre, et qu'ils avaient éprouvé que, dans les terres riches, on pouvait avec avantage l'employer en quantités plus considérables.

Un bref examen de cette question nous la fera résoudre.

La magnésie, a pour l'acide carbonique une attraction plus faible que ne l'est celle de la chaux, aussi reste-t-elle dans l'état de magnésie caustique ou calcinée pendant plusieurs jours, même étant exposée à l'air. Tout le temps que la chaux reste caustique, la magnésie ne peut se combiner à l'acide carbonique, car c'est la chaux qui l'attire instantanément de la magnésie même.

Lorsque l'on calcine la pierre à chaux magnésienne, la magnésie perd son acide carbonique beaucoup plus promptement que ne le fait la chaux. Si donc il n'existe pas dans le sol assez abondamment de matière végétale, qui, par sa composition, puisse fournir de l'acide carbonique à la magnésie, celle-ci restera long-temps caustique, et cet état est mortel pour certains végétaux. C'est donc la suite de cette circonstance, que l'on puisse dans des sols riches, faire usage d'une plus grande quantité de chaux magnésienne, puisque la destruction des engrais fournit plus d'acide carbonique.

La magnésie amortie, c'est-à-dire pleinement combinée avec l'acide carbonique, paraît être une utile partie constituante d'un sol. Je m'étais procuré du carbonate de magnésie, en faisant bouillir une solution de celle-ci sur un super-carbonate de potasse, et je répandis cette magnésie sur des gramens, du blé et de l'orge qui poussaient; la terre était blanchie par la quantité de magnésie répandue. Elle ne fit pas le plus léger tort aux végétaux. Au Lisard, partie la plus fertile du pays de Cornouailles, il existe un canton qui contient la magnésie carbonatée (1).

Les plaines du Lisard nourrissent une herbe verte et courte, que broutent des moutons dont la chair est excellente. Les parties cultivées de ces plaines, sont comptées entre les meilleures terres à blé du canton.

La théorie que j'ose donner de l'action de la chaux magnésienne n'est pas sans fondement, et j'ai fait une expérience directe pour la démontrer. Je pris quatre portions d'un même sol; dans l'une, je mêlai un vingtième de son poids de magnésie caustique. Dans un autre, je mis la même quantité de cette terre, et une proportion égale à un vingt-quatrième du poids du sol, d'une tourbe grasse en dé-

---

(1) Il y a plus de vingt-cinq ans que j'ai découvert la magnésie carbonatée, en grandes proportions, dans une marne blanche et très-friable, dont on fait un emploi considérable aux environs de la Croix de Bernis près Paris, lieu où en est située la carrière. (*Note du traducteur.*)

composition. Une troisième partie du sol demeura dans son état naturel, et la quatrième fut mêlée avec la tourbe, mais sans magnésie. Ces mélanges furent faits au mois de décembre 1806, et au mois d'avril 1807; ils furent ensemencés en orge. Dans le sol pur, la pousse fut belle, plus belle encore dans celui qui contenait la magnésie et la tourbe. Elle le fut presque autant dans celui où il n'y avait que de la tourbe. Mais celui des sols, où la magnésie avait été seule mélangée, ne montra qu'une pousse faible, jaune et malade.

L'expérience fut répétée durant l'été de 1810, et avec les mêmes résultats. La magnésie devint fortement effervescente dans le sol où elle se trouvait alliée à la tourbe; mais celle qui avait été mise sans mélange dans le sol pur, ne dégageait qu'une bien plus faible quantité d'acide carbonique. Dans le premier cas, la magnésie avait aidé à la formation d'un engrais, et dans le second, elle avait été un poison.

Il demeure donc évident que la chaux magnésienne peut être appliquée en forte proportion dans les sols tourbeux; ainsi, dans les sols, pour lesquels une trop forte application de cette chaux est devenue nuisible, le remède sera dans l'emploi de la tourbe.

J'ai dit que la pierre à chaux magnésienne ne produisait qu'une légère effervescence dans les acides. Cette circonstance devient donc une épreuve pour reconnaître sa présence dans une terre à chaux, et parce qu'elle donne un coup-d'œil laiteux à l'acide nitrique étendu d'eau : l'*eau forte*.

L'analise de M. Tennant indique, pour les principes

de la pierre à chaux magnésienne, les proportions suivantes :

Magnésie.	20,3 à 22,5.
Chaux	29,5 à 31,7.
Acide carbonique . .	47,2 . . . .
Argile et oxide de fer	0,8 . . . .

Les pierres à chaux de cette nature sont ordinairement d'une couleur brune ou d'un jaune pâle. On les trouve dans le Sommersetshire, Leicestershire, Derbyshire, Shropshire, Durham et l'Yorkshire. Je ne les ai jamais rencontrées dans aucune autre partie de l'Angleterre; mais elles abondent en Irlande, près de Belfast.

L'emploi de la chaux comme ciment, n'est pas un sujet convenable pour un examen très-étendu, dans des leçons destinées à la chimie de l'agriculture. Néanmoins, comme la théorie de cette action de la chaux ne se trouve point établie pleinement dans aucun des livres élémentaires que j'ai lus, je me permettrai quelques mots sur les applications de nos connaissances chimiques en cette partie.

La chaux a deux manières d'agir comme ciment; l'un dans sa combinaison avec l'eau, et l'autre avec l'acide carbonique.

Nous avons déjà parlé de l'*hydrate de chaux*. Quand de la chaux vive est portée rapidement à l'état pâteux au moyen de l'eau, elle perd bientôt cette mollesse, l'eau et la chaux sont devenues une masse solide et cohérente, qui, ainsi qu'il a été dit, contient 17 parties d'eau, et 55 de chaux. Lorsque l'hydrate de chaux, au moment où il se solidifie, est mêlé avec de l'oxide rouge de fer, de l'alumine ou de la silice, le mélange devient plus dur et plus cohérent que si la chaux était restée seule. Il paraît que cet effet est dû à un certain degré d'attraction chimique de l'hydrate de chaux pour les autres corps. Ils la rendent moins apte à être décomposée par l'action de l'acide carbonique, et soluble dans l'eau.

La base de tous les cimens à employer dans les ouvrages que l'eau doit recouvrir, est l'hydrate de chaux. La chaux, provenant de pierres à chaux impures, convient parfaitement à ce dessein. La *pouzzolane* est principalement composée de silice, d'alumine et d'oxide de fer. On s'en sert mêlée avec la chaux pour tous les travaux qui seront sous l'eau. M. Smeaton s'est servi pour élever le phare d'Edystone, d'un ciment, composé de parties égales en poids, de chaux éteinte et de pouzzolane. Cette substance est une lave décomposée. Le *tarras*, dont on importait anciennement de Hollande des quantités considérables, est un simple basalte décomposé. Deux parties de chaux éteinte et une de tarras sont les parties principales du mortier des grandes digues de la Hollande. Des substances qui remplissent le but, de la pouzzolane et du tarras, sont abondantes dans les Iles Britanniques. On peut se procurer d'excellent tarras rouge en toutes quantités, à la *Chaussée des Géans*, en Irlande. Le basalte décomposé abonde en plusieurs endroits de l'Écosse, et dans les districts septentrionaux de l'Angleterre, où se tire le charbon.

Le *ciment de Parker*, et ceux de la même nature, faits dans les fabriques d'alun de lord Dundas et de lord Mulgrave, sont des mélanges de matières ferrugineuses, siliceuses et alumineuses calcinées, et d'hydrate de chaux.

Les cimens ou *mortiers ordinaires*, qui agissent par la combinaison de l'acide carbonique, sont des mélanges de chaux éteinte et de sable. Ils se solidifient d'abord comme les hydrates, et se convertissent lentement en carbonate de chaux par l'action de l'acide carbonique atmosphérique. M. Tennant a trouvé que, dans l'intervalle de trois ans et trois mois, un semblable mortier avait repris 63 pour 100 de la proportion de gaz acide carbonique, qui constitue celle *définie* pour le carbonate de chaux. Les décombres du mortier des bâtimens doivent leurs bonnes propriétés pour amender les terres, au carbonate de chaux et au sable qu'ils contiennent. Leur état de cohésion les rend spécialement propres pour les sols argileux.

La dureté du mortier, dans les bâtimens très-anciens, dépend de la conversion de toutes ses parties en carbonate de chaux. Les pierres à chaux les plus pures, sont celles qui conviennent le mieux pour faire cette espèce de mortier. La pierre à chaux magnésienne, fait un excellent ciment pour les ouvrages sous l'eau, mais il a trop peu d'énergie pour donner un bon mortier ordinaire.

Les Romains, suivant Pline, faisaient leur meilleur mortier un an avant d'en faire usage, de sorte qu'il était en partie combiné avec l'acide carbonique avant d'être mis en œuvre.

Il y a diverses précautions à prendre dans la calcination de la chaux, selon la nature des pierres.

En général, un boisseau de charbon de terre, suffit pour quatre ou cinq boisseaux de chaux. La pierre à chaux magnésienne, demande moins de feu que les autres pierres communes. Toutes les fois que l'on calcine une pierre qui contient beaucoup d'alumine ou de terre siliceuse, il faut avoir grand soin que le feu ne devienne pas trop intense. En effet, la chaux, par l'effet de son attraction pour la silice et l'alumine, se vitrifie aisément. Puisqu'il existe des endroits dans lesquels il ne se trouve point d'autre espèce de pierres à chaux, que celles mélangées de toutes ces terres, la remarque est importante. Une chaux passablement bonne, pourra en être faite avec un feu rouge obscur; mais au feu blanc, elle se changerait en verre. Il devrait toujours y avoir dans les fours à chaux, *un registre* pour modérer le feu.

En général, lorsqu'une pierre à chaux ne sera pas magnésienne, sa pureté sera indiquée par la diminution de son poids à la calcination. Plus elle aura perdu, plus elle contient de matière calcaire. Les pierres à chaux magnésiennes, contiennent plus d'acide carbonique que la pierre à chaux commune, et je les ai toujours vues perdre plus de la moitié de leur poids dans la calcination.

La matière calcaire est encore appliquée aux besoins de l'agriculture, sous d'autres formes que celles de chaux, et de carbonate de chaux. L'une de ces autres formes, est le *gypse*, ou sulfate de chaux. Cette substance est composée d'acide sulfurique et de chaux; cet acide est le même que l'huile de vitriol du commerce, il y est uni à l'eau. Le gypse sec, contient 55 parties de chaux, et 75 d'acide sulfurique. Le gypse ordinaire, ou *sélénite*, tel qu'on le trouve à Shotover-Hill, près d'Oxford, contient, outre la chaux et l'acide, une quantité considérable d'eau. On peut déterminer sa composition de la manière suivante :

Acide sulfurique, une proportion . . .	75
Chaux, une proportion	55
Eau, deux proportions	34

On démontre aisément la nature du gypse. Si l'on ajoute à de la chaux, de l'huile de vitriol : il se produit une grande chaleur ; on chauffe le mélange, l'eau s'évapore, et le gypse forme le seul résidu, si l'on a employé assez d'acide ; il reste de la chaux vive, si la quantité d'acide n'a pas été suffisante. On trouve quelquefois dans la nature, le gypse exempt d'eau, et, dans cet état, on le nomme *sélénite anhydre*. Il est distingué du gypse commun, parce qu'il ne laisse point évaporer d'eau, étant chauffé.

Lorsque du gypse exempt d'eau, soit naturellement, soit qu'il en ait été dépouillé par le feu, est reduit en pâte avec de l'eau, il se prend rapidement en masse, par sa combinaison avec ce fluide. Le plâtre de Paris, est du gypse calciné, et en poudre ; sa propriété comme ciment, et son emploi pour faire des moules, dépendent de ce qu'il solidifie une certaine quantité d'eau, et de ce qu'il fait avec elle une masse cohérente. Il en exige environ 500 fois son poids pour être tenu en dissolution. Il est plus soluble dans l'eau chaude ; aussi lorsque l'on a fait bouillir de l'eau sur du gypse, il dépose, à mesure qu'elle refroidit, des cristaux de cette substance. Le gypse se fait aisément reconnaître, par sa propriété de donner des précipités, dans les solutions de sels oxalates et de barite.

Il a régné une grande différence d'opinions chez les cultivateurs, sur les emplois du gypse. Dans le comté de Kent, l'usage en a été avantageux, et des témoignages favorables à son efficacité, ont été donnés au comité d'agriculture, par M. Smith. On en use en Amérique, avec un succès marqué; mais il a failli dans différens endroits de l'Angleterre, quoiqu'il ait été employé de diverses manières, et sur plusieurs espèces de récoltes.

Il s'est formé des opinions très-divergentes sur la manière d'agir du gypse : quelques personnes ont cru qu'il agissait par son pouvoir d'attirer l'humidité de l'air; mais cette action doit être comparativement très-insignifiante. Lorsqu'il est *combiné* avec l'eau, il retient ce fluide trop puissamment, pour le transmettre aux racines du végétal; d'ailleurs son attraction adhésive pour l'humidité, est peu considérable; de plus, la petite quantité de gypse que l'on emploie, est destructive de cette opinion.

On a dit encore, que le gypse favorise la putréfaction des substances animales, et la décomposition des engrais; quelques expériences que j'ai faites à ce sujet, contredisent cette notion. J'ai mêlé un peu de veau haché, avec un centième de son poids de gypse, et une pareille quantité de veau fut placée dans les mêmes circonstances que la première; il n'y eut aucune différence dans la durée du temps que l'une et l'autre mirent à se putréfier; et même la marche ma parut plus rapide, sur celle où il n'y avait pas de gypse. Je tentai d'autres semblables mélanges, en employant tantôt de plus grandes, et tantôt de plus faibles proportions de gypse; je me servis même de fiente de pigeon au lieu de viande, et j'eus précisément les mêmes résultats : jamais il n'augmenta la rapidité de la putréfaction.

Quoique le fait ne soit pas généralement connu, néanmoins une série d'expériences a lieu depuis longtemps dans ce pays, sur l'action du gypse comme engrais. Les cendres de tourbes, dans le Berkshire et le Wiltshire, contiennent une portion considérable de cette substance. J'ai trouvé dans celles de Newbury, depuis le quart jusqu'au tiers de gypse; il existe encore en plus grande quantité, dans quelques cendres des environs de Stockbridge; le surplus de ces cendres sont des matières calcaires, alumineuses, et siliceuses. Il s'y trouve aussi une petite quantité de sulfate de potasse, du sel commun, et quelquefois de l'oxide de fer : les cendres rouges contiennent beaucoup plus de cet oxide.

Les cendres de tourbes sont regardées comme un des meilleurs amendemens pour les graminées cultivées, et particulièrement le sainfoin, le trèfle et le ray-grass. J'ai examiné les cendres de ces trois plantes, et j'ai vu qu'elles rendaient une quantité considérable de gypse. Cette substance s'y trouve probablement combinée comme partie constituante nécessaire de la fibre ligneuse. Si l'on m'accorde ce fait, il est facile d'expliquer la raison pour laquelle il agit en si petite quantité. En effet, la totalité d'une récolte de trèfle ou de sainfoin, ne donneroit, pour un *acre* de terreau, par l'incinération, du moins je le crois, que trois ou quatre boisseaux de gypse.

En faisant l'examen du sol dans un champ, près de Newbury, et je l'avais pris dans le fond d'un chemin de pied et près de la porte, où le gypse ne pouvait pas se rencontrer par l'effet de la main de l'homme, je ne pus y découvrir aucune trace de cette substance. Au même moment cependant où je prenais ce sol, les cendres de tourbes étaient répandues sur le champ de trèfle. Le motif probable pour lequel le gypse n'est pas également efficace sur toutes les terres, c'est qu'il est beaucoup de sols cultivés qui en contiennent une quantité suffisante pour les besoins des végétaux.

Dans le cours ordinaire de toutes les cultures, le gypse se trouve compris dans les engrais. Il est contenu dans le fumier des étables; il l'est encore dans les excrémens du bétail nourri d'herbe. Il n'est pas soustrait du sol par les récoltes de blé, ni par celles de pois et de fèves, et très-peu par celles de turneps; mais dans les terres consacrées d'une manière permanente aux pâturages et aux foins, il est perpétuellement enlevé. J'ai fait l'examen de quatre sols différens, cultivés par une série de récoltes ordinaires alternées; le premier était un sable léger de Norfolk; le second, argileux et portant de bon blé, était de Midlesex; le troisième, sablonneux, était de Sussex; et le quatrième, argileux, d'Essex. Je trouvai du gypse dans tous les quatre; le sol de Midlesex en contenait près d'un pour cent. Lord Dundas m'a appris qu'ayant, sans aucun avantage, fait emploi du gypse dans deux de ses fermes de l'Yorkshire, il fut tenté d'examiner la nature du sol, sous le point de vue d'y chercher la présence du gypse, et qu'il employa, à cet effet, le procédé décrit dans la quatrième leçon, et qu'effectivement il le trouva dans les deux sols.

Si ces premiers éclaircissemens ont besoin d'être confirmés par de nouvelles recherches, on peut du moins en tirer des conséquences pratiques de quelque valeur. Il est possible que des terres qui ont cessé de donner de bonnes récoltes de trèfle, ou de prairies artificielles, soient rétablies en leur donnant le gypse pour engrais. On doit se rappeler que j'ai trouvé cette substance dans l'Oxfordshire, et elle abonde dans d'autres parties de l'Angleterre; dans le Gloucestershire, le Sommersetshire, le Derbyshire, l'Yorkshire, etc., et n'exige pour toute préparation, que d'être pulvérisée.

Le docteur Pearson a donné au comité d'agriculture, quelques renseignemens intéressans sur l'emploi du *sulfate de fer*, ou vitriol vert retiré de la tourbe, dans le Bedfortshire. J'ai rapporté les bons effets de l'eau ferrugineuse employée à l'irrigation d'une prairie du duc de Manchester, à Priestleybog, près de Woburn; et dont le comité d'agriculture crut devoir publier le produit. Je ne doute pas que le sel de la tourbe, et l'eau vitriolique, n'agissent surtout, parce qu'ils forment du plâtre.

Les sols sur lesquels l'un et l'autre ont réagi, sont calcaires; et leur carbonate de chaux décompose le sulfate de fer. Ce sel est un composé d'acide sulfurique et d'oxide de fer. L'acide et le sel sont très-solubles. Lorsqu'une de leurs solutions est mêlée à du carbonate de chaux, l'acide s'empare de la chaux, et forme un composé insipide et comparativement insoluble, qui est du gypse.

Je rassemblai une portion du dépôt de l'eau ferrugineuse du sol de la prairie de Priestley; c'était du gypse, du carbonate de fer, et du sulfate insoluble de fer. Les principales graminées, qui végètent dans cette prairie, sont : l'alopécure des prés ou *vulpin, meadow fox tail*; le pied de poule, la festuque, le fiorin et la flouve odorante. Les cendres de trois de ces plantes, dont je fis l'analise, le pied de poule, le fiorin et le vulpin, contenaient une proportion considérable de gypse.

Les atteintes des substances vitrioliques sont funestes aux sols qui ne contiennent pas de matières calcaires. J'ai rapporté dans la quatrième leçon la manière dont un sol du Lincolnshire en fut maltraité. Il est probable que cela dépend de l'excès de matière ferrugineuse qui est fournie à la sève. L'oxide de fer, en petite quantité, est cependant une utile partie constituante d'un sol. Les détails, donnés dans la troisième leçon, rendent ce fait évident; et c'est seulement dans ses combinaisons acides, qu'il devient pernicieux.

J'ai parlé de certaines tourbes dont les cendres donnent du gypse; on ne doit pas en conclure que toutes les autres tourbes leur soient semblables. J'en ai examiné de l'Ecosse, de l'Irlande, du pays de Galles, du nord et de l'ouest de l'Angleterre, qui ne contenaient pas le gypse dans une proportion qui pût devenir utile. Ces cendres abondaient en terres siliceuses, alumineuses, et en oxide de fer.

Lord Charleville a trouvé dans des cendres de tourbes, venues de l'Irlande, le sulfate de potasse, combinaison de l'acide sulfurique et de la potasse.

Les matières vitrioliques se forment habituellement dans les tourbes. Si le sol ou le tuf sont calcaires, le dernier résultat est la formation du gypse. En général, lorsque des cendres nouvelles de tourbes répandent une odeur analogue à celle d'un œuf gâté, quand l'on jette sur elles du vinaigre, elles fourniront du gypse.

Le *phosphate de chaux* est une combinaison de cette dernière substance avec l'acide phosphorique, à proportions égales. Insoluble dans l'eau pure, il cesse de l'être lorsque l'on y ajoute une substance acide. Il forme la plus forte partie des os calcinés. Il existe dans la plupart des excrémens; on le retrouve aussi dans la paille et dans le grain même du froment, de l'orge, de l'avoine et du seigle. Il existe aussi dans les fèves, les pois et les ivraies. On le rencontre *natif* dans quelques endroits de ces îles, mais seulement en petite quantité. Le phosphate de chaux est généralement répandu sur la terre par la composition des fumiers, et il est probablement nécessaire aux récoltes de blé et aux autres céréales.

La cendre d'os pulvérisés serait vraisemblablement utile aux terres labourables, surchargées de matière végétale; et peut-être rendrait-elle les tourbes molles, susceptibles de porter du blé. Mais la poudre d'os non calcinés doit, si l'on peut s'en procurer, être toujours préférée.

Les *composés salins de magnésie*, considérés comme engrais, ne nous arrêteront pas long-temps.

Nous avons, au commencement de cette leçon, dit ce que ce sujet avait de plus important, en parlant de l'emploi de la pierre à chaux magnésienne. La magnésie, combinée avec l'acide sulfurique, forme un sel soluble. Quelques auteurs ont regardé cette substance comme étant d'usage pour les engrais; mais elle n'existe pas assez abondamment dans la nature, et l'on ne peut la faire artificiellement à un prix assez bas, pour qu'elle puisse devenir d'un usage commun dans l'agriculture.

Les *cendres de bois* sont, pour la plus grande partie, composées d'alcali végétal, uni à l'acide carbonique; et, puisque cet alcali se trouve dans presque toutes les plantes, il n'est pas difficile de juger qu'il constitue une partie essentielle de leur organisation. La disposition générale des alcalis est de donner de la solubilité aux matières végétales. Ils rendent ainsi la matière charbonneuse et les autres substances, capables d'être enlevées par les tubes des fibres radicales des végétaux. L'alcali végétal jouit aussi d'une grande affinité pour l'eau, et même, lorsqu'il est en petite quantité, il sert à donner un degré convenable d'humidité au sol et aux engrais. Cette action ne peut cependant être regardée que comme secondaire, vu la petite quantité qui en existe dans le sol, ou que l'on y a employée.

L'*alcali minéral*, ou *soude*, se trouve dans les cendres des plantes marines; et, par des procédés chimiques, on le retire du sel commun. Ce sel est le produit du métal nommé *sodium*, combiné avec le chlore. La soude pure est l'union de ce même métal et de l'oxigène. Lorsque l'eau intervient, celle-ci pouvant donner son oxigène au métal, on peut retirer du sel commun la soude de différentes manières.

Le même raisonnement s'applique à l'action de l'alcali minéral pur, ou au carbonate alcalin, comme à l'alcali végétal. Ainsi, lorsque le sel commun agit comme engrais, c'est parce qu'il entre dans la composition des plantes, comme le gypse, le phosphate de chaux et les alcalis. Sir John Pringle a montré que peu de sel commun servait à la décomposition des matières animales et végétales. Cette circonstance est utile dans certains sols. Le sel commun ne nuit point aux insectes. Qu'employé par de petites quantités, il soit un utile engrais, c'est, je crois, ce qui est prouvé; son efficacité dépend de plusieurs causes complexes.

Plusieurs personnes se sont récriées contre l'emploi du sel, parce que, en quantité trop grande, non-seulement il ne fait pas de bien, mais même il rend le sol stérile. Mais ce raisonnement manque de justesse : qu'une grande quantité de sel rende la terre stérile, c'est ce que l'on savait avant qu'aucun ouvrage existât sur l'agriculture. On lit dans l'Écriture sainte, qu'Abimélec prit la ville de Sichem, qu'il détruisit la ville, et y fit jeter du sel, afin que le sol y devînt stérile à jamais. Virgile réprouve un sol salé; et Pline, quoiqu'il recommande de donner du sel au bétail, n'en affirme pas moins que, jeté sur la terre, elle devient stérile. Tous ces témoignages, cependant, ne sont pas concluans contre un juste emploi de cette substance. Les rebuts de sel, dans le pays de Cornwall, qui contiennent de l'huile et des débris de poisson, sont connus depuis long-temps pour un admirable engrais ; et les fermiers du Cheschire les disputent pour l'avantage particulier de leur canton.

Les mêmes causes, qui modifient l'action du sel, sont celles qui ont de l'effet sur l'action du gypse. Beaucoup de terres dans cette île, et particulièrement celles qui se trouvent dans le voisinage de la mer, renferment une quantité de sel, suffisante pour tous les besoins de la végétation. Alors, si l'on en ajoute, ce supplément ne peut pas devenir utile, mais même il sera nuisible. Dans une grande tempête, l'écume de la mer fut portée à plus de 50 milles dans les terres ; le sol doit donc avoir été fourni de sel pour un long temps. J'ai trouvé du sel dans tous les rochers de grès que j'ai analisés ; le sel doit donc aussi exister dans les sols, débris de ces rochers. Il est en outre une partie constituante de presque toutes les matières animales et végétales, qui entrent dans les engrais.

Outre ces composés des terres alcalines ou des alcalis, plusieurs autres corps ont été recommandés, comme aidant à la végétation. De ce nombre est le nitre, dans lequel l'acide nitrique est uni à la potasse. Sir Kenelm Digby assure qu'il procura à de l'orge une végétation luxuriante, en l'arrosant avec une très-faible solution nitrée. Cet écrivain sacrifie trop à la spéculation, pour faire accorder une grande confiance à ses résultats. Le nitre est composé :

d'azote . . . . . une proportion. . 26 nombre.
d'oxigène. . . six . . . . 60. . . . . .
de potassium, une . . . . 75 . . . . . .

Il n'est pas invraisemblable que le nitre ne puisse fournir de l'azote, à la formation de l'albumine et du gluten, dans celles des plantes qui en contiennent. Mais les sels nitreux sont d'un trop haut prix pour s'en servir comme engrais.

Le docteur Home assure que le *sulfate de potasse*, sel dont j'ai parlé, et qui existe dans les cendres de quelques tourbes, devient un engrais utile. Mais M. Naismith, dans ses *Elémens d'agriculture*, *page* 78, doute de ces résultats, et cite des expériences contraires à cette opinion; la sienne est aussi défavorable à tout emploi de matière saline comme amendement.

La plus grande partie de la discordance des avis, sur ce qu'il faut penser de l'efficacité des substances salines, provient de la manière dont il en a été fait usage; soit par la différence des proportions, soit par les quantités en général trop fortes.

Dans les mois de mai et juin 1807, je fis plusieurs expériences sur les effets de différentes substances salines. Elles eurent lieu sur de l'orge et des graminées, qui végétaient dans un jardin, dont le sol était un sable léger. Cent de ses parties contenaient :

Sable siliceux	60	
Matière très-divisée	24	100
Substances végétales	16	

Les 24 parties de la matière divisée très-fin, contenaient :

Carbonate chaux	7	24
Alumine et silice.	12	
Matière saline et surtout sel commun, traces de gypse et et de sulfate de magnésie, moins d'une partie	1	
Perte.	4	

Les solutions salines furent mises en usage deux fois par semaine, et à la quantité de deux onces, sur des terrains assez éloignés les uns des autres, pour prévenir les erreurs dans les résultats. Ces solutions étaient : le *super-carbonate*, le *sulfate*, l'*acétate*, le *nitrate*, et le *muriate de potasse*; le *sulfate de soude*, le *sulfate*, le *nitrate*, le *muriate*, et le *carbonate d'ammoniaque*.

Je vis toujours les effets de ces solutions être nuisibles, lorsque le sel égalait le trentième de l'eau; mais si les sels ne faisaient plus qu'un trois-centième de la dissolution, les effets devenaient différens.

Les plantes, arrosées avec les solutions de sulfate, végétèrent précisément de la même manière que des plantes semblables, arrosées avec l'eau de pluie.

Celles arrosées avec le nitrate de potasse, l'acétate, et le super-carbonate de potasse, végétèrent beaucoup mieux.

Les plantes, traitées avec la solution de carbonate d'ammoniaque, furent, de toutes, les plus belles. Ce dernier résultat est tel que l'on devait l'attendre, puisque le carbonate d'ammoniaque est un composé de carbone, d'hydrogène, d'azote et d'oxigène. Il y eut aussi un autre résultat que je n'avais pas prévu. Les plantes, arrosées avec le nitrate d'ammoniaque, ne poussèrent pas mieux que celles qui le furent avec l'eau de pluie. La liqueur rougissait le papier bleu, teint au tournesol, et probablement l'acide, qui se trouvait libre, avait causé du préjudice, et nui au résultat.

La *suie* doit certainement une partie de son efficacité aux sels ammoniacaux qu'elle contient. La liqueur, qui provient de la distillation du charbon de terre, a en dissolution du carbonate et de l'acétate d'ammoniaque, aussi la regarde-t-on comme un bon engrais.

J'ai constaté, en 1808, que la végétation du blé, dans un champ à Rochampton, était favorisée par une très-faible solution d'acétate d'ammoniaque.

Les marcs des savonniers ont été recommandés comme un très-bon engrais; et l'on a attribué leur efficacité aux sels qu'ils contiennent. Mais, dans le fait, la quantité en est très-petite; et ce qu'ils contiennent principalement, c'est de la chaux amortie, et de la chaux vive. Les marcs des meilleures manufactures donnent à peine une trace d'alcali. De la chaux, éteinte avec de l'eau de mer, fournit beaucoup plus de cette substance. On assure que, dans quelques cas, on en a tiré plus d'avantages que de la chaux ordinaire.

Il n'est pas nécessaire de s'arrêter plus long-temps sur l'action des substances salines dans la végétation. Si l'on excepte les composés ammoniacaux, et ceux qui contiennent l'acide nitrique, l'acétique et le carbonique, aucun des autres ne fournit, par sa décomposition, quelques-uns des principes de la végétation, qui sont le charbon, l'hydrogène et l'oxigène.

Les sulfates alcalins et les muriates terreux se rencontrent si rarement dans les plantes, ou s'y trouvent en si petites quantités, qu'il ne peut jamais exister de besoin d'en fournir les sols. Il a été établi, au commencement de cette même leçon, que les substances alcalines et terreuses semblent n'être pas l'œuvre de la végétation. Il y a d'aussi fortes raisons pour penser qu'elles n'y sont jamais décomposées ; car, après leur absorption, on les retrouve dans leurs cendres.

Leurs bases métalliques ne peuvent exister en contact avec l'eau ; et, comme pour tous les autres métaux, les procédés chimiques ont été insuffisans pour les résoudre sous de nouvelles formes élémentaires. Ils se combinent, au contraire, rapidement avec les autres substances élémentaires, et restent indestructibles. Ils ne peuvent être méconnaissables ; leur quantité ne diminue pas, quoiqu'on les ait engagés dans diverses combinaisons.

HUITIÈME LEÇON.

De l'amendement des terres par le feu ; principes chimiques de cette opération. De l'irrigation et de ses effets. Des jachères ; leur désavantage et leurs usages. De la culture variée, établie sur une rotation régulière de différentes récoltes. De la pâture. Vues liées à son application. De divers objets d'agriculture, en rapport avec la chimie. Conclusion.

Les Romains ont connu l'art d'amender les terres au moyen du feu. Virgile dit, au 1er livre de ses Géorgiques : *Sæpè etiam steriles incendere profuit agros.* Cette pratique est encore très-employée dans les Iles Britanniques. La théorie de cette opération a occasionné beaucoup de discussions entre les savans et les cultivateurs. Elle repose totalement sur les doctrines chimiques ; et j'espère pouvoir donner sur ce sujet des éclaircissemens qui pourront satisfaire.

La base de tous les sols ordinaires est, ainsi que je l'ai dit dans la quatrième leçon, un mélange des terres primitives, et d'oxide de fer. Ces terres ont, les unes pour les autres, un certain degré d'attraction. Pour considérer l'attraction sous son propre point de vue, il est seulement nécessaire de considérer la composition de quelque pierre siliceuse ordinaire. Le feldspath, par exemple, contient les terres siliceuses, alumineuses et calcaires, l'alcali fixe, et l'oxide de fer. Ils en forment un composé, par suite de leur attraction réciproque. Si cette pierre est réduite en poudre impalpable, elle devient semblable à de l'argile. Lorsque cette poudre est chauffée fortement, elle se fond. Elle redevient par le refroidissement une masse cohérente, semblable à la pierre originelle ; les parties, qu'une division mécanique avait désunies, adhèrent de nouveau, en conséquence de l'attraction chimique. Si l'on a chauffé la poudre moins vivement, les parties superficielles se combinent les unes avec les autres, et forment une masse graveleuse, qui, brisée en morceaux, a les caractères d'un sable.

Si l'on compare le pouvoir absorbant du feldspath pulvérisé, pour attirer l'eau de l'atmosphère, avant ou après qu'il a subi l'action du feu, on le trouvera beaucoup moindre dans le dernier cas.

Le même effet a lieu quand la poudre de toute autre pierre siliceuse, ou alumineuse devient le sujet de cette expérience.

J'ai trouvé que deux parties égales de basalte, réduit en poussière impalpable, dont l'une avait été fortement chauffée, et l'autre seulement exposée à une chaleur égale à celle de l'eau bouillante, acquéraient des poids très-différens, en les exposant toutes deux à l'air, le même espace de temps. En quatre heures, la première avait seulement acquis deux grains de plus, tandis que l'autre en avait pris sept.

Lorsque de l'argile, ou les sols tenaces qu'elle compose, sont brûlés, l'effet devient de la même nature. Ils sont presque amenés à l'état de sable.

Ce principe général se trouve clairement démontré dans les manufactures de brique. Si l'on touche avec la langue un morceau sec de terre à brique, il y adhérera fortement, par suite de son pouvoir pour absorber l'eau. Mais, après sa cuisson, à peine exercera-t-il une faible adhérence.

Le procédé de la combustion du sol le rend moins compact, moins tenace, et capable de retenir l'humidité (1); et, lorsqu'il est convenablement appliqué, il convertit une matière qui était roide, humide, et par conséquent froide, en une autre sablonneuse, sèche et chaude; elle est devenue ainsi beaucoup plus propre à fournir une couche végétale, propre à la vie des plantes.

La grande objection, faite par les chimistes spéculatifs contre les deux opérations qui constituent l'*écobuage*, c'est-à-dire, le pelage avec la houe, et la combustion, est : qu'il détruit la matière végétale, ou l'engrais du sol. Mais, dans le cas où le tissu de la matière terreuse est amélioré d'une manière permanente, il y a plus que compensation avec un désavantage purement momentané. Mais bien plus, dans quelques sols où il se rencontre un excès de matière végétale, sa destruction n'est-elle pas très-avantageuse; la matière charbonneuse en outre, qui reste dans les cendres, n'est-elle pas plus profitable à la récolte que la fibre végétale dont elle a tiré son origine.

---

(1) Ce passage fait la pleine confirmation de ma note, page 22. (*Note du traducteur.*)

J'ai eu recours à l'analise chimique pour reconnaître la composition de trois espèces de cendres, venues de trois terres différentes, qui venaient d'éprouver l'écobuage. La première avait été envoyée au comité d'agriculture par M. Boys de Bellhanger, du comté de Kent; c'est lui qui a publié un traité sur l'écobuage. Elles venaient d'un sol calcaire; et 200 grains contenaient:

Carbonate de chaux.	80
Gypse	11
Charbon	9
Oxide de fer	15
Matière saline.	3
Sulfate de potasse	
Muriate de magnésie, avec une petite quantité d'alcali végétal.	

Le surplus était de la silice et de l'alumine (1).

M. Boys estime que 2660 boisseaux sont le produit de l'écobuage d'un acre de terre, lesquels, suivant son calcul, pèseraient 172,900 livres, et contiendraient:

Carbonate de chaux. . .	69,160 livres.
Gypse	9,509, 6
Oxide de fer	12,967, 5
Matière saline..	2,593, 5
Charbon.	7,780, 5

(1) L'auteur n'a pas noté ces trois derniers articles, j'ai consulté les deux éditions de 1812 et 1813. (*Note du traducteur.*)

Il n'y a pas de doute que, dans un tel état de choses, il n'existe une quantité considérable de matière, capable d'être un actif engrais, et qu'elle ne soit le produit de l'écobuage. La division du charbon était d'une finesse extrême; et, exposé sur la grande surface d'un champ, il doit se convertir successivement en acide carbonique. Le gypse et l'oxide de fer, ainsi que je l'ai dit dans la leçon précédente, semblent produire les plus excellens effets, lorsqu'ils sont appliqués à une terre qui contient un excès de carbonate de chaux, ou craie (1).

La seconde espèce de terre que j'ai analisée, venait des environs de Coleorton, dans le Leicestershire, et contenait seulement quatre pour cent de carbonate de chaux. Les trois-quarts étaient un sable siliceux fin, et l'argile composait presque entièrement le dernier quart. Ce champ était, avant l'écobuage, une pelouse. Cent parties des cendres contenaient :

Charbon	6	100
Muriate de soude et sulfate de potasse, avec des traces d'alcali végétal	3	
Oxide de fer	9	
Matières terreuses	82	

(1) En appliquant les conclusions de l'auteur à quelques portions des plaines purement crayeuses et si arides, de certaines portions du département de la Marne, on pourrait, au moyen de faibles solutions de sulfate de fer, *couperose verte*, amener quelques terrains à l'état productif; il faudrait aussi y porter des fumiers, car la matière végétale y manque. Toutes les apparences

Dans cette circonstance comme dans la précédente, le charbon était de la plus grande finesse. Sa solubilité devait être augmentée par la présence de l'alcali.

Le troisième échantillon de terre provenait de Mount's bay, dans le Cornwall; c'était une argile *roide*. Il y avait aux environs de dix ans, que de l'état de lande, on en avait fait, par l'écobuage, une terre de culture. Mais depuis ayant été négligée, les bruyères y avaient poussé en différens endroits, au point de produire un second écobuage. Cent parties des cendres contenaient :

	parties.	
Charbon.	8	100
Matière saline, et principalement du sel commun et un peu d'alcali végétal	2	
Oxide de fer	7	
Carbonate de chaux, alumine et silice	83	

La quantité de charbon est ici plus grande que dans les autres analises. La présence du sel y est due, je pense, au voisinage de la mer; car ce terrain n'est qu'à deux milles de la côte. Il y avait assurément dans cette terre un excès de fibre végétale

sont en faveur de la tentative, car les prairies artificielles que l'on *cendre* avec la houille d'engrais tirée du Saran ou des environs de Château-Thierry, ont commencé à couvrir des terres jadis peu ou mal cultivées. Le comté de Kent, très-cultivé, très-fertile, est aussi sur la craie pure. (*Note du traducteur.*)

morte, aussi bien que de la matière végétale vivante, mais inutile. On m'a appris depuis que cette terre avait éprouvé une grande amélioration.

On a mis en jeu plusieurs causes fort obscures, pour expliquer les effets du pelage et de la combustion ; mais je pense qu'ils doivent être rapportés entièrement à la diminution de la cohésion, et de la ténacité de l'argile, et de plus à la destruction de la matière végétale morte et sans utilité, et à sa conversion en engrais.

Le docteur Darwing, dans sa phytologie, a supposé que l'argile, pendant sa torréfaction, peut absorber quelque principe nutritif dans l'atmosphère, et qu'elle le fournit ensuite aux plantes. Mais ces terres sont de purs oxides métalliques, saturés d'oxigène. L'acte de la combustion tend à chasser tout autre principe volatil, qu'elles pourraient contenir en combinaison.

Si l'oxide de fer, existant dans le sol, n'est pas saturé d'oxigène, la torréfaction sert à lui en unir une plus forte portion; aussi arrive-t-il, dans la combustion, que les argiles prennent la couleur rouge. L'oxide de fer, saturé d'oxigène, a moins d'affinité pour les acides qu'un autre oxide, et conséquemment il devient moins soluble dans le sol par les fluides acides; et, dans cet état, il paraît agir comme les terres.

Un auteur très-ingénieux, que j'ai cité à la fin de la dernière leçon, suppose que l'oxide de fer, combiné avec l'acide carbonique, est un poison pour les plantes; et que l'utilité de la torréfaction est de chasser de cette combinaison l'acide carbonique. Mais le carbonate de fer n'est pas soluble dans l'eau; c'est une substance très-inerte ; et j'ai élevé une récolte de cresson, dont la pousse fut superbe dans un sol composé d'un cinquième de carbonate de fer, et de quatre-cinquièmes de carbonate de chaux. Celui de fer est très-abondant dans quelques-uns des sols les plus fertiles de l'Angleterre, et spécialement dans le sol rouge à houblon. Il n'y a point de fondement théorique pour supposer que le gaz acide carbonique, qui fait l'aliment essentiel des plantes, doive, par quelques-unes de ses combinaisons, devenir leur poison. Il est certain, au contraire, que la chaux et la magnésie, ennemies de la végétation, lui sont utiles après leur combinaison avec cet acide.

Tous les sols qui contiennent trop de fibre végétale morte, et qui, par conséquent, perdent du tiers à la moitié de leur poids par l'incinération, et ceux dans lesquels les matières impalpables terreuses, qui sont les argiles et les marnes, sont constamment améliorés par l'écobuage. Mais les sables grossiers, au contraire, et les terrains riches, qui ne renferment qu'une juste proportion de matières terreuses, le procédé de la torréfaction ne peut leur devenir utile. Il en est de même de ceux dont la contexture est déjà suffisamment ouverte, ou dont la matière végétale est déjà assez soluble.

Tous les sables siliceux pauvres en sont maltraités; et ici la théorie marche d'accord avec la pratique. M. Young, dans son Essai sur les engrais, établit qu'il a trouvé que la combustion nuisait au sable. Les bons agriculteurs ne font donc jamais subir cette opération aux terrains sablonneux, dès que ceux-ci ont pu être mis en état de culture.

Un fermier intelligent de Mount's bay me dit qu'il y avait plusieurs années déjà, qu'il avait pelé et brûlé un petit champ, qu'il n'avait pas pu depuis remettre encore en bon état. Je visitai ce même terrain ; la végétation y était pauvre, et l'herbe souffrante.

L'*irrigation* ou *arrosement des terres* est une pratique, qui, à la première apparence, est l'inverse de la torréfaction. L'action générale de l'eau, dans la nature, est de mettre la matière terreuse dans un état de division extrême. Mais l'arrosement artificiel des prairies a des effets avantageux, qui dépendent de causes différentes, dont les unes sont chimiques, et les autres simplement mécaniques.

L'eau est absolument essentielle à la végétation. Lorsque les eaux ont recouvert le sol pendant l'hiver, ou au commencement du printemps, l'humidité, qui a pénétré profondément dans la terre, et même jusqu'au tuf, devient une source de nourriture pour les racines des plantes, pendant l'été. Elle prévient les mauvais effets, qui souvent arrivent aux terres dans leur état naturel, par la longue durée d'une saison sèche.

Lorsque l'eau, employée à l'irrigation, a coulé sur un canton calcaire, on la trouve, en général, chargée de carbonate de chaux; et, dans beaucoup de circonstances, elle tend dans cet état, vers l'amélioration du sol.

L'eau commune des rivières contient aussi, en général, une certaine portion de matière organique,

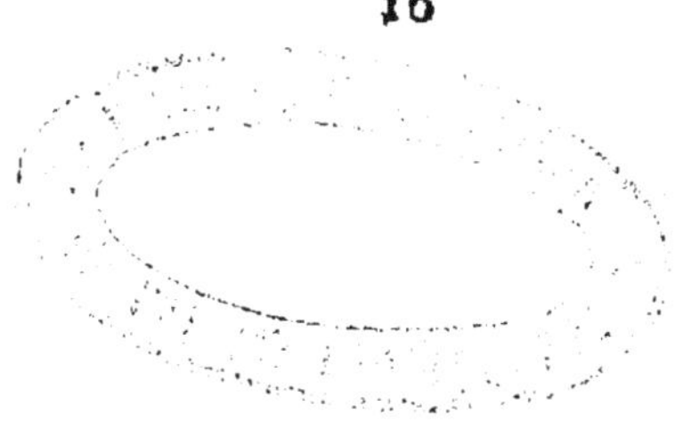

plus grande après les pluies que dans tout autre temps. Elle est même en beaucoup plus grande quantité, lorsque le cours de la rivière a lieu dans un pays cultivé.

Dans les cas où cette eau d'irrigation pure, et exempte de substance animale ou végétale, a été employée, elle agit en établissant la plus juste répartition de la matière nutritive qui existe dans le sol. Dans les saisons très-froides, elle conserve les racines tendres, et les feuilles des graminées; elle prévient les attaques de la gelée.

L'eau est d'une pesanteur spécifique, plus grande à 42° de Farhenheit qu'à 32; ou 5°,5 centigrades qu'à o, qui est le point de glace (1). Il s'ensuit donc

(1) Farhenheit, physicien de Dantzig, dont l'échelle thermométrique est universellement adoptée en Angleterre, a divisé en 212° l'espace qui existe entre son point de o, et celui de l'eau bouillante. La nature ne donne ce point o, à volonté, qu'au moyen d'un mélange de neige et de sel commun, fait sur des poids déterminés de ces deux corps. Le point de 32°, répond juste à celui de o du centigrade et de Réaumur, qui est le même, et que sa facilité à prendre a fait adopter généralement. Il suffit, pour l'obtenir, de plonger le thermomètre à régler, dans de la glace pilée et fondante; ce point est invariable, et indépendant des circonstances environnantes. Celui des degrés de Réaumur, qui se rapproche le plus du o de Farhenheit, est 13°, 9 au-dessous de glace, il égale 1° 75 de Farhenheit. J'ai toujours noté, surtout en citant d'après l'auteur, l'échelle adoptée dans son pays, celle du thermomètre centigrade et celle de Réaumur, parce qu'elles nous sont plus familières; mais, ne l'ayant pas toujours fait, et voulant mettre le lecteur à même de réparer l'omission ou d'opérer dans d'autres circonstances, je vais établir le rapport des trois échelles. L'échelle de Farheuheit ayant 32°, au même point où les deux au-

que, pendant l'hiver, une prairie étant couverte d'eau, la portion de celle-ci, qui touche à l'herbe immédiatement, est rarement au-dessous de 40° ou 5 centigrades, et 4 de Réaumur; température qui n'a rien de préjudiciable pour les organes des plantes.

En 1804, j'examinai au mois de mars la température de l'eau d'une prairie près Hungerford, dans le Berkshire, avec un thermomètre très-sensible. La température de l'air, à 7 heures du matin, était à 29° au dessus de o point de glace, ou 2°,5 centigrades, 2 de Réaumur — o. L'eau était glacée sur l'herbe; mais la température du sol sous l'eau, prise à l'endroit où les racines des plantes sont attachées, était de 43 au dessus de o, ou 6 centigrades.

Les eaux, qui nourrissent le meilleur poisson, sont, généralement, celles qui valent le mieux pour l'irrigation des prairies. On peut cependant retirer de toutes les eaux, presque tous les avantages attachés à l'irrigation. C'est néanmoins un principe général, que les

---

tres inscrivent o, et 212° pour l'eau bouillante, où le centigrade inscrit 100, et Réaumur 80, il est évident que Farhenheit a dans ce même espace 180 divisions. Ainsi chacun de ses dégrés vaut $\frac{5}{9}$ de ceux du thermomètre centigrade, et $\frac{4}{9}$ de celui de Réaumur, qui n'a divisé le même intervalle qu'en 80°. L'opération pour obtenir la correspondance est simple : divisez les 180° par 9 = 20 : ôtez, pour avoir un degré correspondant au centigrade, quatre fois 20, et pour avoir celui de Réaumur, un cinquième de ce dernier produit. Si donc on a 60° de Farhenheit, dont il faut connaître le rapport avec l'échelle centigrade, j'ajoute 32°, qui correspondent à son o, et j'ai 92, dont je retranche quatre fois 20, ou $\frac{4}{9}$ de 180, et j'ai pour reste 12° centigrades : et ôtant de ceux-ci le cinquième, j'ai de Réaumur 9°,6. (*Note du traducteur.*)

eaux ferrugineuses, quoiqu'elles possèdent des effets fertilisans, lorsqu'elles sont appliquées à des terrains calcaires, nuisent à ceux qui ne font pas effervescence avec les acides; et que les eaux calcaires sont d'un usage précieux sur les sols siliceux, ou sur ceux qui ne contiennent pas une notable quantité de carbonate calcaire. Ces dernières sortes d'eaux, sont reconnaissables par les terres qu'elles laissent déposer, lorsqu'on les a fait bouillir, et qu'elles se refroidissent.

Les procédés, les plus importans pour l'*amendement des sols*, sont ceux dont il vient d'être traité. Ils ont pour base, l'art de faire disparaître d'un sol un de ses principes constituans qui est nuisible, ou d'en ajouter un utile, enfin d'altérer leur nature. Il est néanmoins une autre opération, une pratique très-ancienne, que l'on met en usage, et dans laquelle on expose le sol à l'action de l'atmosphère, et on le soumet à des procédés purement mécaniques : *Ce sont les jachères.*

Les avantages que l'on retire des jachères ont été beaucoup trop exaltés. Un seul été de repos, un moment de relâche pour nettoyer un sol, peuvent quelquefois devenir nécessaires à une terre remplie de mauvaises herbes; surtout si le sol est sablonneux, et qu'on ne doive pas alors l'écobuer avec avantage. Mais certainement les jachères n'apportent aucun profit, lorsqu'on en fait une partie d'un système général de culture.

Plusieurs écrivains ont supposé que certains principes, nécessaires à la fertilité, étaient soutirés de l'atmosphère; que les récoltes en épuisaient à la longue les terres ; et que, pendant le repos de celles-ci, elles s'en fournissaient de nouveau, par l'effet de leur pulvérisation et de leur exposition à l'air ; mais, dans la vérité, les choses ne se passent point ainsi.

Les terres composantes des sols, ne peuvent se combiner avec une plus forte proportion d'oxigène. Aucune d'elles ne s'unit à l'azote ; celles qui sont capables d'attirer l'acide carbonique en sont toujours saturées dans les sols mêmes, sur lesquels on applique la méthode des jachères. Cette opinion ancienne, et également vague, de l'usage du nitre et des sels nitreux dans la végétation, semble avoir été une des principales raisons spéculatives, pour établir les jachères d'été. Il se produit des sels nitreux durant l'exposition des sols qui contiennent des matières végétales et animales, et ils se produisent en plus grande abondance pendant les temps chauds. Mais il est probable que c'est par la combinaison de l'azote existant dans ces *détritus* avec l'oxigène de l'atmosphère, que l'acide nitrique est formé ; et même cela s'effectue aux dépens d'un élément, qui, sans cela, eût formé de l'ammoniaque. Il est évident, par tous les principes posés dans la leçon précédente, que cette dernière substance est plus efficace pour la végétation, que les composés nitreux.

Lorsque de mauvaises herbes sont enterrées dans le sol, leur décomposition graduelle fournit une certaine quantité de matière soluble ; mais on peut douter qu'elle soit pour la terre un engrais plus utile, à l'expiration du temps de la jachère, que ne l'auraient été ces mauvaises herbes, au moment même où le labour les a ensevelies. Le gaz acide carbonique, qui s'est formé pendant la durée de la jachère, par la réaction de la matière végétale sur l'oxigène atmosphérique, est, pour la plus grande partie, perdu pour le sol dans lequel il s'est formé ; et il se dissipe dans l'atmosphère.

L'action du soleil, à la surface de la terre, tend à dégager les matières fluides, volatiles et gazeuses. La chaleur augmente la rapidité de la fermentation. Ainsi, pendant la jachère, la nourriture est produite plus rapidement ; et c'est au moment où il n'existe point de végétaux qui soient présens pour la consommer.

La terre, à l'époque où elle n'est pas occupée à préparer de la nourriture pour les êtres vivans, doit être employée à s'en fournir pour celle des plantes. C'est ce que l'on parvient à faire au moyen des récoltes vertes, par suite de l'absorption de la matière charbonneuse, puisée dans l'acide carbonique de l'atmosphère. Il y a, dans toute jachère d'été, une époque absolument perdue, pendant laquelle, cependant, des végétaux auraient pu être elevés, soit pour la nourriture des animaux, soit pour celle des plantes de la récolte prochaine. Le tissu du sol n'est pas aussi amélioré alors par son exposition à l'air, que pendant l'hiver. C'est l'instant où le pouvoir expansif de la glace, la dissolution graduelle des neiges, les alternatives de la sécheresse et de l'humidité, travaillent à sa pulvérisation, et mêlent, les unes avec les autres, ses différentes parties.

Dans la culture par raies, la terre est toujours conservée nette ; les mauvaises herbes sont extirpées à la main. La récolte, alignée par rangées, rend la destruction des plantes inutiles, bien plus aisée. L'engrais se trouve être fourni, soit par les récoltes vertes elles-mêmes, soit par la fiente du bétail qui est venu y pâturer ; et les plantes, qui ont un système de feuilles larges, doivent être alternées avec celles qui portent du grain.

Il existe un grand avantage dans le système de culture par rotation de récoltes; c'est que tout l'amendement est employé, et celles de ses parties, qui ne sont pas convenables à une espèce de plante, restent pour en nourrir une autre qui suivra. C'est ainsi que, dans le système de rotation de M. Coke, le turneps est celui qui marche le premier ; la terre a été amendée avec du fumier récent; il fournit assez de matière soluble pour nourrir le turneps. La chaleur qu'il a produite, pendant sa fermentation, a favorisé la germination de la semence et la pousse de la plante. L'orge suit le turneps ; on la sème avec des gramens. La terre, ayant été peu épuisée par le turneps, fournit assez de nourriture au grain par la décomposition de la matière soluble du fumier. Les graminées, le rai-grass et le trèfle demeurent sur le sol, elles y prennent seulement alors une petite portion de leur matière organique, et consomment très-probablement le gypse qui existe dans l'engrais, et qui serait demeuré inutile aux autres récoltes. Ces mêmes plantes aussi, par leur large système de feuilles, absorbent une quantité considérable de nourriture, puisée dans l'atmosphère. Enfin, lorsqu'elles sont labourées au bout de deux ans, les débris de leurs racines et de leurs feuilles produisent un engrais pour la récolte du blé.

A cette époque de la rotation, la fibre ligneuse du fumier de basse-cour, laquelle contient le phosphate de chaux et les parties d'une solubilité difficile, est détruite; et, aussitôt que la récolte qui épuise le plus l'engrais a été coupée, on apporte de nouveau fumier.

M. Gregg, dont le système éclairé de culture a été publié par le comité d'agriculture, et qui a le mérite d'avoir le premier suivi un plan semblable à celui de M. Coke sur des argiles roides, laisse, après la récolte de l'orge, son terrain couvert de graminées. Il sème des pois et des fèves sur les sillons recouverts d'herbes, et enfouit par un labour les tiges de ces derniers grains pour sa récolte de blé. Dans quelques cas, il la fait suivre par une récolte de vesce et d'orge d'hiver, qui est mangée dans le cours du printemps, avant que la terre soit ensemencée en turneps.

Les pois et les fèves paraissent, dans tous les cas, bien adaptés pour préparer la terre à la récolte du blé ; et, dans quelques terrains riches, tels que les sols d'alluvion de Parret, dont j'ai parlé dans la quatrième leçon, et au pied du Downs méridional, dans le Sussex, ils sont élevés ainsi alternativement, pendant plusieurs années de suite. Les pois et les fèves contiennent, ainsi que l'on peut le conclure des analises contenues dans la troisième leçon, des matieres analogues à l'albumine. Mais il paraît que l'azote, qui en forme une partie constituante, est soustrait de l'atmosphère. La feuille sèche de fèves, lorsqu'on la brûle, répand une odeur qui approche de la matière animale. Par sa destruction opérée dans le sol, elle peut fournir des principes, propres à devenir une des parties constituantes du froment.

Quoique la composition générale des plantes soit très-analogue, néanmoins la différence spécifique des produits de beaucoup d'entre elles, et les faits établis dans la dernière leçon, prouvent qu'elle doit dériver des diverses matières du sol. Mais aussi, quoique les végétaux, qui ont un très-petit système de feuilles, épuisent certainement le sol de matière nutritive, néanmoins il est des plantes particulières, qui, lorsque leur produit est récolté, exigent que de certains principes soient rendus à la terre sur laquelle elles ont végété.

Les fraisiers et la pomme de terre prennent une végétation luxuriante dans une terre vierge, produit récent d'une pâture qui a été retournée; mais en peu d'années elles dégénèrent, et demandent un nouveau sol. L'organisation de ces plantes est telle, qu'elles s'occupent incessamment à étendre leurs rejetons. C'est ainsi que le fraisier, par ses longues racines, s'efforce constamment à envahir de nouveaux espaces, et que les racines fibreuses de la pomme de terre produisent leurs bulbes à des distances considérables de la plante mère. Des terres, après un certain espace de temps, cessent de produire de bonnes graminées cultivées; elles deviennent, suivant le dicton populaire, *ennuyées d'elles-mêmes*, et l'une des raisons de cet état a été indiquée dans la leçon précédente (1).

(1) L'épuisement du gypse. (*Note du traducteur.*)

L'effet le plus remarquable du pouvoir d'épuisement que certains végétaux exercent sur un sol, en lui enlevant les principes nécessaires à leur existence, se manifeste dans certaines espèces de fungus. Jamais, dit-on, les champignons ne croissent deux années de suite sur le même espace de terrain. La production de ce phénomène, appelé *cercle enchanté*, a été décrit par le docteur Wolaston; il l'a reconnu dans un fungus particulier qui le produit, en épuisant le sol de la nourriture qui est nécessaire à son espèce. La conséquence de ce fait est que le cercle s'étend annuellement; car nulle graine ne croîtra dans le lieu où son père a vécu avant elle: la partie intérieure du cercle a été épuisée par la pousse précédente; mais, où ce fungus est mort, il y a eu de la nourriture fournie pour de l'herbe, qui pousse annuellement dans le cercle; elle y est très-corsée, et d'un vert obscur.

Lorsque des bestiaux sont nourris sur un sol qui ne profite pas de leurs excrémens, il en résulte l'épuisement du sol. C'est précisément ce qui arrive, lorsque des chevaux de charroi sont nourris sur un bien; ils consomment le pâturage pendant la nuit, et la plus grande partie de leur engrais est perdu dans le jour pendant leur travail.

L'exportation du grain dans un pays, si elle n'est pas compensée par l'importation de quelque engrais, doit définitivement amener l'épuisement du sol. Plusieurs terrains, maintenant sables incultes, ont été jadis, dans le nord de l'Afrique, et dans l'Asie mineure, des campagnes fertiles. La Sicile fut le grenier de l'Italie; la quantité de blé, que les Romains en emportèrent, est vraisemblablement aujourd'hui la cause de sa stérilité. Le système actuel commercial de notre île, nous fournit abondamment de substances qui, dans leur usage et par leur décomposition, enrichissent nécessairement le sol. Le blé, le sucre, le suif, les huiles, les peaux, les pelleteries, le vin, la soie, le coton, sont importés, et la mer nous fournit le poisson. Dans toutes nos nombreuses exportations, les marchandises de laine et de lin, et les cuirs, sont presque les uniques substances qui contiennent de la matière nutritive extraite du sol.

Dans un cours tournant et successif de récoltes, on doit s'attacher nécessairement, à rendre chaque partie du sol, utile le plus possible, aux plantes de différentes natures; mais la profondeur à donner au sillon, par le labour, dépend de la qualité du sol, et du tuf qui le porte. Le sillon n'est jamais trop profond dans les riches terrains argilleux; la même pratique doit encore être adoptée dans les sables, à moins que le tuf ne renferme quelque substance nuisible à la végétation. Lorsque les racines prennent de la profondeur, elles sont moins susceptibles d'être attaquées, soit par des pluies excessives, soit par la sécheresse; les rejetons portent au loin leurs radicules dans toutes les portions du sol; l'espace, d'où elles prennent leur nourriture, a donc plus d'étendue que si la semence a été ensevelie superficiellement.

Il existe une grande divergence d'opinions sur les *herbages*, ou prairies permanentes; mais on ne peut établir leurs avantages, ou leurs désavantages, que relativement à leur situation, et à la circonstance du climat. Dans les cas où l'irrigation est possible, la terre produit beaucoup, et donne peu de travail. Dans les pays où il tombe beaucoup de pluie, cette irrigation naturelle produit autant de bons effets que celle due à l'industrie. Lorsque le foin est extrêmement recherché, ce qui arrive quelquefois dans les environs des capitales, et que par l'effet de ce voisinage on peut aisément se procurer des fumiers, l'application que l'on en fait sur les prairies, est bien récompensée par l'accroissement de la récolte; on ne peut cependant pas recommander leur amendement avec des engrais provenus de matières végétales et animales, comme un système général de culture. Le docteur Coventri a très-bien fait observer, qu'il y a dans ce cas une plus grande destruction de fumier, que lorsqu'on l'enfouit dans la terre avec la charrue, pour les récoltes céréales; la perte, que cause son exposition à l'air et aux rayons du soleil, ajoute de nouveaux motifs à ceux qui ont été cités dans la sixième leçon, pour que, même dans ce cas, l'application du fumier soit faite sur la prairie, dans l'état de fermentation commençante, et non pas complète.

On a apporté peu d'attention sur la nature des espèces les plus convenables de graminées, pour une prairie permanente : la principale circonstance pour donner de la valeur à l'herbe, c'est la quantité de matière nutritive que toute la récolte est capable de fournir; mais l'époque et la durée de ses produits sont deux points d'une grande importance. Une plante, qui rapportera pendant tout le cours de l'année du fourrage en vert, aura plus de valeur qu'une autre plante dont le produit se borne à la durée de l'été, quoique toute la quantité de nourriture fournie par la première soit, beaucoup moindre.

Les végétaux qui se propagent d'eux-mêmes par leurs rejetons, et telles sont les diverses espèces d'*agrostis, le fiorin*, donnent du fourrage pendant toute l'année. J'ai déjà eu occasion de rapporter que la sève concrète qui se fixe dans les nœuds de ses tiges, le rend une très-bonne nourriture pendant l'hiver. J'ai vu quatre verges carrées (1) de fiorin qui furent coupées à la fin de janvier de cette année (1813); elles faisaient partie d'une prairie exclusivement consacrée à la culture de cette plante, par la comtesse de Hardwicke; le sol est une argile roide et humide· elles donnèrent 28 livres de fourrage; mille de ses parties rendirent 64 parties de matière nutritive composée de près d'un sixième de sucre et de cinq sixièmes de mucilage, avec un peu de matière extractive. Dans une autre expérience, quatre verges produisirent une coupe de 27 livres; la qualité de cette herbe était inférieure à celle du fiorin, que j'ai cité dans le tableau page 152; il avait été cultivé par Sir Joseph Banks, dans le Middlesex, sur un terrain beaucoup plus riche; on l'avait coupé en décembre.

Le fiorin, pour croître parfaitement, exige un climat et un sol humide; sa végétation est superbe sur les sols argileux et froids, qui ne conviennent pas aux

---

(1) Le yard, ou verge, a 36 pouces anglais de longueur. Voyez la note de la page 231. Le terrain avait 12 pieds carrés. (*Note du traducteur.*)

autres graminées ; dans les sables légers et dans les situations sèches, son produit est de beaucoup inférieur en quantité et en qualité.

Les gramens communs, ainsi qu'on les appelle, qui, dans le printemps, rendent le plus de matière nutritive, sont le vulpin des prés, *alopécure*, et le poa fertile, *poa pratensis*; mais leur produit, lorsqu'ils fleurissent, ou que la graine devient mûre, est inférieur à celui d'un grand nombre d'autres graminées, et leur dernière coupe est néanmoins très-abondante.

La grande *fétuque*, la plus haute des graminées, est, suivant les expériences du duc de Bedford, celle aussi qui rend la plus grande quantité de matière nutritive, dans toute la récolte, lorsqu'on la coupe au moment de sa floraison. Le meadow cat's tail, contient plus de nourriture lorsqu'il est coupé au moment de la maturité de la graine. Le produit le plus élevé de tous les *regains*, qui ont été examinés dans les expériences du duc de Bedford, a été celui du sea meadow grass.

Dans toutes les prairies permanentes, la nature s'est occupée à faire le mélange de diverses graminées, dont le produit varie pour l'époque de la saison. Dans les lieux où l'on fait des prairies artificielles, il faut avoir le soin d'imiter ce mélange. Peut-être pourrait-on parvenir à faire des prairies artificielles supérieures à celles que nous tenons de la nature, en choisissant des proportions convenables de graminées appropriées au sol, afin qu'elles pussent donner le plus grand produit possible, pour le printemps, l'été, les regains, et l'hiver. Je réserve à montrer, dans l'*appendix*, qu'un pareil plan de culture n'a rien d'impraticable.

Il faut dans toutes les terres, soit de labour, soit de pâturages, extirper les mauvaises herbes de toutes les espèces, avant la maturité de la graine. Si l'on souffrait leur existence le long des haies, il est nécessaire de les couper lorsqu'elles sont en fleur, et de les mettre en monceau pour en faire de l'engrais. De cette manière, elles fourniront plus de substance nutritive, et l'on préviendra leur multiplication; elle eût eu lieu par la dispersion de leurs graines. Le cultivateur qui laisse exister les mauvaises herbes jusqu'au moment où leurs graines, devenues mûres, se répandent et sont emportées par les vents, est non-seulement ennemi de son intérêt personnel, il est encore l'ennemi public. Quelques chardons, que l'on aura négligés, peupleront bientôt de leur race toute une ferme. Le léger duvet, attaché à leurs graines, leur fera ensuite rapidement envahir toute une contrée.

La nature est pourvue de ressources si grandes pour la continuation des familles végétales, même les moins utiles, qu'il est très-difficile de parvenir absolument à la destruction de celles qui sont ennemies des travaux du cultivateur, malgré même toutes les précautions qu'il prend. Les graines, qui ne sont pas en contact avec l'air, resteront inactives pendant des années dans le sol, et néanmoins germeront ensuite, lorsqu'elles seront rétablies dans des circonstances favorables (1). Les différentes

---

(1) L'apparition inattendue de graines dont la plante mater-

plantes, dont les graines sont comme celles des chardons et de la dent de lion, fournies de barbes ou d'aîles, peuvent parcourir d'immenses distances. Le *fleabane* du Canada, herbe aux puces, *inula pulicaria*, vient récemment d'être trouvée en Europe. Linnée a pensé qu'elle y avait été apportée d'Amérique par les plumes du léger duvet dont ses graines sont couronnées.

Il y a un grand avantage, lorsque l'on nourrit le bétail avec des fourrages verts, à les lui faire consommer dans l'étable, et non pas dans le champ; l'engrais est alors conservé. Les plantes sont moins endommagées, lorsqu'on les coupe, qu'elles ne le sont par la dent du bétail, qui les tord ou les hache; et nulle portion de nourriture ne se perd pour avoir été foulée aux pieds. Les animaux se trouvent forcés, en outre, de ne pas faire de choix, et par conséquent tout le fourrage est consommé. La préférence, ou le

---

nelle n'existe point dans un endroit, est expliquée facilement par cette circonstance, et par quelques autres encore. Les courans maritimes portent des graines d'une île dans une autre, et ces semences sont défendues contre l'action de l'eau par l'épaisseur de leurs enveloppes. On trouve souvent sur nos côtes des graines de cette nature, apportées de l'Amérique par les eaux de la mer, et ces graines germent promptement; le long voyage, qu'elles ont fait, a seulement suffi pour donner à leurs cotylédons l'humidité dont ils avaient besoin. D'autres graines nous sont apportées par les oiseaux, dont l'estomac ne les a pas digérées, et dans l'instant de leur dépôt elles se trouvent une nourriture suffisante. Les semences légères des mousses et des lichens, flottent vraisemblablement dans toutes les parties de l'atmosphère, et abondent à la superficie de la mer. (*Note de l'auteur.*)

dégoût que le bétail montre pour une espèce particulière de nourriture, n'est pas une qualification de son pouvoir nutritif. Au premier abord, le bétail refuse les gâteaux de graine de lin; ils sont cependant une des matières les plus nutritives que l'on puisse leur donner. Je placerai, à la fin de cette leçon, des observations que je dois à M. Sinclair, sur les choix à faire, pour la nourriture habituelle des moutons et du grand bétail.

Lorsque l'on veut donner aux animaux une nourriture artificiellement composée, il faut, le plus possible, la rapprocher de l'état de celle que la nature leur a destinée. Si, par exemple, c'est le sucre, il convient de le mélanger avec une matière fibreuse, telle que de la paille ou du foin sec hachés. Cela est nécessaire pour que l'estomac et les intestins remplissent leurs fonctions suivant l'habitude ordinaire. Ce principe est le même que celui établi dans la troisième leçon, sur l'usage de l'orge mêlée avec la paille hachée.

Dans le lavage des moutons, on doit éviter l'emploi d'une eau qui contiendrait du carbonate de chaux. Cette substance décompose le *suint*, qui est un savon animal, et la défense naturelle de la laine. Des bains fréquens, donnés avec une eau semblable, rendent la laine plus dure et plus cassante. La laine la plus fine des moutons espagnols et saxons, est très-abondante en suint. M. Vauquelin en a fait l'analise, et de plusieurs espèces, il a trouvé que, dans toutes, c'était un savon qui en faisait la plus grande partie, dont la potasse était la base, et de plus un léger excès d'huile. Le suint est donc un composé d'une matière huileuse et de la potasse. Il y a rencontré aussi une notable quantité d'acétate de potasse, un peu de carbonate et de muriate de potasse, avec une matière animale d'une odeur particulière.

M. Vauquelin a constaté que certains échantillons de laine perdaient jusques à 46 pour cent de leur poids en suint; dans ses expériences, la perte la plus faible s'est encore élevée à 35 pour cent.

Le suint est très-utile à la laine, sur le dos même du mouton, pendant les saisons froides et humides. Il est probable que l'application d'un peu de savon de potasse avec excès de suif, faite sur le corps du mouton que l'on apporte d'un climat plus chaud dans nos froids, serait avantageuse. Cette opération serait un accroissement fait à leur propre suint; elle deviendrait utile pour le cas où la finesse de la laine est d'une grande importance. Un mélange de cette espèce se rapproche plus de celui fait par la nature, que l'ingénieuse composition adoptée par M. Bakwell; mais, à l'époque où il commença ses travaux, la véritable nature du suint était encore inconnue.

Observations de M. Sinclair sur la nourriture convenable aux moutons et au grand bétail.

Le *lolium perenne*, *rai-grass*, *ivraie vivace*. Le mouton mange ce gramen de préférence à tous les autres, quand il est dans le premier âge de sa pousse. Mais quand la graine approche de sa perfection, il le quitte pour presque toutes les autres espèces. Un champ, situé dans le parc de Woburn, fut divisé en deux parties égales. L'une fut ensemencée en rai-grass et en trèfle blanc; l'autre avec le *cok's foot*, *pied de coq* ou *pied de poule*, *dactylis glomerata*, et le trèfle rouge. Depuis le printemps jusqu'au milieu de l'été, le mouton se tint presque constamment sur le pré du rai-grass. Ce temps écoulé, il le laissa, et s'attacha avec une égale constance au pied de poule, pendant le reste de la saison.

Dactylis glomerata, est rangé par les botanistes anglais dans le genre *cok's foot;* en français, *dactyle pelotonné* (1). Les bœufs, les chevaux, les moutons, mangent promptement ce gramen. Les bœufs continuent de se nourrir des tiges et des fleurs, depuis le temps de la floraison, jusqu'au moment de la perfection de la graine. On en eut un exemple frappant dans le champ dont j'ai parlé plus haut. Les bœufs se tinrent généralement sur le pré du dactyle et du trèfle rouge, tandis que les moutons se fixaient sur celui de rai-grass et de trèfle blanc. Dans les expériences citées par les élèves de Linnée, et contenues dans les *Aménités académiques*, *Amœnitates academicæ*, ils assurent que cette graminée est rejetée par les bœufs. Le fait précédent néanmoins contredit cette assertion.

---

(1) Il n'y a rien de si difficile que d'établir une exacte synonymie entre les noms vulgaires d'une langue et ceux d'une autre. J'ai dû traduire *cok's foot* par pied de coq, et cependant en France c'est le *ranunculus repens*, renoncule rampante, bassinet, bouton d'or, à laquelle on assigne vulgairement, à cause de ses feuilles lobées, le nom de pied de coq, ou pied de poule. (*Note du traducteur.*)

L'alopécure des prés, *alopecurus pratensis*, le *vulpin des prés* paraît être beaucoup plus du goût des moutons et des chevaux que de celui des bœufs. Cette plante se plaît dans un sol également éloigné de l'extrême humidité et de la sécheresse : elle est très-productive. Dans les fraîches prairies de Priestley, elle constitue une portion considérable de leur excellent fourrage. Elle s'y maintient invariablement en possession de la portion la plus élevée, en s'avançant de chaque côté jusques à six pieds des canaux creusés pour l'écoulement des eaux. L'espace qui suit, et où l'élévation se termine, est occupé par le *dactyle ;* le poa des prés, ou *paturin ;* le *festuca pratensis ; festuca duriuscula*, la fétuque des prés, la fétuque duriuscule ; *agrostis stolonifera*, le fiorin ; *agrostis palustris* (vraisemblablement), *herdgrass* ou *birdgrass ;* l'*anthoxantum odoratum*, flouve odorante ; il y a de plus un mélange de quelques autres graminées.

Le *phleum pratense*, la fléole ou fléau des prés. Cette graminée est consommée avec réserve par les bœufs, les moutons et les chevaux ; mais, dans les pâturages où elle abonde, elle ne paraît cependant pas être rejetée par eux ; ils la mangent confusément avec les autres gramens qui ont cru à l'entour. Les lièvres l'aiment passionnément. Le *phleum nodosum*, le *phleum alpinum*, le *poa fertilis* et le *compressa*, sont laissés intacts par ces animaux, quoiqu'ils végètent tout à côté du *phleum pratense*. Cette plante paraît atteindre sa plus grande perfection, lorsqu'elle se trouve dans une terre franche profonde.

Agrostis stolonifera, le fiorin ; dans les expériences rapportées dans les *Amœnitates academicæ*, il est dit que les moutons, les bœufs et les chevaux mangent cette plante avec avidité. Sur la ferme du duc de Bedford, à Memlden, du foin fut mis devant les chevaux dans le ratelier, en petites quantités distinctes, et alternées avec du foin ordinaire. Les chevaux, dans cette épreuve, ne manifestèrent aucun goût de préférence. Mais le docteur Richardson, dans ses écrits sur le fiorin, semble avoir démontré que les vaches et les chevaux, le préfèrent d'une manière marquée aux autres fourrages, lorsqu'il est vert. On a aujourd'hui des preuves satisfaisantes de sa puissance productrice en Angleterre, dont quelques personnes avaient paru douter d'abord. Lady Hardwike a rendu public un essai qu'elle a fait de ce fourrage. Elle a, pendant quinze jours, nourri vingt-trois vaches laitières, un jeune cheval, et en outre un nombre de cochons, avec le produit d'un seul acre.

Le *poa trivialis*, paturin commun, est mangé avec avidité par les bœufs, leschevaux et les moutons. Les lièvres le consomment aussi; mais ils ont une préférence marquée pour le paturin des prés, dont cependant, à beaucoup d'égards, il se rapproche extrêmement.

Le *poa pratensis*, paturin des prés. On a observé que les bœufs et les chevaux mangeaient ce gramen confondu avec les autres. Mais les moutons préfèrent la fétuque duriuscule et la fétuque des moutons qui affectent un même sol. Ces espèces épuisent un terrain plus que ne le font les autres graminées. Leurs racines sont nombreuses et puissamment traçantes;

en deux ou trois ans, elles se mêlent presque toutes ensemble, et le produit diminue en proportion. Cette plante croît abondamment dans les prairies, sur les lieux secs, et même sur les murailles.

Cynosurus cristatus, la crételle des prés. Le mouton des plaines méridionales et le daim paraissent aimer vivement ce gramen. Dans quelques parties du parc de Woburn, il forme la partie principale des prairies sur lesquelles ces animaux aiment à brouter, tandis qu'ils touchent à peine à une portion du parc, qui renferme l'*agrostis capillaris*, l'agrostis humilis, la festuca ovina, la duriuscula, et la festuca cambrica. Mais la race de moutons gallois se fixe presque entièrement sur ces derniers gramens, et néglige le *cynosurus* et le *poa trivialis* (*capillaris linn.*), sa tige est faible et ordinaire. Cette graminée abonde sur les sols sablonneux pauvres. Elle ne plaît point au bétail, qui ne la mange jamais promptement s'il y a quelqu'autre nourriture à sa portée. Le mouton gallois néanmoins la préfère, comme je l'ai déjà fait observer. Il est singulier que ce mouton, élevé dans le parc, où plusieurs des meilleurs gramens sont à sa disposition, préfère toujours cette première plante, qui croît naturellement sur les montagnes du pays de Galles. Cela semble prouver qu'une telle préférence dépend de quelqu'autre cause, que de la seule habitude.

Festuca ovina, la fétuque des moutons. Toutes les espèces de bestiaux aiment ce gramen. Mais il paraît, par l'essai qui en a été fait sur les sols argileux, qu'elle ne se maintient pas long-temps dans cette possession, car elle est bientôt surpassée par les plantes qui ont une végétation plus luxuriante.

Dans les terrains secs et peu profonds, incapables de porter des espèces plus fortes, elle fait la principale, ou plutôt la seule récolte. En effet, dans son état naturel, on la trouve rarement, ou même jamais sans être seule; elle est perpétuellement par elle-même.

Festuca duriuscula, fétuque duriuscule. Cette graminée est certainement l'une des meilleures petites graminées. Tous les bestiaux l'aiment; les lièvres en sont passionnés, ils la coupent jusqu'aux racines; ils négligent pour elle la fétuqne des moutons, et la fétuque rouge, *festuca rubra*, qui se rapproche beaucoup de la précédente. Elle existe dans nombre de prairies et d'herbages; *festuca pratensis*, fétuque des prés. Rarement cette plante est absente des riches prairies; elle est extrêmement agréable aux bœufs, aux moutons, aux chevaux, et particulièrement aux premiers de ces animaux. Elle semble acquérir une végétation plus belle, quand elle est mêlée avec la fétuque duriuscule et le paturin commun.

Avena eliator, le grand fromental. Cette graminée est très-productive. Elle est abondante dans les prairies; mais elle est repoussée par le bétail, et particulièrement par les chevaux. Ce fait est parfaitement en rapport avec la petite portion de matière nutritive qu'elle contient. Les terrains argileux, forts et tenaces, sont ceux où elle végète le mieux.

Avena flavescens, avoine jaunâtre. Cette graminée est particulière aux prairies et aux sols secs. Les moutons et les bœufs la mangent avec la crételle des prés, la flouve odorante et le faux orge qui l'accompagnent naturellement. Un engrais calcaire double presque son produit.

Holeus lanatus, houque laineuse. Ce gramen est très-commun; il croît sur tous les sols, depuis les plus riches, jusqu'aux plus pauvres; l'abondance de sa graine, très-légère, fait que les vents la dispersent aisément. Cette plante paraît en général déplaire à toutes les espèces de bestiaux; son produit n'est pas aussi considérable que paraît l'annoncer son abondance dans les prés; mais comme le bétail la laisse presque entièrement sans être attaquée, elle a l'apparence fausse, d'être la plus productive de la prairie: son foin est doux et spongieux, ce qui vient du grand nombre de poils cotonneux qui couvrent la superficie de ses feuilles: en général le bétail le rejette.

Authoxantum odoratum, la flouve odorante. Les chevaux, les bœufs et les moutons consomment cette graminée; ils la laissent cependant partout où elle est combinée avec l'alopécure des prés, le trèfle blanc, le pied de poule et le pâturin commun; elle ne paraît donc pas leur être agréable. M. Grant, de Leighton, ensemença la moitié d'un champ avec cette graminée, mêlée avec le trèfle blanc; l'autre moitié du champ le fut avec l'alopécure et le trèfle rouge. Les moutons ne touchèrent point à la flouve odorante, et se tinrent constamment sur la partie de l'alopécure. L'auteur de ces observations vit ce champ, lorsque les plantes étaient dans le plus grand état de perfection, et difficilement pourroit-on voir rien de plus satisfaisant. Egale quantité des deux trèfles avait été semée avec chacune des plantes; mais le peu d'élévation de la flouve, avoit permis au trèfle mêlé avec elle, d'atteindre à une plus forte végétation qu'à celui mêlé avec l'alopécure.

J'ai maintenant épuisé tous les sujets de discussion que l'expérience et mes lumières ont pu me mettre à portée de traiter, sous le rapport de la chimie avec l'agriculture;

J'ose espérer que quelques-unes des vues, que j'ai mises en avant, pourront contribuer à la perfection du plus important et du plus utile des arts.

J'ai la confiance, que ces recherches seront continuées par d'autres, et que plus la chimie philosophique avancera vers sa perfection, plus elle fournira de nouveaux secours à l'agriculture.

Tant de motifs sont liés avec le plaisir et l'intérêt dans ces recherches, qu'ils encourageront des hommes ingénieux, à continuer de s'avancer dans cette nouvelle route. La science ne peut pas encore longtemps être regardée avec mépris par quelques personnes, et comme la simple spéculation de quelques esprits théoriques; elle sera bientôt considérée sous son vrai point de vue, par toutes les classes d'hommes; elle paraîtra une perfection de nos idées ordinaires, guidée par l'expérience; et substituant graduellement des principes fondés et raisonnables à des préjugés vagues et populaires. Le sol offre d'inépuisables ressources qui, appréciées et employées convenablement, doivent augmenter nos richesses, notre population et notre force physique.

Nous possédons des avantages qui n'appartiennent

à aucune autre nation, dans l'emploi des machines et par la division du travail: la même énergie de caractère, la même étendue de ressources qui ont toujours distingué les habitans de nos îles, et qui les ont fait exceller dans les armes, dans le commerce et les lettres, et dans la philosophie, doivent avoir les plus heureux effets pour l'amélioration de la culture de la terre. Rien n'est impossible au travail secondé par l'adresse. Les véritables objets du cultivateur sont pareillement ceux du bon citoyen. Les hommes apprécient davantage ce qui leur a coûté plus d'efforts pour acquérir. Le succès donne une juste confiance dans ses propres forces; on aime mieux son pays, parce qu'on lui a plus été utile par ses talens et son industrie. Les hommes enfin, s'identifient avec leurs intérêts, avec l'existence de ces institutions qui leur ont procuré la tranquillité, l'indépendance, et les jouissances multipliées de la vie civilisée.

FIN DES LEÇONS.

APPENDIX.

EXPOSÉ DES RÉSULTATS,

DES EXPÉRIENCES ET DU PRODUIT, DES QUALITÉS NUTRITIVES DE DIFFÉRENS GRAMENS, ET DE QUELQUES AUTRES PLANTES EMPLOYÉES POUR LA NOURRITURE DES ANIMAUX.

PAR JOHN, DUC DE BEDFORD.

INTRODUCTION

PAR L'ÉDITEUR SIR HUMPHRY DAVY.

PARMI 215 gramens convenables à la culture dans ce climat, 2 seulement ont été employés avec quelque étendue pour faire des prairies artificielles, *le rai-grass et le pied de poule;* leur application à cet usage paraît avoir été plutôt l'effet du hasard, que celui d'aucunes preuves acquises de leur supériorité.

La connaissance du mérite comparatif et de la valeur de toutes les différentes espèces et variétés de gramens, ne peut manquer d'être de la plus haute importance pour l'agriculture pratique. C'est l'espoir d'acquérir cette connaissance, qui a porté le duc de Bedford à établir cette série d'expériences.

Des espaces de terres du jardin de Woburn-Abbey, contenant chacun quatre pieds carrés, furent enfermés de manière, qu'il n'y eût aucune communication latérale entre cette terre et celle du jardin; la terre de ces enclos fut enlevée, et de nouveaux sols y furent apportés, où l'on y fit des mélanges de divers sols, capables de fournir, autant que possible, aux différens gramens le terrain le plus favorable pour leur végétation. On y avait adopté quelques variations, afin de constater les effets des differens sols sur la même plante.

M. Sinclair, jardinier du duc de Bedford, fit planter, ou semer, les gramens, dans leur saison naturelle; ils furent coupés, relevés et séchés dans l'été, ou pendant l'automne. Afin d'approcher autant qu'il serait possible de la vérité, et connaître le pouvoir nutritif des différentes espèces de gramens, et des autres végétaux, on en traita des poids égaux dans l'état d'exsication, par l'eau bouillante, jusqu'à l'entière dissolution de toutes leurs portions solubles. Après que cette solution eût été évaporée à une douce chaleur, dans une étuve, le résidu fut soigneusement pesé. Cette partie de l'opération fut conduite, avec autant d'adresse que d'intelligence, par le même M. Sinclair, qui m'a fourni tous les détails et les calculs suivans.

Ces extraits desséchés, étant regardés comme renfermant la matière nutritive, me furent envoyés pour faire un examen chimique de leur composition. J'ai donné, page 152, celle de quelques-uns d'entre eux, et à la fin de l'*Appendix*, je placerai quelques observations chimiques sur les autres. Les conclusions générales seront la démonstration certaine que le mode pour s'assurer du pouvoir nutritif des graminées, en constatant la quantité de matière soluble dans l'eau qu'ils contiennent, èst suffisamment exact pour tous les besoins de l'agriculture.

Ouvrages cités dans l'Appendix.

Curt. lond. — Flora londinensis; par William Curtis, 2 vol. in-fol. Londres, 1798.

Fl. D. — Flora Danica, ou icones plantarum sponte nascentium in regnis Daniæ et Norwegiæ, editæ a. G. Ædeo. Hasniæ, 1 vol. in-fol., 1761.

Engl. Bot. — Botanique anglaise; par J. E. Smith, M. D., figures par Sowerby, 1 vol. in-8°. Londres, 1790.

W. B. — Arrangemens botaniques; par D. Withering, 4 vol. Londres, 1801.

Huds. — Flore anglaise d'Hudson, 2 vol., 1778.

Host. G. A. — Nicol Thomæ Host, icones et descriptiones graminum Austriacorum, 1 vol. — III Vindobonæ, 1801, in-fol.

Hort. Kew. — Hortus Kewensis, jardin de Kew; par M. J. Aiton, 1 vol. Londres, 1810.

Détails des expériences faites par Georges Sinclair, jardinier du duc de Bedford, et membre correspondant de la Société d'Agriculture d'Edimbourg.

1. *Anthoxantum odoratum*, Engl. Bot. 647. Curt. Lond. Sweet scented vernal Grass. indigene. Flouve odorante.

Au temps de la floraison, le produit de l'espace d'un acre égal à 0,00091827364, composé d'une terre franche sablonneuse, et fumée est :

		on.		lb.	on.
D'herbe . . . 11 onces 8 dragmes.					
Le produit par acre est donc de . .		125,235	ou	7827	2 (1).
80 dragmes de ce gramen vert pesé sec ensuite, ont donné	21 ½ dr.	on.		lb.	on. p. acre.
Le produit de tout l'espace était donc de . . .	49 1 $\frac{8}{10}$	33656	ou	2103	8
Le produit que l'herbe perd en séchant, est de				5723	10

(1) Les poids, notés dans cet Appendix, sont ceux *avoir du poids*. Les abréviations signifient : *lb*, livre ; *on.*, onces ; *dr.*, dragmes. Les poids où il n'y a point de lettres, sont fractionaires : des quarts de dragme, ou des fractions de ces quarts. Ainsi, 7,1 ¼, signiefie 7 drames un quart de dragme, plus un quart de quart de dragme. (*Note de l'auteur.*)

J'ai cru devoir conserver la manière dont l'auteur a noté les produits, quoique le calcul décimal en eût fourni une plus simple ; mais il eût fallu établir le rapport de tous les articles ; je réserve pour la fin de l'Appendix un exemple de rapprochement du poids anglais avec notre ancien poids, dont l'usage est encore très-répandu, et dont les divisions ont les mêmes dénominations que celles du texte. (*Note du traducteur.*)

		on.	lb. on. p. ac.
64 dragmes d'herbe donnent de matière nutritive	1 dr.	1956 12 =	122 4 12
Le produit de l'espace est	2 3 $\frac{5}{10}$		
Au moment de la maturité de la graine, le produit de l'herbe est 9 onces, et celui d'un acre . . .		98010 0 =	6125 10 0
80 dragmes d'herbe, pèsent sèches	24 dr.	29403	1837 11 0
Le produit de l'espace . .	43 $\frac{1}{16}$		
Perte de l'humidité totale sur un acre			4287 15 0
64 dr. tiennent de matière nutritive	3 1	4977 10 =	311 1 1
Le produit de l'espace . .	7 1 $\frac{1}{4}$		
Le poids perdu de la matière nutritive en récoltant au moment de la fleur, excède la moitié			188 12 4
La valeur proportionnelle de cette plante dans sa floraison, fait croire qu'au moment de la maturité de la graine elle est comme 4 à 13.			
Le produit du regain est : herbe, 10 onces, donc par acre.		108900 =	6806 4 0
64 dr. d'herbe donnent de matière nutritive, 2 dr. 1		3828 8 =	239 4 8
La valeur proportionnelle avec l'époque de la maturité de la graine, est presque de 9 à 13.			

La faiblesse du produit de cette graminée ne la rend pas propre à faire du foin ; mais sa végétation hâtive, et la forte proportion de matière nutritive que fournit le regain, comparée avec celle qu'elle donne au moment de sa floraison, doit la faire mettre au premier rang dans les prés destinés à la pâture, et sur des sols favorables à sa végétation, telles sont les terres tourbeuses, et celles profondes et humides.

2. *Holcus odoratus*, sweet scented soft grass, houque odorante, croît dans les bois, indigène en Allemagne. Flo. Ger. H. Borealis. Elle vient dans les prairies humides.

A l'époque de la floraison, le produit d'une terre franche, riche et sablonneuse, est de :

	dr.	on.		lb p. acre.
Herbe, 14 onces, et pour un acre.		152460 0	=	9528 12 0
80 dr. donnent, sèches. .	20 2	39067 14	=	2441 11 14
Produit de tout l'espace .	57 1 $\frac{3}{5}$			
Poids perdu sur un acre par l'exsication				7087 0 2
64 dr. donnent de matière nutritive	4 1	10124 13	=	610 15 5
Produit de l'espace . . .	14 3 $\frac{1}{2}$			

A la maturité de la graine, le produit est:

	dr.	on.		lb p. acre.
Herbe 40 onces, et par acre. . . .		435600 0	=	27225 0 0
64 dr. pesées sèches . .	28 0	152460 0	=	9528 12 0
Produit de l'espace . . .	224 0			
Poids perdu par l'exsication sur un acre.				17699 4 0
64 dr. d'herbe donnent de matière nutritive. . . .	5 1	35732 13	=	2233 4 13
Produit de l'espace. . . .	52 2			
Le poids de matière nutritive perdu en récoltant à la floraison, est de plus de moitié de sa valeur, par conséquent de				1600 8 10
La valeur proportionnelle, du temps de la fleur à celui de la graine mûre, est comme 17 à 21.				
Le produit du regain est de 25 on., et pour un acre		272250 0	=	17015 10 0
64 dr. d'herbe donnent de matière nutritive	4 1 . .	18079 1	=	1129 15 1

L'herbe du regain et celle de la récolte au temps de la fleur, en prenant leurs sommes totales et leurs proportions relatives de matière nutritive, sont, de très-près, comme 6 est à 10. La valeur de l'herbe, au moment de la graine, surpasse celle du regain comme 21 est à 17.

Quoique cette graminée soit une de celles dont la floraison soit la plus hâtive, elle est délicate, et dans le printemps son produit est peu considérable; si néanmoins on compare sa quantité de matière nutritive alors, avec celle de plusieurs des espèces qui fleurissent à peu près dans le même temps, on la leur trouvera très-supérieure; elle ne jette qu'un petit nombre de tiges à fleurs, dont la structure, comparée à celle des feuilles, est délicate. Ce fait explique, en grande partie, comment il arrive que l'herbe, au temps de la floraison et à celui du regain, puisse fournir des quantités égales de matière nutritive.

3. *Cynosurus cœruleus*, blue more grass.
Engl. Bot. 1613. Host. G. A. 2, t^e^ 98, indigène en Angleterre. *Sesleria cœrulea*.

A la maturité de la graine, le produit d'un sol léger sablonneux est :

			on.		lb.	on.	
Herbe, 10 onces, et celui d'un acre.		108900	0	=	6806	4	0
64 dr. d'herbe, donnent de matière nutritive . .	3 dr. 3 0	6380	13	=	398	12	13

Le produit de ce gramen est plus considérable qu'il ne le paraît; ses feuilles atteignent rarement une longueur plus grande que celle de quatre à cinq pouces, et ses tiges florales deviennent rarement plus hautes. Après qu'on l'a coupé, sa pousse n'est pas rapide; il résiste mal aux effets du froid, et quand celui-ci est vif dans les premiers jours du printemps, il le frappe au point d'empêcher qu'il ne fleurisse dans cette même saison ; sans cela la quantité de matière nutritive que son herbe donne (car ses tiges sont très-peu nombreuses) devrait le faire ranger parmi les graminées des prairies permanentes.

4. *Alopecurus pratensis*, meadow fox tail grass. Vulpin des prés. Curt. Lond. Alo. myosuroides. Indigène en Angleterre. Engl. Bot. 848.

Au moment de la floraison, le produit d'une terre franche argileuse est :

		on.			lb.	on.	
Herbe, 30 onces ; et par acre . . .		326700	0	=	20418	12	0
80 dr. d'herbe, pesées sèches donnent	24 d. 0 0	98010	0	=	6125	10	0
Le produit de l'espace .	336 0 0						
Le poids perdu d'un acre par l'exsication, est					14293	2	0
64 dr. d'herbe donnent de matière nutritive. . . .	1 2	7657	0	=	478	9	0
Le produit de tout l'espace	11 1						
Le produit d'une terre franche et sablonneuse, est de 12 on. 8 dr. Le produit par acre		136125	0	=	8507	13	0
80 drag. d'herbe, pesées sèches	24 0	40837	9	=	2552	5	8
Le produit de l'espace. .	60 0						
60 dr. d'herbe donnent de matière nutritive . . .	1 0	2126	15	=	132	14	15
Le produit de l'espace . .	3 0 ½						

Au moment de la maturité de la graine, le produit de la terre franche argileuse est :

		on.			lb.	on.	
Herbe, 19 onces, et par acre . . .		206910	0	=	12931	14	0
80 drag. d'herbe, pesées sèches	36 dr.	93109	8	=	5819	5	2
Produit de l'espace. . . .	136 3 ¼						

		lb.	on.	
La perte pour un acre par l'exsication		7111	8	14
64 dr. donnent de matière nutritive . . . . 2 dr. 1 Produit de l'espace. . . . 9 975	7376 4 =	461	0	4
Le poids de matière nutritive perdu, en laissant la récolte sur pied jusqu'à la maturité de la graine, est d'un vingt-cinquième de sa valeur, et.		17	8	11
La valeur proportionnelle de cette plante, du temps de la fleur à celui de la maturité de la graine, est comme de 6 à 9.				
Le regain de la terre franche argileuse est de 12 onces, et le produit par acre	130680 0 =	8167	8	0
64 dr. donnent de matière nutritive . . . . 2 dr. 0 Le produit de l'espace . . 6 0	4083 12 =	255	3	12

La valeur proportionnelle de tout le regain récolté, comparée à celle de la récolte même, au temps de la maturité de la graine, est comme 5 à 9, et à celle du moment de la fleur, comme 13 à 24.

Les détails précédens établissent clairement que les produits, donnés par la terre franche argileuse, sont des trois quarts plus grands que ceux du sol sablonneux, et que l'herbe en est d'une valeur moins grande, dans la proportion de 4 à 6. Les tiges, sur ce dernier sol, manquent par le nombre, et sont, à tous égards, moindres que celles venues sur le sol argileux. C'est la cause des quantités inégales de matière nutritive qu'elles fournissent; mais la valeur proportionnelle de l'herbe du regain surpasse celle de la récolte en fleur, comme 4 est à 3, différence qui paraît extraordinaire, lorsque l'on considère la quantité de tiges florales qui existent sur cette plante à cette époque. Dans l'*anthoxantum odora-*

tum, la différence proportionnelle entre les herbes de ces diverses récoltes, est encore plus grande, elle est de 4 à 9. Dans le *poa pratensis*, elles sont égales; mais dans toutes les graminées à floraisons tardives, dont j'ai fait l'examen, on trouvera toujours la proportion plus grande au moment de la récolte en fleurs. Leurs tiges florales cependant ressemblent à celles de l'*alopecurus pratensis*, ou à celle de l'*anthoxantum odoratum*. Quelle que puisse en être la cause, il est évident que la perte éprouvée en faisant la récolte de ces gramens au moment de la floraison, se trouve être considérable.

5. *Alopecurus alpinus*, alpine fox tail grass, vulpin des Alpes. Engl. Bot. 1128. Indigène d'Ecosse.

A l'époque de la fleur, le produit d'une terre franche sablonneuse avec un peu d'engrais, est :

	on.			lb.	on.	
Herbe, 8 onces, et pour un acre. .	87120	0	=	5445	5	0
60 dr. pesées sèches . . . 16 dr. 0 Produit de l'espace. . . . 34 $\frac{2}{16}$	23232	0	=	1452	0	0
Perte sur un acre par l'exsication				3993	5	0
64 dr. donnent de matière nutritive . . . . 1 0 Produit de tout l'espace . 2 0	1361	4	=	85	1	4

6. *Poa alpina*, alpine meadow grass, paturin des Alpes. Engl. Bot. 1003, flo. Dan. 107. Indigène en Ecosse.

Au moment de la floraison, le produit d'une terre franche mêlé d'un sable léger, est :

	on.			lb.	on.	
Herbe, 8 on. Le produit d'un acre.	87120	0	=	5445	0	0
64 dr. d'herbe donnent de matière nutritive. . . . . 1 dr. 2 0	2041	14	=	127	9	14

7. *Avena pubescens*, downy oat grass, avoine pubescente. Angl. Bot. 1640, host. G. A. 2. t. 50.

Au moment de la floraison, le produit d'un riche sol sablonneux est :

			on.			lb.	on.	
Herbe, 30 on., et par acre.			250470	0	=	15654	6	0
80 dr. d'herbe, pesées sèches. . . . . Produit de l'espace . . .	30 d. 138	0	93926	0	=	5870	6	4
Poids perdu sur un acre par l'exsication						9783	15	12
64 dr. d'herbe donnent de matière nutritive . Produit de l'espace . . .	1 8	2 $2\frac{2}{16}$	5870	0	=	366	14	6
Au moment de la maturité de la graine, le produit en herbe est 10 onces; et pour un acre			108900	0	=	6806	4	0
80 dr. d'herbe, pesées sèches. . . . . Produit de l'espace . . .	16 32	0 0	21780	0	=	1361	4	0
Poids perdu sur un acre par l'exsication						5445	0	0
64 dr. d'herbe, donnent de matière nutritive.. Produit de tout l'espace	2 5	0 0	3403	2	=	212	11	0
Le poids de la matière nutritive perdue en laissant la récolte sur pied jusqu'à la maturité de la graine, excède la moitié de sa valeur						154	6	3
La valeur proportionnelle de ce gramen à l'époque de la floraison, étant comparée à celle de la maturité de la graine, est comme de 6 à 8.								
Le produit du regain donne d'herbe 10 onces, et celui d'un acre est.			108900	0	=	6806	4	0
64 dr. donnent de matière nutritive	2 dr.	0	3403	2	=	212	11	0

La valeur proportionnelle de cette plante au moment de la

fleur, comparée à celle du regain, est comme 6 à 8. L'herbe de la récolte en graine et celle du regain, sont égales en valeur.

Les poils cotonneux qui couvrent la superficie des feuilles de cette graminée, lorsqu'on la cultive sur des sols sablonneux pauvres, disparaissent presque totalement lorsqu'elle est cultivée sur des terrains riches : elle possède plusieurs bonnes qualités qui doivent être remarquées; elle est robuste, hâtive, et plus productive que la plupart des autres graminées qui affectent les mêmes terrains qu'elle; sa pousse, après avoir été coupée, est passablement prompte, quoiqu'elle ne parvienne pas alors à une très-grande longueur si on la laisse croître. Semblable au *poa pratensis*, pâturin des prés, elle n'élève ses tiges à fleurs qu'une fois dans l'année, et paraît extrêmement convenir pour des herbages sur de riches terrains.

8. *Poa pratensis*, smooth staked meadow grass, pâturin des prés. Engl. Bot. 1073. Indigène en Angleterre.

A l'époque de la floraison, le produit d'un terrain argileux et de marais, est :

			on.		lb.	on.	
Herbe 15 onces, et celui d'un acre.			163350	0 =	10209	6	0
80 dr. d'herbe, pesées sèches	22 dr.	2	45942	3 =	2871	6	3
Le produit de l'espace .	67	2					
Le poids perdu sur un acre par l'exsication					7337	15	13
64 dr. donnent de matière nutritive.	1	3	4466	9 =	279	2	9
Produit de l'espace . .	6	2 $\frac{1}{16}$					
A la maturité de la graine, le produit d'herbe est, 12 on. 8, celui d'un acre			136125	0 =	8507	13	0

					on.		lb.	on.	
80 dr. d'herbe, pesées sèches	32 dr.	0	5445		0	=	3403	2	0
Produit de l'espace . . .	80	0							
Le poids perdu sur un acre par l'exsication, est.							5104	11	0
64 dr. d'herbe, donnent de matière nutritive .	1	2	3190		6	=	199	6	0
Produit de l'espace . . .	4	2 $\frac{3}{16}$							
La perte de la matière nutritive, en laissant la récolte sur pied jusqu'à la maturité de la graine, est presque d'un quart de sa valeur							79	12	9
Le produit du regain est, en herbe, 6 onces, et celui d'un acre . . .			65340		0	=	4083	12	0
64 dr. d'herbe, donnent de matière nutritive	1 dr. 3	. .	1786		10	=	111	10	0

La valeur proportionnelle du regain de cette graminée, surpasse celle du moment de la floraison, comme 6 est à 7. L'herbe du moment de la graine égale en valeur celle du regain.

Cette plante cependant est d'une moindre valeur à l'époque où la graine est mûre; et si jusqu'à cette époque elle n'a point été coupée, il y a près d'un quart de perte; alors les tiges sont sèches, et les feuilles radicales dans un état de maladie et de destruction. Celles du regain sont, au contraire, luxuriantes et vigoureuses. Les tiges florales ne poussent qu'une fois dans la saison, et elles sont la portion la plus précieuse de la plante, pour en faire du foin. Cette circonstance, et la supériorité de la valeur de l'herbe du regain, comparée à celle de la récolte au temps de la graine, démontrent que cette plante est très-propre à former des herbages ou prairies durables.

9. *Poa cœrulea*, var. *poa pratensis*, *poa sub cœrulea*, short blueish meadow grass. Pâturin bleuâtre

des prés, variété du pâturin n° 8. Engl. Bot. 1004. H. K. 1-155. *Poa humilis*, indigène en Angleterre.

Au moment de la fleur, le produit d'un sol pareil au précédent, est.

			on.			lb.	on.	
Herbe 11 onces, celui d'un acre. .			11970	0	=	7486	14	0
64 dr. d'herbe, donnent de matière nutritive .	2 dr.	0	3743	7	=	233	15	0
Le produit de l'espace .	5	2						
80 dr. d'herbe, pesées sèches.	24	0	35937	0	=	2246	1	0
Produit de l'espace . . .	52	$3\frac{3}{16}$						
Perte du poids sur un acre par l'exsication.						5240	13	0

Si l'on compare le produit de cette variété avec celui de la plante précédente, on le trouvera moindre. Elle ne semble pas douée d'aucune qualité supérieure. Celle de contenir une plus grande proportion de puissance nutritive ne compense pas l'absence d'un produit de 80 livres de matière nutritive par acre.

10. *Festuca hordiformis*, *poa* hordiformis, Barley-Like fescue grass. *paturin* hordiforme, fétuque hordiforme. H. cant. indigène en Hongrie.

Au moment de la fleur, le produit d'un sol sablonneux avec engrais, est :

			on.			lb.	on.	
Herbe, 20 onces, celui d'un acre .			217800	0	=	13612	8	0
80 dr. d'herbe, pesées sèches	24 dr.	0	65340	0	=	4083	12	0
Produit de l'espace . . .	96	0						
Poids perdu sur un acre par l'exsication						9528	12	0
64 dr. d'herbe, donnent de matière nutritive. .	2	1	7657	0	=	478	9	0
Produit de tout l'espace.	11	1						

Quoique cette graminée fleurisse plus tard qu'aucune des espèces déjà citées, il faut cependant la comprendre parmi celles qui sont hâtives. Son feuillage est très-délié, et ressemble à celui de la *festuca duriuscula*, dont il se rapproche extrêmement, car il n'en diffère que par la longueur des barbes de l'épis, et la couleur glauque de toute la plante. Le produit considérable qu'elle fournit, le pouvoir nutritif qu'elle paraît posséder, si l'on y joint sa pousse hâtive, sont des qualités qui la rendent recommandable, et doivent la faire soumettre à de plus amples essais.

11. *Poa trivialis*, roughish meadow grass, pâturin commun. Curt. Lond. eng. bot. 1072. Host. G. A. 2e t. 62. indigène en Angleterre.

Au moment de la fleur, le produit d'une terre franche légère, avec engrais, est :

			on.			lb.	on.	
Herbe, 11 on., le produit par acre.			119790	0	=	7486	14	0
80 dr. d'herbe, pesées sèches	24 dr.	0	35937	0	=	2246	1	0
Produit de l'espace . . .	54	0 $\frac{3}{16}$						
Le poids perdu sur un acre par l'exsication						5240	13	0
64 dr. d'herbe, donnent de matière nutritive .	2	0	3743	7	=	233	15	7
Produit de l'espace . . .	5	2						
A la maturité de la graine, le produit est : herbe, 11 onces, et celui de l'acre			125235	0	=	7827	3	0
80 dr. d'herbe, pesées sèches	36	0	56355	12	—	3522	3	12
Produit de l'espace . . .	82	3 $\frac{8}{16}$						
Poids perdu sur un acre par l'exsication						4304	15	4

	on.		lb.	on.	
64 dr. d'herbe, donnent de matière nutritive . . 2 dr 3 / Produit de l'espace . . . 7 $3\frac{3}{5}$	5381	3 =	336	5	3
Le poids de la matière nutritive perdue en enlevant la récolte au moment de la fleur, est de plus du quart de sa valeur			102	5	12
La valeur proportionnelle de la récolte faite au moment de la graine, surpasse celle faite pendant celui de la fleur, comme 8 à 11.					
Le produit du regain est : d'herbe, 8 onces, et pour un acre.	76230	0 =	4764	6	0
64 dr. d'herbe, donnent de matière nutritive . . . . 3 dr. 0. . .	3573	4 =	223	5	4

La valeur proportionnelle de la récolte du regain, est à celle faite au moment de la fleur, comme 8 à 12, et à celle du moment de la graine, comme 11 à 12.

Voici donc une preuve satisfaisante de la valeur supérieure de la récolte faite au moment de la graine mûre, et de la perte que l'on éprouve à la faire au moment de la fleur, le produit de chacune de ces récoltes étant presque égal. L'infériorité du foin de la récolte fleurissante, comparée à la récolte du temps de la graine, est très-frappante. Le produit supérieur, le très-grand pouvoir nutritif de cette graminée, la saison dans laquelle elle arrive à sa perfection, sont des mérites qui la distinguent de toutes les autres les plus estimées, qui affectent de riches sols humides, et des situations choisies. Mais placée sur un sol sec, elle devient tout-à-fait peu de chose. Elle diminue tous les ans, et finit par périr, et assez fréquemment dans l'espace de quatre à cinq ans.

12. *Festuca glauca*, glaucous fescue grass, fétuque bleue, curtis. Indigène en Angleterre.

		on.			lb.	on.	
Herbe, 4 onces, produit d'un acre.		152460	0	=	9528	12	0
80 dr. d'herbe, pesées sèches . . . . 32 dr. 0 Produit de l'espace . . . 89 $2\frac{4}{32}$	}	60984	0	=	3811	8	0
Poids perdu sur un acre par l'exsication					5717	4	0
64 dr. d'herbe, donnent de matière nutritive. . 1 2 Produit de l'espace . . . 5 1	}	2573	4	=	223	5	4

Le produit au temps de la fleur est :

Herbe, 14 onces pour un acre. . .		152460	0	=	9528	12	0
80 dr. d'herbe, pesées sèches . . . . 32 0 Produit de l'espace . . . 89 $2\frac{2}{5}$	}	60984	0	=	4811	8	0
Poids perdu sur un acre par l'exsication					5717	4	0
64 dr. d'herbe, donnent de matière nutritive. . 3 0 Produit de l'espace. . . 10 2	}	7146	9	=	446	10	9
Le poids de la matière nutritive perdue en laissant la récolte sur pied jusqu'à la maturité de la graine, étant de la moitié de sa valeur					223	5	5

La valeur proportionnelle dont cette plante surpasse, lorsqu'elle est en fleur, celle qu'elle a lorsque la graine est mûre, est comme de 6 à 12.

La différence proportionnelle de ces deux époques est directement inverse de celles de toutes les graminées qui ont précédé. Elle fournit une autre preuve du prix dont sont les tiges pour les graminées destinées à mettre en foin. Les tiges, à l'époque de la floraison, sont d'une nature très-succulente. Mais, depuis cet instant jusqu'à la perfection de la graine, elles deviennent par degrés sèches et effilées. Les feuilles radicales n'augmentent plus, ni en nombre, ni en grandeur; il existe alors une suspension d'accroissement dans toutes les parties du végétal, excepté dans les racines et dans les vaisseaux de la graine. Les tiges du *poa trivialis*, pâturin commun, sont au contraire, à l'époque de la fleur, tendres et faibles; mais, à proportion que l'on avance vers l'instant de la maturité de la graine, elles deviennent fermes et succulentes. Ce temps passé, néanmoins elles se dessèchent rapidement, et semblent peu différentes d'une substance morte.

13. *Festuca glabra*, smooth fescue grass; fétuque glabre. Wither. B. P. 154, indigène en Écosse.

A l'époque de la fleur, le produit d'une terre franche argileuse, avec engrais, est:

			on.			lb	on.	
Herbe, 21 on., et celui d'un acre . .			228690	0	=	14293	0	0
80 dr. d'herbe, pesées sèches	32 dr.		91476	0	=	5717	4	0
Produit de l'espace . . .	134	$1\frac{21}{40}$						
Perte du poids sur un acre par l'exsication						8576	14	0
64 dr. d'herbe, donnent de matière nutritive . .	2	0	7146	0	=	446	10	0
Produit de l'espace. . . .	10	2						
A la maturité de la graine, le produit d'herbe est 14 onces, et celui d'un acre			152460	0	=	9521	12	0
80 dr. d'herbe, pesées sèches	32		60984	0	=	3811	8	0
Produit de l'espace . . .	89	$2\frac{2}{5}$						
Poids perdu sur un acre par l'exsication						5717	4	0
64 dr. d'herbe, donnent de matière nutritive . .	1	1	2977	11	=	186	1	11
Produit de l'espace. . . .	4	$1\frac{1}{2}$						

		lb.	on.
La perte sur le poids de la matière nutritive, en laissant la récolte sur pied jusqu'à la maturité de la graine, est de plus de moitié de sa valeur		260	9	0

La valeur proportionnelle de cette graminée, comparée de l'époque où la graine est mûre, à celle de la floraison, est comme 5 a 8.

Le produit du regain est, d'herbe, 9 onces, et celui d'un acre. . . .	98010	0 =	6125	10	0
64 dr. d'herbe, donnent de matière nutritive . . 2 o ; Produit de l'espace. . . . 1 $0\frac{1}{4}$	765	11 =	47	13	0

La valeur de l'herbe du regain, comparée à celle de la floraison, est comme 2 a 8, et à celle de la maturité de la graine, comme 2 a 5.

Le port général de cette graminée ressemble beaucoup à celui de la *festuca duriuscula ;* elle en diffère néanmoins spécifiquement, et lui est très-inférieure à beaucoup d'égards. Ils deviendront évidens par la comparaison de leurs divers produits. Mais si l'on établissait cette comparaison avec d'autres graminées, qui cependant sont généralement cultivées, elle serait en sa faveur, pourvu qu'elle fût sur un sol qu'elle affecte. On verra si l'on prend pour exemple l'*anthoxantum odoratum* que la *festuca glabra* donne de

Matière nutritive à l'époque de la fleur	446 lb.	632 lb. par acre.
Et à celle de la maturité de la graine.	186	
Anthoxantum odoratum, à l'époque de la fleur	122 o	433
A celle de la maturité de la graine.	311 o	
L'excès du poids de matière nutritive donné par la *festuca glabra*, est à celui de cette seconde plante, presque comme 6 à 9. .		199

14. *Festuca rubra*, purple fescue grass., fétuque rouge. Wit. B. 2, P. 153, indigène en Angleterre.

A l'époque de la floraison, le produit d'un sol léger sablonneux est :

		on.		lb.	on.	
Herbe, 15 onces, le produit par acre.		163350	o =	10209	6	o
80 dr. d'herbe, donnent sèches . . . . 34 dr. o Produit de l'espace . . 102 o		56923	12 =	3557	11	o
Le poids perdu sur un acre par l'exsication				6651	11	o
64 dr. d'herbe, donnent de matière nutritive. . 1 2 Produit de l'espace . . . 22 o $\frac{1}{8}$		3828	8 =	239	4	8
A l'époque de la maturité de la graine, le produit est : 16 onces, et pour un acre		174240	o =	10890	o	o
80 dr. d'herbe, pesées sèches . . . . 36 o Produit de l'espace . . 115 o $\frac{3}{16}$		78408	o =	4900	8	o
La perte du poids sur un acre par l'exsication				5989	8	o
64 dr. d'herbe, donnent de matière nutritive . 2 o Produit de l'espace . . . 8 o		5445	o =	340	5	o
La perte du poids de matière nutritive en coupant la récolte pendant la fleur, égale presque le tiers de sa valeur				101	o	8

La valeur proportionnelle de cette graminée à la floraison, comparée à celle de l'époque où la graine est mûre, est comme de 6 à 8.

Cette espèce est, à tous égards, moindre que la précédente. Rarement ses feuilles ont-elles plus de 3 à 4 pouces de longueur. Elle affecte un sol semblable à celui qui est favorable à la *festuca ovina*, qu'elle pourrait très-bien remplacer, ainsi que le montrera la comparaison de leurs produits.

	on.		lb.	on.	
Le produit du regain est : herbe, 5 onces, et pour un acre.	54450	o =	3403	2	o
64 dr. d'herbe, donnent de matière nutritive . . . . . 1 dr. 2	1276	2 =	79	12	o

La valeur de l'herbe du regain, comparée à celle de l'époque où la graine est mûre, est comme de 6 à 8, et elle est égale à celle où la récolte est en fleur.

15. *Festuca ovina*, sheep's fescue grass, fétuque ovine, coquiole. Engl. bot. 585. With. B. 2 P. 152; indigène en Angleterre.

A l'époque où la graine est mûre, le produit est:

	on.		lb.	on.	
8 onces, et pour un acre.	87120	o =	5445	o	o
64 dr. d'herbe, donnent de matière nutritive. . 1 dr. 2 Produit de l'espace. . . . o 3	2031	14 =	127	9	o

Le produit du regain est:

Herbe, 5 onces, le produit par acre	54450	o =	3403	2	o
64 dr. d'herbe, donnent de matière nutritive . . 1 dr. 1	1063	7 =	66	7	7

Le poids sec, le *foin*, de cette espèce n'a pas été reconnu, à cause de l'exiguité du produit qu'il rendrait dans cet état. Si l'on examine les pouvoirs nutritifs de cette plante, en les comparant avec ceux de la graminée qui précède, voici leurs rapports:

	dr.			
Festuca ovina, donne de matière nutritive.	1 dr.	2	2 lb. 3	par acre.
La même en regain.	1	1		
Festuca rubra, n° 14	2		3	2
La même en regain	1	2		

Les degrés comparatifs de nourriture, que la *festuca rubra* fournit, surpassent ceux de la *festuca ovina*, dans la proportion de 11 à 14.

D'après les détails qui viennent d'être donnés,

cette dernière plante ne paraît pas pourvue des pouvoirs nutritifs, que l'opinion générale lui accorde: elle jouit de l'avantage d'un feuillage délié, et qui peut cependant être très-approprié aux organes de la mastication dans les moutons; et bien plus que celui des graminées plus fortes, dont les pouvoirs nourriciers ont été reconnus au-dessus de ceux de cette plante. Il en faut donc conclure que, dans des situations où elle croît naturellement, elle le cèdera à bien peu d'autres, comme pâturage des moutons. Ses caractères naturels sont très-distincts de la *festuca rubra*.

16. *Briza media*, common quaking grass gramen, tremblant, amourette. Engl. Bot. 340. Host. G. A. 2. t. 29; indigène en Angleterre.

A l'époque de la fleur, le produit d'une riche terre franche, brune, est :

Herbe, 14 onces, et par acre . . .			152,460	0	=	9528	12	0
80 dr. d'herbe, pesées sèches	26 dr.	0	49549	8	=	3096	13	8
Produit de l'espace . . .	72	$2\frac{3}{16}$						
Le poids perdu sur un acre par l'exsication						6431	14	8
64 dr. d'herbe, donnent de matière nutritive .	2	3	6551	0	=	409	7	0
Produit de l'espace . . .	9	$2\frac{2}{16}$						
A l'époque de la maturité de la graine, le produit de l'herbe est : 14 onces pour un acre			152460	0	=	9528	12	0
80 dr. d'herbe, pesées sèches	28	0	53362	0	=	3335	1	0
Poids de l'espace	78	$1\frac{3}{6}$						
Le poids perdu sur un acre par l'exsication						6183	11	0

		on.		lb. on.
64 dr. d'herbe, donnent de matière nutritive. . 3 1 / Produit de l'espace . . . 11 1 1/2		7742 1	=	483 14 1
Le poids de matière nutritive perdue en enlevant la récolte au moment de la floraison, est de près d'un quart de sa valeur				109 1 0
La valeur proportionnelle de cette graminée à l'époque de la floraison, comparée à celle de la maturité de la graine, est comme 11 à 13.				
Le regain produit 12 onces, et pour un acre		130680 0	=	8167 8 0
64 dr. d'herbe, donnent de matière nutritive . . 2 dr. 0 . .		4083 12	=	255 3 12

La valeur proportionnelle de cette graminée à la floraison, surpasse celle du regain, comme 8 à 11. Le regain est en proportion avec l'époque de la maturité de la graine, comme 8 à 13.

Les qualités de cette plante paraissent devoir attirer l'attention; sa puissance nutritive est considérable, et son produit abondant, lorsqu'on la compare avec les plantes qui affectent le même sol.

17. *Dactilis glomerata*, round headed cock's foot grass, dactyle pelotonné. Engl. Bot. 335, flo. Dan. 143. With. B. 2 E. 149.

A l'époque de la fleur, le produit d'une riche terre franche sablonneuse, est :

	on.		lb. on.
Herbe, 41 onces, et pour un acre.	446490 0	=	27905 10 0
80 dr. d'herbe, pesées sèches . . . . 34 dr. 0 / Produit de l'espace . . 278 0 4/5	189758 4	=	11859 14 4
Le poids perdu sur un acre par l'exsication			16045 11 12
64 dr. d'herbe, donnent de matière nutritive . 2 2 / Produit de l'espace. . . 25 2 1/2	17424 0	=	1089 0 0

A la maturité de la graine, le produit est :

		on.		lb.	on.	
Herbe, 39 onces, celui d'un acre. .		424710	0 =	26544	6	0
80 dr. d'herbe, pesées sèches . . . . 40 dr. 0 Produit de l'espace . . 312 0	}	212355	0 =	13272	3	0
Le poids perdu sur un acre par l'exsication				13272	3	0
64 dr. d'herbe, donnent de matière nutritive. . 3 2 Produit d'un acre 34 0½	}	23226	5 =	1451	10	5
Le poids de matière nutritive que l'on gagne en laissant la récolte sur pied jusqu'à la maturité de la graine, est de plus du tiers de sa valeur.				362	10	5

La valeur proportionnelle de cette graminée à l'époque de la fleur, comparée à celle du moment de la maturité de la graine, est presque comme 5 à 7. Le produit du regain est :

Herbe, 17 onces, et pour un acre.	190575	0 =	11910	15	0
64 dr. d'herbe, donnent de matière nutritive . . . . 1 dr. 2 .	4466	9 =	281	10	9

La valeur de l'herbe du regain, comparée à celle de la floraison, est comme 6 à 10, et à celle de la maturité de la graine, comme 6 à 14. 64 dr. de tiges à l'époque de la fleur, donnent de matière nutritive, 1 dr. 2. Les feuilles du regain et les tiges simples, sont donc d'une valeur égale.

Cette circonstance démontre, que cette plante est plus avantageuse dans les herbages, ou prairies permanentes, que pour en faire du foin. Ces détails prouvent que l'on supporte une perte de près du tiers de la valeur, quand on attend, pour récolter, la maturité de la graine; quoique la valeur proportionnelle de la plante soit alors plus grande, puisqu'elle s'élève de 6 à 7. Le produit ne s'accroît plus, si on laisse la plante sur pied après la floraison, au contraire, il décroît perpétuellement. La perte du regain devient considérable; car lorsque cette graminée a été récoltée, la pousse des feuilles est très-rapide. Ces faits montrent la nécessité, de couper la plante le plus près possible de la terre, soit à la faux, soit par le pâturage du bétail; c'est le moyen de tirer le plus grand avantage de ses excellentes qualités.

18. *Bromus tectorum*, nodding pannicled, brome grass, le brome des toits. Host. G. A. 1, t^{e} 15. Indigène en Europe, introduit en Angleterre en 1776, H. K. 1, 168.

A l'époque de la fleur, le produit d'un sol léger sablonneux est :

			on.			lb.	on.	
Herbe, 11 onces, et pour un acre.			119790	0	=	7486	14	0
80 dr. d'herbe, donnent sèches.	42 dr.	0	62889	12	=	3930	9	12
Produit de l'espace . . .	92	$1\frac{3}{5}$						
Poids perdu sur un acre par l'exsication						3556	4	4
64 dr. d'herbe, donnent de matière nutritive .	3	0	5615	2	=	350	15	2
Produit de l'espace . . .	8	1						

Cette espèce, étant strictement annuelle, ne donne point de regain, ce qui la rend comparativement de peu de valeur.

19. *Festuca Cambrica*, fétuque de Cambridge. Hudson W. B. 2, p. 155; indigène en Angleterre.

A l'époque de la fleur, le produit d'un sol léger sablonneux est :

			on.			lb.	on.	
Herbe, 10 onces, et celui d'un acre.			108900	0	=	6806	4	0
80 dr. d'herbe, pesées sèches	34	0	46282	8	=	2892	10	8
Produit de l'espace . . .	68	0						

				lb.	on.	
Perte du poids sur un acre par l'exsication				3913	9	8
64 dr. d'herbe, donnent de matière nutritive. .	2 dr. 1	3828	8 =	239	4	8
Produit de l'espace. . .	6 2					

Cette espèce est très-rapprochée de la *festuca ovina*, à laquelle elle ressemble beaucoup, si ce n'est qu'elle est, à tous égards, bien plus forte. Son produit et la quantité de matière nutritive qu'elle donne, sont supérieurs à ceux de la fétuque ovine, si on veut les comparer.

20. *Bromus diandrus*, brome diandre, c'est-à-dire à deux étamines. Curt. Lond. Engl. Bot. 1006; indigène en Angleterre.

A l'époque de la floraison, le produit d'une riche terre franche brune, est :

		on.		lb.	on.	
Herbe, 30 onces, et celui d'un acre.		326700	0 =	20418	12	0
80 dr. d'herbe, pesées sèches	34 dr. 0	138847	0 =	8677	15	0
Produit de l'espace . .	204 0					
Poids perdu sur un acre par l'exsication.				11740	13	0
64 dr. d'herbe, donnent de matière nutritive .	3 0	15314	1 =	957	2	1
Produit de l'espace. . .	22 2					

Cette plante est strictement annuelle comme la précédente. Le tableau du produit est pour une seule année; si donc on le compare à celui des graminées permanentes les moins productives, on trouvera que le brome diandre n'est pas digne des soins de la culture.

21. *Poa angustifolia,* narrow leaved meadow grass, pâturin à feuilles étroites. With. 2, p. 142; indigène en Angleterre.

Au moment de la floraison, le produit d'une terre franche brune, est :

			on.			lb.	on.	
Herbe, 27 onces, et celui d'un acre.			294030	0	=	18376	14	0
80 dr. d'herbe, pesées sèches	34 dr.	0	124962	12	=	7810	2	12
Produit de l'espace	183	$2\frac{1}{3}$						
Perte du poids sur un acre						10566	11	4
64 dr. d'herbe, donnent de matière nutritive	5	0	22886	11	=	1430	6	11
Produit de l'espace	33	3						

A la maturité de la graine, le produit est :

Herbe, 14 onces, et celui d'un acre.			152460	0	=	9528	12	0
80 dr. d'herbe, pesées sèches	32	0	60984	0	=	3811	8	0
Produit de l'espace	89	$2\frac{2}{3}$						
Poids perdu sur un acre par l'exsication						5717	4	0
64 dr. d'herbe, donnent de matière nutritive	5	1	12506	7	=	701	6	7
Produit de l'espace	18	$1\frac{1}{2}$						
Le poids de matière nutritive perdue en laissant la récolte sur pied jusqu'à la maturité de la graine, surpasse un tiers de sa valeur						649	0	4

La pousse hâtive des feuilles de cette espèce de pâturin, est une preuve convaincante que la floraison plus prompte, ne se lie pas toujours, dans les graminées, avec la pousse hâtive et très-abondante de leurs feuilles. Sous ce rapport, toutes les espèces dont nous avons parlé avant celle-ci, sont extrêmement inférieures. Avant le milieu d'avril ses feuilles ont déjà atteint une longueur de plus de douze pouces, elles sont molles et succulentes. Dans le mois de mai cependant, lorsque la fleur s'annonce, elle est sujette à cette maladie qui attaque presque toutes les plantes, et que l'on nomme *la rouille*. Le mal qui la suit, est la grande diminution qui se trouve dans la récolte, à la maturité de la graine; elle est de moitié plus faible qu'à l'instant de la fleur. Quoique cette maladie attaque surtout les tiges, les feuilles en souffrent beaucoup; car elles sont complètement desséchées lorsque la graine est mûre; ces tiges cependant constituent la plus belle partie de la récolte à enlever, et contiennent à proportion plus de matière nutritive que les feuilles. Cette graminée est donc supérieure pour former des prairies permanentes, par suite de sa pousse abondante, rapide et hâtive; la nature semble lui avoir donné cette destination, puisque la maladie qui l'attaque commence par les tiges. Les graminées qui se rapprochent le plus de celle-ci, par le prompt et hâtif développement de leurs feuilles, sont: le *poa fertilis*, *dactilis glomerata*, *phleum pratense*, *alopecurus pratensis*, *avena eliator* et *bromus littoreus*, toutes espèces très-fortes.

22. *Avena eliator*, tall oat grass, avoine élevée, grand fromental. Curtis 191, Engl. Bot. 813. Holcus avenaceus; indigène en Angleterre.

A l'époque de la maturité de la graine, le produit est:

		on.		lb.	on.	
Herbe, 24 onces, et pour un acre.		261360	0 =	16335	0	0
80 dr. d'herbe, pesées sèches . . . . 28 dr. 0 Produit de l'espace . . 134 1 3/5		91475	14 =	5717	3	14
Poids perdu sur un acre par l'exsication				10617	12	2
64 dr. d'herbe, donnent de matière nutritive . 1 0 Produit de l'espace. . . 6 0		4083	12 =	255	3	12

Le produit du regain est :

	on.			lb.	on.	
Herbe, 20 onces, et celui d'un acre.	217800	0	=	13612	8	0
64 dr. d'herbe, donnent de matière nutritive . . . . 1 dr. 1 . .	4253	14	=	265	13	14
Le poids de matière nutritive, fournie par le regain, surpasse celle de l'herbe récoltée à la maturité de la graine, à-peu-près comme 26 est à 25				10	9	2

Cette graminée élève des tiges florales pendant toute la saison : le regain en contient un nombre presque aussi grand que la récolte première; le *fromental* est sujet à la rouille; mais cette maladie ne se montre qu'après l'époque de la fleur; elle affecte toute la plante, et lorsque la graine est mûre, les feuilles et les tiges sont flétries et desséchées. Cet exposé de la qualité supérieure du regain, sur l'instant de la maturité de la graine, démontre que la première récolte doit être faite au moment de la fleur.

23. *Poa eliator,* tall meadow grass, pâturin élevé. Curtis 50; indigène en Ecosse.

Au moment de la floraison, le produit d'une terre franche argileuse, est:

			on.			lb.	on.	
Herbe, 18 onces, et celui d'un acre.			196020	0	=	12251	4	0
80 dr. d'herbe, pesées sèches	28 dr.	0	60607	0	=	4287	15	0
Produit de l'espace . .	100	$3\frac{2}{10}$						
64 dr. d'herbe, donnent de matière nutritive .	3	2	10719	13	=	669	15	13
Produit de l'espace . . .	15	3						
Poids perdu sur un acre par l'exsication						3617	15	3

Les caractères botaniques de cette graminée, sont

presque les mêmes que ceux du *fromental*; elle en diffère seulement parce qu'elle est dépourvue des *arêtes*, les barbes vulgairement; elle a le caractère propre des *holci*, les houques; des fleurs mâles et d'autres hermaphrodites. Les enveloppes du calice sont bivalves, avec deux fleurettes, et puisque l'*avena eliator*, le fromental, est maintenant placé dans ce genre, le *poa eliator* doit assurément être considéré comme l'une de ses variétés.

24. *Festuca duriuscula*, hard fescue grass, fétuque duriuscule. Engl. Bot. 470. With. B. 2, p. 153; indigène en Angleterre.

A l'époque de la floraison, le produit d'une terre franche, légère et sablonneuse, est :

			on.		lb.	on.	
Herbe, 27 onces, le produit d'un acre			294030	0 =	18376	14	0
80 dr. d'herbe, pesées sèches	36 dr.	0	132310	8 =	8269	9	0
Produit de l'espace	194	$1\frac{3}{5}$					
Le poids perdu sur un acre par l'exsication					10106	4	8
64 dr. d'herbe, donnent de matière nutritive	3	2	16079	12 =	1004	15	12
Produit de l'espace	23	$2\frac{1}{2}$					

A la maturité de la graine, le produit est :

Herbe, 28 onces, et celui d'un acre.			304920	0 =	19075	8	0
80 dr. d'herbe, pesées sèches	36 dr.	0	137214	0 =	8575	14	0
Produit de l'espace	201	$2\frac{2}{5}$					
Le poids perdu sur un acre par l'exsication					10481	10	0
64 dr. d'herbe, donnent de matière nutritive	1	2	7146	9 =	446	10	9
Produit de l'espace	10	2					
Le poids perdu de matière nutritive en laissant la récolte sur pied jusqu'à la maturité de la graine, excède la moitié de sa valeur					558	5	3

La valeur proportionnelle de cette graminée, lorsque sa graine est mûre, comparée à celle de l'herbe quand la récolte est en fleur, est à-peu-près comme 6 à 14.

Le produit du regain est:

	on.			lb.	on.	
Herbe, 15 onces, et pour un acre.	163350	0	=	10209	6	0
64 dr. d'herbe, donnent de matière nutritive. . . . . 1 dr. 1. . .	3190	4	=	199	6	4

La valeur proportionnelle de l'herbe du regain, comparée à celle du temps de la fleur, est comme 5 à 14, et à celle de la maturité de la graine, comme 5 à 6.

Les détails qui précèdent, confirment l'opinion favorable qui a été donnée de cette plante, en parlant de la *festuca hordiformis* et de la *festuca glabra*. Son produit, dans le printemps, n'est pas fort, mais il est de la plus belle qualité, et il devient considérable à la fleur. Si on le considère, soit comme récolte de foin, soit comme pâture permanente, on le trouvera de plus grande valeur que celui du *poa pratensis* et de la *festuca ovina*, qui affectent les mêmes sols que cette graminée.

25. *Bromus erectus*, upright perennial brome grass, brome pérennial à tiges droites. Engl. Bot. 471, Host. G. A.; indigène en Angleterre.

A l'époque de la floraison, le produit d'un sol riche sablonneux est :

			on.			lb.	on.	
Herbe, 19 onces, le produit d'un acre.			206910	0	=	12931	14	0
80 dr. d'herbe, pesées sèches	36 dr.	0	93109	8	=	5819	5	8
Produit de l'espace . .	136	$3\frac{1}{5}$						
Le poids perdu sur un acre par l'exsication						7112	8	8
64 dr. d'herbe, donnent de matière nutritive .	2	3	8890	10	=	555	10	10
Produit de l'espace . . .	13	$0\frac{2}{4}$						

26. *Milium effusum*, common millet grass, mil étalé. Curt. Lond. Engl. Bot. 1106; indigène en Angleterre.

A l'époque de la fleur, le produit d'un sol léger sablonneux, est :

			on.			lb.	on.	
Herbe, 11 onces 8 dr., le produit par acre.			196020	0	=	12251	4	0
80 dr. d'herbe, pesées sèches	31 dr.	0	75957	12	=	4747	5	12
Produit de l'espace. . .	111	$2\frac{3}{4}$						
64 dr. d'herbe, donnent de matière nutritive .	1	3	5359	14	=	334	15	14
Produit de l'espace. . .	7	$3\frac{1}{2}$						

* Les bois sont les lieux dans lesquels cette plante croît naturellement; mais l'essai que je viens de rapporter prouve, qu'elle végète et prospère dans des situations ouvertes et exposées. Elle est remarquable par la petitesse de son produit, qui n'est pas en proportion avec le volume de la plante; elle pousse des feuilles en abondance dès le commencement du printemps; mais son pouvoir nutritif est faible en comparaison.

27. *Festuca pratensis*, meadow fescue grass, fétuque des prés. Engl. Bot. 1592, Curt. lond.; indigène en Angleterre.

A l'époque de la fleur, le produit d'un terrain de marais, avec du charbon de terre pour engrais, est:

			on.			lb.	on.	
Herbe, 20 onces, et pour un acre. .			217800	0	=	13612	8	0
80 dr. d'herbe, pesées sèches	38 dr.	0	103455	8	=	6465	15	0
Produit de l'espace . .	152	8						
Le poids perdu sur un acre par l'exsication						7146	9	0

			on.			lb.	on.	
64 dr. d'herbe, donnent de matière nutritive .	4 dr.	2	15314	1	=	957	2	1
Produit de l'espace . . .	22	2						

A l'époque de la maturité de la graine, le produit de l'herbe est :

			on.			lb.	on.	
28 onces, et celui d'un acre			304920	0	=	19057	8	0
80 dr. d'herbe, pesées sèches	32 dr.	0	121968	0	=	7628	0	0
Produit de l'espace . . .	179	$0\frac{4}{5}$						
Poids perdu sur un acre par l'exsication						11434	8	0
64 dr. d'herbe, donnent de matière nutritive .	1	2	7146	9	=	446	10	9
Produit de l'espace . . .	10	2						
Le poids perdu de matière nutritive en laissant la récolte sur pied, jusqu'à la maturité de la plante, excède la moitié de sa valeur						510	7	8

La valeur de l'herbe à la graine mûre, est à celle de la floraison, comme 6 à 18.

La perte que l'on supporte, en laissant la récolte jusqu'au moment de la maturité de la graine, est donc très-grande; la perte plus forte sur le poids, par l'effet de l'exsication, à cette seconde époque de la pousse, qu'au moment de la fleur, se trouve parfaitement en rapport avec le défaut de matière nutritive à la graine mûre, et sa proportion plus grande pendant la floraison. Alors les tiges sont plus succulentes, et constituent la plus grande partie du poids; mais lors de la maturité, elles sont comparativement flétries et sèches, et conséquemment les feuilles forment la plus grande partie du poids. Je dois faire observer ici, qu'il existe une grande différence entre les tiges et les feuilles, qui sont devenues sèches après avoir été coupées dans un état succulent, et celles qui, s'il est permis de s'expliquer ainsi, ont été séchées par la nature pendant la végétation. Les premières ont conservé tous leurs pouvoirs nutritifs, tandis que les dernières, si elles sont complètement sèches, en ont gardé très-peu, si même elles l'ont pu faire.

28. *Lolium perenne*, perennial rye grass, ivraie vivace. Engl. Bot. 315. Flo. Dan. 747; indigène en Angleterre.

A l'époque de la fleur, le produit d'une riche terre franche, brune, est :

				on.			lb.	on.	
Herbe, 11 onc. 8 dr., et pour un acre				125235	0	=	7827	3	0
80 dr. d'herbe, pesées sèches	34 dr.	0	}	53156	13	=	3322	4	13
Produit de l'espace	78	$0\frac{2}{5}$							
Poids perdu par l'exsication							4494	14	3
64 dr. d'herbe, donnent de matière nutritive	2	2	}	4891	15	=	305	11	15
Produit de l'espace	7	$0\frac{3}{4}$							

A la maturité de la graine, le produit est :

Herbe, 22 onces, et celui d'un acre				239580	0	=	14973	12	0
80 dr. d'herbe, pesées sèches	24	0	}	71874	0	=	4492	2	0
Produit de l'espace	105	$2\frac{2}{5}$							
Le poids perdu sur un acre par l'exsication							10481	10	0
64 dr. d'herbe, donnent de matière nutritive	2	3	}	10294	7	=	643	6	7
Produit de l'espace	15	$0\frac{1}{8}$							
Le poids de matière nutritive, perdue en récoltant au moment de la fleur, est de près de moitié de sa valeur							337	8	8

La valeur proportionnelle de cette graminée au moment de la fleur, comparée à celle de la maturité de la graine, est comme de 10 à 11.

Le produit de l'herbe du regain est :

	on.			lb.	on.	
5 onces, celui d'un acre	54450	0	=	3403	2	0
64 dr. d'herbe, donnent de matière nutritive . . . . 1 dr. 0 .	850	12	=	53	2	12

La valeur proportionnelle de l'herbe du regain, comparée à celle de la floraison, est comme de 4 à 10, et à celle de la maturité de la graine, comme de 4 à 11.

29. *Poa maritima*, sea meadow grass, pâturin maritime. Engl. Bot. 1140 ; indigène en Angleterre.

A l'époque de la fleur, le produit d'une terre franche, legère, brune, est :

			on.			lb.	on.	
Herbe, 18 onces, et celui d'un acre.			196020	0	=	12251	4	0
80 dr. d'herbe, pesées sèches	32 dr.	0	78408	0	=	4900	0	0
Produit de l'espace . .	115	$0\frac{1}{5}$						
Le poids perdu sur un acre par l'exsication						7350	4	0
64 dr. d'herbe, donnent de matière nutritive .	4	2	13782	0	=	861	6	0
Produit de l'espace . . .	20	1						

Le produit du regain est :

					lb.	on.	
Herbe, 18 onces, et pour un acre .	196020	0	=	12251	4	0
64 dr. d'herbe, donnent de matière nutritive . . . . 1 0 . .	3062	13	=	191	6	13

La valeur proportionnelle de l'herbe du regain, comparée à celle de la floraison, est comme de 4 à 18.

30. *Cynosurus cristatus*, crested dog's tail grass, la cretelle des pres. Engl. Bot. 316. Host. G. A. 2, t^{e}. 96.

A l'époque de la fleur, le produit d'une terre franche, brune, avec engrais, est :

			on.			lb.	on.	
Herbe, 9 onces, et celui d'un acre.			0	0	=	6125	10	0
80 dr. d'herbe, pesées sèches.	24 dr.	0	29403	0	=	1837	11	0
Produit de l'espace . . .	43	0						

			on.		lb.	on.	
Le poids perdu sur un acre par l'exsication					4287	15	0
64 dr. d'herbe, donnent de matière nutritive	4 dr.	1	6508	7 =	406	18	7
Produit de l'espace	9	$2\frac{1}{16}$					

Au moment où la graine est mûre, le produit est :

Herbe, 18 onces, et par acre			196020	0 =	12251	4	0
80 dr. d'herbe, pesées sèches	32 dr.		78408	0 =	4900	0	0
Produit de l'espace	115	$0\frac{4}{5}$					
Le poids perdu sur un acre par l'exsication					7350	12	0
64 dr. d'herbe, donnent de matière nutritive	2	2	7657	0 =	478	9	0
Produit de l'espace	11	1					
Le poids de matière nutritive, perdue en enlevant la récolte au moment de la fleur, passe un sixième de sa valeur					71	12	9

31. *Avena pratensis*, meadow oat grass, avoine des prés. Engl. bot. 1204, fl. dan. 1083.

A l'époque de la fleur, le produit d'une riche terre franche, sablonneuse, est :

			on.		lb.	on.	
Herbe, 10 onces, et celui d'un acre.			108900	0 =	6806	4	0
80 dr. d'herbe, pesées sèches	22 dr.	0	29947	8 =	1871	11	8
Produit de l'espace	44	0					
Le poids perdu sur un acre par l'exsication					4934	8	8
64 dr. d'herbe, donnent de matière nutritive	2	1	3828	8 =	239	4	8
Produit de l'espace	5	$2\frac{1}{2}$					

A la maturité de la graine, le produit est :

Herbe, 14 onces, et celui d'un acre.			152460	0 =	9528	12	0
80 dr. d'herbe, pesées sèches	24	0	45738	0 =	2858	10	0
Produit de l'espace	67	$0\frac{1}{4}$					

		on.		lb.	on.	
Le poids perdu sur un acre par l'exsication				6670	2	0
64 dr. d'herbe, donnent de matière nutritive . .	1 dr. 0	2382	3 =	148	14	3
Produit de l'espace. . . .	3 2					
Le poids perdu de matière nutritive, en laissant la récolte sur pied jusqu'à la maturité de la graine, excède le tiers de sa valeur				90	6	0

La valeur proportionnelle de la récolte, au moment de la maturité de la graine, est à celle de la floraison, comme de 4 à 9.

32. *Bromus multiflorus*, many flowering brome grass, brome multiflore. Engl. bot. 1884; host. G. A. 1. t. 2, indigène en Angleterre.

A l'époque de la fleur, le produit d'une terre franche, argileuse, est :

		on.		lb.	on.	
Herbe, 33 onces, le produit d'un acre.		359370	0 =	22460	10	0
80 dr. d'herbe, pesées sèches	44 dr. 0	197653	8 =	12353	5	8
Produit de l'espace . .	290 $0\frac{2}{3}$					
Le poids perdu sur un acre par l'exsication				10107	4	8
64 dr. d'herbe, donnent de matière nutritive .	5 0	28075	12 =	1754	11	12
Produit de l'espace . . .	41 1					

Cette espèce est annuelle, et la graine n'a point encore présenté de qualités qui la rendent recommandable. On sait seulement sur cette plante, qu'on la trouve fréquemment parmi celles qui végètent sur des terres pauvres, et parfois dans les prairies. Les essais précédens, montrent qu'elle est douée d'une puissance nutritive, égale à celle de quelques-unes des graminées perenniales, lorsqu'on la récolte en fleur. Mais, laissée jusqu'à la maturité de la graine, et c'est ce qui arrive souvent à cause de la rapidité de sa végétation, sa récolte est alors comparativement d'une valeur nulle; car ses feuilles et ses tiges sont complètement desséchées.

33. *Festuca loliacea*, spiked fescue grass, fétuque loliacée. Curt. lond. engl. bot. 1821; indigène en Angleterre.

A l'époque de la fleur, le produit d'une riche terre franche, brune, est :

		on.		lb.	on.	
Herbe, 24 onces, et celui d'un acre.		261360	o =	16335	o	o
80 dr. d'herbe, pesées sèches . . . . 35 dr. o Produit de l'espace . . 168 o	}	114345	o =	7146	9	o
Le poids perdu sur un acre par l'exsication				9188	9	o
64 dr. d'herbe donnent de matière nutritive . 3 o Produit de l'espace . . . 18 o	}	12251	4 =	765	11	o

A la maturité de la graine, le produit est :

Herbe, 16 onces, et celui d'un acre.		174240	o =	10890	o	o
80 dr. d'herbe, pesées sèches. . . . . 33 o Produit de l'espace . . . 105 o$\frac{2}{5}$	}	71874	o =	4492	2	o
Le poids perdu sur un acre par l'exsication.				6397	14	o
64 dr. d'herbe, donnent de matière nutritive.. 3 1 Produit de tout l'espace 13	}	8848	2 =	553	02	o

Le produit du regain est :

Herbe, 5 onces, et celui d'un acre.		54450	o =	3403	2	o
64 dr. donnent de matière nutritive . . . . 1 dr. 1	}	1063	7 =	66	7	7
Le poids de matière nutritive perdue, en laissant la récolte sur pied jusqu'à la maturité de la graine, excède un quart de sa valeur				212	11	o

La valeur proportionnelle de cette graminée, au moment de la fleur, comparée à celle de la maturité de la graine, est comme de 12 à 18; et celle du regain, comparée à l'herbe de la floraison, est comme de 5 à 12, et à celle de la graine mûre, comme de 12 à 13.

Cette espèce de fétuque a beaucoup de ressemblance avec le raï-grass pour les formes, et pour les lieux où elle se plaît. Elle l'emporte sur lui, soit pour devenir du foin, soit pour former une pâture constante. Mais cette espèce semble affaiblir son produit dans la proportion que son âge augmente, ce qui est l'inverse du raï-grass.

34. *Poa cristata*, crested meadow grass, paturin à crêtes. Host. G. A. 2. t. 75. *Aira cristata*. Engl. bot. 648; indigène en Angleterre.

A l'époque de la fleur, le produit d'une terre franche, sablonneuse, est :

			on.			lb.	on.	
Herbe, 16 on., et celui d'un acre .			174240	0	=	10890	0	0
80 dr. d'herbe, pesées sèches	36 dr.	0	70848	0	=	4900	8	0
Produit de l'espace. . .	115	$0\frac{3}{16}$						
Le poids perdu sur un acre par l'exsiccation						5989	8	0
64 dr. d'herbe, donnent de matière nutritive .	2	0	5445	0	=	340	5	0
Produit de l'espace . . .	8	0						

Le produit en herbe que donne cette plante, et celui de sa matière nutritive, sont égaux à ceux de la *festuca ovina* à la maturité de la graine. Toutes les deux se plaisent également sur des terrains secs. La grosseur plus prononcée de l'herbe du *poa cristata*, comparée à son poids, et l'épaisseur comparative de son feuillage, le rendent inférieur à la *festuca ovina*.

35. *Festuca myurus*, wall fescue grass, fétuque des murs. Engl. bot. 412. Host. G. A. 2. t. 93; indigène en Angleterre.

A l'époque de la fleur, le produit d'un sol léger, sablonneux, est :

			on.			lb.	on.	
Herbe, 14 onces, le produit d'un acre			152460	0	=	9528	12	0
80 dr. d'herbe, pesées sèches	24 dr.	0	45738	0	=	2858	10	0
Produit de l'espace	67	$0\frac{1}{5}$						
Le poids perdu sur un acre par l'exsication						6670	2	0
64 dr. d'herbe, donnent de matière nutritive	1	2	3573	4	=	223	5	4
Produit de tout l'espace	5	1						

Cette espèce est strictement annuelle; elle est pareillement sujette à la rouille. Le produit que je viens de rapporter, étant rigoureusement la totalité de ce qu'elle donne dans un an, elle se trouve au rang le plus inférieur des graminées.

36. *Aira flexuosa*, waved mountain hair grass, aira tortueux. Engl. bot. 1519. Host. G. A. 2. t. 43; indigène en Angleterre.

A l'époque de la fleur, le produit d'un sol de bruyère, est :

			on.			lb.	on.	
Herbe, 12 onces, le produit d'un acre			130680	0	=	8167	8	0
80 dr. d'herbe, pesées sèches	31 d.	0	50638	0	=	3164	14	8
Produit de l'espace	74	$0\frac{2}{5}$						
Le poids perdu sur un acre par l'exsication						5002	9	8
64 dr. donnent de matière nutritive	1	2	3062	13	=	191	6	13
Produit de tout l'espace	4	2						

37. *Hordeum bulbosum*, bulbous barley grass, orge bulbeuse. Hort. Kew. 1. p. 179; indigène en Italie et dans le Levant; introduite en Angleterre par M. Richard, en 1770.

A l'époque de la fleur, le produit d'une terre franche, argileuse, avec engrais, est :

			on.			lb.	on.	
Herbe, 35 onces, celui d'un acre.			381150	0	=	23821	0	0
80 dr. d'herbe, pesées sèches	93	0(1)	157224	0	=	9826	8	6
Produit de l'espace . .	231	0						
64 dr. d'herbe, donnent de matière nutritive .	3 dr.	2	20844	2	=	1302	12	2
Le produit de l'espace .	30	$2\frac{1}{2}$						
Poids perdu sur un acre par l'exsication						13994	7	16

38. *Festuca calamaria*, red-like fescue grass, fétuque calamaire. Engl. bot. 1005; indigène en Angleterre.

A l'époque de la fleur, le produit d'une terre franche, argileuse, est :

			on.			lb.	on.	
Herbe, 80 onces, le produit par acre.			871200	0	=	54450	0	0
80 dr. d'herbe, pesées sèches	28 dr.	0	304920	0	=	19057	8	0
Produit de tout l'espace.	448	0						
Le poids perdu sur un acre par l'exsication						35392	8	0

(1) Il y a ici une faute évidente d'impression : 80 dragmes d'herbe verte ne peuvent pas donner, lorsqu'on les pèse ensuite sèches, plus que leur poids primitif, c'est-à-dire 93. J'ai donc fait une règle de proportion en comparant le poids perdu par l'exsication sur un acre, et négligeant les fractions de ce dernier nombre, j'ai trouvé qu'il fallait inscrire 47 dragmes au lieu de 93; mais je me borne à prévenir de cette faute, sans altérer le texte, et j'ai rétabli aussi le produit en livre. (*Note du traducteur.*)

			on.		lb.	on.	
64 dr. d'herbe, donnent de matière nutritive .	4 dr. 2	61256	4	=	3828	8	4
Produit de l'espace. . .	90	0					

A la maturité de la graine, le produit est:

Herbe 75 onces, et celui d'un acre.		816750	0	=	51046	14	0
80 dr. d'herbe, pesées sèches	19 0	193978	2	=	12123	10	0
Produit de l'espace . .	283 0						
Le poids perdu sur un acre par l'exsication					38923	4	0
64 dr. d'herbe, donnent de matière nutritive .	3 0	38285	2	=	2392	13	2
Produit de l'espace . . .	56 1						
Le poids de matière nutritive perdue en laissant la récolte sur pied jusqu'à la maturité de la graine, est presque du tiers de sa valeur.					1455	11	2

La valeur proportionnelle de cette graminée au moment de la maturité de la graine, comparée à celle de l'herbe de la floraison, est comme de 12 à 18.

Cette graminée, comme nous l'avons déjà fait remarquer, se couvre, dès le commencement du printemps, d'un beau feuillage. Le produit en est grand, et le pouvoir nutritif considérable. Les faits particuliers, que je viens d'en rapporter, montrent qu'elle est plus convenable pour récolter en foin, Une maladie très-singulière l'attaque, et quelquefois en détruit presque entièrement la graine. Quelques personnes la nomment *clavus*, le clou. Elle s'annonce par un gonflement de la graine, qui lui donne en longueur et en épaisseur trois fois son volume accoutumé, et par l'absence de l'enveloppe. Le docteur Wildenow a décrit deux espèces distinctes de cette maladie. La première est le *clavus* simple; il est farineux et d'une couleur sombre; il n'a ni goût ni odeur. La seconde est le *clavus malignans*, ou clou malin. Sa couleur est d'un violet bleu ou noirâtre; il a intérieurement cette même teinte bleue, avec une odeur fétide et un goût piquant. Le pain, fait avec le grain affecté de cette dernière maladie, prend une couleur bleuâtre; et, lorsqu'on le mange, il produit des crampes et des vertiges.

39. *Bromus littoreus*, sea side brome grass, brome littoral. Host. G. A. P. 7. t. 8; indigène en Allemagne. Il croît sur les rives du Danube et des autres rivières.

A l'époque de la fleur, le produit d'une terre franche, argileuse, est :

			on.			lb.	on.	
Herbe, 61 on., et celui d'un acre . .			664290	10	=	41518	2	0
80 dr. d'herbe, pesées sèches	41 dr.	0	340448	10	=	21518	0	10
Produit de l'espace. . .	500	$0\frac{1}{5}$						
Le poids perdu sur un acre par l'exsication						20540	1	6
64 dr. d'herbe, donnent de matière nutritive . .	1	2	15567	4	=	973	1	4
Produit de l'espace	22	$3\frac{1}{2}$						

A la maturité de la graine, le produit est :

Herbe, 56 onces, et celui d'un acre.			609840	0	=	38115	0	0
80 dr. d'herbe, pesées sèches.	32		243936	0	=	15246	0	0
Produit de l'espace. . .	358	$0\frac{1}{6}$						
Poids perdu sur un acre par l'exsication						22869	0	0
64 dr. d'herbe, donnent de matière nutritive. .	3	2	33350	0	=	2084	6	10
Produit de l'espace . . .	196	0						
Le poids de matière nutritive, perdue en enlevant la récolte à la floraison, excède la moitié de sa valeur						1111	5	6

La valeur proportionnelle de cette graminée, au moment de la fleur, comparée à celle de l'herbe lors de la maturité de la graine, est comme de 6 à 14.

Cette plante ressemble, et pour le port, et pour sa manière de végéter, à la précédente; mais elle n'a pas la même valeur. On en a une preuve évidente dans l'infériorité de son produit et de la proportion de sa matière nutritive. Cette plante, comparée à son propre poids, est aussi plus forte et plus corsée. Sa graine est aussi affectée par la même maladie qui attaque la précédente.

40. *Festuca eliator*, tall fescue grass, fétuque élevée, grande fétuque. Engl. bot. 1593. Host. G. A. 2. t. 79; indigène en Angleterre.

A l'époque de la floraison, le produit d'une riche terre franche, noire, est :

			on.			lb.	on.	
Herbe, 75 on., le produit d'un acre.			816750	0	=	51046	14	0
80 dr. d'herbe, pesées sèches	28	0	285862	0	=	17866	6	8
Produit de l'espace	420	0						
Poids perdu sur un acre par l'exsication						33180	7	8
64 dr. d'herbe, donnent de matière nutritive.	5	0	63808	9	=	3988	0	9
Produit de l'espace	93	3						

A la maturité de la graine, le produit est :

			on.			lb.	on.	
Herbe, 75 ouces, et celui d'un acre.			816750	0	=	51046	14	0
80 dr. d'herbe, pesées sèches	28 dr.	0	285862	8	=	17866	6	8
Produit de l'espace	420	0						
Le poids perdu sur un acre par l'exsication						33180	7	8
64 dr. d'herbe, donnent de matière nutritive.	3	0	38285	2	=	2392	13	2
Produit de l'espace	56	1						

			on.		lb.	on.
Le poids de la matière nutritive perdue en laissant la récolte sur pied jusqu'à la maturité de la graine, excède le tiers de sa valeur					1595	3 7
La valeur proportionnelle de cette graminée, à l'époque de la maturité de la graine, comparée à celle de l'herbe de la floraison, est comme de 12 à 20.						
Le produit du regain est, d'herbe, 23 onces, et celui d'un acre . . .			250470	0 =	15654	6 0
64 dr. d'herbe donnent de matière nutritive	4	0 . .	15654	6 =	978	6 6

La valeur proportionnelle de l'herbe du regain, comparée à celle de la floraison, est encore de 16 à 20, et à celle de la maturité de la graine, comme de 12 à 16, proportion inverse.

Cette variété de fétuque est prochainement alliée à la *festuca pratensis*, dont elle diffère peu, à l'exception que sous tous les points de vue, elle est beaucoup plus forte; son produit passe de près de trois fois celui de l'autre plante, et sa puissance nutritive lui est supérieure dans une proportion directe, comme de 6 à 8.

41. *Nardus stricta*, upright mat grass, nard serré. Engl. bot. 290. Host. G. A. 2. t. 4; indigène en Angleterre.

A l'époque de la maturité de la graine, le produit est:

			on.		lb.	on.
Herbe, 9 onces, et celui d'un acre .			98010	0 =	6125	10 0
80 dr. d'herbe, pesées sèches	32 dr.	0	39204	0 =	2450	4 •
Produit de l'espace . . .	57	2 $\frac{2}{5}$				
Poids perdu sur un acre par l'exsication					3675	6 0
64 dr. d'herbe, donnent de matière nutritive. .	2	1	3445	10 =	215	5 10
Produit de l'espace . . .	5	0 $\frac{1}{5}$				

42. *Triticum*, sp. wheat grass, blé.

A l'époque de la fleur, le produit d'une riche terre franche, sablonneuse, est :

		on.			lb.	on.	
Herbe, 18 onces, et celui d'un acre.		196020	0	=	12251	4	0
80 dr. d'herbe, pesées sèches	32 dr. 0	78408	0	=	4900	8	0
Le produit de l'espace.	115 $0\frac{1}{3}$						
Poids perdu sur un acre par l'exsication					7350	12	0
64 dr. d'herbe, donnent de matière nutritive . .	2 2	7657	0	=	478	9	0
Produit de l'espace. . . .	11 1						

43. *Festuca fluitans*, floating fescue grass, fétuque flottante. Curt. lond. engl. bot. 1520; poa fluitans; indigène en Angleterre.

A l'époque de la fleur, le produit d'une forte terre argileuse et tenace, est :

		on.			lb.	on.	
Herbe, 20 onces, et celui d'un acre.		217800	0	=	13612	8	0
80 dr. d'herbe, pesées sèches	24 d. 0	65340	0	=	4083	12	0
Le produit de l'espace .	96 0						
Poids perdu sur un acre par l'exsication.					9528	12	0
64 dr. d'herbe donnent de matière nutritive. . . .	1 3	5955	0	=	372	3	7
Produit de l'espace . . .	8 3						

Tous ces produits furent retirés de cette graminée, lorsqu'elle avait, depuis quatre ans, végété sur le même terrain, en y prenant chaque année un nouvel accroissement. Ce qui doit faire penser, contre l'avis de quelques personnes, qu'elle ne convient pas pour être cultivée dans des prairies durables (1).

---

(1) Il est étonnant que l'auteur se soit ici tellement renfermé

44. *Holcus lanatus*, meadow soft grass, Yorkshire grass, houque laineuse. Curt. lond. fl. dan. 1180; indigène en Angleterre.

A l'époque de la fleur, le produit d'une forte terre franche, argileuse, est :

			on.			lb.	on.	
Herbe, 28 onces, et celui d'un acre.			304920	0	=	19057	8	0
80 dr. d'herbe, donnent de matière nutritive.	26	0	106585	14	=	6661	9	14
Produit de l'espace . . .	157	2 $\frac{2}{5}$						
Poids perdu sur un acre par l'exsication.						9999	9	9
64 dr. d'herbe, donnent de matière nutritive. .	4	0	19057	8	=	1191	1	8
Produit de l'espace. . .	28	0						

A la maturité de la graine, le produit est :

Herbe, 28 on., et celui d'un acre.			304920	0	=	19057	8	0
80 dr. d'herbe, donnent pesées sèches.	16 dr.	0	60984	0	=	3811	8	0
Produit de l'espace. . .	89	2 $\frac{2}{5}$						
Poids perdu sur un acre par l'exsication						15246	0	0
64 dr. d'herbe, donnent de matière nutritive. .	2	3	13102	0	=	818	14	0
Produit de l'espace . .	19	1						
Le poids de matière nutritive perdue en laissant la récolte sur pied jusqu'à la maturité de la graine, excède un tiers de sa valeur.						372	3	8

La valeur proportionnelle de cette graminée à la maturité de la graine, comparée à celle de l'herbe de la floraison, est comme de 11 à 12.

---

dans son cadre, les fourrages propres aux animaux, qu'il n'ait rien dit des propriétés utiles de la graine de la fétuque flottante. Dans le nord, les hommes la consomment; elle y porte le nom de *manne de Pologne*, de *manne de Prusse*. Après qu'elle a été mondée, on la prépare comme le riz. (*Note du traducteur.*)

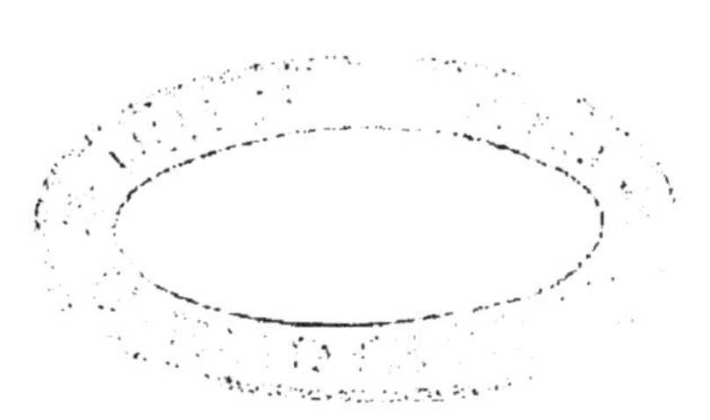

45. *Festuca dumetorum*, pubescent fescue grass, fétuque des buissons, fétuque pubescente. Flo. dan. 700; indigène en Angleterre.

A l'époque de la fleur, le produit d'une terre franche, noire et sablonneuse, est:

			on.			lb.	on.	
Herbe, 16 onces, et celui d'un acre.			174240	0	=	10890	0	0
80 dr. d'herbe, pesées sèches	40 dr.	0	87120	0	=	5445	0	0
Produit de l'espace . .	128	0						
Poids perdu sur un acre par l'exsication						5445	0	0
64 dr. d'herbe, donnent de matière nutritive .	1	0	2722	8	=	170	2	8
Produit de l'espace . . .	4	0						

46. *Poa fertilis*, fertile meadow grass, poa fertile, paturin fertile. Host. G. A.; indigène d'Allemagne.

A l'époque de la fleur, le produit d'une riche terre franche, argileuse, est :

			on.			lb.	on.	
Herbe, 22 [illegible], le produit par acre			239580	0	=	14973	12	0
80 dr. d'herbe, [illegible]onnent de matière nutritive.	42 dr.	0	125779	8	=	7861	3	8
Produit de l'espace . .	184	0 4/5						
Poids perdu sur un acre par l'exsication.						7111	8	8
64 dr. d'herbe, donnent de matière nutritive. .	4 dr.	2	16845	7	=	1052	13	7
Produit de l'espace . . .	24	3						

Si l'on compare la puissance nutritive et le produit de cette graminée avec ceux de quelques autres plantes de cette même famille, ou avec quelques autres qui ont les mêmes formes et affectent les mêmes sols, on lui accordera une supériorité, qui la fera regarder comme l'une des graminées les plus précieuses. Elle sera placée auprès du *poa* angustifolia, n° 21. Elle donne avec la plus grande abondance un feuillage précoce et de la meilleure qualité. Il fait une ample compensation avec sa floraison, qui est comparativement tardive.

47. *Arundo colorata*, striped-leaved reed grass. Phalaris arundinacea, phalaris roseau, roseau coloré. Hort. kew 1. p. 174. Engl. bot. 402.

A l'époque de la fleur, le produit d'une riche terre franche, sablonneuse, est :

			on.			lb.	on.
Herbe, 40 onces, et celui d'un acre.			435600	o	=	27225	o o
80 drag. d'herbe, pesées sèches.	36	o	196020	o	=	12251	4 o
Produit de l'espace . . .	288	o					
64 dr. d'herbe donnent de matière nutritive . . .	4	o	27225	o	=	1701	9 o
Le produit de l'espace .	40	o					

Le très-grand pouvoir nutritif de cette plante la recommande à ceux qui exploitent de fortes terres argileuses, que l'on ne peut dessécher. Son produit est considérable. On ne nommera point son feuillage grossier, si on le compare à celui des autres plantes qui fournissent des produits aussi forts.

48. *Trifolium pratense*, broad-leaved cultivated clover, trèfle des prés. W. bot. 3. p. 137; indigène en Angleterre.

A l'époque de la maturité de la graine, le produit d'une riche terre franche, argileuse, est :

	on.			lb.	on.
Herbe, 72 onces, et celui d'un acre.	784080	o	=	49005	o o

		on.		lb.	on.	
80 dragm. d'herbe, pesées sèches . . . . . 20 dr. 0 Produit de l'espace . . 288 0	}	196020	0 =	11251	0	0
Le poids perdu sur un acre par l'exsication				3675	4	0
64 dr. d'herbe donnent de matière nutritive. . . 2 dr. 2 Produit de l'espace . . . 45 0	}	30628	2 =	1914	4	2

Si l'on compare la perte sur le poids, que l'exsication fait éprouver à cette plante, avec celle supportée par plusieurs autres graminées naturelles, sa valeur paraîtra moindre pour en faire du foin, que pour être consommée en fourrage vert. Il est en effet certain que la difficulté de confectionner de bon foin, augmente en proportion de l'humidité superflue, contenue dans une plante. La valeur du trèfle, comme fourrage vert, ou comme pâture, peut en outre être reconnue en comparant sa puissance nutritive avec celle que manifestent les autres plantes, que l'on regarde généralement comme les meilleures.

49. *Trifolium repens*, white clover (fin houssy), le trèfle blanc.

50. *Trifolium*..... Variété du précédent, à feuilles brunes.

Pareille quantité d'herbe du trèfle des prés, n° 48.

64 dr. donnent de matière nutritive	2 dr.	2
Du trèfle, n° 49	2	0
De sa variété, n° 50	2	2

Il suit du rapprochement de ces trois plantes, que le trèfle des prés passe en valeur le trèfle blanc, comme 10 est à 8, et qu'il est égal à celui, n° 50, variété à feuilles brunes.

51. *Burnet*, poterium sanguisorba, pimprenelle.

Cette plante donne, sur 64 dr. d'herbe, 2 dr. 2 de matière nutritive.

52. *Bunias orientalis*, bunias d'orient. Cette plante a été introduite nouvellement en Angleterre. 2 dr. 2.

La valeur proportionnelle de ces deux plantes, est donc égale à celle du trèfle des prés et du trèfle à feuilles brunes; et elle est à celle du trèfle blanc, comme 10 est à 8.

Le produit comparatif de ces quatre dernières plantes, n'a pas été reconnu (1).

53. *Trifolium macrorhizum*, long rooted clover; trèfle à longues racines; indigène en Hongrie.

A l'époque de la maturité de la graine, le produit d'une riche terre franche, argileuse, est:

---

(1) C'est un grand vide dans les expériences, et il empêche de rien conclure de certain en faveur de ces plantes ou contre elles. Voici cependant ce que nous savons de plus certain en France sur elles.

L'opinion a beaucoup variée sur la pimprenelle; on a cependant fini par reconnaître qu'elle donnait un excellent fourrage vert; mais son foin est de très-médiocre qualité; elle ne fournit un produit abondant que sur de très-bonnes terres, et cependant elle végète encore passablement sur les terrains secs et crayeux; aussi s'en est-on servi très-avantageusement, pour rendre à la culture des terres incultes de la *Champagne pouilleuse*. Son fourrage est alors peu abondant, mais il est excellent pour les bêtes à laine. L'exiguité du produit ne doit point arrêter sa culture, puisqu'elle est substituée à une nullité de produit. Cette plante a d'ailleurs l'extrême mérite de résister aux grandes sécheresses et au froid rigoureux; elle s'associe très-bien au sainfoin.

Le bunias d'Orient végète très-fortement dans les premiers jours du printemps, et par conséquent dès le mois d'avril il produit un fourrage vert très-abondant; il résiste à la sécheresse, et dure plusieurs années. Cette qualité devrait faire tenter des essais sur sa graine; car le bunias est de la famille des crucifères, et on retire de l'huile de plusieurs d'entre elles (*Note du traducteur.*)

		on.		lb.	on.	
Herbe, 144 onces, et celui d'un acre.		1568160	o =	98010	o	o
80 dr. d'herbe, pesées sèches . . . . 34 o	}	666468	o =	41654	4	o
Produit de l'espace . . 979 o $\frac{1}{3}$						
Le poids perdu sur un acre par l'exsication				56355	12	o
64 dr. d'herbe, donnent de matière nutritive. . 2 dr 3	}	67381	14 =	4211	5	14
Produit de l'espace . . . 99 o						

Les racines de cette espèce de trèfle sont bisannuelles. Elles s'introduisent dans le sol à une très-grande profondeur, et par conséquent sont très-peu affectées par les froids ou les sécheresses. Cette plante veut un terrain abrité et profond. Son produit, comparé à celui des plantes qui ont les mêmes formes, et qui affectent les mêmes sols, leur est supérieur de beaucoup. Les détails qui vont suivre, et qui se rapportent aux résultats de quelques-unes des plantes dont je vais parler, rendront ceci manifeste.

Trifolium pratense . . . Trèfle des prés	Produit d'un acre. Herbe . .	49005 lb.
	——— Foin	12251
	——— Matière nutritive . .	1914
Medicago sativa . . . . . Luzerne	Produit d'un acre. Herbe . .	70785
	——— Foin	28314
	——— Matière nutritive . .	1659
Hedysarum onobrychis . Sainfoin	Produit d'un acre. Herbe . .	8848
	——— Foin	3539
	——— Matière nutritive . .	314

Le poids de matière nutritive, fourni par le *trèfle des prés*, étant comparé à celui du *trèfle à longues racines*, ce dernier le surpasse presque comme de 7 à 15 . . 2297

La valeur proportionnelle de l'herbe du *trèfle des prés*, est à celle du *trèfle à longues racines*, comme de 10 à 11.

Le poids de matière nutritive, fourni par le *trèfle à longues racines*, surpasse celui donné par la *luzerne*, presque comme 13 est à 33 2552

La valeur de l'herbe est comme de 11 à 6.

Le poids de matière nutritive, fourni par le *trèfle à longues racines*, surpasse celui donné par le *sainfoin*, presque dans la proportion de 5 à 67 . . . . . 3897 lb.

La valeur proportionnelle de l'herbe est comme celle du *trèfle des prés*, de 11 à 10.

Le produit de chacune des espèces, dont il vient d'être parlé, fut recolté sur un sol de même nature, et placé dans la même situation. Les conclusions à tirer de ces faits doivent donc être regardées comme positives, au moins relativement avec des sols pareils. Il est évident que deux fois plus de matière nutritive se trouvent être fournies par le produit d'un acre couvert du *trèfle à longues racines*, que lorsqu'une semblable espèce porte le *trèfle des prés.* La courte durée de cette plante, cependant, ne la rend propre qu'à donner une récolte verte ou une récolte de foin; car, si on la sème dans l'automne sur un sol riche, léger, elle n'est plus qu'une plante annuelle. Ce fait diminue sa valeur, si on la compare alors au *trèfle des prés.* Elle possède la propriété essentielle de rapporter beaucoup de bonne graine. Si le terrain a été soigné, et qu'on l'ait dépouillé des mauvaises herbes, la graine se ressème elle-même, végète et croît rapidement, sans avoir besoin d'être recouverte, et sans qu'il soit nécessaire d'employer aucun travail. C'est ainsi que cè trêfle s'est propagé de lui-même pendant quatre années consécutives dans un terrain sur lequel il existe encore, et d'où l'on a tiré l'herbe nécessaire pour établir les faits qui viennent d'être rapportés. Le produit que la luzerne donne en herbe, approche de très-près, de celui fourni par le *trèfle à longues racines ;* mais il s'en éloigne par la quantité de matière nutritive, dans la forte proportion de 13 à 33. La longue résidence de la *luzerne* sur un même sol, est cependant le seul mérite qu'elle possède au-dessus des autres espèces ; et si cette permanence est l'objet que recherche le cultivateur, la luzerne doit nécessairement obtenir la préférence.

La valeur de l'herbe du sainfoin est égale à celle du *trèfle des prés*. Sa proportion est plus faible que celle donnée par le *trèfle à longues racines*, comme de 10 à 11. La quantité d'herbe est très-faible; et, sur des sols riches, tels que ceux dont nous avons parlé, elle est, sans aucun doute, inférieure. Mais, par la qualité supérieure de cette herbe, dans des situations sèches et élevées, ou sur des sols de craie, elle peut à tous égards l'emporter sur les deux autres dans ces cas.

54. *Medicago sativa*, lucern. luzerne. With. B. 3. P. 154; indigène en Angleterre.

A l'époque de la maturité de la graine, le produit d'une riche terre franche, argileuse, est :

			on.		lb.	on.	
Herbe, 104 on.; celui d'un acre . .			1132560	0 =	70785	0	0
80 dr. d'herbe, pesées sèches	32 dr.	0	453024	0 =	28314	0	0
Produit de l'espace . .	665	$2\frac{2}{5}$					
Poids perdu sur un acre par l'exsication					42471	0	0
64 dr. donnent de matière nutritive.	1	2	26544	6 =	7659	0	6
Le produit de l'espace. .	39	0					

55. *Hedysarum onobrychis*, saintfoin, sainfoin. with. 3. P. 628; indigène en Angleterre.

A l'époque de la maturité de la graine, le produit d'une riche terre franche, argileuse, est :

			on.			lb.	on.	
Herbe, 13 onces, le produit d'un acre			141570	0	=	8848	2	0
80 dr. d'herbe, pesées sèches	32	0	56628	0	=	3539	4	0
Produit de l'espace	83	$0\frac{1}{5}$						
Poids perdu sur un acre par l'exsication						5308	14	0
64 dr. d'herbe donnent de matière nutritive	2	2	5530	1	=	345	10	1
Produit de l'espace	8	$0\frac{1}{2}$						

56. *Hordeum pratense*, meadow barley grass, orge des prés. Engl. bot. 409, Host. G. A. 1. t. 33.

A l'époque de la floraison, le produit d'une riche terre franche, brune, avec engrais, est :

						lb.	on.	
Herbe, 12 onces, le produit pour un acre			130680	0	=	8167	8	0
80 dr. d'herbe, pesées sèches	32 dr.	0	52272	0	=	3267	0	0
Produit de l'espace	67	1						
Poids perdu sur un acre par l'exsication						4908	0	0
64 dr. d'herbe, donnent de matière nutritive	3	3	7657	0	=	478	9	0
Produit de l'espace	11	1						

57. *Poa compressa*, flat staked meadow grass, paturin comprimé. Engl. bot. 365; indigène en Angleterre.

A l'époque de la floraison, le produit d'un sol graveleux, avec engrais, est :

			on.			lb.	on.	
Herbe, 5 onces, le produit d'un acre			54450	0	=	3403	2	0
80 dr. d'herbe, pesées sèches	34 dr.	0	23141	4	=	1446	5	4
Produit d'un acre	34	0						

		on.	lb. on.
Poids perdu sur un acre par l'exsication			1956 12 12
64 dr. d'herbe, donnent de matière nutritive	5 dr. 0	4253 14 =	265 13 14
Produit de l'espace	6 1		

Les caractères spécifiques de cette espèce sont très-semblables à ceux du *poa fertilis ;* ils en diffèrent par la forme comprimée des tiges, et les racines traçantes. Si son produit avait de l'amplitude, ce gramen serait un des plus précieux; car son feuillage pousse dès le commencement du printemps et il possède une grande puissance nutritive.

58. *Poa aquatica*, reed meadow grass, paturin aquatique. Curt. lond. engl. bot. 1315 ; indigène en Angleterre.

A l'époque de la fleur, le produit d'une forte terre argileuse et tenace, est :

		on.	lb. on.
Herbe, 186 on., et celui d'un acre		20225540 0 =	126596 4 0
80 dr. d'herbe, pesées sèches	48 dr. 0	1215324 0 =	75957 12 0
Produit de l'espace	1785 $2\frac{1}{8}$		
Poids perdu sur un acre par l'exsication			50638 8 0
64 dr. d'herbe, donnent de matière nutritive	2 2	79122 0 =	4945 2 10
Produit de l'espace	116 1		

59. *Aira aquatica*, water hair grass, aira aquatique. Curt. lond. engl. bot. 1557 ; indigène en Angleterre.

A l'époque de la floraison, le produit, végétant dans l'eau, est :

	on.	lb. on.
Herbe, 16 onces, et celui d'un acre.	174240 0 =	10899 0 0

			on.			lb.	on.	
Herbe, 16 onces, et celui d'un acre.			174240	o	=	10890	o	o
80 dr. d'herbe, pesées sèches	24	o	52272	o	=	3267	o	o
Produit de l'espace . . .	76	$3\frac{1}{16}$						
Poids perdu sur un acre par l'exsication								
64 dr. d'herbe donnent de matière nutritive .	2	1	6125	10	=	382	13	10
Produit de l'espace . . .	9	o						

60. *Bromus cristatus*, *triticum cristatum*, brome à crête, froment à crête. Host. G. A. 2. t. 24. *Secale prostratum*, seigle couché. Jacquin; indigène en Allemagne.

A l'époque de la floraison, le produit d'une terre franche, argileuse, est :

			on.			lb.	on.	
Herbe, 13 onces, et celui d'un acre.			141570	o	=	8848	o	o
80 dr. d'herbe, pesées sèches	32 dr.	o	56628	o	=	3530	4	o
Produit de l'espace . . .	83	1						
Poids perdu sur un acre par l'exsication.						5308	14	o
64 dr. d'herbe, donnent de matière nutritive .	2	2	5553o	1	=	345	10	o
Produit de l'espace . . .	8	$0\frac{1}{8}$						

61. *Elymus sibiricus*, siberian lyme grass, Elyme de Sibérie. Hort. kew. 1. P. 176; cultivée en 1758 par M. P. Millar; indigène en Sibérie.

A l'époque de la floraison, le produit d'une terre franche, sablonneuse, est :

			on.			lb.	on.	
Herbe, 24 onces ; celui d'un acre .			261360	o	=	16335	o	o
80 dr. d'herbe, pesées sèches	28 dr.	o	91476	o	=	5717	4	o
Produit de l'espace . .	134	$1\frac{2}{5}$						
Poids perdu sur un acre par l'exsication.						10617	12	o

			on.		lb.	on.	
64 dr. d'herbe, donnent de matière nutritive .	2 dr. 1	}	9188	7 =	511	7	0
Produit de l'espace . . .	13	2					

62. *Aira cœspitosa*, turfy hair grass, aira touffue. Host. G. A. 2. t. 42. Engl. bot. 1557 ; indigène en Angleterre.

A l'époque de la maturité de la graine, le produit d'une forte terre argileuse et tenace, est :

			on.		lb.	on.	
Herbe, 15 onces, et celui d'un acre.			163350	6 =	10209	6	0
80 dr. d'herbe, pesées sèches	26 dr. 0	}	53088	12 =	3318	0	12
Produit de l'espace. . .	135	$0\frac{1}{5}$					
Poids perdu sur un acre par l'exsication					6891	5	4
64 dr. d'herbe, donnent de matière nutritive .	2	0 }	5104	11 =	319	0	11
Produit de l'espace . . .	7	2					

63. *Hordeum murinum*, wall barley grass, way bennet, orge des murailles. Curt. lond. engl. bot. 1671; indigène en Angleterre.

A l'époque de la floraison, le produit d'une terre franche, argileuse, est :

			on.		lb.	on.	
Herbe, 18 onces, et celui d'un acre.			196020	0 =	12251	4	0
80 dr. d'herbe, pesées sèches.	28 dr. 0	}	68607	0 =	4287	15	0
Produit de l'espace . .	100	$3\frac{1}{5}$					
Poids perdu sur un acre par l'exsication					7963	5	0
64 dr. d'herbe, donnent de matière nutritive .	3	0 }	2679	15 =	167	7	15
Produit de l'espace . . .	3	$3\frac{3}{16}$					

64. *Avena flavescens*, yellow oat grass, avoine jaunissante. Curt lond. engl. bot. 952 ; indigène en Angleterre.

A l'époque de la floraison, le produit d'une terre franche, argileuse, est :

			on.			lb.	on.	
Herbe, 12 onces, et celui d'un acre.			130680	0	=	8167	8	0
80 dr. d'herbe, pesées sèches	28 dr.	0	45738	0	=	2858	10	0
Produit de l'espace	67	1						
Poids perdu sur un acre par l'exsication						5308	14	0
64 dr. d'herbe, donnent de matière nutritive	3	3	7657	0	=	478	9	0
Produit de l'espace	11	1						

A la maturité de la graine, le produit est :

Herbe, 18 onces, et celui d'un acre.			196020	0	=	12251	4	0
80 dr. d'herbe, pesées sèches	32	0	78408	0	=	4900	8	0
Produit de l'espace	115	$0\frac{4}{5}$						
Poids perdu sur un acre par l'exsication						7350	12	0
64 dr. d'herbe, donnent de matière nutritive	2	1	6891	5	=	430	11	5
Produit de l'espace	10	$0\frac{1}{2}$						
Le poids de matière nutritive perdue en laissant la récolte sur pied jusqu'à la maturité de la graine, excède le dixième de sa valeur						47	13	11
La valeur proportionnelle de cette graminée, comparée de l'instant de la maturité de la graine à celui de la floraison, est comme de 9 à 15.								

Le produit du regain est :

Herbe, 6 onces, et celui d'un acre.			65340	0	=	4803	12	0
64 dr. d'herbe, donnent de matière nutritive	1 dr.	1	1276	0	=	79	12	2

La valeur proportionnelle de l'herbe du regain, comparée à celle de la floraison, est comme de 5 à 15, et à celle de la maturité de la graine, comme de 5 à 9.

Cette espèce de graminée est assez généralement

cultivée dans beaucoup d'endroits de l'Angleterre; et les détails qui précèdent, montrent qu'elle est passablement avantageuse, quoique cependant elle soit inférieure à plusieurs autres espèces.

65. *Bromus sterilis*, barren brome grass, brome stérile. Engl. bot. 1030. Host. G. A. 1. t. 16; indigène en Angleterre.

A l'époque de la fleur, le produit d'un sol sablonneux, est:

				on.		lb.	on.	
Herbe, 44 onces, et celui d'un acre.			479160	0	=	29947	8	0
80 dr. d'herbe, pesées sèches	45 dr.	0	269527	8	=	16845	7	8
Produit de l'espace. . .	396	0						
Poids perdu sur un acre par l'exsication.						13102	0	8
64 dr. d'herbe, donnent de matière nutritive .	5	0	37434	6	=	2339	10	0
Produit de l'espace . . .	55	0						

64 dr. de fleurs, donnent de matière nutritive, 2 dr. 2.

Le pouvoir nutritif des feuilles et des tiges, comparé à celui des fleurs, est donc de plus de deux fois plus grand que celui dont elles jouissent. Cette espèce étant strictement annuelle, est comparativement d'une faible valeur. Les faits qui précèdent, montrent cependant qu'elle est douée d'un pouvoir nutritif considérable, et au-dessus de celui que son nom paraît indiquer, lorsqu'on la coupe à la floraison. Mais, laissée sur pied jusqu'à la maturité de la graine, elle devient, comme toutes les plantes annuelles, comparativement de nulle valeur.

66. *Holcus mollis*, creeping soft grass, houque

douce. Curt. lond. With. B. 2. P. 134 ; indigène en Angleterre.

A l'époque de la floraison, le produit d'un sol sablonneux est :

			on.			lb.	on.	
Herbe, 50 onces, et celui d'un acre.			544500	0	=	34031	4	0
80 dr. d'herbe, pesées sèches	32 dr.	0	217800	0	=	13612	8	0
Produit de l'espace. . .	320	0						
Le poids perdu sur un acre par l'exsication						20418	12	0
64 dr. d'herbe, donnent de matière nutritive . .	4	2	38285	2	=	2392	13	2
Produit de l'espace	56	1						

A la maturité de la graine, le produit est :

			on.			lb.	on.	
Herbe, 31 onces, et celui d'un acre.			337590	0	=	21099	6	0
80 dr. d'herbe, pesées sèches.	32		135036	0	=	8439	12	6
Produit de l'espace. . .	198	$1\frac{3}{5}$						
Poids perdu sur un acre par l'exsication						12659	1[illegible]	0
64 dr. d'herbe, donnent de matière nutritive. .	3	2	18461	15	=	1153	13	15
Produit de l'espace . . .	27	$0\frac{2}{5}$						
Le poids de matière nutritive perdue en laissant la récolte sur pied jusqu'à la maturité de la graine, est de près de moitié de sa valeur.						1238	15	3

64 dr. de racines, donnent de matière nutritive 5 dr. 2.

La valeur proportionnelle de cette graminée, à l'époque de la maturité de la graine, comparée à celle de l'herbe de la floraison, est comme de 14 à 18.

Ces faits prouvent que cette plante a des qualités, qui, comparées à celles des autres espèces, méritent de la faire ranger au nombre des meilleures graminées. La petite perte de poids, qu'elle éprouve en séchant, appartient à la nature même de la substance des graminées; et cette perte est égale à toutes les époques. Cette plante, contenant sa plus grande proportion de matière nutritive, lorsqu'elle est en fleur, devient ainsi plus convenable pour faire du foin.

67. *Poa fertilis*, fertile meadow grass, paturin fertile. Var. B. host. G. A. Espèce indigène en Allemagne.

A l'époque de la fleur, le produit d'une terre franche, sablonneuse, est :

			on.			lb.	on.	
Herbe, 23 onces, et celui d'un acre.			250470	0	=	15654	6	0
80 dr. d'herbe, pesées sèches	34 dr.	0	106448	0	=	6653	8	0
Produit de l'espace . .	156	$0\frac{1}{5}$						
Le poids perdu sur un acre par l'exsication						9000	14	0
64 dr. d'herbe donnent de matière nutritive .	3	0	11740	12	=	733	12	12
Produit de l'espace . . .	17	1						

A la maturité de la graine, le produit est :

Herbe, 22 onces, et celui d'un acre.			239580	0	=	14973	12	0
80 dr. d'herbe, pesées sèches	44	0	131769	0	=	8235	9	0
Produit de l'espace . . .	193	2						
Le poids perdu sur un acre par l'exsication						6738	3	0
64 dr. d'herbe, donnent de matière nutritive..	5	0	18717	3	=	1169	13	3
Produit de l'espace . . .	27	2						
Le poids de matière nutritive, perdue en enlevant la récolte à la floraison, excède le tiers de sa valeur						436	1	3

La valeur proportionnelle de cette graminée, à l'époque de la fleur, comparée à celle de l'herbe à la maturité de la graine, est comme de 15 à 20.

Le produit du regain est :

	on.		lb.	on.	
Herbe, 7 onces, et pour un acre .	76230	0 =	4764	6	0
64 dr. d'herbe, donnent de matière nutritive. . . . . 1 dr. 2 . .	1786	10 =	111	10	10

La valeur proportionnelle de l'herbe du regain, comparée à celle de la floraison, est dans la proportion de 6 à 12, et à celle de la maturité de la graine, comme 6 est à 20.

68. *Cynosurus erucæformis*, linear spiked dog's tail grass, *beckmannia erucæformis*, cynosurus cruciforme. Host. G. A. 3, t. 6; indigène en Allemagne.

A l'époque de la maturité de la graine, le produit est :

	on.		lb.	on.	
Herbe, 18 on., et celui d'un acre .	196020	0 =	12251	4	0
80 dr. d'herbe, pesées sèches . . . . 36 dr. 0 Produit de l'espace. . . 129 $2\frac{3}{5}$	88209	0 =	5513	1	0
Le poids perdu sur un acre par l'exsication			6738	3	0
64 dr. d'herbe, donnent de matière nutritive . 3 1 Produit de l'espace . . . 14 $2\frac{1}{2}$	9954	0 =	622	2	2

69. *Phleum nodosum*, bulbous stalked cat's tail grass, fléole à bulbes. W. B. 2, p. 118; indigène en Angleterre.

A l'époque de la fleur, le produit d'une terre franche argileuse, est :

	on.		lb.	on.	
Herbe, 18 onces, et celui d'un acre.	196020	0 =	12251	4	0
80 dr. d'herbe, pesées sèches . . . . 38 dr. 0 Produit de l'espace . . 136 $0\frac{4}{5}$	93109	8 =	5819	5	8
Poids perdu sur un acre par l'exsication			6431	14	8
64 dr. d'herbe, donnent de matière nutritive . 2 2 Produit de l'espace. . . 11 1	7657	0 =	478	9	9

Cette graminée est, sous beaucoup de rapports, inférieure au *phleum pratense;* on la trouve en petite quantité dans les prairies. On aurait pu espérer, d'après la quantité de bulbes qui sortent des tiges, qu'elle donnerait une plus grande proportion de matière nutritive; mais le fait contraire semble prouver que les bulbes ne sont pas aussi puissantes dans cette plante, que les nœuds, qui sont remarquables dans le *phleum pratense.* En effet, ses pouvoirs nutritifs surpassent ceux de cette dernière plante, dans la proportion de 8 à 28.

70. *Phleum pratense*, meadow cat's tail grass (1), fleole, fléau des prés. With. 2, p. 117; indigène en Angleterre.

A l'époque de la floraison, le produit d'une terre franche argileuse, est :

		on.			lb.	on.	
Herbe, 60 onces, et celui d'un acre.		653400	0	=	40837	8	•
80 dr. d'herbe, pesées sèches . . . . 34 dr. 0 Produit de l'espace . . 408 0	}	277695	0	=	17355	15	0
Poids perdu sur un acre par l'exsication					23481	9	0
64 dr. d'herbe, donnent de matière nutritive . 2 2 Produit de l'espace . . . 37 2	}	25523	7	=	1595	3	0
Le poids de matière nutritive perdue en laissant la récolte sur pied jusqu'à la maturité de la graine, excède la moitié de sa valeur.					2073	11	0

---

(1) L'auteur n'a point inscrit le nom de *timothy*, sous lequel cependant des auteurs anglais désignent cette même plante, et sous lequel nous la trouvons aussi inscrite dans la synonymie de quelques-uns de nos auteurs. (*Note du traducteur.*)

A la maturité de la graine, le produit est:

		on.			lb.	on.	
Herbe, 60 onces, et celui d'un acre.		653400	0	=	40837	8	0
80 dr. d'herbe, pesées sèches	38 dr. 0	310365	0	=	19397	13	0
Produit de l'espace . .	456 0						
Poids perdu sur un acre par l'exsication					21439	11	0
64 dr. d'herbe, donnent de matière nutritive .	5 3	58703	14	=	3668	15	14
Produit de l'espace . . .	86 1						

Le regain produit:

Herbe, 14 onces, et celui d'un acre.	152460	0	=	9528	12	6
64 dr. d'herbe, donnent de matière nutritive . . . . 2 dr.	4764	6	=	297	12	6
64 dr. de tiges, donnent de matière nutritive . . . . 7 dr. 0						

Le pouvoir nutritif des tiges surpasse donc celui des feuilles, dans la proportion de 8 à 28.

L'herbe, à l'époque de la floraison, est à celle de la maturité de la graine, comme 10 est à 23, et l'herbe du regain est à celle de la floraison, comme 8 est à 10.

Les qualités comparatives de cette graminée paraîtront très-grandes, d'après le détail que je viens d'en donner : il faut y ajouter l'abondance d'un beau feuillage, qui se montre dès le commencement du printemps; elle n'est, à cet égard, inférieure qu'aux seuls *poa fertilis* et *poa angustifolia*. La valeur des tiges, à l'époque où la graine est mûre, excède celle de la floraison dans la proportion de 28 à 10. Cette circonstance élève son prix au-dessus de celui de beaucoup d'autres plantes. En effet, la propriété que possède son feuillage, de pouvoir être coupé à une époque avancée de la saison, sans que la récolte du foin en éprouve de préjudice, la différencie des autres graminées, qui élèvent leurs tiges florales de bonne heure au printemps. Un semblable retard causerait une perte de plus de moitié sur la valeur de la récolte, ainsi que cela demeure prouvé par les exemples que j'ai rapportés; ainsi, cette propriété des tiges du *phleum pratense*, le rend précieux pour être récolté en foin.

71. *Phleum pratense*, var. minor. meadow cat's tail grass, var. smaller, fléole des prés, variété plus petite. Withering, B. 2, 118, var. 1.

A la maturité de la graine, le produit d'une terre franche argileuse, est :

		on.			lb.	on.	
Herbe, 40 onces, et celui d'un acre.		435600	0	=	27225	0	0
80 dr. d'herbe, pesées sèches . . . . 34 dr. 0 Produit de l'espace . . 272 0	}	185130	0	=	11570	10	0
Poids perdu sur un acre par l'exsication					15654	11	12
64 dr. d'herbe, donnent de matière nutritive. 2 3(1) Produit de l'espace . . 272 0	}	1817	3	=	1169	13	3

Le regain produit :

Herbe, 14 onces, et pour un acre .	152460	0	=	9528	12	0
64 dr. d'herbe, donnent de matière nutritive . . 1 dr. 2 . .	3573	4	=	223	5	4

---

(1) Il y a sûrement eu aux 64 dragmes d'herbe, une erreur d'impression dans l'original, pour la quantité de matière nutritive fournie. J'ai inscrit le texte avec toutes les erreurs que j'ai cru lui reconnaître; mais voici, je crois, comme il devrait l'être :

Matière nutritive de 64 dr. 2 dr. 3 Produit de l'espace . . . . 27 2 }	19109	3	=	1194	0	0

J'ai pris, pour base de la règle de proportion, le produit de 64 dragmes du *phleum pratense*, n° 70. En effet, les détails donnés sur cette variété, tendent à établir l'infériorité de ses produits. (*Note du traducteur.*)

72. *Elymus arenarius*, upright sea lyme grass, elyme des sables. Engl. Bot. 1672; indigène en Angleterre.

A l'époque de la floraison, le produit d'une terre franche, argileuse, est :

			on.			lb.	on.	
Herbe, 64 on., et celui d'un acre . .			696960	o	=	43560	o	o
80 dr. d'herbe, pesées sèches	45 dr.	o	392040	o	=	24502	8	o
Produit de l'espace . .	576	o						
Poids perdu sur un acre par l'exsication						18957	8	o
64 dr. d'herbe, donnent de matière nutritive .	5	o	54450	o	=	3403	2	o
Produit de l'espace . . .	80	o						

73. *Elymus geniculatus*, pendulous lyme grass, elyme coudée. Engl. Bot. 1586; pendulous sea lyme grass; indigène en Angleterre.

A l'époque de la floraison, le produit d'un sol sablonneux est :

			on.			lb.	on.	
Herbe, 30 onces, et celui d'un acre.			326700	o	=	20418	12	o
80 dr. d'herbe, pesées sèches	32 dr.	o	130680	o	=	8167	8	o
Produit de l'espace . .	192	o						
Poids perdu sur un acre par l'exsication						12251	4	o
64 dr. d'herbe, donnent de matière nutritive . .	3	1	16590	3	=	1036	14	3
Produit de l'espace . . .	24	$1\frac{1}{2}$						

74. *Bromus inermis*, awnless brome grass, brome sans arête, ou non barbu. Host. G. A. 1. t. 9; indigène en Allemagne, introduit en Angleterre par Hunneman, en 1794.

A l'époque de la maturité de la graine, le produit d'un sol noir et sablonneux, est :

			on.			lb.	on.	
Herbe, 18 onces, et celui d'un acre.			196020	0	=	12251	4	0
80 dr. d'herbe, pesées sèches	35 dr.	0	85758	12	=	5359	14	12
Produit de l'espace . .	126	0						
Poids perdu sur un acre par l'exsication						6891	5	4
64 dr. d'herbe, donnent de matière nutritive .	4	1	13016	15	=	813	8	15
Produit de l'espace . . .	19	0 $\frac{3}{5}$						

Le produit du regain est :

			on.			lb.	on.	
Herbe, 13 onces, et celui d'un acre.			141570	0	=	8848	2	0
64 dr. d'herbe, donnent de matière nutritive	1 dr.	1 . .	2765	0	=	172	13	0

75. *Agrostis vulgaris*, fine bent grass, agrostis vulgaire. With. Bot. 2. 132. Huds. A. *Capillaris.* Docteur Smith. A. *Arenaria*; indigène en Angleterre.

A la maturité de la graine, le produit d'un sol léger, sablonneux, est :

			on.			lb.	on.	
Herbe, 14 onces, et celui d'un acre.			152460	0	=	9528	12	0
80 dr. d'herbe, pesées sèches	40	0	76230	0	=	4764	6	0
Produit de l'espace . .	112	0						
Poids perdu sur un acre par l'exsication						4764	6	0
64 dr. d'herbe, donnent de matière nutritive .	1	2 $\frac{3}{16}$	4019	15	=	251	3	15
Produit de l'espace . . .	5	1 $\frac{1}{16}$						

Cette plante est une des graminées les plus communes ; elle est aussi celle dont la végétation est la plus hâtive. Elle est, à cet égard, supérieure à toutes les plantes de sa famille; mais elle leur est inférieure, et pour la quantité de son produit, et par celle de matière nutritive qu'elle fournit. Les cultivateurs les repoussent habituellement à cause de leur floraison tardive. Mais, ainsi qu'on l'a déjà fait observer, cette circonstance n'accompagne pas toujours une lenteur relative, dans la pousse du feuillage ; on connaîtra mieux leur mérite comparatif à cet égard, par le tableau suivant, qui expose les époques de la pousse de leurs feuilles.

	Epoque de la pousse.	Puissance nutritive.	
Agrostis vulgaris	le milieu d'avril	1 dr.	2 ¾
—— *palustris*	une semaine plus tard	2	3
—— *stolonifera*	deux plus tard	3	2
—— *canina*	de même	1	3
—— *stricta*	de même	1	2
—— *nivea*	trois semaines plus tard	2	0
—— *littoralis*	de même	3	0
—— *repens*	de même	3	0
—— *mexicana*	de même	2	2
—— *fascicularis*	de même	2	0

76. *Agrostis palustris*, marsh bent grass, agrostis aquatique. With. Bot. 2. P. 129. Var. 2. *Alba* ; Engl. Bot. 1189. A. *alba*.

A l'époque de la floraison, le produit d'une terre de marais est :

				on.		lb.	on.	
Herbe 15 onces, et celui d'un acre.			163350	6	=	10209	6	0
80 dr. d'herbe, pesées sèches	36 dr.	0	73507	8	=	8594	3	8
Produit de l'espace	108	0						
Poids perdu sur un acre par l'exsication						5615	2	8
64 dr. d'herbe, donnent de matière nutritive	2	3	7018	15	=	438	10	15
Produit de l'espace	10	1 ¼						

A l'époque de la maturité de la graine, le produit est :

	on.			lb.	on.	
Herbe, 20 onces, et celui d'un acre.	217800	0	=	13612	8	0

			on.		lb. on.
80 dr. d'herbe, pesées sèches	32 dr.	0	87120 0	=	5445 0 0
Produit de l'espace	128	0			
Poids perdu sur un acre par l'exsication					8167 8 0
64 dr. d'herbe, donnent de matière nutritive	2	3	9358 9	=	584 14 9
Produit de l'espace	13	3			
Le poids de matière nutritive perdue en enlevant la récolte au moment de la floraison, est d'un quart de sa valeur					146 3 10

La valeur proportionnelle de l'herbe est égale dans chacune des récoltes.

77. *Panicum dactylon*, creeping panic grass, chiendent. *Panicum dactyle*, Engl. Bot. 850. Host. G. A. 2. t. 18; indigène en Angleterre.

A l'époque de la floraison, le produit d'une terre franche, sablonneuse, avec engrais, est :

			on.		lb. on.
Herbe, 46 on., et celui d'un acre			500940 0	=	3130 12 0
80 dr. d'herbe, pesées sèches	36	0	225423 0	=	14088 15 0
Produit de l'espace	331	$0\frac{4}{5}$			
Poids perdu sur un acre par l'exsication					17219 13 0
64 dr. d'herbe, donnent de matière nutritive	2	0	15654 6	=	978 2 0
Produit de l'espace	23	0			

78. *Agrostis stolonifera*, creeping bent. Engl. Bot. 1532. With. Bot. 2. 181; fiorin du docteur Richardson : le fiorin; indigène en Angleterre.

A l'époque de la floraison, le produit d'une terre tourbeuse est :

	on.		lb. on.
Herbe, 26 onces, et pour un acre	283140 0	=	17696 4 0

			on.			lb.	on.	
80 dr. d'herbe, donnent sèches	35 dr.	0	123873	13	=	7742	1	12
Produit de l'espace	182	0						
Poids perdu sur un acre par l'exsication						9732	15	0
64 dr. d'herbe, donnent de matière nutritive	3	2	15484	3	=	967	12	3
Produit de l'espace	22	3						

A la maturité de la graine, le produit est :

Herbe, 28 onces, et celui d'un acre.			304920	0	=	19057	8	0
80 dr. d'herbe, pesées sèches	36 dr.	0	137214	0	=	8575	14	0
Produit de l'espace	201	$2\frac{2}{5}$						
Poids perdu sur un acre						10481	10	0
64 dr. d'herbe, donnent de matière nutritive.	3	2	16695	0	=	1042	3	5
Produit de l'espace	24	2						
Le poids de matière nutritive, perdue en enlevant la récolte à la floraison, est presque du quatorzième de sa valeur						74	7	2

79. *Agrostis stolonifera*, var. *angustifolia*. creeping bent with narrow leaves, agrostis stolonifère, variété à petites feuilles ; indigène en Angleterre.

A la maturité de la graine, le produit d'une terre tourbeuse est :

			on.			lb.	on.	
Herbe, 24 onces, et celui d'un acre.			261360	0	=	16335	00	0
80 dr. d'herbe, pesées sèches	36 dr.	0	117612	0	=	7350	12	0
Produit de l'espace	172	$3\frac{1}{5}$						
Poids perdu sur un acre par l'exsication						8984	4	0
64 dr. d'herbe, donnent de matière nutritive	3	0	12251	4	=	765	11	4
Produit de l'espace	18	0						
Le poids de matière nutritive fournie par le *fiorin agrostis stolonifère*, n° 78, surpasse par acre celle donnée par cette variété dans la proportion de 6 à 8.						276	8	1

Ces détails serviront au cultivateur, pour décider de la valeur comparative de cette graminée. Un examen attentif fera sans doute voir qu'elle possède des qualités, qui doivent fixer l'attention, quoique peut-être elles ne soient pas aussi grandes que d'abord on l'avait supposé, si, en outre, on tient compte impartialement des lieux où elle végète, et de ses habitudes. L'inclination que cette graminée a pour se coucher, l'a fait nommer par le vulgaire *couch grass*, herbe couchante; et le temps fort long qu'elle conserve son pouvoir vital, lorsqu'elle a été enlevée de dessus le sol, *herbe vive, pleine de vie*.

80. *Agrostis canina*, brown bent, agrostis des chiens. Engl. Bot. 1856; indigène en Angleterre.

A l'époque de la floraison, le produit d'une terre franche, sablonneuse, est :

			on.		lb.	on.	
Herbe, 9 onces, et celui d'un acre.			98010	0 =	6125	10	0
80 dr. d'herbe, pesées sèches	34 dr.	0	43013	0 =	2688	5	0
Produit de l'espace	63	$0\frac{1}{5}$					
Poids perdu sur un acre par l'exsication					3437	5	0
64 dr. d'herbe, donnent de matière nutritive	2	2	3828	8 =	239	4	8
Produit de l'espace	5	$3\frac{1}{2}$					

81. *Agrostis canina*, awnless brown bent vari. *muticæ*, agrostis des chiens; variété sans arête; indigène en Angleterre.

A la maturité de la graine, le produit d'un sol sablonneux est :

	on.		lb.	on.	
Herbe, 21 onces, et celui d'un acre.	228690	0 =	14293	2	0

			on.			lb.	on.	
80 dr. d'herbe, pesées sèches	24 dr.	0	68607	0	=	4287	15	0
Produit de l'espace. . .	100	3 $\frac{1}{5}$						
Poids perdu sur un acre par l'exsication						10005	3	0
64 dr. d'herbe, donnent de matière nutritive. .	1	3	6253	3	=	390	13	0
Produit de l'espace . . .	9	0 $\frac{3}{4}$						
Le poids de matière nutritive, produit d'un acre de cette variété sans arêtes, excède celle de l'espèce précédente, de						157	8	11

82. *Agrostis stricta,* upright bentgrass. Curt. *rubra,* agrostis serré ; indigène en Angleterre.

A l'époque de la maturité de la graine, le produit d'un sol sablonneux est :

			on.			lb.	on.	
Herbe, 21 onces, et celui d'un acre.			119790	0	=	7486	14	0
80 dr. d'herbe, pesées sèches	29 dr.	0	43423	14	=	2713	15	0
Produit de l'espace . .	63	0 $\frac{4}{5}$						
Poids perdu sur un acre par l'exsication						4772	15	0
64 dr. d'herbe, donnent de matière nutritive .	1	2	2807	9	=	175	7	9
Produit de l'espace . . .	4	0 $\frac{1}{2}$						

83. *Agrostis nivea*, snowy bent grass, agrostis blanc ; indigène en Angleterre.

A l'époque de la maturité de la graine, le produit d'un sol sablonneux est :

			on.			lb.	on.	
Herbe, 7 onces, et celui d'un acre.			76230	0	=	4764	6	0
80 dr. d'herbe, pesées sèches	22 dr.	0	20963	4	=	1310	3	0
Produit de l'espace . .	30	3 $\frac{1}{5}$						
Poids perdu sur un acre par l'exsication.						3454	3	0
64 dr. d'herbe, donnent de matière nutritive .	2	0	2382	3	=	148	14	3
Produit de l'espace. . .	3	0 $\frac{1}{2}$						

84. *Agrostis fascicularis*, tufted leaved bent, hud. Var. *canina*, Curt., agrostis fasciculaire; indigène en Angleterre.

A l'époque de la floraison, le produit d'un sol léger, sablonneux, est:

			on.		lb.	on.	
Herbe, 4 onces, et celui d'un acre.			43560	o =	2722	8	o
80 dr. d'herbe, pesées sèches	20 dr.	o	10890	o =	680	10	o
Produit de l'espace . .	16	o					
Poids perdu sur un acre par l'exsication					2041	14	o
64 dr. d'herbe, donnent de matière nutritive. .	2	o	1361	4 =	85	1	4
Produit de l'espace . . .	16	o					

85. *Festuca pinnata*, *bromus pinnatus*, spiked fescue, fétuque pinnée; indigène en Angleterre.

A la maturité de la graine, le produit d'un sol léger, sablonneux, est:

			on.		lb.	on.	
Herbe, 30 onc., et celui d'un acre.			326700	o =	20418	12	o
80 dr. d'herbe, pesées sèches	32	o	130680	o =	8167	8	o
Produit de l'espace . .	192	o					
Poids perdu sur un acre par l'exsication					12251	4	o
64 dr. d'herbe, donnent de matière nutritive .	1 dr. 1		6380	13 =	398	12	13
Produit de l'espace . . .	9	1 ½					

86. *Panicum viride*, green panic grass, panis vert. Curt. Lond. Engl. Bot. 875; indigène en Angleterre.

A l'époque de la maturité de la graine, le produit d'un sol léger, sablonneux, est:

	on.		lb.	on.	
Herbe, 8 onces, et celui d'un acre.	87120	o =	5445	o	o

		on.			lb.	on.	
80 dr. d'herbe, pesées sèches . . . . 32 dr. 0 Produit de l'espace . . . 51 $0\frac{1}{5}$	}	34848	0	=	2178	0	0
Poids perdu sur un acre par l'exsication					3267	0	0
64 dr. d'herbe, donnent de matière nutritive. . 1 2 Produit de l'espace . . . 3 0	}	2041	14	=	127	14	0

87. *Panicum sanguinale*, blood coloured panic grass, panis sanguin. Curt. Lond. Engl. Bot. 849; indigène en Angleterre.

A l'époque de la maturité de la graine, le produit d'un sol sablonneux est :

	on.			lb.	on.	
Herbe, 10 onces, et celui d'un acre.	108900	0	=	6806	4	0
64 dr. d'herbe, donnent de matière nutritive . . . . 1 dr. $0\frac{1}{8}$.	1914	0	=	119	10	4

Cette espèce et la précédente, sont rigoureusement annuelles, et par les résultats des essais, leur pouvoir nutritif semble peu considérable. M. Schreber, dans le *Beschreibung der Graser*, a décrit la graine de cette plante sous le nom de l'herbe de *manne*. En Pologne et en Lithuanie, on en fait une grande récolte; après qu'elle a été séparée de son enveloppe, on en prépare une nourriture extrêmement agréable au goût, avec le lait ou le vin; tout le monde en fait usage comme de sagou, auquel on la préfère (1).

88. *Agrostis lobata*, *lobata et arenaria*, Curtis lobed bent grass, agrostis lobée.

---

(1) Voyez la note page 434. Nos auteurs rapportent ce fait à la *festuca fluitans*. (*Note du traducteur.*)

A l'époque de la floraison, le produit d'un sol sablonneux, est :

			on.			lb.	on.	
Herbe, 10 onces, et celui d'un acre.			108900	0	=	6806	4	0
80 dr. d'herbe, pesées sèches	40	0	54450	0	=	3403	2	0
Produit de l'espace . .	80	0						
Poids perdu sur un acre par l'exsication						3403	2	0
64 dr. donnent de matière nutritive	3	0	5104	11	=	319	0	11
Produit de l'espace . . .	7	2						

89. *Agrostis repens, nigra*, With. Bot. A. creeping rooted bent, blak bent, agrostis à racines traçantes, agrostis à tiges noires; indigène en Angleterre.

A l'époque de la fleur, le produit d'une terre franche, argileuse, est :

			on.			lb.	on.	
Herbe, 9 onces, et celui d'un acre.			98010	0	=	6125	10	0
80 dr. d'herbe, pesées sèches.	35 dr.	0	42879	6	=	2679	15	6
Produit de l'espace . . .	63	0						
Poids perdu sur un acre par l'exsication						3445	10	10
64 dr. d'herbe, donnent de matière nutritive .	3 dr.	0	4594	3	=	287	2	3
Produit de l'espace . . .	6	3						

90. *Agrostis mexicana*, mexican bent grass, agrostis du Mexique. Hort. Kew. 1, P. 150; indigène de l'Amérique méridionale; introduit en Angleterre en 1780, par M. G. Alexander.

A l'époque de la floraison, le produit d'un sol noir, sablonneux, est :

			on.			lb.	on.	
Herbe, 18 onces, et celui d'un acre.			304920	0	=	19057	8	0
80 dr. d'herbe, pesées sèches.	28	0	106722	0	=	6670	2	0
Produit de l'espace . .	156	$3\frac{1}{3}$						
Poids perdu sur un acre par l'exsication						12385	6	0

		on.		lb. on.
64 dr. d'herbe donnent de matière nutritive . .	2 dr. 0	9528 12	=	595 8 12
Produit de l'espace	14 0			

91. *Stipa pinnata*,* long awned feather grass, stipe plumeuse à longues arêtes articulées. Engl. Bot. 1356; indigène en Angleterre.

A l'époque de la floraison, le produit d'un sol de bruyère, est :

		on.		lb. on.
Herbe, 14 onces, et celui d'un acre.		152460 0	=	9528 12 0
80 dr. d'herbe, pesées sèches	29 dr. 0	55266 12	=	3454 2 12
Produit de l'espace . .	81 $0\frac{1}{5}$			
Poids perdu sur un acre par l'exsication				6074 9 4
64 dr. d'herbe, donnent de matière nutritive. .	2 dr. 3	6551 0	=	409 7 0
Produit d'un acre	9 $2\frac{1}{2}$			

92. *Triticum repens*, creeping rooted wheat grass, blé à racine traçante. Engl. Bot. 909; indigène en Angleterre.

A l'époque de la floraison, le produit d'un terre franche, légère et argileuse, est :

		on.		lb. on.
Herbe, 18 onces, et celui d'un acre.		196020 0	=	12251 4 0
80 dr. d'herbe, pesées sèches	32 dr. 0	78408 0	=	4900 8 0
Produit de l'espace. .	115 $0\frac{1}{5}$			
Poids perdu sur un acre par l'exsication				7350 8 0
64 dr. d'herbe, donnent de matière nutritive .	2 0	6125 10	=	382 13 10
Produit de l'espace . . .	9 0			

64 dr. de racines, donnent en matière nutritive, 5 dr. 3.

La valeur proportionnelle des racines, est donc à celle de l'herbe, comme 23 est à 8.

93. *Alopecurus agrostis*, slender fox's tail grass,

alopécure des champs. Engl. Bot. 848, myosuroides. Curt. Lond.; indigène en Angleterre.

A l'époque de la floraison, le produit d'une terre franche, légère et sablonneuse, est :

		on.		lb.	on.	
Herbe, 12 onces, et celui d'un acre.		130680	0 =	8167	8	0
80 dr. d'herbe, pesées sèches . . . . 31 dr. 0 Produit de l'espace . . . 74 $1\frac{1}{3}$	}	50638	8 =	3164	14	8
64 dr. d'herbe, donnent de matière nutritive . 1 dr. 3 Produit de l'espace. . . 5 1	}	3573	4 =	223	5	4

94. *Bromus asper*, hairy stalked brome grass, Engl. Bot. 1172. Curt. Lond. *Bromus hirsutus*, huds. *Bromus ramosus* et *bromus sylvaticus*, *volger*, *bromus altissimus*, brome rude, brome à tiges velues; indigène en Angleterre.

A l'époque de la floraison, le produit d'un sol léger, sablonneux; est :

		on.		lb.	on.	
Herbe, 20 onces, et celui d'un acre.		217800	0 =	13612	8	0
80 dr. d'herbe, pesées sèches . . . . 24 dr. 0 Produit de l'espace . . 96 0	}	65340	0 =	4083	12	0
Poids perdu sur un acre par l'exsication.				9528	12	0
64 dr. d'herbe, donnent de matière nutritive . 2 0 Produit de l'espace . . . 10 0	}	68006	4 =	426	6	4

95. *Phalaris canariensis*, common canary grass; alpiste des Canaries, millet long. Engl. Bot. 1310; indigène en Angleterre.

A l'époque de la floraison, le produit d'une terre franche, argilleuse, est:

	on.		lb.	on.	
Herbe 80 onces, et celui d'un acre.	871200	0 =	54450	0	0

			on.		lb.	on.
80 dr. d'herbe, pesées sèches . . . . Produit de l'espace . . .	26 dr. 416	0 0	283177	8 =	17697	9 8
Poids perdu sur un acre par l'exsication					36752	6 6
64 dr. d'herbe, donnent de matière nutritive . Produit de l'espace. . .	1 30	2 0	20418	12 =	1876	2 12

96. *Melica cœrulea*, purple melic grass, mélica bleu. Curt. Lond. Engl. Bot. 750; indigène en Angleterre.

A l'époque de la floraison, le produit d'un sol léger, sablonneux, est:

			on.		lb.	on.	
Herbe, 11 onces, et celui d'un acre.			119790	0 =	7486	14	0
80 dr. d'herbe, pesées sèches . . . . Produit de l'espace. . .	30 dr. 66	0 0	44921	4 =	2807	9	4
Poids perdu sur un acre par l'exsication					4679	4	
64 dr. d'herbe, donnent de matière nutritive . Produit de l'espace. . .	1 4	2 $0\frac{1}{2}$	2756	8 =	172	4	8

97. *Dactylis cynosuroides*, American cock's foot grass, dactyle cinosuroide. Linnæi. fil. fasci 1, p. 17; indigène de l'Amérique septentrionale.

A l'époque de la floraison, le produit d'une terre franche, argileuse, est:

			on.		lb.	on.	
Herbe, 102 onces, et celui d'un acre.			1110780	0 =	69423	12	0
80 dr. d'herbe, pesées sèches . . . . Produit de l'espace . .	48 dr. 979	0 $0\frac{1}{5}$	666468	0 =	41654	4	0
Poids perdu sur un acre par l'exsication					27769	8	0
64 dr. d'herbe, donnent de matière nutritive . Produit de l'espace. . .	1 44	3 $2\frac{1}{2}$	30372	0 =	1898	4	0

Avis du Traducteur.

Je dois prévenir ceux de mes lecteurs qui compareraient les quantités inscrites ici du produit de cette dernière plante, qui est vraisemblablement l'une des plus intéressantes de l'Appendix, par la quantité d'herbe qu'elle donne, et celle de la matière nutritive qu'elle contient, qu'ils trouveront la première somme, celle du produit de l'acre entier, très-différente de celle qu'ils liront dans les éditions anglaises, auxquelles il a échappé une faute d'impression considérable. Elles portent : 111,780 onces, et j'ai écrit 1110780 onces, qui, en effet, égalent 69423 livres 12 onces. J'ai été dans le cas de faire plusieurs fois des corrections de ce genre, mais moins importantes, et sur lesquelles je n'arrête pas l'attention du lecteur.

J'ai promis de donner la relation du poids anglais avec notre ancien poids de marc.

On distingue en Angleterre deux espèces de livres, dans lesquelles l'unité porte également le nom de *pound* ou livre :

La première est désignée sous le nom de *livre de troy;* elle répond à 12 onces 1 gros 37 grains du poids de marc de France. La livre de troy contient 5760 grains.

L'autre sorte de livre ou *pound*, est nommée livre *avoir du poids* ou *aver du poids;* elle vaut 14 onces 6 gros 42 grains du poids de marc de France; elle se divise en 16 onces ou 256 dragmes, et vaut 70075 grains.

L'*acre* est la mesure linéaire des terres, il vaut

4840 *yards* carrés, et contient 38284 pieds carrés de France; ainsi 11 acres répondent à 13 arpens de France.

Epoques auxquelles les différentes graminées produisent des fleurs et des graines.

Il serait impraticable de déterminer, d'une manière exacte et positive, l'époque de la saison à laquelle les graminées donnent leurs fleurs, ou mûrissent leurs graines; car il intervient de nombreuses circonstances variables. Chaque espèce paraît posséder une existence propre dans laquelle on peut distinguer différentes périodes; mais suivant les différences de l'âge et des saisons, et celles des sols, des expositions et du mode de culture.

La table suivante, qui indique le temps de la floraison, et celui de la maturité de la graine, des graminées cultivées à Woburn Abbey, et dont il a été traité dans l'Appendix, ne doit cependant être regardée que comme un moyen de comparaison; elle ne peut être applicable qu'aux végétaux qui croissent dans les mêmes circonstances.

NOMS.	TEMPS DE LA FLEUR.	TEMPS DE LA MATURITÉ DE LA GRAINE.	N^os de l'Appendix.
Anthoxantum odoratum.	Avril . 29.	Juin . 21.	1
Holcus odoratus	. . . . 29.	. . . . 25.	2
Cynosurus cœruleus . . .	. . . . 30.	. . . . 20.	3
Alopecurus pratensis . .	Mai. . 20.	. . . . 24.	4
———— Alpinus . . .	. . . . 20.	. . . . 23.	5
Poa Alpina	. . . . 30.	. . . . 30.	6
— pratensis.	. . . . 30.	Juillet 14.	8
— cœrulea	. . . . 30.	. . . . 14.	9
Avena pubescens	Juin . 13.	. . . . 8.	7
Festuca hordiformis . . .	. . . . 13.	. . . . 10.	10
Poa trivialis	. . . . 13.	. . . . 10.	11
Festuca glauca	. . . . 13.	. . . . 10.	12
——— glabra	. . . . 16.	. . . . 10.	13
——— rubra	. . . . 20.	. . . . 10.	14
——— ovina	. . . . 24.	. . . . 10.	15
Briza media.	. . . . 24.	. . . . 10.	16
Dactylis glomerata. . . .	. . . . 24.	. . . . 14.	17
Bromus tectorum	. . . . 24.	. . . . 16.	18
Festuca cambrica	. . . . 28.	. . . . 16.	19
Bromus diandrus.	. . . . 28.	. . . . 16.	20
Poa angustifolia	. . . . 28.	. . . . 16.	21
Avena elatior.	. . . . 28.	. . . . 16.	22
Poa elatior	. . . . 28.	. . . . 16.	23
Festuca duriuscula. . . .	Juillet 1.	. . . . 20.	24
Milium effusum	. . . . 1.	. . . . 20.	26
Festuca pratensis.	. . . . 1.	. . . . 20.	27
Lolium perenne	. . . . 1.	. . . . 20.	28
Poa maritima.	. . . . 0.	. . . . 20.	29
Festuca loliacea	. . . . 1.	. . . . 28.	33
Poa cristata	. . . . 4.	. . . . 28.	34
Cynosorus crystatus . . .	. . . . 6.	. . . . 28.	30
Avena pratensis	. . . . 6.	. . . . 20.	31
Bromus multiflorus . . .	. . . . 6.	. . . . 23.	32
Festuca myurus	. . . . 6.	. . . . 28.	35
Aira flexuosa.	. . . . 6.	. . . . 28.	36
Hordeum bulbosum . . .	. . . . 10.	. . . . 28.	37
Festuca calamaria	. . . . 10.	. . . . 28.	38
Bromus littoreus	. . . . 12.	Août . 6.	39
Festuca elatior	. . . . 12.	. . . . 6.	40
Nardus stricta	. . . . 12.	. . . . 6.	41

NOMS.	TEMPS DE LA FLEUR.	TEMPS DE LA MATURITÉ DE LA GRAINE.	N^os de l'Appendix.
Triticum (species) . . .	Juillet 12.	Août. 10.	42
Festuca fluitans	. . . . 14.	. . . . 12.	43
——— dumetorum . . .	. . . . 14.	Juillet 20.	45
Holcus lanatus	. . . . 14.	. . . . 26.	44
Poa fertilis	. . . . 14.	. . . . 28.	46
Arundo colorata	. . . . 16.	. . . . 28.	47
Aira aquatica	 00	. . . . 00.	59
Poa (species)	. . . . 16.	. . . . 30.	00
Cynosorus crucæformis .	. . . . 16.	. . . . 30.	68
Phleum nodosum	. . . . 16.	. . . . 30.	69
——— pratense	. . . . 16.	. . . . 30.	70 et 71
Elymus arenarius	. . . . 16.	. . . . 30.	72
——— geniculatus . . .	. . . . 18.	. . . . 30.	73
Trifolium pratense	. . . . 18.	. . . . 30.	48
——— repens	. . . . 18.	. . . . 30.	49
——— macrorhysum .	. . . . 18.	. . . . 30.	53
Sanguiforba poterium . .	. . . . 18.	. . . . 30.	51
Bunias orientalis	. . . . 18.	. . . . 30.	52
Medicago sativa	. . . . 18.	Août. 6.	54
Hedysarum onobrychis .	. . . . 18.	. . . . 8.	55
Hordeum pratense	. . . . 20.	. . . . 8.	56
Poa compressa	. . . . 20.	. . . . 8.	57
— aquatica	. . . . 20.	. . . . 8.	58
Bromus cristatus	. . . . 24.	. . . . 10.	60
Elymus sybiricus	. . . . 24.	. . . . 10.	61
Aira cœspitosa	. . . . 24.	. . . . 10.	62
Avena flavescens	. . . . 24.	. . . . 10.	64
Bromus sterilis	. . . . 24.	. . . . 20.	65
Holcus mollis	. . . . 24.	. . . . 20.	66
Bromus inermis	. . . . 24.	. . . . 20.	74
Agrostis vulgaris	. . . . 24.	 20	75
——— palustris	. . . . 28.	. . . . 28.	76
Panicum dactylon	 28	. . . . 28.	77
Agrostis stolonifera . . .	. . . . 28.	. . . . 28.	78
——— stolonifera (var.)	. . . . 28.	. . . . 28.	79
——— canina	. . . . 28.	. . . . 28.	80 et 81
——— stricta	. . . . 28.	. . . . 30.	82
Festuca pennata	. . . . 28.	. . . . 30.	85
Panicum viride	Août. 2.	. . . . 15.	86
——— sanguinale . .	. . . . 6.	. . . . 20.	87

NOMS.	TEMPS DE LA FLEUR.	TEMPS DE LA MATURITÉ DE LA GRAINE.	Nos de l'Appendix.
Agrostis lobata.	Août . 6.	Août . 22.	88
——— repens	. . . . 8.	. . . . 25.	89
——— fascicularis . . .	. . . . 10.	. . . . 30.	84
——— nivea	. . . . 10.	. . . . 30.	83
Triticum repens	. . . . 10.	. . . . 30.	92
Alopecurus agrostis . . .	. . . . 10.	Septemb. 8.	93
Bromus asper	. . . . 10.	. . . . 10.	94
Agrostis mexicana	. . . . 15.	. . . . 25.	90
Stipa pennata.	. . . . 15.	. . . . 25.	91
Melica cœrulea.	. . . . 20.	. . . . 30.	96
Phalaris canariensis . . .	. . . . 30.	. . . . 30.	95
Dactylis cynosuroides . .	. . . . 30.	Octobre 20.	97
Hordeum murinum . . .	. . . . 0.	. . . . 0.	63
Poa fertilis	. . . . 0.	. . . . 0.	67
Bromus erectus	. . . . 0.	. . . . 0.	25 (1)

Dans les expériences faites sur les quantités de matière nutritive des graminées coupées au moment de la maturité de la graine, on avait toujours eu soin de séparer celles-ci. Les détails montrent que les calculs sur la matière nutritive, ont eu l'herbe verte pour base, et non pas la plante sèche et amenée à l'état de *foin*.

(1) J'ai été forcé d'ajouter la 4e colonne, qui contient les numéros sous lesquels les plantes sont inscrites dans l'Appendix, afin d'établir entre lui et le tableau des floraisons, une concordance nécessaire, surtout l'auteur n'ayant pas placé dans ce tableau toutes les plantes, j'ai ainsi évité au lecteur l'ennui des recherches. (*Note du traducteur.*)

Remarques sur les différens sols cités dans l'Appendix.

Dans les livres qui traitent de l'agriculture et du jardinage, il règne une grande incertitude et beaucoup de confusion, par le manque de définitions régulières sur la nature des différens sols, qui puissent servir à les faire reconnaître sous des noms spécifiques. C'est ainsi que le terme de terre de marais, *bog-earth*, est presque constamment confondu avec celui de terre tourbeuse, *peat-moss*, ou celui de terre de landes, *heath-soil*. On emploie aussi les termes, terre franche légère, *light loam*, ou sol roide, *heavy soil*, sans faire connoître si c'est le sable qui rend le premier léger, et si c'est l'argile qui rend l'autre roide. Il est certain que dans des expériences délicates, il faut être clair, le plus possible, sur toutes les autres circonstances. C'est dans ce dessein que je donne de courtes descriptions des sols qui ont été cités dans les expériences qui précèdent.

1° Le nom de terre franche, *loam*, signifie plusieurs terres combinées avec des *detritus* d'animaux, ou de la matière végétale.

2° Celui de terre franche argileuse, *clayey-loam*, indique que la plus grande proportion est de l'argile.

3° L'expression terre franche sablonneuse, *sandy-loam*, marque que c'est le sable qui est en plus grande proportion dans cette combinaison de terres.

4° Terre franche brune, *brown loam*, doit fixer l'idée, sur ce que ce sont les débris de matière végétale qui forment la portion la plus considérable du mélange terreux.

5° Enfin, riche terre franche noire, *rich black*

loam, exprime que le sable, l'argile et les matières végétales et animales, sont combinées en proportions inégales, dans lesquelles l'argile extrêmement divisée, se trouve faire la moindre quantité; les sables et les matières végétales et animales, s'y rencontrent en de beaucoup plus grandes.

Les termes, sol léger sablonneux, *light sandy soil;* terre franche brune, *light brown loam*, etc, indiquent les nuances des diverses expressions dont je viens de fixer le sens.

Observations sur la composition chimique de la matière nutritive, fournie par les graminées dans leurs différens états, par sir Humphry Davy, éditeur.

J'ai fait des expériences sur un grand nombre des produits solubles obtenus par M. Sinclair; ils étaient supposés contenir la matière nutritive des plantes, et j'en ai même analisé quelques-uns. Des détails minutieux présenteraient peu d'intérêt au cultivateur, et tiendraient beaucoup de place; je me bornerai donc à rapporter quelques faits particuliers, et certaines conclusions générales, qui tendront à jeter du jour dans les recherches à faire, sur l'aptitude des différentes graminées pour former des pâtures permanentes, ou pour être coupées comme récoltes vertes, avec la graine.

Les seules substances que j'ai découvertes dans la matière soluble des graminées, sont: *le mucilage, le sucre, un extrait amer*, et une substance analogue *à l'albumine;* plus, diverses substances salines. Quelques-uns des produits, retirés du regain, ont donné de faibles indices *du principe tannant.* Les degrés nutritifs de ces corps ont été fixés dans la première leçon : l'*albumine*, le *sucre* et le *mucilage*, sont pour la plus grande partie retenus dans le corps des animaux, soit qu'ils consomment les plantes en vert ou sous la forme de foin. Le *principe amer*, l'*extrait* et les *matières salines*, suivent les voies de la digestion et sont rejetées avec la fibre ligneuse. La matière extractive que l'on retire des excrémens frais des vaches par l'eau bouillante, est extrêmement semblable, par ses caractères chimiques, à celle qui existe dans les produits solubles des graminées. De l'extrait retiré par M. Sinclair des excrémens de moutons et de daims qui se nourrissaient de *lolium perenne*, de *dactylis glomerata* et de *trifolium repens*, avait des qualités si analogues avec les matières extractives retirées des feuilles de ces graminées, que l'on pouvait facilement s'y tromper, et les prendre l'un pour l'autre. L'extrait provenu des excrémens gardait encore, après quelques semaines, l'odeur du foin : j'eus le soupçon que quelques fragmens des plantes auraient pu passer dans les excrémens, et qu'ils pourraient donner du sucre et du mucilage, avec l'extrait amer. J'examinai donc cette matière soluble très-soigneusement, et cette substance, pour y retrouver quelques-uns de ces corps; je n'y découvris nul atome de sucre, et à peine une quantité sensible de mucilage.

M. Sinclair, en comparant la quantité de matière nutritive, fournie par un mélange de feuilles, de *lolium perenne*, de *dactylis glomerata* et de *trifolium repens*, trouva que les déjections de ces animaux en fournissaient des proportions, dont les relations étaient comme de 50 à 63.

Ces faits rendent probable que l'extrait amer,

quoique soluble dans une grande quantité d'eau, est très-peu nutritif; mais vraisemblablement il sert jusqu'à un certain point à prévenir la fermentation des autres matières végétales. Il modifie ou seconde les fonctions digestives; il devient donc, sous ce rapport, une partie considérable de la nourriture des animaux. Une petite quantité d'extrait amer et de matière saline est probablement tout ce qui est convenable; au-delà de cette quantité, la matière soluble doit être plus nutritive, en proportion de ce qu'elle contient plus d'albumine, de sucre, de mucilage; et l'est beaucoup moins, suivant ce qu'elle renferme, d'autres substances étrangères à la nutrition.

J'ai trouvé, par la comparaison que j'ai faite des produits solubles de diverses récoltes d'une même sorte de graminée, que la plus grande proportion de matière nutritive existait au moment de la maturité de la graine, et qu'il s'y rencontrait alors moins de matière amère et de substances salines. Il y avait au contraire plus d'extrait dans les récoltes de l'automne; mais les proportions de matière sucrée étaient plus grandes, et surpassaient celles des autres ingrédiens au moment de la récolte, coupée pendant la floraison. En voici des exemples.

100 parties de matière soluble, retirées du *dactylis glomerata*, coupé dans la floraison, donnaient :

Sucre	18	100
Mucilage	67	
Extrait coloré et matière saline, avec un peu de matière rendue insoluble par l'évaporation	15	

100 parties de matière soluble, extraites de la graine, rendaient :

Sucre.	9	100
Mucilage	85	
Extrait insoluble et matière saline . .	6	

100 parties du regain rendaient :

Sucre.	11	100
Mucilage	59	
Extrait insoluble et matière saline. . .	30	

La plus grande quantité de feuilles existantes au printemps et surtout à la fin de l'automne, explique les différentes proportions dans l'extrait, et l'infériorité comparative dans la récolte de l'été. Elle dépend vraisemblablement de l'action de la lumière, qui s'efforce toujours à convertir dans les plantes la matière saccarine en mucilage et en amidon.

Dans le nombre des matières solubles, fournies par les graminées, celle de l'*elymus arenarius* est remarquable ; le sucre forme plus du tiers du poids. La matière soluble des différentes espèces de *festuca* donne en général plus de matière amère extractive, que l'on n'en retire des diverses espèces de *poa*. La matière nutritive de la récolte verte du *poa compressa* est presque en totalité du mucilage ; et celle du *phleum pratense* donne plus de sucre que les *festuca* et les *poa*.

Les parties solubles des récoltes vertes, de l'*holcus mollis*, et l'*holcus lanatus*, ne contiennent pas d'extrait amer, et sont entièrement du mucilage et du sucre. L'extrait soluble, provenant de la récolte verte de l'*holcus odoratus*, fournissait un extrait amer et une substance particulière, d'une saveur âcre, et plus soluble dans l'alcohol que dans l'eau. Tous les extraits solubles de ces graminées, qui sont également aimées par le bétail, ont une saveur saline, ou d'une acidité faible. Celui de l'*holcus lanatus* a un goût semblable à la gomme arabique. Probablement cette plante, qui est si abondante dans les prairies, deviendrait agréable au bétail, en la saupoudrant avec du sel. Je n'ai pu découvrir aucune différence dans le produit nutritif de récoltes coupées dans la même saison ; différence d'après laquelle il eût été possible d'établir une échelle comparative de leurs pouvoirs nutritifs. Il est cependant probable, que les matières solubles des regains sont toujours du sixième au tiers, moins nutritives que celles des récoltes faites à la floraison ou à la maturité de la graine. Dans le regain, les matières salines et extractives sont ordinairement en excès, mais aussi le foin du regain, mêlé avec celui de l'été, et particulièrement avec celui dans lequel l'*alopecurus pratensis* et les graminées sucrées abondent, ferait une excellente nourriture.

Entre toutes les espèces de trèfle, la matière soluble, qui est extraite du trèfle de Hollande, contient la plus grande quantité de mucilage et de matière analogue à l'albumine. Tous les trèfles ont plus d'extrait amer et de matière saline que les graminées ordinaires. Lorsque l'on mélange le trèfle pour le faire manger, il est convenable que ce mélange ait plutôt lieu avec le foin d'été, qu'avec celui du regain.

FIN DE L'APPENDIX.

RECHERCHES ÉLECTRIQUES

SUR LA DÉCOMPOSITION DES TERRES.

OBSERVATIONS

SUR LES MÉTAUX RETIRÉS DES TERRES ALCALINES, ET SUR L'AMALGAME OBTENU PAR L'AMMONIAQUE.

PAR SIR HUMPHRY DAVY.

MÉMOIRE

LU A LA SOCIÉTÉ ROYALE,

LE 30 JUIN 1808.

1. *Introduction.*

DANS la première partie des *Transactions philosophiques* pour 1807, et la première pour 1808, j'ai donné le détail des méthodes de décomposition par l'électricité de la pile et j'ai présenté des faits nouveaux, que l'on obtenait de leur application.

Les résultats de mes expériences sur la potasse et la soude, me donnaient les plus fortes espérances de pouvoir parvenir à décomposer l'un et l'autre alcali, et les terres ordinaires. Les phénomènes que j'avais obtenus de mes premiers et infructueux essais sur ces corps, n'en renforçaient pas moins les idées que j'avais reçues en considérant les plus anciens travaux chimiques, d'après lesquels on prétendait que la nature de ces substances était métallique.

En effet, autant que mes lectures ont pu me l'apprendre, *Becker* est le premier chimiste qui ait marqué distinctement les rapports existans entre les métaux et les substances terreuses. *Phys. subt. Leipsic; 4e tom. p.* 61. Il fut suivi par *Stahl*, qui donna à cette doctrine une forme plus parfaite. L'idée de

Becker était, qu'une terre générale et élémentaire, s'unissant avec une terre inflammable, produisait tous les métaux, et par d'autres modifications, formait toutes les terres. *Stahl* admettait des terres différentes, qu'il supposait devoir être converties en métaux par leur union avec le *phlogistique*. *Fundam. Chem. p.* 9, 4; et *Conspect. chem.* 1. 77, 4. *Neuman* publia une série d'expériences soignées, mais inutiles, qu'il avait entreprises pour retirer un métal de la chaux vive. *Lewis Neuman. chem. Works.* 2e *édit. vol.* 1, *p.* 15. Le plus ancien de nos chimistes anglais semble avoir adopté l'opinion de la métallicité des terres. *Boyle*, *vol.* 1er. 4°. *p.* 564; et *Grew, anat. des plan. lec.* 2. *p.* 242. Mais ces notions n'avaient point d'autre base qu'une hypothèse d'alchimie, fondée sur un pouvoir général de la nature, pour transmuer une matière dans une autre. Vers la fin du dernier siècle, la science prit une marche plus philosophique. *Bergman* soupçonna, que la baryte était une chaux métallique. *Pref. Sciagraphie et opus. p.* 4er et 412. *Baron* appuya l'idée, que l'alumine était une substance métallique. *Anal. de chim. vol.* 10e, *p.* 257. *Lavoisier* généralisa ces idées, en supposant que les autres terres étaient des oxides métalliques. *Elém. de chim.* Ces recherches toujours vagues furent terminées par l'assertion directe de *Tondi* et *Ruprecht*, que les terres étaient réductibles par le charbon, et par celles de *Savaresi* et *Klaproth*, qui prouvèrent, par les expériences les plus décisives, que les métaux, que l'on prenait pour les bases des terres, étaient seulement des phosphures de fer, provenus des cendres d'os, et des autres matières employées dans les expériences. *Anal. de chim. vol.* 8ᵉ, *p.* 18, et *vol.* 10ᵉ, *p.* 257 et 275. Au milieu de toutes ces hypothèses, jamais la potasse et la soude ne furent regardées comme des substances de nature métallique. *Lavoisier* pensa qu'elles contenaient l'azote. Il n'existait alors aucune analogie, qui pût conduire ce physicien pénétrant, à une conjecture plus heureuse.

Ainsi de nombreuses difficultés se présentaient sur ma route, pour m'empêcher d'arriver à une évidence complète à ce sujet. Ces recherches ont donc exigé beaucoup de travail et de temps ; elles ont nécessité des procédés plus délicats, que ceux qui avaient réussi avec les alcalis fixes.

Les terres, de même que les alcalis, ne sont point des conducteurs de l'électricité. Les alcalis cependant le deviennent, au moyen de la fusion. L'infusibilité des terres rendait impossible pour elles l'emploi de ce procédé. La forte affinité de leurs bases pour l'oxigène empêchait d'opérer sur elles dans l'état de dissolution. Les seules méthodes qui se montrèrent utiles, furent donc celles, dans lesquelles on opérait sur les terres par l'électricité, en les prenant dans quelques-unes de leurs combinaisons ; ou bien celles par lesquelles on les combinait, au moment même de leur décomposition électrique, pour les faire entrer dans un alliage métallique, de manière à pouvoir alors reconnaître clairement leur nature et leurs propriétés.

2. *Méthodes employées pour décomposer les terres alçalines.*

La *baryte*, la *strontiane* et la *chaux*, légèrement

humectées, furent électrisées dans le naphte, au moyen de fils de fer. Le gaz, qui se développait abondamment, était inflammable. Les terres, en contact avec le fil de fer négatif, prirent une teinte obscure; et de petits points, ayant l'éclat métallique, s'annoncèrent à leur superficie; exposés à l'air, ils y devenaient blancs par degrés; plongés dans l'eau, on obtenait le même résultat: si on les examinait avec une loupe pendant cette expérience, on voyait une poudre verdâtre s'en séparer, et de petits globules de gaz se dégageaient.

Il y avait donc de puissans motifs pour s'imaginer que les terres avaient été décomposées, et que leurs bases s'étaient unies avec le métal du fil de fer pour former un alliage que l'oxigène de l'air, ou celui de l'eau, avait décomposé; mais les résultats trop peu distincts, et les circonstances trop compliquées, me forcèrent à adopter un autre plan d'opération.

La forte attraction du *potassium* pour l'oxigène, me porta à essayer s'il ne l'enleverait pas aux terres, de la même manière que le charbon l'enlève aux oxides métalliques.

Je chauffai du potassium mis en contact dans des tubes de verre de glace, avec la chaux, la strontiane, la baryte et la magnésie; je ne pouvais agir que sur de petites quantités, et ne pouvais porter la chaleur jusqu'au rouge, sans fondre le tube, et je n'obtins point ainsi de bons résultats. Le potassium paraissait agir sur les terres et sur le verre, j'obtenais des substances d'un brun obscur, qui développaient un gaz en les plongeant dans l'eau; mais aucun globule métallique ne se faisait voir. Ces circonstances et quelques autres me rendirent probable, que si le potassium pouvait désoxigéner les terres partiellement, néanmoins il ne pouvait agir par son affinité pour l'oxigène, à la température à laquelle j'opérais.

Je fis alors des mélanges de potasse sèche et en excès, avec la chaux, la baryte, la strontiane et la magnésie; je les mis en fusion, et les soumis à l'action de la pile voltaïque, et de la même manière dont j'avais opéré pour obtenir les métaux des deux alcalis. Mes espérances étaient que le potassium, et les métaux des terres, pourraient être désoxigénés simultanément, et former un alliage.

Les résultats devinrent ici plus marqués: des substances métalliques se montrèrent, et moins fusibles que le potassium, qui brûlait l'instant d'après sa formation, et formait ainsi un mélange de potasse avec les terres soumises à l'expérience. Je tentai, mais sans un grand succès, d'opérer sous le naphte. Pour obtenir un résultat, il eût fallu charger la batterie avec l'acide nitrique; mais son état ne me le permettait pas: le métal se montrait seulement en filamens que la fusion ne pouvait détacher, et qui étaient détruits instantanément par leur exposition à l'air.

Mes recherches sur le potassium m'avaient appris qu'un mélange de potasse et d'oxide de mercure, d'étain ou de plomb, électrisé avec la pile, éprouvait une décomposition rapide, et que l'on obtenait un alliage ou amalgame de potassium. L'attraction existante entre les métaux ordinaires et le potassium, accélérait probablement la séparation de l'oxigène.

L'espérance qu'une semblable action favoriserait la décomposition des terres alcalines, me conduisit à en faire des mélanges avec des oxides d'étain, de fer, de plomb, d'argent et de mercure, et les résultats furent loin d'être plus satisfaisans.

Un mélange de deux tiers de baryte et d'un tiers d'oxide d'argent légèrement humide, fut électrisé avec deux fils de fer; il y eut une effervescence aux deux points de contact, et il se présenta au point négatif, une petite quantité d'une substance qui avait le blanc de l'argent. Le fil auquel cette substance adhérait, ayant été plongé dans de l'eau, contenait un peu d'alun en dissolution, il se dégagea un gaz qui fut reconnu pour être du gaz hydrogène, et de légers nuages blancs descendirent de la pointe de ce fil; ils étaient du sulfate de baryte.

Un mélange de baryte et d'oxide rouge de mercure, fait dans les mêmes proportions, présenta un amalgame adhérent au fil négatif; il contenait évidemment une substance qui, exposée à l'air, donnait de la baryte, et qui, plongée dans l'eau, dévelоppait le gaz hydrogène, fournissait une solution de baryte au fond de laquelle on retrouvait le mercure pur.

Les autres mélanges de chaux, de strontiane et de magnésie, avec l'oxide rouge de mercure, donnèrent de pareils amalgames; les terres alcalines se régénéraient par l'action de l'air et de l'eau; les quantités de substances métalliques étaient excessivement petites; leur formation paraissait purement superficielle, et entourer le point du fil sans augmenter après quelques minutes d'électrisation, même l'opération étant portée à quelques heures de durée.

Le mauvais état de la *pile* me fit suspendre mes expériences pendant un mois; mais en mai 1808, je pus en employer une plus puissante, composée de cinq cents paires de doubles plaques de six pouces carrés.

Lorsque j'essayai d'obtenir avec cet appareil des amalgames par des fils de platine conducteurs, et ayant $\frac{1}{40}$ de pouce de diamètre, il se produisit une chaleur si forte, qu'elle brûla et le mercure et les bases de l'amalgame, au moment de sa formation. En augmentant les surfaces des fils conducteurs, le pouvoir d'ignition fut modifié, et néanmoins l'amalgame était produit en filamens minces, et je ne pouvais obtenir de globules assez gros pour les soumettre à la distillation. Lorsque j'employai pour conducteurs des fils de fer de la même dimension, ils acquirent la température de l'ignition, et se combinèrent avec les bases des terres, de préférence au mercure. J'eus des alliages métalliques d'une couleur d'un vert sombre, qui, avec l'eau, développaient du gaz hydrogène, et se convertissaient en oxide de fer et en substances terreuses.

Je reçus au commencement de juin, une lettre de *Berzelius*, professeur à Stockolm, qui m'apprenait que, de concert avec le docteur *Pontin*, il avait réussi à décomposer la chaux et la baryte, en électrisant négativement le mercure mis en contact avec elle; et qu'il avait ainsi obtenu des amalgames de ces métaux.

Je répétai sur-le-champ cette expérience avec succès : un globule de mercure fut électrisé avec la batterie de 500 faiblement chargée, et mis en contact avec la surface de la baryte légèrement humide, et portée sur une plaque de platine. Le mercure devint peu à peu moins fluide, et au bout de quelques minutes se couvrit d'une légère couche de baryte. L'amalgame étant plongé dans l'eau, le gaz hydrogène se developpait, le mercure devenait libre, et une solution de baryte se formait.

Avec la chaux, le résultat fut ainsi que ces savans me l'avaient annoncé entièrement analogue; il n'était pas douteux que cette excellente méthode ne dût réussir avec la strontiane et la magnésie, èt j'en fis promptement l'application.

J'obtins de la strontiane un résultat très-prompt; mais je ne pus, dans mes premiers essais avec la magnésie, obtenir d'amalgame. En continuant cependant le procédé pendant un temps plus long, et tenant perpétuellement la terre humide, il y eut à la fin une combinaison de la base avec le mercure; il rendit lentement par l'absorption de l'air, de la magnésie, et de même par l'action de l'eau.

Tous ces amalgames peuvent être conservés durant un temps considérable sous le naphte; mais à la longue ils s'y recouvrent d'une croûte blanche; exposés à l'air, quelques minutes suffisent pour opérer l'oxigénation des bases des terres. Dans l'eau, c'est l'amalgame de baryte qui se décompose avec le plus de rapidité : ceux de strontiane et de chaux le suivent de près; mais celui de magnésie, ainsi que l'on peut s'y attendre, d'après la faible affinité de la terre pour l'eau, se change lentement. En ajoutant un peu d'acide sulfurique à l'eau, la production du gaz hydrogène, la production et la solution de la magnésie, sont excessivement rapides, et le mercure reste libre.

J'étais porté à croire que l'une des causes pour lesquelles la métallisation de la magnésie s'opérait plus difficilement, provenait de son insolubilité dans l'eau ; elle l'empêchait de se présenter dans son état naissant, et détachée de sa solution, à la surface négative. J'essayai donc le sulfate de magnésie humide, et l'amalgame se forma plus rapidement. La magnésie était attirée de l'acide sulfurique, et probablement désoxigénée et combinée au mercure dans le même instant.

J'ai trouvé que les amalgames des autres terres alcalines, pouvaient de même être obtenus de leurs composés salins.

J'essayai donc très-heureusement le muriate et le sulfate de chaux, le muriate de strontiane et de baryte, et le nitrate de baryte : les terres séparées à la surface désoxigénante, paraissaient y subir instantanément leur décomposition, et saisies par le mercure, elles y étaient défendues de l'action de l'air et du contact de l'eau, et conservées par leur forte attraction pour ce métal.

3. *Essai pour obtenir les métaux des terres alcalines ; leurs propriétés.*

Afin d'obtenir des quantités suffisantes d'amalgame, pour les pouvoir soumettre à la distillation, je combinai la méthode de MM. Berzelius et Pontin, avec les miennes.

Les terres furent légèrement humidifiées, et mêlées avec un tiers de leur poids d'oxide rouge de mercure, et le tout fut mis sur une lame de platine. Je pratiquai une cavité dans la partie supérieure du mélange, afin d'y placer un globule de mercure du poids de 50 à 60 grains. Le tout fut recouvert d'une couche de naphte; la plaque fut électrisée positivement, et le mercure négativement, au moyen d'une communication particulière qui joignait la batterie de cinq cents plaques.

L'amalgame que j'obtins ainsi fut distillé dans des tubes de cristal, et d'autres fois dans des tubes de verre commun; ces tubes furent allongés dans le milieu, leurs extrémités furent arrondies, et reçurent en soufflant la forme globulaire; en sorte que ces tubes remplissaient les fonctions de cornue et de récipient.

Lorsque l'amalgame y était introduit, je le remplissais de naphte, que l'ébullition en chassait ensuite, par un petit orifice correspondant avec le récipient, lequel était hermétiquement fermé au moment où le vase ne contenait plus que la vapeur du naphte et l'amalgame.

Je vis alors le mercure s'élever par la distillation et passer très-pur, et il était facile d'en séparer une partie de l'amalgame; mais la décomposition complète de celui-ci était très-difficile.

En effet, une chaleur presque portée au rouge était nécessaire, et lorsqu'elle y passait, les bases terreuses agissaient instantanément sur le verre, elles s'y oxigénaient. Si le tube était grand, vu la proportion d'amalgame, la vapeur du naphte fournissait assez d'oxigène pour détruire une partie des bases. Le tube, au contraire, était-il petit, il était difficile de chauffer assez la partie servant de cornue, pour en chasser tout le mercure, car alors la portion servant de récipient étant trop chauffée, le tube se brisait.

Lorsque l'amalgame était de 50 à 60 grains, j'ai vu que le tube ne pouvait pas avoir moins d'un sixième de pouce de diamètre, et que sa capacité totale devait être d'un demi-pouce cubique.

Toutes ces difficultés, qui se présentèrent dans une multitude d'essais, firent que j'obtins peu de résultats heureux, et je ne pus jamais être absolument certain qu'il ne fût pas resté une petite portion de mercure, unie au métal de la terre.

Dans le meilleur des résultats que me donna la dissolution de l'amalgame de baryte, le résidu me parut être un métal blanc, ayant la couleur de l'argent. Solide à toutes les températures ordinaires, il devenait fluide à une chaleur inférieure au rouge, et ne s'élevait pas en vapeurs lorsqu'on le chauffait à ce degré; mais alors il agissait violemment sur le tube de cristal, en produisant une masse noire qui semblait contenir la baryte, et un alcali fixe dans son premier degré d'oxigénation.

Exposé à l'air, il se ternit promptement, tombe en une poudre blanche qui est de la baryte. Lorsque l'on opérait ainsi, dans une petite proportion d'air, l'oxigène était absorbé, et l'azote restait sans altération; si l'on introduisait dans l'eau une portion de ce métal, il agissait violemment sur elle, et tombait au fond, en redevenant de la baryte; et de l'hydrogène était produit. Les quantités de ce métal que j'ai obtenues sont trop petites, pour qu'il m'ait été possible d'examiner exactement ses propriétés chimiques ou physiques. Il tombe rapidement dans l'eau et même dans l'acide sulfurique, quoique entouré alors de globules d'hydrogène, qui excèdent trois ou quatre fois son volume. Il est donc probable qu'il pèse quatre à cinq fois plus que l'eau; il s'aplatit par la pression, mais il exige pour cela une force considérable.

Le métal de strontiane se précipite, de même que la baryte, dans l'acide sulfurique, et y reproduit de la strontiane par l'oxidation.

Je n'ai jamais pu examiner le métal de la chaux, ni à l'air, ni sous le naphte : le tube fut malheureusement brisé, la fois que j'avais opéré avec la plus grande étendue; il était encore chaud, et dans le moment où l'air entra, le métal, qui avait la couleur et l'éclat de l'argent, s'enflamma, et brûla en se convertissant en chaux, avec une flamme blanche et intense.

Le métal de magnésie me parut agir sur le tube de glace, même avant d'avoir été abandonné par la totalité du mercure : ayant une fois arrêté le procédé avant la séparation totale du mercure, il me parut un solide métallique, doué de la même blancheur et du même éclat que les autres métaux, bases des terres. Il se précipite rapidement dans l'eau, quoique environné de globules d'hydrogène, et reforme de la magnésie. Il change lentement à l'air, se couvre d'une couche blanche, tombe en poudre fine ; il est alors redevenu de la magnésie.

Plusieurs fois, ayant obtenu les amalgames de ces métaux, contenant seulement une petite quantité de mercure, je les exposai à l'air dans une balance très-sensible, et j'ai toujours vu que pendant l'oxidation du métal, il y avait une augmentation considérable de poids.

J'ai tâché de m'assurer des proportions d'oxigène et des bases, sur la baryte et la strontiane, en chauffant l'amalgame dans des tubes pleins d'oxigène; mais je l'ai fait sans succès. Je pus néanmoins vérifier que ces métaux, brûlés dans de petites quantités d'air, en absorbaient l'oxigène, augmentaient de poids, devenaient puissamment caustiques et privés d'eau. En effet, ils produisaient une forte chaleur en les mettant en contact avec elle, et ne faisaient aucune effervescence en se dissolvant dans les acides.

La composition des terres alcalines est donc évidente; elle est la même que celle des oxides métalliques ordinaires; le principe de leur décomposition est précisément semblable; les matières inflammables se dégagent toujours par le côté négatif dans la pile de Volta, et l'oxigène par la surface positive.

4. *Recherches relatives à la décomposition de l'alumine, du silex, de la zircone et de la glucine.*

J'essayai les méthodes de l'électrisation que j'avais employées pour les terres alcalines, sur l'*alumine* et le *silex*, mais sans acquérir aucunes preuves que ce procédé leur eût fait subir quelque changement.

Forcé de chercher d'autres moyens d'action, il fallait considérer attentivement les rapports de ces corps, et trouver par quelle analogie les principes de recherches pouvaient être éclairés.

L'alumine acquiert très-lentement son point de repos dans le circuit voltaïque; mais le silex, même dans l'état gélatineux dans l'eau, reste indifférent aux pôles positifs et négatifs.

Cette indifférence pour les attractions électriques, doit, par l'ordre général des faits, être rapportée, si ces corps sont composés, à ce que l'énergie électrique de leurs élémens est presque dans l'équilibre, et dans un état semblable à celui des sels neutres insolubles, ou à celui des oxides saturés d'oxigène.

La combinaison du silex et de l'alumine avec les acides et les alcalis, aussi bien que leurs pouvoirs électriques, n'était pas discordante avec cette idée.

En effet, par quelques-uns de leurs caractères, ces corps ressemblent au fluate et au phosphate de chaux, autant que par d'autres, ils se rapprochent des oxides de zinc et d'étain.

En suivant cette idée, que le silex pouvait être un composé neutro-salin insoluble, qui contiendrait un acide inconnu, ou une terre, ou peut-être tous les deux, que l'on pourrait résoudre dans leurs élémens secondaires, ainsi que cela se fait par le sulfate de baryte ou le sulfate de chaux, je tentai l'expérience suivante :

Deux cônes d'or, communiquant ensemble par un fil d'amianthe mouillé, furent remplis d'eau pure, et placés dans le circuit électrique. Une petite quantité de silex soigneusement préparé et bien lavé, fut introduite dans le cône positif; l'action d'une batterie de deux cents plaques, à laquelle elle fut soumise, dura pendant quelques heures, et jusqu'au moment où la moitié de l'eau de chaque cône fut épuisée. Le reste fut examiné : le fluide du cône qui contenait le silex était fortement acide; celle du corps opposé était extrêmement alcaline. Les deux liqueurs ayant été filtrées, furent mêlées ensemble; il se fit un précipité, c'était du silex.

Les premières apparences étaient que ce silex avait été formé par l'union de l'acide ou de l'alcali des deux cônes, et que l'expérience démontrait une décomposition, et une recomposition du silex; mais il fallait éclaircir plusieurs points avant de tirer cette conclusion.

Il était possible que ce fût de l'acide nitrique, car il se produit aussi dans les expériences d'une nature semblable, et qu'il eût pu dissoudre le silex qui avait été précipité par la substance alcaline de l'autre pôle; celle-ci serait provenu de la potasse employée primitivement à dissoudre le silex; et elle y serait restée adhérente malgré les soins de la lixivation; enfin, ce pouvait être de l'ammoniaque, dont la présence serait due à l'intervention de l'atmosphère. Il était pareillement possible aussi que si c'était de la potasse, le silex eût pu être entraîné du pôle positif au pôle négatif, en dissolution avec cet alcali. Des expériences soignées furent faites, et prouvèrent bientôt, qu'il n'existait aucun motif de supposer que le silex eût été changé pendant ces expériences.

L'acide était de l'acide nitrique qui, sous l'influence de l'action électrique, avoit dissous le silex. L'alcali se montra être principalement de l'alcali fixe, et n'être qu'une partie accidentelle, mais non pas constituante, du silex; lorsqu'il a été long-temps électrisé, il perd son pouvoir de manifester cette substance.

Ce résultat me fit abandonner le même plan d'expériences, pour en faire l'application à l'alumine; elle ressemble encore moins que le silex à un composé salin, et j'étais parti de la supposition que leur base inflammable était tellement saturée d'oxigène, qu'elle ne possédait que peu d'électricité positive, ou même point du tout.

La silice et l'alumine sont douées d'une puissante affinité pour la soude et la potasse. Supposant donc maintenant qu'elles étaient des oxides, il était raisonnable d'en conclure, que l'oxigène des deux alcalis et des terres deviendrait passif, relativement à ce pouvoir, qui doit être accordé à leurs bases, et d'après cela, qu'il pourrait concourir à favoriser leur décomposition.

Je fis donc fondre un mélange d'une partie de silice et de six parties de potasse dans un creuset de platine; je le conservai fluide, et dans l'état d'ignition sur un feu de charbon. Le creuset fut rendu positif par la batterie de cinq cents plaques, et une barre de platine rendue négative, fut mise en contact avec le dissolvant alcalin. Au moment même du contact, il se montra une lumière éclatante; et, lorsque le barreau fut plongé dans le liquide, il s'y produisit une effervescence. Des globules, qui brûlaient avec une flamme brillante, se montraient à sa surface; et au-dessus était une fumée dans l'état de combustion. En peu de minutes, lorsque le mélange fut froid, on en éloigna la barre de platine, et, autant qu'il fut possible, on en détacha avec un couteau l'alcali et le silex qui y étaient attachés. Elle était entourée d'écailles brillantes métalliques, qui, à l'air, et instantanément, se couvraient d'une croûte blanche, et s'enflammaient spontanément. Le platine paraissait corrodé profondément; il avait une teinte plus obscure que celle qui appartient à ce métal pur. Plongé dans l'eau, il y faisait une forte effervescence; et, lorsque quelques gouttes d'acide muriatique étaient jetées dans la solution, il se manifestait des nuages blancs, qui, éprouvés de diverses manières, annonçaient la présence du silex.

Un semblable mélange de potasse et d'alumine fut soumis à la même épreuvé; et les résultats furent complètement analogues. Une couche d'une substance métallique, adhérait à la barre; et, décomposée rapidement dans l'eau, quelques gouttes d'acide, mises dans cette solution, y manifestaient la présence de l'alumine.

Je variai sans aucun succès les formes de cette expérience; et je ne pus jamais retirer de la barre de platine une quantité suffisante de métal, pour en faire un examen séparé. Je n'obtins que des écailles superficielles, qui, s'oxidant, devenaient blanches et alcalines, avant qu'il fût possible de les détacher dans l'air. Chauffées, elles brûlaient, et ne pouvaient être fondues sous le naphte, ou l'huile.

Je répétai les mêmes tentatives sur des mélanges de soude et d'alumine, et de soude avec la zircone; j'employai le fer comme métal électrisé négativement. Il se manifesta, pendant tout le procédé de l'électrisation, beaucoup de globules, qui fumaient à la surface du mélange, et s'enflammaient. Quand le mélange fut refroidi, on y apercevait de petites lames métalliques, ayant la couleur du plomb. Elles étaient moins fusibles que le sodium, qui adhérait au fer; elles agissaient violemment sur l'eau, et produisaient de la soude et une poudre blanche, mais en quantité trop faible pour être examinée.

Je m'efforçai d'obtenir un alliage du potassium avec les bases des terres, par des mélanges de potasse, de silex, d'alumine, fondus par l'électricité et traités par les surfaces positives et négatives; c'est ainsi que l'on opère pour obtenir la décomposition de la potasse pure; ma tentative fut inutile. Si les terres faisaient le quart ou le cinquième de l'alcali, elles le rendaient si puissamment non-conducteur, que l'électricité ne l'affectait pas aisément; les terres étaient-elles en plus petites proportions, la substance obtenue avait alors tous les caractères du potassium pur.

Je fis chauffer de petits globules de potassium, en contact avec le silex et l'alumine, dans des tubes de glace, pleins de la vapeur du naphte. Le potassium parut agir simultanément sur la matière du tube et sur les terres. J'obtins une masse opaque, grise, sans éclat métallique, qui faisait effervescence dans l'eau, en y déposant des nuages blanchâtres. Mais, dans ce cas, il était possible que la potasse eût été, totalement ou en partie, convertie en protoxide, par son action sur les terres. Il n'y avait aucun globule, et le tube de glace seul, ayant pu produire cet effet, il n'y avait aucune induction à tirer de cette expérience en faveur de la décomposition des terres.

Le potassium, amalgamé avec un tiers de mercure, fut électrisé négativement sous le naphte. Il était en contact avec le silex légèrement humidifié. J'avais mis en œuvre la batterie de cinq cents plaques; et, au bout d'une heure, j'examinai les résultats. Le potassium fut décomposé par l'eau; et l'alcali ayant été neutralisé par l'acide acétique, une matière blanche, ayant toutes les apparences du silex, fut précipitée, mais en quantité trop faible pour être soumise à l'examen.

L'alumine et la glucine, traitées de même, m'offrirent des nuages plus distincts, lorsque je les précipitai par un acide.

La zircone me présenta des résultats plus satisfaisans, car j'eus une poudre blanche et fine, soluble dans l'acide sulfurique, et qui en était précipitée par l'ammoniaque.

Les résultats de toutes ces expériences doivent faire conclure que ces terres sont comme les terres alcalines, des oxides métalliques. Sans cela, comment pourrait-on se rendre compte des phénomènes qui se sont présentés.

L'évidence de la décomposition et de la composition n'y est cependant pas la même. En effet, lorsque le sodium et le potassium se décomposaient par l'eau, il est possible que ce ne fussent pas les métaux des terres, mais les terres elles-mêmes, qui fussent combinées en légères proportions avec les métaux des alcalis.

5. *Sur la production d'un amalgame, résultant de l'ammoniaque ; de sa nature et de ses propriétés.*

MM. *Berzelius* et *Pontin* m'avaient parlé dans leur lettre, d'une expérience curieuse et importante sur la désoxigénation et l'amalgame de la base composée de l'ammoniaque. Ils la regardaient comme la preuve de l'opinion que j'avais eue, qu'elle était un oxide avec une base binaire. Le mercure, électrisé négativement dans le circuit voltaïque, est mis en contact avec une solution d'ammoniaque. Dans cette circonstance, il augmente dé volume par degrés ; et, lorsque ses dimensions sont devenues quatre à cinq fois plus fortes, il est un corps solide et mou.

Ces savans ont pensé que cet amalgame est composé de la base désoxigénée de l'ammoniaque, unie au mercure. Leurs preuves sont :

1° La reproduction du mercure et de l'ammoniaque, avec absorption d'oxigène, lorsqu'il est exposé à l'air ;

2° Parce qu'il forme de l'ammoniaque dans l'eau, avec développement du gaz hydrogène, et que le mercure devient libre peu à peu.

Une opération, dans laquelle le gaz hydrogène et l'azote paraissaient se revêtir de propriétés métalliques, ou dans laquelle une substance métallique se trouvait être formée par ces mêmes élémens, une telle opération ne pouvait manquer d'attirer l'attention.

En répétant l'expérience des chimistes suédois, j'ai trouvé qu'il fallait un temps considérable pour former un amalgame de mercure, de 50 à 60 grains, mis en contact avec une solution saturée d'ammoniaque. Cet amalgame éprouvait en outre de grands changemens dans le court espace de temps nécessaire pour le déplacer de l'appareil. Je suis cependant parvenu à trouver un moyen facile pour opérer, et à pouvoir l'analiser.

J'avais déjà fait voir que l'ammoniaque est dégagée du sel ammoniac, à la surface négative de la pile de Volta. J'en conclus qu'en employant ce sel, l'ammoniaque pourrait être prise dans son état naissant, et qu'elle serait ainsi plus promptement désoxigénée, pour se combiner avec le mercure.

Je pratiquai donc une cavité dans un morceau de muriate d'ammoniaque, et j'y plaçai un globule de mercure, pesant de 50 à 60 grains. Afin de rendre le sel conducteur, il fut légèrement mouillé, et placé sur une lame de platine, électrisée *positivement* dans le circuit d'une forte batterie.

En peu de minutes, le globule acquit plus de cinq fois son volume, et une vive effervescence s'était montrée dès les premiers instans de l'action électrique, accompagnée d'une forte chaleur. Enfin le mercure prit les apparences d'un amalgame de zinc; des cristallisations métalliques se montrèrent comme formant un centre autour du corps salin. Elles prenaient souvent la forme d'une végétation, et se coloraient à leur point de contact avec le muriate; mais, si on les en séparait, elles disparaissaient rapidement, en laissant échapper des vapeurs ammoniacales, et le mercure était revivifié.

Les phénomènes furent semblables lorsque je me servis de carbonate d'ammoniaque, et l'amalgame se forma avec la même rapidité. Dans ce dernier procédé, lorsque l'action de la batterie était puissante, il se formait une matière noire dans la cavité. Je crois pouvoir prononcer avec raison qu'elle était le produit de la base charbonneuse de l'acide carbonique, qui se décomposait dans ce procédé. Ce fait me paraît expliquer l'apparition d'une substance noire et analogue, qui a lieu dans la désoxigénation de la potasse et de la soude; apparition qui a lieu à la surface négative, et dont beaucoup de savans ont eu peine à se rendre compte. Elle est charbonneuse, et est due à la présence de l'acide carbonique, existant dans l'alcali.

La forte attraction du potassium, du sodium et des métaux des terres alcalines pour l'oxigène, me conduisit à examiner si leurs pouvoirs de désoxigénation ne produiraient pas, indépendamment de l'action électrique, quelque effet pour former l'amalgame d'ammoniaque; et les résultats répondirent à mes espérances.

Lorsque du mercure fut uni à une petite quantité de potassium, de sodium ou de barium, ou de calcium, placés avec lui sur un morceau de sel ammoniac humide, l'amalgame augmenta rapidement de six à sept fois son volume, et parut contenir beaucoup plus de la base ammoniacale que par la batterie électrique.

Une portion du métal employé resta néanmoins alors dans la combinaison de l'amalgame; aussi, en décrivant les propriétés de ce composé, je parlerai seulement de celui obtenu par l'électricité.

L'amalgame d'ammoniaque est à la température de

60 à 70° de Farhenheit (voy. la note, *pag.* 302), un solide mou, ayant la consistance du beurre. A la température de la glace, il devient plus dur, et paraît une masse cristallisée, dans laquelle on aperçoit de petites facettes, dont la forme n'est pas bien définie; je la soupçonne être cubique. L'amalgame de potassium, placé dans les mêmes circonstances, donne des cristaux cubiques, et dans certains cas, aussi larges que ceux du bismuth. La pesanteur spécifique de l'amalgame d'ammoniaque est un peu inférieure à 3, l'eau étant prise pour 1.

Exposé à l'air, il se couvre bientôt d'une croûte blanche, qui est du carbonate d'ammoniaque.

Plongé dans l'eau, il produit de l'hydrogène en quantité correspondante à la moitié à peu près de sa masse, et l'eau devient une faible solution d'ammoniaque.

Renfermé dans une portion donnée d'air, celui-ci augmente beaucoup de volume, et le mercure est revivifié. Il se produit un gaz ammoniacal, égal à un et demi, ou un trois-quarts du volume de l'amalgame, et une quantité d'oxigène égale à un septième ou un huitième de l'ammoniaque a disparu.

Mis dans le gaz acide muriatique, il devient instantanément du muriate d'ammoniaque, et une petite quantité de gaz hydrogène est dégagée.

Dans l'acide sulfurique, il produit du sulfate d'ammoniaque et du soufre.

J'ai essayé divers moyens de conserver cet amalgame; j'avais eu l'espérance de pouvoir le soumettre à la distillation à l'abri du contact de l'air, de l'eau ou des corps qui pourraient lui fournir de l'oxigène.

Je voulais parvenir à retirer la substance qui avait été désoxigénée et unie au mercure sous sa forme simple, mais toutes les circonstances s'opposèrent à la réussite de cette tentative.

Les personnes accoutumées aux expériences barométriques, savent que le mercure ayant une fois été mouillé, retient l'eau avec une grande opiniâtreté; il ne peut en être séparé que par l'ébullition. Ainsi donc, la décomposition de l'ammoniaque dans un amalgame mou, et qui a toujours été tenu humide, soit intérieurement, soit extérieurement, pouvait être difficilement écartée.

Je séchais soigneusement l'amalgame avec un papier brouillard, mais même alors une portion considérable d'ammoniaque était régénérée. J'essayai de passer l'amalgame au travers d'un linge fin, mais alors même la décomposition fut complète, et je ne retirai que le mercure.

La somme totale de la base de l'ammoniaque qui avait pu se combiner avec les soixante grains de mercure, n'excédait pas un deux centième de grain; c'est ce que les faits établis plus haut prouvent évidemment. Ainsi, à peine la millième partie d'un grain d'eau était-elle nécessaire pour fournir la portion d'oxigène indispensable pour opérer la réduction de cette base. Cette quantité à peine appréciable aurait pu être fournie par le souffle même dirigé sur l'amalgame.

Il en résultait donc qu'un amalgame séché avec le papier brouillard, et introduit dans le naphte, s'y décomposait presque aussi rapidement que dans l'air même, et produisait de l'ammoniaque et de l'hydrogène.

Mis dans les huiles, il y developpait de l'hydrogène, et formait un savon ammoniacal. Introduit dans un tube de verre fermé par un bouchon, le gaz se formait avec promptitude, et le mercure demeurait libre. Ce gaz se démontrait, à l'examen, être composé d'environ des deux tiers aux trois quarts par l'ammoniaque, et le reste par l'hydrogène.

Dans cette action de l'amalgame sur l'air, il y a lieu de croire que l'oxigène est absorbé par l'hydrogène naissant, qu'il se reforme de l'eau qui est dissoute par l'ammoniaque.

J'ai dit que les amalgames obtenus par l'action des métaux des sels alcalins, ou des terres alcalines, paraissaient contenir une beaucoup plus grande proportion de la base ammoniacale, que ceux produits par la batterie électrique, et qu'ils étaient en outre bien plus durables, selon que la portion métallique des alcalis ou des terres, était plus considérable.

Les composés triples de cette nature, séchés soigneusement, produisent à peine de l'ammoniaque dans le naphte, ou les huiles. On peut les conserver pendant un temps fort long dans un tube fermé, et une petite portion d'hydrogène est le seul produit qui se développe.

Je chauffai un triple amalgame d'ammoniaque obtenu par le potassium; il avait été séché avec un papier brouillard dans un tube de glace, sur le mercure. Une considérable élévation de température fut nécessaire avant qu'il se formât un gaz; mais la chaleur fut continuée et élevée jusqu'au moment où le gaz se forma rapidement, et où la totalité de l'amalgame fut chassée du tube; en refroidissant le mercure s'y éleva très-tranquillement, en sorte qu'une grande partie de la matière gazeuse était, ou du mercure, ou de l'eau en vapeur, ou quelque autre chose que le mercure avait absorbé pendant le refroidissement. La petite quantité qui était demeurée permanente, n'égalait pas la moitié du volume de l'amalgame.

Ayant pensé que ce gaz pourrait être un composé d'hydrogène et d'azote dans un état de désoxigénation, j'y introduisis un peu d'oxigène; il n'y eut point de changement de volume. Je l'exposai au naphte, et quand la moitié eut été absorbée, l'effet que le naphte produisit sur le curcuma, me fit juger que c'était de l'ammoniaque. Le surplus du gaz ayant été analisé, indiqua l'oxigène que j'y avais introduit, plus de l'hydrogène et de l'azote, dans les proportions relatives, de presque quatre à un.

Ce résultat m'embarrassa d'abord; il semblait prouver la production de l'ammoniaque, indépendante de la présence d'aucune substance qui eût pu lui fournir de l'oxigène, et montrer que son amalgamation provenait, de ce qu'elle était dépouillée d'eau et combinée avec l'hydrogène; mais une solution satisfaisante se présenta bientôt d'elle-même.

J'exposai un triple amalgame obtenu par le potassium, à une solution concentrée d'ammoniaque; elle eut peu d'action sur lui. Je l'introduisis encore, humide de cette solution, dans un tube de verre; il y eut à-peu-près la même permanence que celui qui avait été séché au papier; il y eut seulement un peu d'hydrogène de développé; mais en chauffant le tube, la matière gazeuse se produisit rapidement; elle consistait en deux tiers d'ammoniaque et un tiers d'hydrogène.

Dans le cas où l'amalgame a été séché, une petite portion d'ammoniaque, et peut-être de potasse, doit y avoir adhéré, et quoique l'amalgame n'ait pas une action puissante sur cette solution à la température ordinaire, néanmoins lorsque l'eau est élevée en vapeurs, elle tend à oxigéner et la base de l'ammoniaque et le potassium; il se développe de l'hydrogène, et l'alcali volatil est produit.

Je distillai un amalgame obtenu par le potassium, dans un tube plein de la vapeur du naphte, et scellé hermétiquement, alors j'eus seulement de l'ammoniaque, de l'hydrogène, de l'azote et du mercure; le résidu était du potassium qui avait puissamment réagi sur le tube.

Dans une autre expérience, je refroidis avec de la glace une partie du tube, et chauffai l'autre fortement; rien de condensable ne se montra, à l'exception du mercure; les produits élastiques furent les mêmes.

Je m'efforçai d'obtenir un amalgame dans lequel on ne pût supposer aucune humidité, et je chauffai l'amalgame de potassium dans du gaz ammoniacal; l'amalgame se couvrit d'une couche de potasse, ses proportions n'augmentèrent point, une quantité considérable du gaz ne fut point absorbée, et ce qui en restait se trouva composé de cinq parties d'hydrogène, d'une d'azote, et l'amalgame, par son exposition à l'air, ne laissa émaner aucune odeur ammoniacale.

Il est donc probable que pour désoxigéner l'ammoniaque et combiner sa base avec le mercure, l'alcali doit être dans son état naissant, ou au moins sous cette forme condensée, qu'il a dans les sels ammoniacaux ou dans les solutions de ce genre.

La suite de ce Mémoire n'offrant plus que des considérations générales sur la théorie de ces faits, je me suis contenté de présenter seulement le détail des phénomènes. (Note du traducteur.)

FIN.

TABLE RAISONNÉE

Des Matières contenues dans ce volume.

A.

F.

G.

H.

K.

L.

M.

N.

O.

P.

R.

S.

T.

V.

U.

W.

Y.

Z.

FIN DE LA TABLE.

De l'Imprimerie de DEMONVILLE, rue Christine, n° 2.

AVIS *pour le relieur.*

La planche 1re, qui contient les figures 1 à 7, doit être placée en regard de la page 31.

La planche 2, contenant les figures 8 et 9, doit être en regard de la page 58.

La planche 3, contenant la figure 10, doit être placée immédiatement à la suite de la page précédente, page 58.

La planche 4, contenant les figures 11, 12 et 13, doit être placée en regard de la page 61.

La planche 5, contenant les figures 14, 15 et 17, doit être en regard de la page 125.

La planche 6, contenant une vue générale des dispositions des roches et des couches de la terre, doit être en regard de la page 201.

Explication des lettres et renvois de cette 6e planche, en regard de la planche.

---

1. Granit.
2. Gneiss.
3. Schiste micacé.
4. Siénite.
5. Serpentine.
6. Porphyre.
7. Marbre granulaire.
8. Chlorite schistoïde.
9. Quartz en roche.
10. Grauwake.
11. Grès siliceux.
12. Pierre à chaux.
13. Schiste alumineux.
14. Grès calcaire.
15. Pierre de fer.
16. Basalte.
17. Charbon.
18. Gypse.
19. Roche de sel.
20. Chaux.
21. Poudingue.

AA. Montagnes primitives.
BB. Montagnes secondaires.
aaa. Filons.

www.ingramcontent.com/pod-product-compliance
Ingram Content Group UK Ltd.
Pitfield, Milton Keynes, MK11 3LW, UK
UKHW020150250726
13967UKWH00002B/966